国家林业和草原局普通高等教育"十四五"规划教材

草地灌溉与排水

苏德荣　主编

中国林业出版社
China Forestry Publishing House

内 容 简 介

本教材从草业发展和草地生态建设的实际出发，紧密结合我国人工草地和城市草坪发展的需要，针对人工草地及城市草坪对灌溉与排水技术的基本要求，阐述如何对人工草地和城市草坪选择合理的灌溉方式，如何规划设计人工草地和城市草坪的灌溉、排水系统，以及如何做好人工草地和城市草坪的灌溉水管理。内容包括草地植物的耗水量与耗水规律、草地灌溉与土壤持水性能、草地灌溉水管理的基本理论，并重点讲述包括草坪喷灌、城市绿地地下滴灌、大型喷灌机在人工草地中的应用等灌溉系统的规划设计方法。教材编写面向草产业，面向生产实践，突出学科交叉特色，以培养卓越工程科技和创新人才为目标，为学习草学类专业的本科生、研究生提供草地灌溉与排水工程技术方面的专业训练，提升从事草地水土资源管理及解决草地灌溉排水工程技术问题的能力。

图书在版编目(CIP)数据

草地灌溉与排水/苏德荣主编 . —北京：中国林
业出版社，2022.12
国家林业和草原局普通高等教育"十四五"规划教材
ISBN 978-7-5219-1991-2

Ⅰ.①草…　Ⅱ.①苏…　Ⅲ.①草地-灌溉-高等学校-
教材②草地-排水-高等学校-教材　Ⅳ.①S688.4

中国版本图书馆 CIP 数据核字(2022)第 233452 号

策划编辑：高红岩　李树梅
责任编辑：李树梅
责任校对：苏　梅
封面设计：睿思视界视觉设计

出版发行　中国林业出版社
　　　　　(100009，北京市西城区刘海胡同 7 号，电话 83223120)
电子邮箱　cfphzbs@163.com
网　　址　www.forestry.gov.cn/lycb.html
印　　刷　北京中科印刷有限公司
版　　次　2022 年 12 月第 1 版
印　　次　2022 年 12 月第 1 次印刷
开　　本　787mm×1092mm　1/16
印　　张　19.25
字　　数　450 千字　　数字资源：15 千字　　视频：9 个
定　　价　52.00 元

《草地灌溉与排水》编写人员

主　　编　苏德荣

副主编　贺　晶　焦　健　李耀明　张晓波

编　　者　（按姓氏拼音排序）

丁成翔（青海大学）

贺　晶（北京林业大学）

焦　健（青岛农业大学）

李茂娜（中国农业大学）

李耀明（北京林业大学）

马彦麟（甘肃农业大学）

苏德荣（北京林业大学）

杨珏婕（北京林业大学）

尹淑霞（北京林业大学）

张建国（华南农业大学）

张晓波（海南大学）

主　　审　康绍忠（中国农业大学）

前　言

　　草地是一种自然资源，国家公布的全国主要地类数据《第三次全国国土调查主要数据公报》显示，我国草地面积 26 453.01 万 hm²（39.68 亿亩），其中，天然牧草地 21 317.21万 hm²（31.98 亿亩），占 80.59%；人工牧草地 58.06 万 hm²（870.97 万亩），占 0.22%。自然资源是自然界中人类可以直接获得用于生产和生活的物质。草地资源，既是生产、生活原料的来源，也是生产、生活的场所。草地在一定的时间和技术条件下，不仅能够产生经济价值，而且产生巨大的生态价值和文化价值。天然草地承载着生态功能、生产功能和生活功能或草原文化传承的功能，维护"三生"功能的统一重在保护。人工草地本来就是采用了大量农业技术措施而形成的，目的是为获得高产优质的牧草，以补充天然草地之不足，满足动物生产的需要。灌溉是保证人工草地获得高产的重要技术措施，因此，草地灌溉与排水主要针对的是人工草地的灌溉以及排水。随着我国城市化进程的加快，城镇人口在增加，城区面积在扩大。城市草坪绿地在提高人居环境质量以及促进居民身心健康方面发挥着重要作用。因此，草地灌溉与排水也包括城市草坪绿地以及草坪运动场地的灌溉与排水。人工草地和城市草坪的建植目标各不相同，对灌溉与排水技术的要求也不同。人工草地灌溉的主要目标是为了获得高产优质的牧草，兼顾保持优良的生态环境，而城市草坪灌溉与排水的目标主要是为了获得优美的草地景观和确保草坪运动质量，并维持良好的生态环境。

　　近年来，草学学科的发展进入一个新的发展时期，草业科学专业人才培养模式也在不断地变革。依据任继周院士提出的四个生产层理论，草业科学不仅秉承传统草地植物营养体生产的科学实践，更将视野拓展到前植物生产层的草地生态、景观、文化、娱乐等方面，将草地植物生产层与草地动物生产层无缝衔接，以及后生物生产层的有力支撑，催生人工草地的快速发展。面对新的形势，草地灌溉技术不能仅仅停留在城市草坪上，而是要分别针对不同的草地植物生产层给出灌溉排水技术的解决方案。本书就是在这一背景下提出了全新的编写大纲，以培养草产业领域卓越工程技术和创新人才为目标，内容坚持面向草产业，面向生产实践，面向草学类本科生、研究生，突出学科交叉，突出草地灌溉与排水系统的规划设计与应用，以城市草坪和人工草地灌溉与排水系统的设计为重点，综合适用于草地灌溉与排水的现代节水、高效、智能化的技术。

　　本书由北京林业大学苏德荣教授初拟编写大纲，在征求编者老师们的建议基础上，确定教材大纲和任务分工。编写分工如下：第一章由苏德荣、贺晶编写，第二章由李耀明、尹淑霞、丁成翔编写，第三章由李耀明、杨珏婕编写，第四章由贺晶、苏德荣编写，第五章由苏德荣、焦健编写，第六章由苏德荣、李茂娜编写，第七章由贺晶、焦健编写，第八章由苏德荣、张晓波、张建国编写，第九章由苏德荣、马彦麟编写，第十章由焦健、李茂娜编写，第十一章由贺晶、张晓波、张建国编写。数字资源由苏德荣、贺晶、李茂娜、李耀明编写。全书由苏德荣、贺晶负责统稿，杨珏婕、李耀明、李茂娜负责校对。

本书将补充学习资料（文字、图片、视频等）以二维码的形式放入正文中，实现传统教材与多媒体资源的融合，为本书增添丰富多样的内容，为课程学习提供便捷高效的手段。

本书在编写过程中，参考了国内外有关文献，也采用了一些装备图片，书后所附参考文献是本书主要参考的著作或论文，对本书中引用的文献、图片的作者表示诚挚的谢意。

本书初稿完成后请中国工程院院士、中国农业大学教授康绍忠审阅并提出宝贵意见，在此表示感谢。

本书出版过程中，得到北京林业大学草业与草原学院的大力支持，中国林业出版社李树梅老师潜心编辑、检出谬误，为本书的出版奉献了很多，在此一并表示由衷的感谢。

由于我们水平有限，书中的错误和疏漏在所难免，恳请使用本书的老师、同学和读者批评指正。

编 者

2022 年 10 月

目 录

第 1 章

绪　论

什么是草地？草地为什么要灌溉？为哪些类型的草地灌溉？草地为什么要排水？作为一本草地灌溉与排水的教材首先需要回答这些问题。

说到草地，首先想到的是辽阔的大草原，其次想到的可能是生长着草本植物的一片土地。无论是辽阔无垠的草原还是人工种植的草地，都具有草地生态系统的基本特征。草地生态系统是以多年生草本植物为主要生产者的陆地生态系统，具有防风、固沙、保土、调节气候、净化空气、涵养水源等多种生态功能，同时，草地生态系统是以土壤—草地—家畜—牧民为一体的自然、社会所构成的复合生态系统，不仅具有重要的生态功能，还发挥着重要的生产功能和草原文化传承的功能。草地所具有的维持自然生态系统格局和草地农业系统的生产供给功能，对维系生态平衡和保障食物安全具有重要的作用。

我国天然草地主要分布在年降水量 400 mm 以下的干旱、半干旱地区、青藏高原等地区，是典型的雨养草地。为了保护作为生态屏障的天然草地，同时又要提高草地承载放牧的能力，促进草牧业的发展，满足人们对草牧业畜产品消费的需求，大力发展人工草地，充分利用水资源发展灌溉草业，是最具可行和有效的解决方案。草地的另一大特点是向城市中延伸、扩展，并已成为人们生活环境不可或缺的组成部分，如城市草坪景观环境、草坪文化体育场所等，为人们提供了优美的生活环境和优质的活动场地。要保持草坪的这些服务功能和品质，灌溉与排水是必不可少的基础设施。本章简要阐述了草地与灌溉的关系以及学习这门课程的主要目标。

1.1　草地及其功能

1.1.1　草地的概念

草地一般简要地理解为"生长草类的土地"或"凡有形成草层（或草被）的多年生草本植物生长着的地区，称为草地"。受地域、发展阶段、管理需要等诸多因素的影响，草地具有多种含义，也有多种词汇表达。在我国，草地、草原、草场、草山草坡、牧地、牧野等常混合并用；在英语中，有 grassland、range、rangeland、pasture、tussock、meadow 等。

我国学者王栋、任继周、贾慎修、章祖同、许鹏、胡自治、廖国藩等分别从不同的角度给出了草地的定义。在此基础上，《草业大辞典》（2008）将草地定义为：是指主要生长草本植物，或兼有灌木和稀疏乔木，可以为家畜和野生动物提供食物和生产场所，并可为人类提供优良的生态环境及牧草和其他许多生物产品，是多功能的土地—生物资源和草业生产基地。因此，草地是一个生态与生产兼顾的自然或人工土地类型，自然形成的草地称为天然草地，人工种植形成的草地称为人工草地或栽培草地。

1.1.2 草地生态系统的功能

草地生态系统是草地上生物与其生存环境以及生物与生物之间相互作用，彼此通过物质循环、能量流动和信息交换，形成的一个不可分割的自然整体。中国的草地生态系统主要分布在北部、西北部和西南部的干旱和半干旱区，是我国陆地面积最大的生态系统类型之一。草地生态系统构成了我国重要的绿色生态屏障，关系到国家的生态安全。

如图 1-1 所示，从生态系统的视角，草地生态系统具有供给、支持、调节和文化四大功能。但从草地类型的视角，不同草地类型所具有的生态服务功能是不同的。天然草地兼具这四大生态服务功能，但最根本的是要保持其生态功能。作为"地球衣被"的草地生态系统最重要的生态功能包括防风固沙、涵养水源、保持水土、净化空气、维护生物多样性等。同时，我国天然草地大多分布在边疆少数民族聚集区，也是我国重要的生态安全屏障区。这些地区的经济发展对草地的依赖程度相当高，加强草地生态建设和保护，提高草地生产力，才能促进地区社会经济的发展，增进民族团结，维护祖国边疆的稳定。因此，天然草地在注重生态保护的同时，大力提高草地的生产力也是十分重要的。

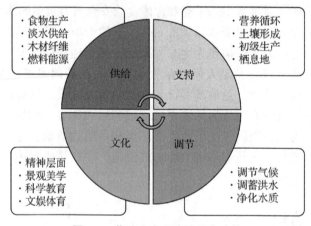

图 1-1 草地生态系统的四大功能

人工草地是利用综合农业技术，在退化的草地或其他原有植被稀少的土地上，通过人工播种建植形成的草地。人工草地建植的目标主要是突出草地的供给或生产功能，以获得更高的生产力为目标，兼具草地的支持、调节等生态服务功能。因此，人工草地需要更多的栽培技术措施及管理措施，灌溉技术就是人工草地获得高产必不可少的技术措施之一。我国人工草地的建设，对草地畜牧业的发展、保障国家食物安全放牧起到了重要的支撑作用。

突出体现草地景观、文化娱乐、体育运动等服务功能的草坪、草地，特别是提升城市人居环境以及文体活动的草坪，不仅需要农业栽培技术的投入，还需要工程技术乃至自动化、现代信息技术的投入，其目的就是为人们提供优美的生活环境、优质的文体活动场地。因此，草坪建植与管理以草坪的服务品质为目标，同时草坪还具有净化空气、防尘减噪、保持水土、调蓄径流等生态功能。草坪要达到这一目标，灌溉与排水技术是最重要的基础设施。

1.2 草地与灌溉

1.2.1 草地灌溉

从草地的形成过程可以将草地分为天然草地、半人工草地、人工草地及城市草坪。从草地的功能和用途，天然草地兼具生态、生活和生产功能；人工草地主要是生产功能，兼具生态功能；半人工草地是在退化草地的基础上经过人工补播等培育措施形成的草地，具有生产和生态功能；城市草坪完全是在非原生草地的基础上新建的草地植被，主要是生态环境和文化娱乐功能。

从天然草地到人工草地以及城市草坪，实际上是一个从雨养草地到人工灌溉草地的转变过程。天然草地植被能否保持很大程度上取决于降水量的多少及其分布，人工草地生产力的高低及城市草坪景观效果的优劣很大程度上取决于灌溉水的保证程度和灌溉质量。由于自然降水时空分布的不确定性和不均匀性，无论是天然草地还是人工草地及城市草坪，自然降水不足以满足草地植物生长所需水分的要求。天然草地以广袤的面积增加了降水量的变化及其时空分布不确定性和不均匀性的影响，总会出现东边日出西边雨的场景。但人工草地可能因供水不足导致草产量下降甚至绝收，城市草坪可能因供水不足导致草坪功能退化甚至功能丧失。

草地灌溉，简单地说就是用人工或机械设备给草地浇水。广袤的天然草地要靠人工或机械浇水几乎是不可能的，天然草地植物生长需要的水分只有降水（包括降雨、降雪、凝露等）。只有人工草地及城市草坪，在水资源可供使用的前提下，以一定的经济成本才有可能实现机械化或自动化甚至智能化的灌溉，以达到发展人工草地或建植城市草坪的目的。因此，灌溉所关注的草地类型主要是人工草地和城市草坪。

1.2.2 人工草地的灌溉

植物在积累有机质时，所消耗的水量远大于有机物积累量，每形成一个单位物质的干物质，所消耗的水量是干物质量的 500 ~ 1 000 倍，而组成干物质的水量不足耗水量的1.5%。草地植物生长期所消耗的水量包括两部分：一部分为地面蒸发量，另一部分为植物蒸腾量。蒸腾是植物体内的水从植物叶面气孔向大气散发的生物学过程。影响植物蒸腾的外部因素主要是太阳辐射、空气相对湿度、气温、大气环流、大气压以及土壤条件。对于人工草地来说，在其生长期控制好土壤中的水分，是保证植物获得高产的必要措施，也是提高人工草地植物质量的措施。对植物生长的土壤进行灌溉，有时也需要排水，就是人为调控土壤水分状况，使土壤含水量正好处在植物生长所需要的状态。在自然状态下，土壤含水量往往是很难达到植物所要求的适宜状态，这是造成天然草地净初级生产力波动的原因之一。对于人工草地，通过灌溉与排水措施进行土壤含水量的调控是提高人工草地生产力的必要举措。草地生产中的灌溉与排水是调控土壤含水量相辅相成的两个方面。灌溉是为植物提供比较适合的水量，使植物能有好的生长状态，达到较高的生产能力。排水是在植物生长过程中，多余的水量使植物生长受阻，或是已经超出植物的承受能力，进而危害到植物的生长时，就必须排除过多的水。简而言之，灌溉就是补充土壤水分不足的措施，而排水就是排除多余水分的措施。

"灌溉草业"是草地农业系统最具生产潜力的发展方向。灌溉草业的内涵既借助于灌溉农业，又不同于灌溉农业，草地农业系统中需要灌溉的植物，有些属于当年播种当年成熟的牧草，有些属于一年播种多年收获或一年多次收获。在草地农业发展需求与水资源供给不足的情况下，与灌溉草业紧密相关的节水草业将是一个有待深入开展面向应用实践的研究领域，草地农业的发展迫切需要专门针对草地农业系统的节水灌溉新理论、新技术、新材料和新方法。可以说，节水灌溉是现代草业生产和城市草坪绿地建设的基本配置，科学合理地规划设计和运行管理草地节水灌溉系统，对于提升草地灌溉水资源使用效率，促进草地生产增产增收，推进草地农业向高质量、集约化、规模化、专业化方向发展，有效保护和维持生态系统健康，促进经济和社会可持续发展都具有重要意义。

1.2.3　城市草坪的灌溉与排水

1.2.3.1　草坪灌溉的重要性

城市草坪绿地是城市生态、景观的重要组成部分，对居民休闲和提高生活品质具有积极作用。随着生态文明的建设和绿地面积的增加，城市草坪绿地灌溉用水量也随之增加。目前，城市绿地灌溉水平普遍不高，大部分还以人工洒水为主要灌溉方式，水资源利用率低、浪费严重，迫切需要提高城市绿地灌溉技术和节水水平，目前，我国大部分城市在绿地耗水规律方面的研究较少，绿地植物的灌溉制度还不够完善，导致城市绿地灌水不科学，实际灌溉中地表径流和深层渗漏时常存在，增加了很多不必要的浪费。

随着人们生活水平的提高，对生活、工作环境的绿化也越来越重视，目前各小区和单位一般都建设有草坪绿地。为了保持草坪良好的生长状态，后期的维护成本较大，灌溉是其中非常重要的支出。很多草坪的灌溉是根据管理人员的主观意识，不能准确掌握灌溉时机和灌溉量，缺乏科学依据，造成人力、水资源不必要的浪费。越来越多的草坪科研人员和管理人员开始关注基于互联网技术的草坪智能灌溉技术，但目前相关系统并未普遍使用，因此，未来可以结合物联网等新兴技术开发可靠性高、灵活性强、易于操作、有广泛的推广和使用价值、智能化精准灌溉技术。

水是植物体的重要组成部分，没有水就没有生命，也不可能有植物。灌溉就是补充自然降水的不足，为草坪提供水分的重要途径。草坪草对水的需求包括生理需水和生态需水两方面。直接用于草坪草生命活动与保持植物体内水分平衡所需水分称为生理需水，包括植物蒸腾和保持植株鲜嫩的水分，其中，植物蒸腾占生理需水的绝大部分。生态需水是指草坪草植株间土壤蒸发的水分。为了保持草坪质量，草坪生态需水是必要的，也是无法避免的水分消耗。如果忽略构成植物体的水分，则草坪需水量就是草坪的蒸腾量和蒸发量的总和，用日耗水深度表示（如 mm/d）。一般情况下，草坪草的平均需水量为 2.5~7.5 mm/d。草坪需水量在不同草种、不同季节之间变化较大。典型草坪需水量如果用水面蒸发量来计算，一般占水面蒸发量的 50%~80%。在主要生长季中，冷季型草的草坪需水量为水面蒸发量的 65%~80%，暖季型草的草坪需水量为水面蒸发量的 55%~65%。

1.2.3.2　草坪排水的重要性

水对草坪植物非常重要，但是，水分过多时也会对植物带来不利的影响，因此，草坪还需要排水。造成草坪绿地水分过多的原因主要是：降水补给草坪的水分过多；地表径流汇集时低洼地积水过多；地下水位过高，上升毛细管水向上补给草坪根系表层过多；地势低洼，排水条件不好，使土壤水分越积越多；因河湖洪水泛滥造成地表积水等。

草坪灌溉与排水的目的就是利用灌溉和排水措施来调节草坪地表水、土壤水和地下水的状况，为植物生长创造适宜的环境，促进和保证草坪的绿化、美化效果。当草坪土壤水分无法满足植物正常生长时需要灌溉。当绿地表面由于降水等因素造成积水过多、积水时间过长、土壤中水分过多时，就会导致土壤的空气、养分、温度状况恶化，造成植物生长不良，甚至窒息死亡。同时，地表积水形成地表径流，造成水土流失，削弱了草坪的绿化、美化效果。另外，土壤水分过多、地下水位过高和排水不良等问题，常常引起土壤盐碱化和沼泽化等问题，形成城市中难以绿化、美化的困难土壤。因此，草坪的灌溉与排水相辅相成，在草坪发展中不仅要重视灌溉问题，而且要重视排水防涝、防渍问题，做到灌排并重。

1.2.3.3　草坪灌溉发展现状

随着我国城市化进程不断加快和美丽乡村建设的发展，城乡绿化标准提升以及大量新出现的城市面积都对草坪形成巨大需求，也为草坪业发展提供了机遇。在城市建造大量的草坪，人们可以看到更多的发展草坪的积极方面，包括城市生态环境的改善和由此带来的树立城市形象、提高城市地位、增加旅游收入、改善投资环境、促进经济发展等潜在效应，也逐渐注意到发展草坪所需要的基础设施建设。我们知道，城市绿地是由花、草、树木等组成的，要保持这些植物的正常生长和城市的绿化、美化效果，就需要具备完善的草坪灌溉系统为之适时、适量地提供植物生长所需要的水分。因此，作为草坪建设的重要技术支撑——草坪灌溉技术，在草坪面积增加的同时也得到了迅速发展。

目前，常见的草坪压力灌溉系统主要有喷灌、微喷灌、滴灌、地下滴灌、地下渗灌及人工压力管道喷洒等。尽管这些灌溉方法在草坪中广泛使用，但在应用中仍存在一些问题，主要表现在以下几个方面：

(1)灌溉精准程度低

无论是喷灌、微喷灌还是滴灌，都有一定的适用条件，而现代草坪类型很多，对灌溉系统的要求也不尽相同。目前许多草坪，无论什么类型，全部采用一种灌溉方法，一个灌溉模式，造成需水量大的植物灌水不足，需水量小的植物供水过剩。

(2)灌溉管理水平低

目前，城市草坪灌溉有些虽已采用了自动化灌溉设施，但现实中对自动化、智能化灌溉系统的运行与管理缺乏技术支撑，重建设轻管理的现象和由此造成的问题十分普遍。其中，最为关键的就是管理草坪的人员缺乏对自动化、智能化灌溉系统的认识与了解，草坪灌溉系统的设计安装是由专业机构完成的，一线管理者缺少灌溉技术方面的培训与学习。

1.2.3.4　草坪灌溉与排水的发展趋势

(1)精准节水的灌溉技术

人工草地、城市绿地、草坪中节水灌溉技术得到了比较广泛的应用。但是，如何在多样性的草地、草坪、植物种类的灌溉中，实现精准灌溉，从而实现节水的灌溉技术仍然有很多工作要做，所以进一步推动草地的精准节水灌溉建设意义重大。

（2）智能便捷的灌溉管理

目前，草坪自动化灌溉已经是比较成熟的灌溉技术，但是针对灌溉管理的短板，要在技术上不断创新，促进了草坪灌溉从自动化向智能化方向发展，从灌溉系统的操作运行向灌溉水的综合管理方向发展，研究不同生态类型区域城市草坪绿地的节水灌溉智慧化技术模式，发展低能耗、高质量、多功能、方便管理的城市草坪绿地智慧灌溉管理模式。

（3）城市草坪灌溉水源开发

城市淡水资源短缺、供需矛盾突出将是许多地区面临的一个现实问题，在城市草坪绿地灌溉中如何增辟新型水资源已成为当前缓解淡水资源供需矛盾的关键措施之一。城市用水主要包括生活用水、生产用水和生态用水。生态用水为我们提供了增辟新型水资源广阔的空间。通过技术手段充分利用自然降水、再生水、苦咸水等水资源，通过草坪绿地综合技术管理措施提高土壤水的有效利用。

1.3 本书内容及学习目标

1.3.1 本书内容及与其他课程的关系

1.3.1.1 本书主要内容

"草地灌溉与排水"是草业领域的一门专业课，是研究草地植物需水规律和草地土壤水分状况，并以此为依据为草地适时适量地提供水分，或从土壤中排除影响草地植物正常生长过多水分的应用科学。

草地植物多为多年生草本植物，生长密集，覆盖整个地面，草地具有一次建植多年保持的特点。草地灌溉主要是为草地（包括人工草地、草坪等）提供植物生长所需要的水分，以牧草生产为主的人工草地，草地灌溉以获得草地植物产量和品质为目标；而草坪灌溉则以获得优美的草坪绿地景观和运动质量为目标。

草地地表积水和草地土壤水分过多都会影响草地植物的生长，因此，草地排水主要研究如何将草地地表和土壤中过多的水分排除。

草地灌溉与排水主要包括以下内容：

①草地植物耗水量及耗水规律。

②草地土壤持水、保水性能以及与灌溉、排水的关系。

③节水、高效、适用的各类人工草地灌溉系统的规划设计技术。

④草坪及人工草地的灌溉用水管理。

⑤草坪及人工草地的排水措施以及排水治理草地土壤盐渍化问题等。

1.3.1.2 与其他课程的关系

随着我国经济发展和社会进步，草业科学理论与方法论体系的不断拓展，教学内容从原来的牧草生产和草地畜牧业提升延展为包含 4 个生产层的草业系统水平。尤其是进入21 世纪以来，草学已由畜牧学科下的二级学科提升为包含草原学、牧草学、草坪学、草地保护学等学科的一级学科，学科涵盖的内容更广泛和综合。本课程学习的目标主要是为各类人工草地及城市草坪提供灌溉与排水基本理论和应用技术,在掌握了草业科学专业相关专业课程的基础上,进一步延伸专业领域和学科跨度,掌握草地灌溉与排水系统规划设计的方法。主要涉及的课程包括草地生态学、草地植物学、土壤学、气象学、植物生理学、草地植物栽培学、草坪学、草业经济学、草地生产学等。在综合应用这些课程知识的基础上,注重学科交叉,注重生产实践,主动对接新时代草地农业发展和草业技术人才培养面临的更高要求和挑战,将传统的课程教学知识体系与现代新技术相融合,将农科理论分析与工科设计创新交叉融合,促进课程知识全面更新,以满足草地农业发展和社会对草业科技人才的需求。

1.3.2 本课程学习目标

《国家中长期教育改革和发展规划纲要(2010—2020 年)》和《国家中长期人才发展规划纲要(2010—2020 年)》中提出了"卓越工程师培养计划",简称"卓越计划",旨在要强化主动服务国家战略需求、主动服务行业企业需求的意识,确立以德为先、能力为重、全面发展的人才培养观念,改革工程教育人才培养模式,提升学生的工程实践能力、创新能力和国际竞争力,培养造就一大批创新能力强、适应经济社会发展需要的高质量各类型工程技术人才,为国家走新型工业化发展道路、建设创新型国家和人才强国战略服务。简而言之,"卓越计划"目的就是为了培养造就一大批创新能力强、适应经济社会发展需要的卓越工程师后备人才。

本课程的学习目标:是以系统地掌握草地灌溉与排水的相关理论和相关技术为基础,学会草地灌溉与排水系统规划设计方法,强化培养学生的工程能力和设计创新能力,通过课程学习、课程实习,再从课程设计到毕业(论文)设计,不仅要系统地学,更要亲自动手做,通过课程设计架起课程学习与实际应用之间的桥梁,将草地灌溉与排水系统的理论应用于实践。因此,与本课程配套的课程设计素材的准备及课程设计工作的实施是对本课程教学工作的一项基本要求。

思考题

1. 本课程的学习目标是什么?
2. 如何将课程学习与实际应用结合起来,谈谈自己的看法。

第 2 章

草地植物耗水量

植物生长离不开水分，草地植物通过庞大的根系在土壤中吸取水分以满足整个生长期对水分的需求。土壤水分的来源主要是降水补给，在地下水位较高的区域也有地下水通过毛细管作用向根际土壤的补给，在具备灌溉条件的地方，土壤水分通过人工灌溉以补充自然补给的不足。草地灌溉就是针对具备灌溉条件的草地，研究如何适时、适量地给草地植物根系层的土壤提供满足草地植物生长所需要的水分。适时和适量是紧密联系在一起的，草地植物在什么时间需要多少水分取决于植物的生物学特性、生长发育时期和植物生长的外界环境，包括气象条件和土壤水分状况等。研究草地植物耗水量的目的就是认识草地植物需水的特性，掌握草地植物在一定时期内对水分需求的数量，进而通过人工灌溉的方法补充自然水分补给的不足，满足植物正常生长发育对水分的需求，最终获得人们对草地进行灌溉的各种预期，包括草地植物的生物学产量与品质、草地的运动娱乐功能、草地的景观美学以及草地的生态服务价值。本章讲述水分对草地植物的重要生理作用，草地植物耗水量的概念及其影响因素，草地植物耗水量的野外观测及其估算方法，以及天然草地、紫花苜蓿和草坪草的耗水量试验研究等内容。

2.1 草地生态系统与水分

2.1.1 草地生态系统

广义的草地生态系统与草原生态系统是同义词，主要指生长草本植物或兼有灌木和稀疏乔木，可以为家畜和野生动物提供食物和生产场所，并可为人类提供优良生活环境及许多生物产品，是多功能的土地—生物资源和草业生产基地。

天然草地是我国面积最大的陆地生态系统，是重要的水源涵养区、生物基因库和碳库。草地生态系统具有提供资源、调节气候、涵养水源、保持水土、改良土壤的重要生态功能。以我国青藏高原草地生态系统为例，由于其在水源涵养、土壤保持、防风固沙、碳固定和生物多样性保护等方面的重要功能，被称为"亚洲水塔"，是我国乃至亚洲的重要生态安全屏障区和全球生物多样性保护的热点地区。但由于不合理的人类活动和气候变化等原因，我国草地生态系统面临较为严重的退化问题。以青藏高原草地生态系统为例，草地退化面积比例达 80% 以上，退化区域主要分布在青藏高原的西北部。

人工建植的牧草地可以用来收割牧草作为青饲、青贮、半干贮或制作干草，也可以直接用于放牧。人工草地与天然草地相比，最显著的特征就是由于增加了农业技术及资金的投入，人工草地的生产效率大幅提升，这不仅为草牧业提供了更多的饲草产品，增加了畜产品产量，提高了畜产品品质，而且提高了土地利用率，增加了社会经济财富。因此，人工草地面积的多少，常常是衡量一个地区或国家畜牧业发达程度的重要标志。欧美各国的人工草地面积合计约为耕地的 50% 以上，占各国草地总面积的 10% 左右。人工草地可单播一种牧草，用于收割作青贮或制干草，也可以混播多种牧草直接用于放牧。混播牧草在产量、品质、利用年限等方面均优于单播。目前，我国人工草地中主要推广的草种除紫花苜蓿外，北方草种有沙打旺、老芒麦、披碱草、无芒雀麦等，南方多用红三叶、白三叶、多年生黑麦草和鸭茅等。

人工草地按其用途和利用时间长短可分为三类：①轮作中的短期草地，可利用 2~3 年，长者达 5 年，以生产干草和冷季放牧为主。②永久放牧草地，以放牧为主，也可适当割草，为放牧、割草兼用草地。③永久割草地，以割草为主，也适当放牧，为割草、放牧兼用草地。

草地植物主要是指草本植物。草本植物体形一般都比较矮小，寿命较短，茎干较软，支持力弱，多数在生长季节终了时地上部分或整株植物体死亡。根据完成整个生活史的年限长短，分为一年生、二年生和多年生草本植物。

一年生草本植物（annual herb），是指从种子发芽、生长、开花、结实至枯萎死亡，其寿命只有 1 年的草本植物，即在一个生长季节内就可完成生活周期的，即当年开花、结实后枯死的植物。一年生草地植物主要以种子繁殖为主。一年生草地植物对建立人工草地具有重要意义，如燕麦、绿麦草等。

二年生草本植物（biennial herb），是指第一年生长季（秋季）仅长营养器官，到第二年生长季（春季）开花、结实后枯死的植物。

多年生草本植物（perennial herb），生活期比较长，一般为两年以上。多年生草本植物的根一般比较粗壮。冬季地上部分枯死，根部一般不死，靠地面芽或地下芽过冬，春季复生，多数以营养繁殖为主，种子繁殖为辅。多年生草类是草地植物的主体。多年生草本植物主要分布在草原、荒漠、半荒漠地区。

2.1.2 水对草地生态系统的重要性

水对草地生态系统的生命活动和非生命过程具有重要的意义。水是生命的源泉贯穿于整个草地生态系统中，没有水便没有草地上的动植物等生命。水是植物体的主要组成成分，草地生态系统中缺乏水分，草地就会退化并逐渐演变成荒漠。水分状况决定了草地生态系统的复杂程度和生物群落的丰富度。水分将生物群落与无机环境紧密联系在一起，有了充沛的水分，甚至可以把一片荒漠变为水草丰美的绿洲。这就是水在系统循环中所扮演的重要角色。

水是一切生命机体的组成物质，也是生命代谢活动所必需的物质，又是人类生存和进行生产活动的重要资源。地球上的水分布在海洋、湖泊、沼泽、河流、冰川、雪山，以及大气、生物体、土壤和地层。水循环的主要作用表现在三个方面：①水是所有营养物质的介质，营养物质的循环和水循化不可分割地联系在一起。②水对物质是很好的溶剂，在生态系统中起着能量传递和利用的作用。③水是地质变化的驱动因素之一，一个地方矿质元素的流失，而另一个地方矿质元素的沉积往往要通过水循环来完成。

地球上的水圈是一个永不停息的动态系统。在太阳辐射和地球引力的推动下，水在水圈内各组成部分之间不停地运动着，构成全球范围的大循环，并把各种水体连接起来，使得各种水体能够长期存在。海洋和陆地之间的水交换是这个循环的主线，意义最重大。在太阳能的作用下，海洋表面的水蒸发到大气中形成水汽，水汽随大气环流运动，一部分进入陆地上空，在一定条件下形成雨雪等降水；大气降水到达地面后转化为地表径流、地下水和土壤水，地下径流和地表径流最终又回到海洋，由此形成淡水的动态循环。这部分水容易被人类社会所利用，具有经济价值，正是我们所说的水资源。

水循环是联系地球各圈层和各种水体的"纽带"，是"调节器"，它调节了地球各圈层之间的能量，对冷暖气候变化起到了重要的影响。水循环是"雕塑家"，它通过侵蚀、搬运和堆积，塑造了丰富多彩的地表形象。水循环是"传输带"，它是地表物质迁移的强大动力和主要载体。更重要的是，通过水循环，海洋不断向陆地输送淡水，补充和更新陆地上的淡水资源，从而使水成为可再生的资源。

水循环的地理意义：①水在水循环这个庞大的系统中不断运动、转化，使水资源不断更新。②水循环维护全球水的动态平衡。③水循环进行能量交换和物质转移，陆地径流向海洋源源不断地输送泥沙、有机物和盐类，对地表太阳辐射吸收、转化、传输，缓解不同纬度间热量收支不平衡的矛盾。④造成侵蚀、搬运、堆积等外力作用，不断塑造地表形态。⑤水循环可以对土壤的物理化学性质产生影响。

在生态系统中，生物群落中的生产者在生物学分类上主要是各种绿色植物，也包括化能合成细菌与光合细菌，它们都是自养生物，植物与光合细菌利用太阳能进行光合作用合成有机物，化能合成细菌利用某些物质氧化还原反应释放的能量合成有机物。这个过程必须有水的存在，并起到输送能量物质的作用。

生产者在生物群落中起基础性作用，它们将无机环境中的能量同化，同化量就是输入生态系统的总能量，维系着整个生态系统的稳定。其中，各种绿色植物还能为各种生物提供栖息、繁殖的场所。生产者是连接无机环境和生物群落的桥梁。例如，绿色植物没有水分，也就不能称其为自养生物，也不可能与光合细菌利用太阳能进行光合作用合成有机物。植物对不同气候与土壤水分条件的长期适应会形成由一整套相关联的表型和生理性状组成的水分调节策略。例如，生长在水分条件较好地区的植物叶片较大，具有较高的水分蒸腾速率，如苜蓿等；而在荒漠等水分短缺的区域，植物为适应水分限制会减少叶面积甚至将叶退化成针状，并且很多植物的叶和茎表面会有一层厚厚的蜡质来降低水分的蒸腾，如仙人掌等。另外，植物也可以通过调整水分的运输和散失过程来响应短期的水分状况变化。木质部的导管是植物体内水分的高效运输通路。当土壤水分含量降低，干旱胁迫发生时导管会产生栓塞，使植物水分运输能力下降、水分运输受阻。在这种情况下，植物可以迅速降低气孔的大小甚至关闭气孔来维持一定的水势。

生物群落中的分解者，又称"还原者"，它们是一类异养生物，以各种细菌（寄生的细菌属于消费者，腐生的细菌是分解者）和真菌为主，也包含屎壳郎、蚯蚓等腐生动物。分解者可以将生态系统中的各种无生命的复杂有机质（尸体、粪便等）分解成水、二氧化碳、铵盐等可以被生产者重新利用的物质，完成物质的循环。例如，寄生的细菌和腐生的细菌在分解过程中，若没有水分将死亡和消失，不可能将各种无生命的复杂有机质（尸体、粪便等)分解而被生产者重新利用。

生物群落中的消费者,是指以动植物为食的异养生物,消费者的范围非常广,包括了几乎所有动物和部分微生物(主要包括病毒、真菌、细菌和线虫等),它们通过捕食和寄生关系在生态系统中传递能量,其中,以生产者为食的消费者被称为初级消费者,以初级消费者为食的被称为次级消费者,其后还有三级消费者与四级消费者。同一种消费者在一个复杂的生态系统中可能充当多个级别。例如,杂食性动物尤为如此,它们可能既吃植物(充当初级消费者)又吃各种食草动物(充当次级消费者),但是它们所吃的食物必须有水充当饱和物和填充物,才能形成消费者级别。

生态系统各要素之间最本质的联系是通过营养来实现的,也是通过水分传送的;食物链和食物网是通过水构成了物种间的营养关系。例如,植物生长需要水,动物生存需要水,微生物的生存也需要水。所以,水是生态系统的一个传输链条,生态系统循环过程中,水不仅为各种生物生存、繁衍提供了营养输送条件,而且对于各种生物的分解与消费提供了转化条件。水是生态系统的命脉,没有水生态系统就不会存在。

2.1.3　水对草地植物的重要性

与所有植物一样,草地植物的生长离不开水分。水是植物体的重要组成部分。植物的含水量是指植物所含水分的量占干重的百分数。植物的含水量与植物的种类、器官和组织本身的特性及其所处的环境条件有关。不同种类的植物含水量不同,水生植物的含水量在90%以上,中生植物含水量一般为70%~90%,而旱生植物含水量可低达6%。研究结果显示,草地植物的含水量为65%~80%,草地植物的含水量与草地植物种类、生长阶段及生长环境有关。

不同草地植物含水量也不同,冷季型草地植物含水量比暖季型草地植物高。例如,正常生长的草地早熟禾叶片的含水量为75%~80%,而日本结缕草叶片含水量为60%~65%,野牛草的含水量比较低,在接近休眠的野牛草叶片中,含水量约为50%。同时植物的不同部位含水量也不同。一般来说,根的含水量一般为80%~90%、茎为50%~80%、叶为80%~90%、果实为85%~95%、种子为5%~15%、休眠芽约为40%。同一种草地植物生长在不同的环境中,其叶片含水量也有差异。生长在荫蔽、潮湿环境中的草地植物,含水量比向阳、干燥环境中的高,水肥充足的草地植物的含水量要高于干旱贫瘠土地上的草地植物。

由于水分子是由两个氢原子以共价键和一个氧原子组成,水分子之间借氢键相互结合,使其产生一定的内聚力。因此,水具有高比热、高汽化热的性质,这对于植物在环境温度变化较大的情况下维持植物体温、在强烈日照条件下通过蒸腾作用降低体温具有重要作用。水对草地植物的生理方面的作用主要表现在:

(1)水是细胞原生质的主要成分

植物细胞原生质含水量一般在80%以上。原生质适宜的含水量使原生质呈溶胶状态,保证了旺盛的代谢作用正常进行。如果含水量减少,原生质呈凝胶状态,则生命活动大大减弱。当细胞失水过多,原生质中水分减少到临界点以下时,就会导致原生质脱水,细胞死亡。

（2）水是许多生化反应的良好溶剂

水是有机分子、无机离子在植物体内运转所需要的介质。水在活细胞的多种代谢活动中起着触媒或溶剂的作用，有输送植物养分或有机物质的作用。植物一般不能直接吸收固态的无机和有机物质，它们必须溶解在水中才能被植物吸收。同样，各种物质只有溶解在水中，才能随着水分的运动而被运输到植株的各个部分。许多的生化反应都是在水中才得以进行。同时，水也直接参与一些代谢过程，如光合作用、呼吸作用、有机物的合成与分解等许多生化反应都有水分直接参加。水也是草地植物种子发芽、有机物质分解中微生物活动所必需的物质。水参与水解反应，水解酶将水的成分插入蛋白质、碳水化合物和核酸中，将这些大分子分解成更小的单元。

（3）水维持细胞膨压

水维持了细胞膨压才能保持草地植物各组织和器官的固有姿态。细胞必须含有大量水分，以维持细胞的紧张度，使草地植物叶片挺立，便于充分接受光照和交换气体。如果缺水，细胞饱满度差，叶片下垂、皱缩，发生萎蔫。细胞中的水分还通过影响气孔开闭，来控制水气和二氧化碳交换。膨胀的细胞使草地植物具有较高的抗踏压性。

（4）水的生态作用

水除了以上生理作用外，还具有生态作用。例如，通过水的理化性质，可以调节植物环境，增加大气相对湿度，改善土壤及土壤表面大气的温度等。草地植物通过根系从土壤中吸收水分，再经过输导组织向地上部输送，满足生命活动的需要。草地植物体内水分通过叶片气孔以汽态水的形式向大气散失的过程称为蒸腾作用。草地植物根系从土壤中吸收的水分，有 1.5%~2% 用于组成植物体本身，98% 以上进入草地植物体内后，通过蒸腾作用向大气中释放，形成了土壤—植物—大气连续体（soil - plant - atmosphere continuum，SPAC）。蒸腾是维持植物体内正常温度范围的主要方式，是植物体内水分散失的最主要途径。水分子具有很高的汽化热和比热，在环境温度波动的情况下，植物体内大量的水分可维持植物体温度相对稳定。在烈日暴晒下，通过蒸腾散失水分以降低体温，使植物不易受高温伤害。而在寒冷的情况下，水较高的比热，可保持体温不致骤然下降。

水汽的排出主要是通过分布在叶片表层大量的气孔来完成的，也有少部分通过角质层进行。通过蒸腾作用，植物产生一种吸收水分的动力即蒸腾拉力，使水分源源不断地被根系所吸收，这一过程是一个被动的过程。另一种吸收水分的动力是根压，这是一个主动的过程，需消耗能量。草地植物吸收水分的能力取决于其根的活力和土壤中有效水分的含量。

草地植物生长状况、土壤温度、土壤通气性制约着根系的生长发育，从而影响水分吸收。夜间根系通过根压吸水，而将多余水分通过叶边缘的大量排水孔或新修剪叶片的伤口排出体外，清晨可以在叶尖看到小水珠，这种现象称为吐水。吐水现象表明草地植物生长良好。叶尖吐水是在蒸腾强度小、水分快速吸收、根部的水压增加的条件下产生的。吐出的液体内含有多种来自植物体内的矿质营养和简单的有机化合物。这些物质是真菌活动和生长良好的营养物质，因而，叶尖吐水可能增加真菌对草地植物的侵染。显然，当叶尖吐出的液体蒸发后，其内的盐分在叶片表面浓缩，也可能引起叶面灼伤。

无论如何，草地植物是生长在土壤中，草地植物生理需水与生态需水相互影响无法截然分开。草地植物需水量是维持草地植物正常生长所必需的生理需水及生态需水的总量，但草地植物根系从土壤中吸收水分的过程中，吸收的水量不一定就是草地植物维持正常生长所需要的水量，由于环境因素的影响，吸收的水量可能大于或小于草地植物实际需要的水量，因此，草地植物的需水量用实际消耗的水量来表示，即草地植物耗水量，更便于实际观测和草地的用水管理。

综上所述，水在植物生命过程中所起的主要作用是：①水作为溶剂参与所有生命的化学反应过程。②水作为细胞膜和蛋白质中的基质。③水分子在细胞内可以扩散和相互作用。④水作为运输介质为植物体内输送溶质营养。⑤水作为冷却剂（通过蒸发冷却）使植物在高温下保持鲜嫩。⑥水作为一种运动方式参与植物叶片的气孔运动。⑦水作为保持细胞形状的一种手段。⑧水参与许多生化反应，包括光合作用。

因此，水是地球上生命的基础。从植物的光合作用、酶反应等细胞过程到大尺度的沉积和土壤侵蚀，水都起关键作用。近年来，水对保持生态系统健康的重要性广泛被公众所接受。土壤水分是草地生态系统植物生长、植被恢复、碳汇等生态系统功能的关键限制因子。草地生态系统的水分变化影响整个生态系统的结构、组成和功能。

2.2 植物水势与草地植物对水分的吸收

2.2.1 植物水势及其组成

2.2.1.1 植物水势的概念

水以液态和气态的形式存在于土壤、植物和大气中。20 世纪植物生理学和生态生理学最重要的发展之一就是应用热力学来描述和解释水在生物系统和非生物系统中的能量状态。草地生态系统包含生物组分和非生物组分，通过能量的流动，将生物组分和非生物组分联系起来。草地土壤、植物和大气中水构成了一个 SPAC，水分在这一连续体中的任何位置都具有不同的能量状态。SPAC 代表土壤中的水、植物中的水和大气中的水之间的物理连续性，是大气降水、土壤水和地下水形成水循环的中心路径。草地上的每一棵小草如同一个油灯的灯芯或一个小水泵，只要这棵小草是正常生长的，它就会不断从土壤中吸收水分释放到大气中。为什么小草能把土壤水输送并释放到大气中？这就不能不提到水势（water potential）。

人人都知道水往低处流，这是因为水受到重力作用。但水也可以往高处流，只要给水施加能量。例如，水通过水泵的加压就可以流向高处，水泵的压力来自动力机械（电动机或柴油机等），流的高度与施加的能量多少有关。与之类似，水在植物体内的运动，即从含有水分的土壤进入植物根系，再通过茎到叶片，只要根和土壤接触的界面，或者两个相邻的细胞之间存在能量差或能量梯度，这个水就会流动。这个能量梯度就是水势梯度。两点之间的水势差导致水从高水势区域（如湿土）运动到低水势区域（如根木质部）。木质部是通过茎把根和叶连接起来的管状细胞网络，水通过植物木质部的运动称为茎液流。

水势的概念是根据自由能来的，自由能的定义是能量所做的功。当物体抵抗重力或其他与运动方向相反的力时就会做功，水势是一种测量做功所需能量的方法。实际上，水在

SPAC 中从高(接近零)水势区向低(更负)水势区移动,水势可以是零或负值。水势的单位用帕(Pa)、兆帕(MPa)表示。

2.2.1.2 植物水势的组成

典型的植物水势 Ψ_w 由三个部分组成,即渗透势 Ψ_s、压力势 Ψ_p 和基质势 Ψ_m。

$$\Psi_w = \Psi_s + \Psi_p + \Psi_m \tag{2.1}$$

式中　Ψ_s——渗透势(osmotic potential)也称溶质势(solute potential),Pa,取决于植物细胞内溶质颗粒(分子或离子)总和;

Ψ_p——压力势,Pa,是由于细胞膨压的存在而提高的水势,一般为正值($\Psi_p>0$),初始质壁分离时,压力势为零,剧烈蒸腾时,压力势呈负值;

Ψ_m——基质势(matric potential)也称衬质势,Pa,是由于细胞内胶体物质(如蛋白质、淀粉、细胞壁物质等)对水分吸附引起水势降低。因此,基质势为负值。未形成液泡的细胞具有基质势,已形成液泡的细胞,基质势为 -0.01 MPa 左右,可以忽略不计。

无论是植物根或叶水势,都需要一个参考值或基准值,这个基准值就是海平面上纯净水的水势,即在 25℃ 和 1 个标准大气压下,纯净水的水势为 0 Pa。一个正常生长的植物体内(或土壤、大气)的水势都是小于或等于零。当太阳升起,植物叶片和空气温度逐渐升高,叶片气孔打开。气孔打开是对光照水平的增加和对光合作用开始引起的叶内二氧化碳浓度下降的反应,本身就是光驱动的。如果土壤水分充足,植物叶片一整晚都在补水,可以认为太阳升起之前,叶片细胞壁水分达到饱和状态,细胞壁水势接近于零。一个活的细胞内,水势为零或负值,渗透势是零或负值,但压力势是零或正值。当细胞水势为零时,渗透势与压力势相等,但符号相反。当细胞失水时,膨压就会下降,而渗透势变得更负,因为细胞内的溶液浓度增加了。

2.2.1.3 SPAC 中的水势梯度

SPAC 是 1966 年由澳大利亚著名土壤水文物理学家菲利浦(Philip)首先提出的。SPAC 理论认为尽管土壤、植物和大气的界面、介质均存在显著差异,但从物理角度可以认为是一个连续体。水分经由土壤到达植物根系,被根系吸收,通过细胞传输,进入植物茎,由植物木质部到达叶片,再由叶片气孔以水汽的形式扩散到空气边界层,最后参与大气的湍流变换,形成一个统一的、动态的、互相反馈的连续系统。水分在 SPAC 系统中的运移主要是通过水势的梯度差实现的。在 SPAC 系统中,从土壤到植物冠层叶片,水势从较为湿润的土壤、植物根系、茎、叶,到大气总是下降的,水势的值总是从负到更负,也就是说,在土壤水和根系之间、根系到叶片之间、叶片到大气之间存在水势差或水势梯度,所以水总是在这个梯度的作用下不断地运移(图 2-1)。

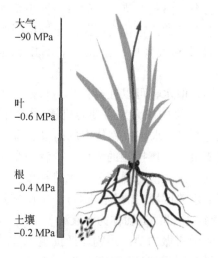

大气
-90 MPa

叶
-0.6 MPa

根
-0.4 MPa

土壤
-0.2 MPa

图 2-1　SPAC 中的水势变化

在假定水分流动在 SPAC 系统中稳定并连续运

动的条件下，可以用电磁学中的欧姆定律来模拟水分通量，即：

$$q = \frac{\Psi_s - \Psi_r}{R_{sr}} = \frac{\Psi_r - \Psi_l}{R_{rl}} = \frac{\Psi_l - \Psi_a}{R_{la}} \tag{2.2}$$

式中　q——水分通量，m/s；

　　　Ψ_s——土壤水势，Pa；

　　　Ψ_r——植物根系水势，Pa；

　　　Ψ_l——植物叶片水势，Pa；

　　　Ψ_a——大气水势，Pa；

　　　R_{sr}——水分从土壤到植物根系界面阻力，Pa·s/m；

　　　R_{rl}——水分从植物根系经过木质部到达叶片气孔的阻力，Pa·s/m；

　　　R_{la}——水分穿越气孔扩散到大气中的阻力，Pa·s/m。

2.2.2　植物对水分的吸收

2.2.2.1　植物细胞对水分的吸收

在大多数生理状态下，植物细胞总是不断地进行水分的吸收和散失，水分在细胞内外和细胞之间总是不断地运动。植物细胞吸水主要有三种形式：渗透性吸水、吸胀性吸水和代谢性吸水。其中，形成液泡的细胞主要靠渗透性吸水，未形成液泡的细胞靠吸胀性吸水和代谢性吸水。

（1）渗透性吸水

渗透性吸水与细胞水的能量状态有关。植物细胞吸水时，细胞的体积就会发生变化，渗透势和压力势也会随之发生变化。在细胞初始质壁分离时，压力势为零，细胞的水势等于渗透势；当细胞吸水，体积增大时，细胞液稀释，渗透势增大，压力势也增大；当细胞吸水达到饱和时，渗透势与压力势的绝对值相等，但符号相反，水势为零，不再吸水。当细胞强烈蒸腾时，压力势是负值，失水越多，负值越大，这种情况下，水势低于渗透势。

要产生渗透作用，就必须具备渗透系统，即构成渗透系统的条件是必须有一个选择透性膜，把水势不同的溶液隔开。其中，植物细胞就具备了构成渗透系统的条件，细胞壁是通透性的，但细胞壁以内的质膜和液泡膜却是一种选择透性膜，我们可以把细胞的质膜、液泡膜以及介于它们二者之间的原生质一起看成一个选择透性膜，它把液泡中的溶液与环境中的溶液隔开，如果液泡的水势与环境水势存在水势差，水分便会在环境和液泡之间通过渗透作用转移。所以，一个具有液泡的植物细胞，与周围的溶液一起构成一个渗透系统。我们可以通过植物细胞的质壁分离现象来证明水分进出成长的细胞主要是靠渗透作用。

①质壁分离（plasmolysis）：把具有液泡的植物细胞置于比细胞水势低的浓溶液中，由于细胞的水势高于溶液的水势，液泡中的水分便会向外流出，使整个细胞开始收缩，而原生质则继续收缩。随着细胞的水分继续外流，使得原生质与细胞壁逐渐分开，分离开始发生于边角，而后分离的地方渐渐扩大，如图 2-2 所示。植物细胞由于液泡失水，使原生质体向内收缩与细胞壁分离的现象称为质壁分离。

②质壁分离复原（deplasmolysis）：将已经发生质壁分离的细胞置于水势较高的溶液或纯水中，则细胞外的水分向内渗透，使液泡体积逐渐增大，使原生质层也向外扩大，又使

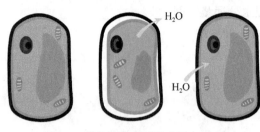

图 2-2　植物细胞质壁分离及复原过程

原生质层与细胞壁相结合，恢复原来的状态（图 2-2）。

细胞发生质壁分离分为 4 种形式：初始质壁分离、凹型质壁分离、凸型质壁分离和痉挛型质壁分离。其中，质壁分离的不同形式与原生质的黏滞性有关。而原生质的黏滞性与吸收的离子有关。K^+ 可以增加原生质的水合度，降低黏滞性，引起凸型质壁分离；Ca^{2+} 增加原生质的黏滞性，降低水合度，引起凹型质壁分离或痉挛型质壁分离。

水分进出植物细胞取决于细胞与其外界的水势差，相邻两细胞的水分移动同样取决于相邻细胞间的水势差。水势高的细胞中的水分向水势低的细胞中移动（图 2-3）。

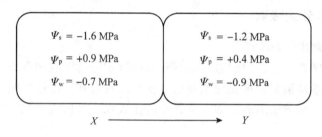

图 2-3　相邻细胞间水分的水势特征——驱动水分移动

（2）细胞的吸胀性吸水

植物细胞的吸胀作用是指亲水胶体吸水膨胀的现象。植物细胞的原生质、细胞壁及淀粉粒等都是亲水物质，它们与水分子之间有极强的亲和力。水分子以氢键、毛细管力、电化学作用力等与亲水物质结合后使之膨胀。不同物质吸胀能力的大小与它们的亲水性有关。蛋白质、淀粉和纤维素三者相比，蛋白质的亲水性最高，其次是淀粉，最后为纤维素。

吸胀作用是一种物理现象，在死种子和死细胞也能够发生，其大小主要取决于亲水胶体的成分。干种子萌发前的吸水就是靠吸胀作用，分生组织中刚形成的幼嫩细胞，也主要是靠吸胀作用吸水。植物细胞蒸腾时，失水的细胞壁从原生质体重吸水也是靠吸胀作用。

（3）细胞的代谢性吸水

植物细胞利用呼吸作用产生的能量使水分经过质膜进入细胞的过程，叫作代谢性吸水。代谢性吸水只占吸水量的很少部分。

2.2.2.2　植物根系对水分的吸收

植物虽然可以通过叶片、枝条及皮孔等吸收水分，但其吸收量有限，植物根系是陆生植物吸收水分的主要器官。植物的根系很庞大，一般是地上部分的 2~7 倍。植物根系在吸水时并不是根的各个部分都有吸水能力。表皮细胞木质化或栓质化的根段吸水能力很小，因此根吸水的主要部位是根的尖端，约在根尖端向上 10 mm 的范围内，包括根毛区、伸长区和分生区。根尖中吸水能力最大的部位是根毛区，主要因为其数量多，吸收面积大，细胞壁薄，透水性好且输导组织发达。当对草地植物进行移栽时，要保持根系带土状态，尽量减少根毛损伤，以利成活。

　　水分在植物根部从表皮到皮层可经过三条途径：非质体或质外体途径（apoplast pathway）、共质体途径（symplast pathway）和跨膜途径（transmembrane pathway）。其中，共质体途径和跨膜途径是细胞途径（cellular pathway）。成熟的植物根的结构主要由表皮、皮层薄壁细胞、内皮层和中柱组成。水分在植物根内的径向运输可以沿着质外体途径也可以沿着共质体途径进行（图 2-4）。质外体是指由细胞壁、细胞间隙、胞间层以及导管的空腔组成的部分，与细胞质无关，水分能够自由通过的部分。共质体是指植物原生质体间通过胞间连丝组成的连续整体。整个根系的共质体是一个连续体系，而质外体是不连续的，它被内皮层分成两个区域：一个区域是内皮层以外的部分，包括表皮及皮层的细胞壁、细胞间隙；另一个区域是在中柱内，包括成熟的导管。内皮层之所以把质外体分隔成两个部分，是因为内皮层细胞具有四面木栓化加厚的凯氏带，而凯氏带不允许水分和物质自由通过。跨膜途径是指水分从一个细胞的一端进入，从另一端流出，并进入第二个细胞，依次进行。在这条途径中，每通过一个细胞，水分都至少两次越过质膜，甚至越过液泡膜。

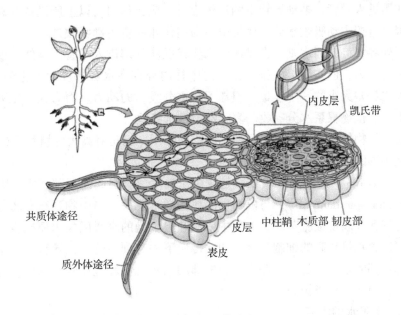

图 2-4　植物根系的水分吸收过程（修改自 Taiz and Zeiger, 2002）

　　根部吸收的水可以穿过皮质，通过质外体途径、跨膜途径和共质体途径行进。在共质体途径中，水在细胞之间流过质膜，而不会穿过质膜。在跨膜途径中，水流过质膜，短暂进入细胞内空间。在内皮层，质外体途径被凯氏带所阻断。其中，从共质体途径来的水可通过胞间连丝进入内皮层细胞，主要动力是扩散作用，而从质外体途径来的水是利用渗透作用通过细胞之间的空隙或者细胞壁进入内皮层。

　　（1）根系吸水的机理

　　根系吸水既可以是主动的，也可以是被动的。在植物一生中，被动吸水更为重要。无论哪一种吸水方式，吸水的基本依据是细胞的渗透吸水。

主动吸水（active absorption of water）是指由于植物根系生理活动引起的水分吸收，简单来说就是由根压引起的根系吸水。根压（root pressure）是指植物根系生理活动促使水分从根部上升的压力。根压把根部吸进的水分压到地上部，同时土壤中的水分不断补充到根部，这就形成了根系吸水过程。我们可以通过以下两种现象证明根压的存在：

①伤流（blooding）：从受伤或折断的植物组织中溢出液体的现象。流出的汁液是伤流液（blooding sap）。例如，如果在土壤上方切下幼苗的茎，则茎通常会在切开的木质部中渗出液体。如果将压力计密封在茎上，则可以测量到正压。这个压力便是由植物根系生理活动引起的根压。

②吐水（guttation）：是指没有受伤的植物，如处在土壤水分充足、气温适宜、天气潮湿的环境中的植物，叶片的尖端或边缘液体外泌的现象。吐水也是由根压引起的。

在了解植物主动吸水的同时，我们必须了解根压是怎样产生的。根压的产生是一个渗透过程，由此可见根压的产生必须有一个渗透系统的存在，即要有一个选择透性膜把植物根部导管溶液和外液隔开，并且外液的水势要高于导管溶液的水势，这样根外部的水分才能通过渗透作用进入导管，推动导管中的液体上升。应当指出，以上所说的主动吸水，实际上并不是根系直接主动吸收水分，而是根系利用代谢能量主动吸收外界的矿质，造成导管内水势低于外界水势，而水则是自发地顺水势梯度从外部进入导管。虽然习惯上将根压称为主动吸水的动力，但实际上根压只是根的中柱内外存在水势梯度而产生的一种现象，它是中柱内外水势差大小的一个度量，但却不是水分吸收的动力。因为这个压力并不能直接用来吸收水分。植物根系水分吸收的真正动力是水势差。

根压对幼小植物体水分转运能起到一定的推动作用，但是对高大的植物体（树木），仅靠根压显然是不够的。

被动吸水（passive absorption of water）是指由于枝叶蒸腾引起的根部吸水，吸水的动力来自蒸腾拉力（transpiration pull），与植物根的代谢活动无关。当植物进行蒸腾作用时，水分便从叶子的气孔和表皮细胞蒸腾到大气中，使叶肉细胞的水势因失水而减少，失水的叶肉细胞便从邻近含水量较高的细胞吸水。如此传递下去直到导管，把导管中的水柱拖着上升，结果引起根部的水分不足，水势降低，根部的细胞就从环境中吸收水分。这种因蒸腾作用所产生的吸力叫作蒸腾拉力。

（2）影响根系吸水的因素

根系的自身条件对根系吸收水分有一定的影响，如根系密度、长度、根表皮结构、根内部结构等因素。除了这些，土壤的物理化学状况也会影响根系吸水。

①土壤水分状况：土壤中的水分含量是指单位体积中水分体积或者单位质量的土壤中水分质量占比。土壤含水量直接影响土壤水势，进而对植物根系吸水产生直接影响。

②土壤温度状况：土壤的温度可以对根系的生长、呼吸等一系列生理活动产生影响，从而影响根系对水分的吸收。在低温情况下，其抑制根系吸水的主要原因是低温使根系的代谢活动减弱，尤其是呼吸减弱，影响根系的主动吸水；还会增加原生质的黏滞性，使水分不易透过，并且也会增加水分子本身的黏滞性，提高了水分扩散的阻力，根系生长受到抑制，使水分的吸收表面减少。在一定范围内，温度增高，可以使根系吸水增多。然而过

高的温度可以导致根细胞中多种酶活性下降，甚至失活，引起代谢失调，且还会加速根系的衰老，使根的木质化程度加重。

③土壤通气状况：土壤通气不良会造成根系的吸水困难。土壤中充足的氧气不但可以促进根系发达，扩大吸水表面，还可以促进根的正常呼吸，提高主动吸水能力。如果土壤通气差，根系环境内缺氧气，二氧化碳浓度便会增高，短期内可以使根系呼吸减弱，影响根压，从而阻碍吸水。如持续时间过长，则会引起根细胞进行无氧呼吸，产生和积累乙醇，导致根系中毒受伤，吸水更少。

④土壤溶液状况：一般情况下，土壤溶液浓度较低，水势较高，根系能正常吸水。当土壤溶液浓度较高时，水势低，作物吸水就会变得困难，甚至体内水分发生外渗现象。作物不能维持体内水分平衡而处于缺水状态，形成生理干旱。

2.2.2.3　草地植物的水分关系

草地植物的水分关系是由水分的吸收、运输、利用和散失构成的。其中，水分的吸收和运输在前文中已介绍。草地植物吸收和运输的水分中，有 1%～5% 用于植物的光合作用、呼吸作用等生命活动。光合作用（photosynthesis）是指植物利用光能把二氧化碳和水合成为还原态碳水化合物的过程。因此，草地植物的光合作用是生物量形成的基础，而水分又是影响光合作用最重要的因素。草地植物通过水分供应进行光合作用和干物质积累，其积累量的大小直接反映在株高、茎粗、叶面积和生物量形成的动态变化上。在水分胁迫下，随着胁迫程度的加强，枝条节间变短，叶面积减少，叶数量增加缓慢；分生组织细胞分裂减慢或停止；细胞生长受到抑制；生长速率大大降低。

植物的叶片是光合作用的主要场所，叶片的大小、性状、颜色等从本质上决定了叶片对入射光的吸收和反射。水分都能够直接影响这些特征。想要叶片保持健康的状态，既要靠纤维素的支撑，还要靠组织内较高膨压的支持。草地植物在缺水时多发生的萎蔫现象便是膨压下降的表现。此外，因为叶片水分亏缺，不仅会减缓光合产物从叶片外运，而且还会加速叶内淀粉的水解作用，使糖分在叶片中大量积累，妨碍光合作用的顺利进行，这也是进一步造成光合速率降低的原因。试验表明，植物组织水分接近饱和时，光合作用最强，水分过多，组织水分达到饱和时，气孔被动关闭，光合作用受到抑制。水分缺乏可以使光合作用降低；严重缺水至子叶萎蔫时，光合作用急剧下降，甚至停止。如在此时补水，即使叶子恢复到原来的膨胀状态，光合速率也很难恢复到原来的水平。

叶片也是水分蒸腾的主要器官，植物吸收的水分，只有极少部分用于自身的组成与代谢，大部分水分都通过吐水（液体的形式）或通过蒸腾作用以气态的形式散失到大气中。水分通过植物体表面进行蒸发的过程称为蒸腾作用（transpiration）。蒸腾作用的强弱与水分供应密切相关，而供水在很大程度上取决于根系的生长分布。根系发达，吸水容易，供给地上部分的水也变多，有助于蒸腾。当土壤干旱或供水不足时，根系吸收有限的水分，首先满足自己的需要，给地上部分输送的水分就变得很少，这样对地上部分产生的影响要大于地下部分。因此，良好的蒸腾作用是植物水分吸收和运输的主要动力，也有利于植物的光合作用。由此可见，水参与了草地植物生长的任何一个环节，是其生长的重要因素之一。在一定含水量基础上的水分平衡是草地植物正常生命活动的关键。

2.3　草地植物耗水量及其影响因素

2.3.1　草地植物耗水量的概念

一般而言，草地植物需水量（grassland plant water requirement）是指生长在草地上的植物，在土壤水分状况适宜植物生长，并且草地植物生长状况良好的情况下，为满足草地植物叶片及植株蒸腾、草地植被土壤蒸发以及构成草地植物组织对水分的需要量。

在大多数条件下，草地土壤水分含量总是随气象条件的变化而波动，并不总是处于最适宜植物生长的状态。在实际条件下，要维持草地植物的生长，将植物蒸腾的水量、草地植被土壤蒸发的水量以及组成草地植物组织的水量相加，称为草地植物耗水量。因组成草地植物组织的这部分水量占总量的比例很小可以忽略不计。因此，草地植物耗水量就是草地植物的蒸腾量与草地植被土壤的蒸发量之和，也称蒸发蒸腾量（evapotranspiration，*ET*）、蒸散量、草地总蒸发量等。植物需水量是耗水量的一个特例，是在健康无病、养分充足、土壤水分状况最佳、大面积栽培条件下，植物经过正常生长发育，在给定的生长环境下获得高产情形下的耗水量。

蒸发蒸腾的本质是水汽从陆地生态系统和水体向大气的运动过程，包含两个过程，即蒸发和蒸腾过程。蒸发是地面（即土壤、岩石等）、水体自由表面和植物冠层表面（即植物通过枝叶截留的水）将液态水散失到空气中的量。蒸腾是指从植物组织向大气散失的水汽量，主要通过叶片上的气孔释放。蒸腾的水是通过植物根系吸收的土壤中的水分。蒸发和蒸腾过程很难单独量化，因为当有植被存在时，这两种流动同时发生，因此，通常考虑它们的组合，即蒸发蒸腾过程。蒸发蒸腾量通常以单位时间所需的毫米水（mm/d）来测量。草地植物蒸发蒸腾量的组成如图2-5所示。

在草地生态系统中，在时间尺度一年内，蒸发蒸腾量最主要是从地表植被向大气中的水汽通量。在全球范围内，年降水量的57%作为蒸发蒸腾量返回大气。因此，蒸发蒸腾过程是全球陆地水文循环的一个关键组成部分。在植物个体中，有98%~99%的水分是通过蒸发蒸腾过程而消耗，只有1%~2%的水分用于构成植物组织。蒸发蒸腾过程是草地水循环最重要的生态水文过程，同时，草地植物的蒸发蒸腾量也与草地植物的生长过程、地上生物量及草地植物品质形成过程密切相关。

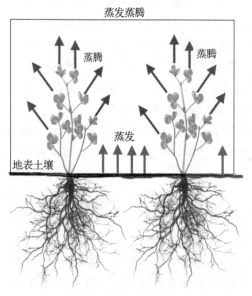

图 2-5　草地植物蒸发蒸腾量的组成

2.3.2　影响草地植物耗水量的因素

2.3.2.1　气象因素

环境条件特别是气象条件对蒸发蒸腾速率影响极大。在一定的季节(如夏季)甚至在较短的时间段内,尤其是在炎热、干燥和大风天气下,草地地表蒸散所损失的水量也可能特别显著。影响草地植物耗水量的气象因素主要有太阳辐射、气温、相对湿度和风速,如图2-6所示。

(1)太阳辐射

太阳辐射是地球的主要能量输入,它代表了许多生态过程的基本动力。太阳辐射是大多数陆地和水生生态系统能量收支的主要组成部分,因此,太阳辐射的变化会影响许多生态过程的速率。水分蒸散所需的热量主要来源于太阳辐射。太阳辐射对植物体的温度影响极大,当温度上升时水分的蒸散也随之上升。有人研究发现草地早熟禾水分蒸散速率随太阳辐射量的增加呈线性关系,并发现草地早熟禾在遮阴环境下的蒸散量比生长

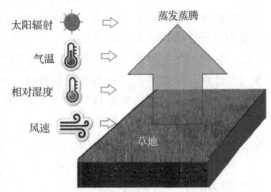

图2-6　影响草地植物耗水量的气象因素

在太阳直接照射环境下的低。晴天草地植物的日耗水量大于阴天的耗水量。在多种气象因子中,太阳辐射处于主导地位,其他因子均随着太阳的升落而变化。植物的蒸腾作用与太阳辐射间存在很强的相关性。

(2)气温

气温对草地植物蒸散的影响主要通过调节气孔开闭来实现。气温在0~30℃,气孔开张速率及开张均匀度随着温度增高而增大,而较高的气温(超过30℃时)反而会导致气孔关闭。对几种常见草地植物的蒸腾速率日变化研究表明,多数草种在中午气温过高时会关闭气孔,减少自身蒸腾作用,使蒸腾速率的日变化曲线呈现双峰曲线。

(3)相对湿度

水从液体蒸发到气体状态需要能量驱动才能发生。空气饱和差是水蒸气向大气中扩散的主要驱动力,表面蒸发与驱动力成正比。如果相对湿度高,这种驱动力就会低,因此蒸发也就会减弱。而且,随着蒸发的发生,空气中的水会越来越饱和,如果没有风将这种水汽含量逐渐增高的空气用更干燥的空气代替,驱动力将逐渐减弱直至趋于零,从而减少蒸发通量。风的速度有利于从蒸发表面除去蒸汽而对蒸发产生积极影响,从而增加了水汽压梯度。蒸腾作用与空气相对湿度呈负相关,与风速呈正相关。

(4)风速

风速的增加会扰动叶面的边界层,造成更多的水分由叶面蒸散至大气中,从而增加草地植物的蒸散量。此外,在风速大时,气孔及表皮的阻碍将会降低,导致水分蒸散增加,但风速过大往往会引起气孔关闭反而抑制蒸腾。

如上所述,减少土壤中的水分可以限制蒸发量,当土壤供水减小时,蒸发量就会下

降。相反，当土壤有充足的水分时，决定蒸发量的主要因素就是气象条件。过度灌溉会导致水的浪费，因为过度灌溉增加了蒸散通量。

2.3.2.2 植物特性

草地植物的蒸散过程是经由土壤—植物—大气连续体的动态水分传输过程。连续体中任何一部分状态的变化都会影响草地植物的蒸散量。草地植物与一般植物不同，生长良好修剪整齐的草地植物裸露土表很少，因而土壤蒸发相对较少，草地所消耗的水分在土壤—植物—大气连续体中主要以蒸腾形式参与循环。蒸腾耗水是草地植物与环境条件紧密联系的一个最基本的生理活动。大量研究表明，在一定的外界环境条件下，植物耗水量是一个与植物自身遗传性状密切相关的指标。冷季型草地植物和暖季型草地植物之间，不同草种之间，甚至同种草种的不同品种之间的蒸散量都存在差异，有些品种间差异的程度不亚于种间。此外，植物的光合特性，根系特性，叶片的气孔特征、角质层及蜡质层等都在一定程度上影响草地植物的耗水特性。由于 C_4 草地植物光合转换率高于 C_3 草地植物，就相同水分积累干物质速率（水分利用效率）而言，C_4 草地植物高于 C_3 草地植物，在相同生长时长下，C_4 草地植物的耗水量大大低于 C_3 草地植物。

植物的蒸腾作用可能受到植物根系可获得的水分多少以及水分从根系到气孔之间的传输速率的限制。植物根系土壤水分的多少取决于土壤和地下水的性质、灌溉管理和气象条件（如降水量）。从根到叶的水分输送和气孔的蒸腾作用受植物种类的影响，不同植物类型具有不同的蒸腾速率。

植物与空气之间的水汽交换与植物密度、叶片的数量和表面特征（如叶面积指数等）以及叶片单位表面上的气孔密度有关。气孔的开闭条件也是影响蒸腾作用的重要方面，因为蒸腾作用发生在气孔打开时，这与环境因素有关。如果植物根区没有足够的水分，气孔就会关闭。另外，在光合作用和呼吸过程中，需要开放的气孔来交换气体。因此，它们的开放涉及水分流失和生长之间的权衡，例如，更强的光强度不仅有利于光合作用，而且提供能量，支持蒸腾过程。

同一类型植物的蒸腾速率会因其发育阶段的不同而有很大的变化，因为不同时期的植物有不同的叶面积指数。因此，蒸腾和蒸发将呈现此消彼长的趋势。前者将通过植物生长增强，而后者将通过植被冠层的遮阴效应而降低。由于蒸腾作用与植物生物量正相关，以生物量为目标的人工草地管理目标应该是尽量减少由于蒸发而损失的水分，因为蒸发对植物生长没有贡献。

2.3.2.3 土壤因素

（1）土壤肥力

草地土壤肥力状况影响草地植物的生物量、叶面积、生根深度和范围，自然也就影响草地植物的耗水量。

（2）土壤水分

当土壤水分充足时，蒸散作用主要由气象因子调节，草地植物的蒸散会维持在一个较高的水平，不受土壤水分含量变化的影响，而当土壤水分降低到某一临界水平时，土壤水势降低，草地植物蒸散量也迅速降低，此时蒸散作用更多地受控于土壤水分。植物根系吸收土壤水分过程中，土壤供水性能是制约根系吸水难易的重要因素。作为蒸散作用的"水源"，土壤中可吸收的水量直接与草地植物蒸散量有关。当土壤水分充足时，植物的蒸发蒸腾旺盛，随着土壤有效水含量减少，土壤的吸附力增加，逐渐抑制土壤水的供给，使植物的蒸散强度不断降低，从而减少土壤水分消耗。在降水或灌溉后土壤水分超过田间持水量，多余的水分便向深层土壤流动，使在干旱期造成的水分亏缺得到补偿。因此，根区以下的土层称为土壤水分的补偿层。这个补偿土层对于天然植物群落的维持非常重要，其作用相当于调蓄水库，干旱期或干旱年动用这层土壤水会造成水分亏缺，在雨季或丰水年则进行补偿，以维持生态系统的水分平衡。

（3）土壤质地

黏质土的保水性好，而砂质土的保水性差，土壤的储水能力不同导致了土壤间供水能力的差异。因此，不同质地土壤上的草地耗水量也不同。

（4）土壤温度

土壤温度上升时，草地植物蒸散量会增加。

2.3.2.4　草地管理因素

（1）刈割或修剪

刈割是牧草型草地收获的作业方式，如紫花苜蓿一般在初花期就要进行刈割。修剪是景观、运动型草坪的日常养护管理方式，不修剪就不称其为草坪。无论是草地刈割或草坪修剪，都有一定的留茬高度，但刈割或修剪使地上大部分茎叶被去除，使草地植物的地上总生物量以及总叶面积大幅减少。因此，刈割或修剪后草地耗水量都会降低。

对于草坪草，无论是暖季型草地还是冷季型草地，修剪留茬高度高的草坪其耗水量大于留茬高度低的草坪。例如，草地早熟禾修剪留茬 2.5 cm 的耗水量比留茬 1.25 cm 的多 50%，留茬 6 cm 的蒸散强度比留茬 2 cm 的大 28%。从表 2-1 可以看出，在各种气象因子（如温度、降水、太阳辐射、风等）影响相同的情况下，修剪留茬高度越低草坪的耗水量越少，说明修剪是草坪节水的重要途径之一。

表 2-1　结缕草和高羊茅两种草坪植物不同修剪留茬高度时较不修剪减少的耗水量　　%

留茬高度/cm	8	6	4
结缕草	22.4	15.0	9.1
高羊茅	23.6	16.5	8.7

高茬修剪一般可增加草地植物的根系深度及扩展范围，从而增加草地植物耗水量，这与植物表面积有关。低茬修剪使草地植物的密度增加，但会降低根系密度及浅根化，从而降低耐旱性。研究表明，增加修剪次数，将减少叶面积、降低茎粗度和生根范围。修剪间隔期延长将增加草地植物的耗水量，原因是频繁修剪降低了草地植物的垂直生长速度，增加了植冠阻力。

（2）施肥

草地的矿质营养直接影响草地植物的生物量、叶表面积、根入土深度和扩展范围，自然也就影响到草地的耗水量。管理草地的目标不只是维持草地植物的存活，还要维持满意的景观效果，只有保持较旺盛的生长，才能达到景观要求，因而适时补充草地植物所必需的各种营养物质是十分必要的。研究表明，施用氮肥可明显促进草地植物的分蘖，增加草地密度，提高草地质量；而钾肥对草地色泽、密度有影响。

（3）化学药剂

草地常使用一些农药和植物生长调节剂等多种化学药剂，这些化学物质直接或间接地影响草地植物生长。例如，施用抗蒸腾剂可控制叶面与空气界面的蒸腾，用薄层单分子膜覆盖叶表面或用防水膜覆盖叶表面可导致气孔关闭。脱落酸是一种有效的抗蒸腾剂，喷施脱落酸可减少蒸散量。农药影响草地植物对水的利用，施用某些除草剂直接伤害草地植物的植冠，降低草地密度，从而影响草地植物对水分的利用效率。植物生长调节剂已广泛用于草地管理。试验证明，草地施用生长抑制剂不但能减少修剪次数、节省管理费用，而且还降低土壤水分消耗、延长草地使用寿命。

2.4　草地植物耗水量的估算

2.4.1　草地植物耗水量计算的意义

为什么要计算草地植物的耗水量，因为草地植物耗水量是草地水分平衡的一项重要指标。如果要对一片草地发展灌溉以保证草地生产力的提升和稳定，或保证草地景观或使用品质的维持，决策者或技术人员需要了解这片草地需要多少灌溉水量。只有对未来的灌溉用水需求做到充分了解，才能评估或计算发展草地灌溉的用水量需求，从地区水资源管理机构那里取得用水的许可或用水计划。

另外，草地经营管理者也需要知道草地植物的具体耗水量是多少，以便安排草地的灌溉管理以获得令人满意的草产量或草地品质。同时，他们还需要知道，在植物生长过程中存在水分亏缺引起草地植物水分胁迫与草地植物草产量降低的关系，或者耗水量减少与草地使用品质下降的关系。因为耗水量和植物的光合作用都是受制于气孔调节，如果实际耗水量减少，可能对草地植物地上生物量带来影响。

植物耗水量的计算主要是针对作物耗水量计算，草地植物也可以认为是作物的一部分，当然有些草地植物并不以获得生物学产量为目标，但在处理植物耗水量计算时，并无本质差别。目前，作物耗水量的计算主要基于具有物理基础的计算方法，如水汽扩散理论、能量平衡理论等推导的理论及半经验半理论公式。

2.4.2　草地植物耗水量的估算方法

草地植物耗水量的估算理论比较复杂。目前，草地植物耗水量的估算主要有以下方法。

2.4.2.1　水量平衡法

（1）水量平衡法原理

水量平衡就是一定空间内水量的收支平衡。因为物质是守恒的，所以任意时刻，任何区域或空间内收入（或输入）的水量与支出（或输出）的水量之差，一定等于该时段内该区域或空间内蓄水量的变化，这就是水量平衡原理。水量平衡法是基于一定区域面积和土体深度在某一时段内的水量平衡，即土壤得到的水分量和被植物用去的、流失的水分量之间的平衡关系，间接测定总蒸散量。一般指在给定的时段和区域内植物根部范围一定的土层水量收入与支出的差额。该方法适用范围广、测量的空间尺度可小至几平方米，大至几十平方千米。时间尺度要求一周以上。该方法最大的优点是不受气象条件的限制。缺点是测定时间相对较长，所以难以反映蒸散的日动态变化规律并且分量测定中有效降水量、地下水补给量、土壤水蒸发量难以准确测定。另外，土壤水分的各平衡分量因空间变异特性所导致的测量误差，将会集中到蒸散总量上，从而会影响计算精度。水量平衡原理是水文、水资源研究的基本原理，借助水量平衡原理可以对水循环现象进行定量研究，并可以建立各水文要素间的定量关系，在已知某些要素的条件下可以推求其他水文要素，因此对水量平衡的研究不但具有理论意义，还具有重要的实用价值。

　　水量平衡方程可由水量的收、支情况来表述。系统中输入的水与输出的水量之差就是该系统内的蓄水量（ΔS），其通式为：

$$\Delta S = 输入 - 输出 \tag{2.3}$$

　　按系统的空间尺度，大可至全球，小至一个区域；也可从大气层到地下水的任何层次，均可根据通式写出不同的水量平衡方程式。

　　为了研究草地耗水量，从草地系统中取出一个立方体来研究可能输入立方体的水量和可能输出立方体的水量，如图 2-7 所示。

　　输入草地系统的水量有：人工灌溉、自然降水、从周围流入草地系统的地表径流、从草地立方体周围土壤中流入系统的水量或侧向入渗，以及在较高地下水位情况下毛细管上升水给草地系统的补给量。

　　输出草地系统的水量有：草地的蒸发蒸腾或蒸散、草地系统底部的深层渗

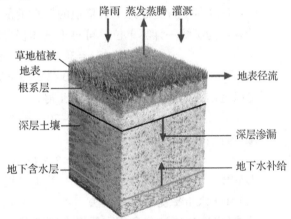

图 2-7　草地根系层水量平衡模型图

漏、可能从草地系统表面流出的地表径流，以及草地立方体周围土壤向系统外的渗透。

　　为了研究的方便，可以认为草地立方体流入的地表径流与流出的地表径流相等；从草地立方体周围土壤中流入的侧向入渗与流出的侧向入渗相等；同时假定草地系统没有地下水的补给。在此条件下，一定时段内草地系统的水量平衡方程为：

$$\Delta S = (I+P) - (ET+D) \tag{2.4}$$

式中　I——灌溉水量，mm；

　　　P——降水量，mm；

　　　D——深层渗漏量，mm；

　　　ET——草地耗水量，mm；

　　　ΔS——时段内土壤中的储水量，mm。

　　一般情况下，降水时不会灌溉，在高尔夫球场等大型草地灌溉系统中都配置雨量传感器，当降水发生时，可以自动关闭灌溉系统。因此，根据式（2.3），在灌溉条件下草地的耗水量为：

$$ET = I - D - \Delta S \tag{2.5}$$

从式(2.5)可以看出，人工灌溉的水量 I 是可以计量的，单位为水层深度 mm，或单位面积上的水量 m^3/hm^2；只要观测出草地根系层的深层渗漏量及时段内土壤的储水量，就可以得到草地在时段内的耗水量。

ΔS 为时段内土壤中保持的水量，也就是时段初的土壤含水量 S_1 与时段末的土壤含水量 S_2 之差，即：

$$\Delta S = S_1 - S_2 \tag{2.6}$$

【例题1】

某高尔夫球场球道草地，从 8 月 1 日到 8 月 7 日，降雨一次，测得降水量 12 mm，期间，除降雨天外每天喷灌一次，每次喷洒 15 min，总灌水量 24 mm。测得草地根系深度 $Z = 30$ cm。8 月 1 日 10：00 用土壤水分测定仪测得根系层平均土壤体积含水率 S'_1 为 28.6%，8 月 7 日 10：00 再次测定土壤体积含水率 S'_2 为 23.4%。假定每次灌溉时间少，草地根系层不发生深层渗漏。

问：从 8 月 1 日到 8 月 7 日草地的耗水量是多少？

计算：为了统一计算单位，可将土壤体积含水率换算为计算土层内的水层深度，即

$$S_1 = Z \times S'_1 = 30 \times 28.6\% = 8.58 \text{ cm} = 85.8 \text{ mm}$$
$$S_2 = Z \times S'_2 = 30 \times 23.4\% = 7.02 \text{ cm} = 70.2 \text{ mm}$$

将以上结果代入水量平衡方程式，得

$$\Delta S = 85.8 - 70.2 = (24 + 12) - (ET + 0)$$

从中解出 ET 得

$$ET = 36 - 15.6 = 20.4 \text{ mm}$$

即从 8 月 1 日到 8 月 7 日共 6 天，草地总耗水量为 20.4 mm，日平均 3.4 mm/d。

(2)基于水量平衡的蒸渗仪法

蒸渗仪(lysimeter)是利用水量平衡原理制成的研究土壤下渗、植被蒸散过程的观测装置。在水量平衡方程中，降水量可以用气象观测的方法得到，灌水量也可以通过计量获得单位面积上的灌水量，时段初和时段末的土壤含水量可用测定土壤含水量的方法获得，深层渗漏也可以用仪器或设施直接观测。大型蒸渗仪在蒸渗桶外设置套筒，要求蒸渗桶壁与套筒壁的间隙尽量小以减小边界效应对观测植物蒸散的影响。大型蒸渗仪底部可安装重量传感器进行自动连续观测。

比较新型的大型蒸渗仪采用压力传感器及水量传感器，采用数据采集系统实现观测的连续性和自动记录、数据传输等功能。大型蒸渗仪是观测植物蒸发蒸腾最为有效的方法，特别是农作物及地被植物，但由于其结构比较复杂，建设蒸渗仪观测场投资相对较大，目前在农作物及生态系统水量平衡观测中应用较多。

在草地耗水量的试验观测中应用较多的是微型蒸渗仪(micro lysimeter)。国内外对微型蒸渗仪的材料、规格、在裸地与植株间空地中的应用及与其他方法的对比等方面做了大量的试验研究，表明使用微型蒸渗仪测量计算田间的土面蒸发或植株间空地蒸发可获得满意结果。

（3）基于水量平衡的田测法

田测法（field measurement）就是通过试验小区测算草地耗水量的方法，其测算原理是小区上的水量平衡，小区耗水量的计算公式为：

$$ET = I + P + \sum_{i=1}^{n} \gamma_i Z_i (S_{bi} - S_{ei}) \qquad (2.7)$$

式中　ET——时段内草地观测小区的耗水量，cm；

　　　I——时段内草地观测小区的灌溉总量，cm；

　　　P——时段内草地观测小区的总有效降水量，cm；

　　　S_{bi}——时段初小区第 i 层土壤含水量，%；

　　　S_{ei}——时段末小区第 i 层土壤含水量，%；

　　　γ_i——小区第 i 层土壤干容重，g/cm³；

　　　Z_i——小区第 i 层土壤厚度，cm；

　　　n——草地土壤分层数。

2.4.2.2　彭曼–蒙泰斯法

彭曼–蒙泰斯（Penman-Monteith）法，简称 PM 法，是典型的能量平衡–空气动力学阻抗法，是目前公认的适用性强、计算精度高和可靠的计算方法。彭曼于 1948 年将能量平衡原理和空气动力学原理结合起来，首次提出著名的 Penman 公式，用于计算植被的潜在蒸发量。然后引入了作物系数的概念，使得估算植物表面潜在蒸发蒸腾量成为可能。彭曼法需要气温、空气相对湿度、太阳辐射、风速等气象数据。即使是这样，彭曼法估算植物潜在蒸发蒸腾量时仍然包含有许多经验公式及数据。许多研究人员也因此通过研究提出了很多改进意见，以适应不同地区的情况。例如，1977 年修正后的 FAO-Penman 方法已在世界范围内得到应用。根据 FAO-Penman 方法开发的灌溉规划及管理工具软件包 CROPWAT，就包含了作物需水量计算模型 CRIWAR，该模型应用了彭曼法的计算步骤，但采用了 FAO-Penman 方法中定义的参考作物来计算模拟植物蒸发蒸腾量。

定义的参考作物是指：生长高度均匀一致（8~15 cm）、生长旺盛、无病虫害、完全覆盖地表、土壤水分供应充足条件下的绿色植物。类似的参考植物就是 12 cm 高的冷季型草坪草或 50 cm 高的紫花苜蓿，且生长旺盛，水分供应充分。以此参考植物计算的蒸发蒸腾量为参考植物的蒸发蒸腾量 ET_0 值。

根据这样的定义，参考植物的蒸发蒸腾量将不受土壤含水量、植物种类、田间管理等的影响，只受到气象因素的影响。因此，根据气象数据就可以计算参考植物的蒸发蒸腾量。

参考植物耗水量计算是以水汽扩散理论为基础的。根据水汽扩散理论，无论水面蒸发、叶面蒸腾还是土壤蒸发，都是由于水分子接受辐射后动能增加，大于水分子间的内聚力，或叶细胞对水分子的束缚力，使得水分子逃离液面，由液态转化为气态的扩散过程。

目前，国内外用于计算参考植物蒸发蒸腾量的彭曼–蒙泰斯公式，简化为 PM 公式：

$$ET_0 = \frac{0.408\Delta(R_n - G) + \gamma \dfrac{900}{T+273} u_2 (e_s - e_a)}{\Delta + \gamma(1 + 0.34 u_2)} \qquad (2.8)$$

式中　ET_0——参考植物蒸发蒸腾量，mm/d；

R_n——植物表面太阳净辐射，MJ/($m^2 \cdot d$)；

G——土壤热通量，MJ/($m^2 \cdot d$)；

T——2 m 高度处的日平均气温，℃；

u_2——2 m 高度处的风速，m/s；

e_s——饱和水汽压，kPa；

e_a——实际水汽压，kPa；

$e_s - e_a$——饱和水汽压亏缺值，kPa；

Δ——饱和水汽压—温度曲线上的斜率，kPa/℃；

γ——湿度计常数，kPa/℃。

PM 公式在不同气候条件下都可以适用。标准化的彭曼-蒙泰斯法中（FAO-56，1998），计算参考植物 ET_0 的方程是目前最常用的参考植物 ET 计算方法，适用于多种环境和气候条件下的灌溉系统设计和运行管理。

式（2.8）是用来计算日参考植物蒸散量的公式，若用 PM 公式计算以小时为单位的参考植物蒸散量，式中参数相应需要小时内的数据。则改为：

$$ET_0 = \frac{0.408\Delta(R_n - G) + \gamma \dfrac{37}{T_{hr} + 273} u_2 [e_s(T_{hr}) - e_a]}{\Delta + \gamma(1 + 0.34u_2)} \tag{2.9}$$

式中　R_n——植物表面太阳净辐射，MJ/($m^2 \cdot h$)；

　　　G——计算时段内的土壤热通量，MJ/($m^2 \cdot h$)；

　　　T_{hr}——计算时段内的平均气温，℃；

　　　$e_s(T_{hr})$——气温为 T_{hr} 的饱和水汽压，kPa；

　　　e_a——计算时段内的平均实际水汽压，kPa。

2.4.2.3　用作物系数计算潜在蒸发蒸腾量

PM 方法计算蒸散时定义了一种参考植物，即一种假想的完全覆盖地面的植物，不缺水，作物高度为 0.12 m，冠层阻力为定值 70 s/m，冠层反射系数为 0.23。这种参考植物可以认为是一种修剪过的冷季型草。因此，上述方法计算出来的是参考植物的蒸发蒸腾量，这是在假设水分供应充足条件下针对假设的参考植物计算出来的。针对一种实际植物，如果水分供应充足时，植物的蒸发蒸腾量达到最大值，这时的蒸散量即为潜在蒸发蒸腾量。

（1）植物系数

从理想的参考植物到实际植物，引进了一个作物系数（crop coefficient，K_c）来计算实际植物的潜在蒸发蒸腾量，即：

$$ET_p = K_c ET_0 \tag{2.10}$$

式中　K_c——作物系数，草地中也称植物系数，一般为 0.2~1.3；

　　　ET_0——参考植物蒸发蒸腾量；

　　　ET_p——潜在蒸发蒸腾量，即在充分供水条件下最大的植物耗水量。

植物系数是实际植物耗水量与参考植物耗水量的比值，反映实际植物与参考植物之间的差异，是实际植物生物学特性的指标。植物系数是将植物蒸腾和土壤蒸发的影响整合到一个单一的系数中，该系数包含植物特征和土壤蒸发的综合影响。

对于草地植物，尽管参考植物的定义类似于草地植物，但参考植物本身是一种定义的假想的植物，并不能用某一种植物来完全替代。从参考植物的蒸发蒸腾量到真实草地的蒸发蒸腾量，需要经过植物系数的转换，如图2-8所示。

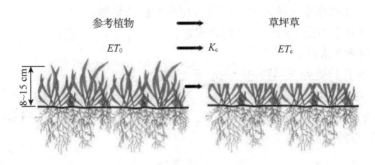

图 2-8　参考植物与草坪草

植物系数与草地植物的种类、品种、生育期等密切相关。草地植物系数的确定，首先要观测草地植物的最大蒸散量，再通过同一时段的气象数据计算出参考植物的蒸散量，然后计算其比值就是植物系数。两类草地植物的植物系数见表2-2所列。冷季型草地植物的植物系数高于暖季型的草地植物。

表 2-2　两类草地植物的植物系数

草地植物类型	生长高度/cm	生长初期	生长中期	生长末期
苜蓿(各茬次平均)	70	0.4	0.95	0.9
苜蓿(一茬)	70	0.4	1.2	1.15
制种苜蓿	70	0.4	0.5	0.5
三叶草(各茬次平均)	60	0.4	0.9	0.85
完全放牧草地	10	0.3	0.75	0.75
冷季型草坪草	10	0.90	0.95	0.95
暖季型草坪草	10	0.80	0.85	0.85

（2）土壤水分修正系数

一种草地植物，如果供水条件受到限制，即土壤在非充分供水条件下，则此时这种植物的蒸发蒸腾量为实际蒸发蒸腾量。因为，自然条件下，并非任何时间土壤水分都是充分满足植物需要的，在一定时段内植物生长要受到土壤水分不足的限制。因此，土壤非充分供水条件下植物的蒸发蒸腾量计算，需要考虑土壤水分亏缺的修正，即：

$$ET_a = K_c K_s ET_0 \tag{2.11}$$

式中　ET_a——实际蒸发蒸腾量，即在非充分供水条件下实际的植物耗水量；

　　　K_s——土壤水分修正系数。其值在 0~1。在充分供水，即土壤水分不是植物蒸散的限制因子时，$K_s = 1$。

土壤水分修正系数反映了在干旱缺水时土壤含水量减少，植物根系吸水不足导致植物蒸发蒸腾量降低。

康绍忠(1996)提出的土壤水分修正系数指数型公式具有较高的计算精度，如：

$$K_s = C\left(\frac{\theta - \theta_{WP}}{\theta_j - \theta_{WP}}\right)^d \tag{2.12}$$

式中　C 和 d——随植物生长阶段和土壤条件变化的经验系数；

　　　θ——计算时段内根系层土壤平均含水量；

　　　θ_{WP}——凋萎含水量；

　　　θ_j——植物开始受到干旱胁迫时的临界土壤含水量。

由此可见，参考植物蒸发蒸腾量、潜在蒸发蒸腾量和实际蒸发蒸腾量之间既有联系，也有区别，如图 2-9 所示。如果现实条件下，植物水分供应并不充分，则实际蒸发蒸腾量会小于潜在蒸发蒸腾量。

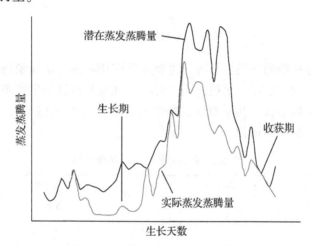

图 2-9　某种植物实际蒸发蒸腾量与潜在蒸发蒸腾量的比较

2.4.2.4　基于遥感的能量平衡方法

天然草地植物正常生长必然消耗一定的水量，不同的草地生态系统由于植被特征、土壤特征和气候特征等不同，其耗水量也不同。天然草地的水分散失过程包括土壤蒸发和植被蒸腾，是草地生态系统水循环的一个重要组分。

天然草地生态系统的蒸散发取决于许多相互作用过程，如地理特征、大气条件、土壤特性、植被特征和气候条件等。由于这些特征和条件在空间和时间上存在非常大的变异，通过地面观测或通过气象学方法获得的小空间蒸散发难以代表区域尺度的实际情况。随着空间尺度的增加，如流域、区域、全球尺度下，通常没有足够多的地面观测，而气象学方法不容易在空间上扩展。获取蒸散发在空间上的分布信息，是多年来一个亟待解决的科学问题。

20 世纪 70 年代以来，随着卫星遥感技术的出现和快速发展，其快速、空间时间尺度大、连续性强的优点使人们能够获取地球表面的丰富信息，为大尺度陆面蒸散发的定量估算带来了新的希望。在众多评估天然草地生态系统蒸散发的方法中，遥感方法由于具有较高的时空连续性使其成为快速准确估算草地蒸散发的有效手段。卫星从高空通过传感器探测及接收来自目标物体所辐射及反射的电磁波信息，经遥感成像过程形成图像数据，从而识别物体的属性及其空间分布等特征，并通过地面接收站获取数据和遥感软件平台处理数据。这些信息经过特定方法处理后可获得反映地表状态的相关参数(如植被生物量、覆盖状态、地表、水分和温度等)，代表一定面积内该参数的空间统计平均值。尽管遥感技术不能直接观测蒸散发，但多时相、多光谱及不同空间分辨率的遥感资料能够客观反映出地球表面的几何结构和湿热状况，特别是热红外遥感能够比较客观地反映出近地层湍流热通量大小和下垫面的干湿差异，可利用遥感数据反演控制蒸散发的重要变量，进而估算蒸散发。

当前，利用遥感方法估算草地生态系统蒸散发大致可分为遥感经验模型和基于地表能量平衡方程的估计模型等。遥感经验模型法是通过分析提取对蒸散发影响最为重要的环境和气候因子，通过建模确立遥感瞬时观测值和地面实测值的关系，在一定假设条件下对潜热、感热、太阳净辐射和土壤热通量进行拟合来确定日蒸散发。该方法要求研究区域大气状况相对稳定，且相对均一。最具代表性的经验模型是根据瞬时辐射温度(通常为正午时刻的值，如 13：00 或 14：00)和气温求算蒸散发量。该模型通过日净辐射和一天中(通常 13：30~14：00)瞬时遥感地表温度和地表气温的差值来计算日蒸散发。该模型的前提是假设显热通量与净辐射之比在一天之中始终等于一个常数，并且在日尺度上土壤热通量可以忽略不计，其算法可用数学公式表示为：

$$LE_d = R_{n,d} - G_d - B(T_{ls} - T_{la}) \tag{2.13}$$

式中　LE_d——日蒸发蒸腾量，mm/d；

$R_{n,d}$——日净辐射通量，MJ/(m^2·d)；

G_d——日土壤热通量，MJ/(m^2·d)；

T_{ls} 和 T_{la}——分别为当地时间 13：30~14：00 的地表温度和地面 1.5 m 气温，℃；

B——观测数据的回归经验参数。

统计经验方法相对简单所需参数较少，在水分供应充足、地表大气层相对稳定条件下，每天只需中午一次遥感观测的瞬时遥感地表温度、气温和日净辐射，就可获得全天精度很高的蒸散量，非常便于大范围遥感应用，在灌溉管理、作物估产等应用中可以发挥很大作用。但同时，该方法只有在晴天才近似成立，有云时段的 ET 需要借助连续晴天 ET 插值获取。不同区域参数 B 需根据经验回归确定，具有很强的区域局限性，不具有普适性。

另一种常用的遥感蒸散发估算方法是基于地表能量平衡原理的蒸散发估算模型方法。如果忽略平流引起的水平能量传输，在垂直层面地球接收来自太阳的辐射能量分配形式主要包括：大气升温的显热通量，水分相态转换所需的潜热通量以及地表加热的土壤热通量，还有一小部分消耗于植被光合作用、新陈代谢引起的能量转换、植被组织内部和冠层空间的热量储存，这部分占总可利用能量的 1% 不到，比前三项主要成分的观测误差还要小。因此，地表能量平衡方程可以表示为：

$$R_n = LE + H + G \tag{2.14}$$

式中　R_n——地表净辐射，W/m^2；

LE——潜热通量，W/m^2；

H——显热通量，是大气升温所吸收的能量，W/m^2；

G——土壤热通量，W/m^2。

目前，净辐射和土壤热通量的遥感反演技术已经相当成熟。因此，应用地表能量平衡方程是目前遥感估算不同时空尺度蒸散发最广泛的一种方法。其核心思想是通过地气温差计算显热通量，最后利用能量平衡方程余项可得潜热通量。具体步骤为，首先利用遥感数据反演辐射通量、土壤热通量和显热通量，然后推算蒸散发量。其中，显热通量估算是本方法的核心内容。阻抗是影响显热通量的重要参数。在遥感应用中阻抗沿用彭曼－蒙泰斯表面阻抗的概念。这使得很难利用明确的机理性公式来描述"表面阻抗"，因为它代表下垫面各部分的综合阻抗。根据对地表描述方法的差异，即是否区分了植被和非植被，本方法又可以分为单层和双层模型。

单层模型把土壤和植被作为一个水、热通量源，对陆地表面过程进行高度简化，忽略了下垫面的次级结构和特征，将土壤和植被的混合像元作为一张大叶子处理，不区分土壤和植被，将地表看作一张均匀的"大叶"，因而也称大叶模型。单层模型对下垫面的假设非常理想化（单一、均匀），在实际应用中很难满足该条件，仅适合在植被覆盖茂密、下垫面均一的地区应用，但在植被稀疏的地区等下垫面异质性大的区域往往会产生严重误差。

基于地表能量平衡的双层模型理论上是单层模型的一种延伸，它针对稀疏植被条件下，叶片下层土壤裸露的实际情况，同时考虑了植被、土壤对冠层总能量的贡献。其核心思想是认为整个植被冠层的湍流通量分别来自植被冠层及其下方的土壤，土壤和植被冠层通量是互相叠加的，共同影响冠层内部的微气象特性，这些微气象特性又反作用于土壤和植被冠层通量。这种模型理论是在理想状态下对植被和土壤相互关系的一种表达。双层模型不需要解算剩余阻抗，能够分别得到土壤蒸发和植被蒸腾，在植被稀疏等下垫面异质性大的区域，模拟效果要明显优于单层模型。但是所需参数众多，涉及许多难以通过遥感直接获取的阻抗的复杂参数化。此外，双层模型还需要将气象数据与遥感数据相结合，而气象要素具有较强的时空异质性，难以直接通过遥感手段获取。这直接引申出了另一个重要问题，即如何平衡气象数据空间插值和时间插值带来的误差问题。这些特点都促使双层模型在当前的发展中受到了一定的限制。

2.5　苜蓿（紫花苜蓿）耗水量

2.5.1　苜蓿的生长发育

紫花苜蓿是一种多年生豆科牧草，起源于小亚细亚、外高加索、伊朗高原。经过两千多年来的发展，苜蓿已成为我国种植面积最广的深根系多年生豆科牧草，广泛分布于华北、西北、东北南部地区。苜蓿具有适应性广、产量高、品质好、经济效益高、营养丰富的特点，被誉为"牧草之王"。它不仅抗旱、抗寒、耐盐碱，而且能够固氮改土、改善生态环境。

在了解苜蓿耗水量及耗水规律之前，了解一些苜蓿草的生物学特性及生长发育过程等基本知识是必要的。水分充足条件下，苜蓿种子在种植后 24 ~ 48 h 开始吸收水分萌发。子叶是苜蓿幼苗的第一个地上可见的生理结构，然后产生第一个真叶（单叶）。第二个出现的叶子有三个小叶，称为三叶草。多年生苜蓿在冬季来临前进入休眠期。第二年春季，温度

和相对湿度达到一定条件时开始返青(图 2-
10)。物候期反映了一年中苜蓿生长发育的
规律性变化。物候变化是苜蓿系统发育过程
中形成的遗传特性与外界环境条件共同作用
的结果,尤其以气象条件影响较大,且气象
条件中以温度的影响最大。

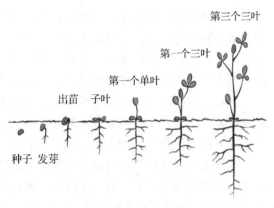

　　不同苜蓿品种从返青到开花平均需
72 d;从返青到结荚需 85 d。其中,从返青
到分枝平均需要 32 d;从分枝到现蕾需
26 d;从现蕾到开花需 14 d;从开花到结荚
需 13 d。苜蓿返青主要受水热条件的制约。

图 2-10　苜蓿的生长发育过程

多年生苜蓿经过秋冬几个月的黄枯期后,必须具备一定的热量和水分条件后才能返青。对
于旱作农业,大气降水是苜蓿生长发育需水的唯一来源。苜蓿返青所需水分主要依靠上年
度收获后的降水和返青前当年的降水。苜蓿返青时须通过最低温度临界值,当气温超过这
一温度临界值后可诱发苜蓿返青。

　　土壤水分条件对苜蓿的生长发育具有显著的影响。研究表明,当土壤含水量降低时,
紫花苜蓿相应增加根冠比和根长,降低幼苗叶片叶绿素含量和光合能力,最终显著降低紫
花苜蓿的产量。

2.5.2　紫花苜蓿耗水规律

　　普遍认为紫花苜蓿耗水量在整个生长季为 400~900 mm。紫花苜蓿主根的长度可能超
过 50 cm,但活跃的吸水根更靠近土壤表面。超过 50% 的水分通过 0~10 cm 的紫花苜蓿根
系吸收。虽然紫花苜蓿的抗旱性较强,但是如果没有水分供给,紫花苜蓿生长就会停滞。
缺水会严重降低紫花苜蓿的产量。在干旱和半干旱环境中,紫花苜蓿的产量与耗水量有关。

　　紫花苜蓿的耗水量受气候和生长阶段、植物健康、盐度和土壤水分含量等诸多因素的
影响。苜蓿品种、生长状况和发育阶段、刈割、茬次及气候、土壤等因素都能显著影响苜
蓿的耗水量。例如,紫花苜蓿枝叶繁茂,生长迅速时需要的水分远高于其他时期。整体来
说,紫花苜蓿不同生育期的耗水量差异较大。有试验表明新种植的紫花苜蓿苗期、分枝
期、花期、结实期和全生育期的耗水量依次为 41 mm、47 mm、246 mm、69 mm 和 403 mm。
不同生长年限的紫花苜蓿蒸腾强度也不一样,一般随着生长年限的增长,蒸腾强度也在提
高。在生长季中,不同时期的蒸腾强度也有明显差异,其中 5~6 月蒸腾强度最高,其他月
份较低。紫花苜蓿生育阶段一天之内的蒸腾强度一般会出现 2 次峰值,分别在 9:00~11:00 和
15:00~17:00 时。刈割可以显著降低紫花苜蓿的耗水强度。

　　气候因素包括太阳辐射、气温、风和湿度等,其中太阳辐射是最重要的因素,因为它
提供了水分蒸散的最直接的能量。蒸散发对于小型植物冠层(如紫花苜蓿刚收获后)来说很
小,并且主要由蒸发组成,因为大部分土壤都暴露在阳光下。随着冠层覆盖的增加,蒸散
发主要是蒸腾作用,因为成熟的植物冠层覆盖了大部分土壤,减缓了蒸发。然而,土壤水
分不足会降低紫花苜蓿的蒸散发和产量。

在一年内紫花苜蓿耗水量的变化是：年初由于春季气候凉爽，蒸散发很小；随着温度增加蒸散发增加，直到盛夏；之后蒸散发随时间推移又开始减少。由于气候变化，特别是温度、风和太阳辐射的变化，蒸散发每天都会有相当大的变化。无论一年中的什么时候，蒸散发在收获后立即下降，然后在下一次收获前迅速增加到最大水平。

紫花苜蓿的季节性产量与季节性耗水量直接相关。紫花苜蓿产量随着蒸散发增加而增加，最大产量出现在最大季节性蒸散发(一般由气候条件决定)。土壤水分不足从而导致产量下降。因此，通过灌溉使紫花苜蓿保持较高的蒸散发水平是保证紫花苜蓿高产的重要措施。

灌溉水量与紫花苜蓿产量之间的关系不同于蒸散发和紫花苜蓿产量的直线关系。全年施水对产量的影响不同。第一次收获时紫花苜蓿产量对灌溉水量的反应很小，这是因为冬季和春季降水中储存的土壤水分可以满足紫花苜蓿生长和相应的蒸散发。但是随着时间推移，冬季/春季储存的水分会逐渐耗尽。因此，紫花苜蓿产量会随着灌溉水量的增加而增加。然而，如果灌溉水量超过最大蒸散量或土壤持水能力则多余的水分对产量没有显著影响。

2.6　草坪草耗水量及耗水规律

2.6.1　草坪草及其水分需求

草坪是指由人工建植或人工养护管理，起绿化美化作用的草地。草坪可以吸收大量二氧化碳、净化空气及改良土壤、调节城市小气候、缓解噪声及污染等问题。用于建植草坪和进行草皮生产的草种就是草坪草。草坪草种类有上千种，我国常见的草坪草有多年生黑麦草、高羊茅、草地早熟禾、狗牙根、结缕草等。草坪草的生长情况受到当地土壤及气候环境等因素的显著影响。土壤的水分条件是影响草生长的重要因素。认识草坪草的耗水规律，制订科学的草坪水分管理计划，节约利用水资源、获得满意的草坪绿地质量和理想的使用性能是当前草坪科学研究的重要领域之一。

根据植物对水分的需求可以将植物分为湿生植物、中生植物和旱生植物。大多数草坪草属于中生植物，这类植物在其生命周期要求一定的水分环境，不能忍受极端的干旱胁迫。

不同种类的草坪草具有显著不同的抗旱性能。抗旱性强的草坪草一般具有较低的水势，其叶片表面干燥，脂类物质在表皮的沉积使角质层加厚，减少了角质层蒸腾，保持内部组织足够的含水潜力和细胞含水量。在草坪草的抗旱性方面，多数人认为蒸腾作用小且有深而长的根系是抗旱性优良的主要特点之一，作物系数、渗透调节能力、蒸腾速率可作为选育抗旱草种的指标之一。

2.6.2　草坪草种与耗水量

草地植物种或品种不同，其耗水量也不同，而且不同草种草地的耗水量差异很大。大多数情况下，冷季型草地植物比暖季型草地植物耗水多。有人在控制环境条件下比较20个草地早熟禾品种的蒸散量发现，最低的是 3.9 mm/d，最高的是 6.3 mm/d，高低相差达40%。大田条件下进行研究时，草地早熟禾的蒸散量为 7.7~10 mm/d，品种间的差异达30%。草地植物的耗水量与观测时土壤的供水状况有关。如果土壤充分供水，草地植物生长就不会受到水分的限制，因而蒸腾消耗的水量就更多，这种情况就是奢侈蒸腾现象。因此，草地的用水并不需要充分满足草地植物的耗水量，而是根据草地的质量要求，以保证草地植物能存活，而不是生长茂盛为原则。表 2-3 为卡洛（1995）对美国广泛分布的十多种常用草地植物最大日蒸散量的研究结果。

表 2-3　几种常用草地植物夏季日平均蒸散量　　mm/d

冷季型	夏季平均蒸散量	暖季型	夏季平均蒸散量
多年生黑麦草	6.5~11.0	野牛草	5.0~7.0
高羊茅	2.5~12.5	杂交狗牙根	3.0~7.0
草地早熟禾	5.0~10.0	普通狗牙根	3.0~9.0
匍匐剪股颖	5.0~10.0	结缕草	3.5~10.0

思考题

1. 简述草地生态系统中水分因子对草地植物生长的作用。
2. 简述草地植物水分消耗的途径及植物对水分环境的适应性。
3. 简述气象因素、草地管理因素是如何影响草地植物耗水量的。
4. 简述草地植物耗水量计算的彭曼–蒙泰斯法的计算步骤。需要确定哪些参数？
5. 简述冷季型和暖季型草坪草的耗水量有何不同。举例说明几种常见草坪草的平均日耗水量。
6. 紫花苜蓿耗水量主要受哪些因素的影响？

彭曼–蒙泰斯（PM）公式计算参考植物蒸散量的流程

第 3 章

草地土壤与灌溉

草地植物根植于土壤，通过植物根系在土壤中获取水分和养分。通常情况下，草地灌溉就是把水从水源输送到草地，然后通过一定的灌溉方式，把水浇灌到土壤中供植物吸收利用。草地里水分通过入渗进入土壤。一些现代技术也可以直接把水输送到土壤中，如地下滴（渗）灌。土壤为陆生植物提供了基底，为植物生长提供了所需的水、肥、气、热，生态系统的许多重要生态过程都是在土壤中进行的。水分是土壤物质迁移和运动的载体，也是土壤能量转化的重要物质基础，通过灌溉或降水进入土壤并成为土壤的组成部分。由于土壤水分的运动，土壤中的营养元素才能向植物根际迁移，被植物吸收利用。水分作为土壤形成和发育的环境条件，会影响土壤物质的分解与转化过程，如土壤原生矿物的风化、次生矿物的形成、有机化合物的合成与分解等均是在水分的参与下进行的。土壤水分是自然界水分循环的一个重要环节。本章重点是了解土壤水分的基本理论和草地植物对土壤水分状况的要求。

3.1 土壤理化性质与灌溉

3.1.1 土壤组成

土壤支撑着高等植物的生长，为植物根系生长提供了介质，并为植物供给必需的营养元素。因此，土壤的性质决定了植被特性。在草地生态系统中土壤是草地植物正常生长的基础，土壤不仅为草地植物的生长提供机械支持，而且向其根部输送营养、水分和空气。一位富有实践经验的草地管理工作者总结自己管理草地的经验时说，没有退化的草地，只有退化的土壤；要把草地养护好，首先是把土壤培育好。从中我们可以知道土壤对于草地的重要性。灌溉是草地养护的重要一环，而且草地灌溉就是向草地土壤供水。因此，了解灌溉与土壤的关系，或土壤与水的关系是至关重要的。

空气、水、矿物和有机质是土壤的 4 个主要组分，它们的相对比例基本上就确定了土壤性能和生产力。当从草地根系层抓起一把土壤时，会发现土壤是由各种大小不等的颗粒组成的，这些颗粒来源于岩石分化，因此也称矿物质颗粒，此外，也有一些从有机物分解后的颗粒，即有机质。有机质对土壤性质的作用十分显著，尽管它所占的体积仅约 5%。由于有机质密度很小，如按质量计算它仅占土壤总质量的 2%左右。

土壤颗粒与颗粒之间并非接触紧密，而是存在一定的空间，即土壤孔隙。土壤颗粒间的土壤孔隙重要性与固体土壤颗粒自身同等重要。空气和水的流通、植物根系的生长、微生物的生活都在这些空间中进行。当土壤很干燥时，土壤孔隙内充满了空气，当降水或灌溉后，土壤孔隙内就会有水分进入。植物根系就是伸入土壤孔隙中吸收土壤水分以及溶解于土壤水分中的养分，并且还伴有良好的通气条件，这些促使植物在土壤中扎根、生长。土壤的基本组成如图 3-1 所示。

从土壤的基本组成可以看出，土壤是由固体、液体和气体三部分组成的。固体就是土壤颗粒，这是最基本的组成土壤的骨架，颗粒与颗粒之间存在孔隙，其中存有液体和气体，液体即为土壤水分，气体就是土壤空气。因此，为简化土壤结构可以用固体、液体和气体三相来表示土壤的体积和质量，如图 3-2 所示。

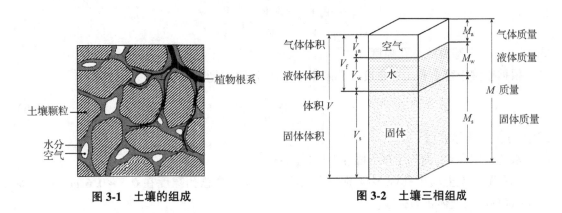

图 3-1　土壤的组成　　　　　　图 3-2　土壤三相组成

土壤体积与质量是土壤的基本特征。在一个单位土壤体积中，土体的总体积就是固体、液体和气体三相体积之和。即：

$$V = V_s + V_w + V_a \tag{3.1}$$

式中　V——土壤体积；

　　　V_s——土壤固体体积；

　　　V_w——土壤液体体积；

　　　V_a——土壤气体体积。

土体的总质量是固体、液体和气体三相之和。即：

$$M = M_s + M_w + M_a \tag{3.2}$$

式中　M——土壤质量；

　　　M_s——土壤固体质量；

　　　M_w——土壤液体质量；

　　　M_a——土壤气体质量。

3.1.2　土壤物理性质

根据土壤的三相组成，可以得到几个基本的土壤物理性质参数。

3.1.2.1　土壤干容重

单位土壤体积所具有的土壤固体质量称为土壤干容重，因为土壤固体质量是经过 105℃烘干以后称得的质量，因此是没有水分的容重，简称土壤容重。

$$\gamma = \frac{M_s}{V} \tag{3.3}$$

式中 γ——土壤干容重，g/cm^3；

V——土样体积，cm^3；

M_s——土样烘干后的质量，g。

3.1.2.2 孔隙率

土壤孔隙体积与土体总体积的比值称为孔隙率或总孔隙度。即：

$$e = \frac{V_w + V_a}{V} = \frac{V - V_s}{V} = 1 - \frac{V_s}{V} \tag{3.4}$$

式中 e——孔隙率或总孔隙度。

根据土壤干容重和土壤密度，孔隙率也可以用下式计算：

$$e = 1 - \frac{\gamma}{\rho} \tag{3.5}$$

式中 ρ——土壤密度。

水的密度在4℃时为 1 000 kg/m^3或 1 g/cm^3。

总孔隙度是土壤中孔隙多少的一个指标，一般土壤总孔隙度在 $0.3 \sim 0.6$ m^3/m^3，即 $30\% \sim 60\%$的土壤体积为孔隙。

土壤气体体积与土体总体积的比值称为通气孔隙度（e_a）：

$$e_a = \frac{V_a}{V} \tag{3.6}$$

土壤液体体积与土体总体积的比值称为毛管孔隙度（e_w）：

$$e_w = \frac{V_w}{V} \tag{3.7}$$

3.1.3 土壤质地与结构

3.1.3.1 土壤质地

不同粒级固体颗粒在土壤中的分布就是土壤质地，是土壤最基本的性质。土壤质地用土壤颗粒的粗细程度来测量，对了解土壤性质和土壤管理有重要的意义。土壤颗粒的粗细程度取决于土壤中砂粒、粉粒和黏粒含量的比例。土壤质地分类是根据土壤中不同粒径的颗粒所占百分比对土壤进行的分类。目前，土壤质地分类方法较多，主要有国际土壤学会分类制、美国农业部分类制、南京土壤研究所制定的中国土壤分类制，而且有不同的粒径划分标准。表3-1为美国农业部（USDA）和国际土壤学会（International Soil Science Society，ISSS）土壤质地划分标准。土壤质地分类常用包括砂粒、粉粒和黏粒含量百分比的三个坐标组成的三角形土壤质地分类图来表示，如图3-3所示。

砾石、鹅卵石以及其他大于 2 mm 的组分对土壤的质地有一定影响，但科学家们认为这些颗粒并不属于土壤质地考虑的范围。

表 3-1　美国农业部(USDA)和国际土壤学会(ISSS)土壤质地划分标准

土壤质地	粒径/mm		土壤质地	粒径/mm	
	USDA	ISSS		USDA	ISSS
极粗砂	1.0~2.0	—	极细砂	0.05~0.10	—
粗砂	0.5~1.0	0.2~2.0	粉粒	0.002~0.05	0.002~0.02
中砂	0.25~0.5	—	黏粒	<0.002	<0.002
细砂	0.10~0.25	0.02~0.2			

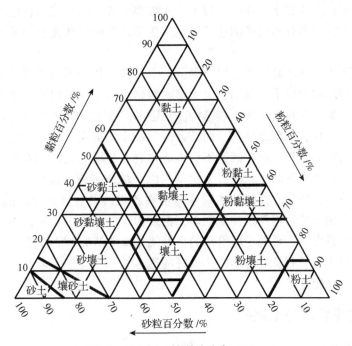

图 3-3　三角形土壤质地分类（USDA）

不同土壤颗粒分类如下：

①砂粒：通常直径为 0.05~2 mm 的肉眼可见土壤颗粒属于砂。砂粒往往呈球状或具有棱角，用手指搓捏时砂粒有明显的粗糙感。大多数砂粒矿物成分相对单一，通常仅由一种矿物质组成，如石英(SiO_2)或其他简单硅酸盐。以石英为主要成分的砂粒，其中含有的植物必需养分很少。砂粒的粒径相对较大，导致砂粒之间的孔隙也较大。在重力作用下，砂土中的大孔隙难以固持水分，导致保水性能较差，水分迅速渗漏。

②粉粒：粒径在 0.002~0.05 mm 的土壤颗粒为粉粒。由于粉粒粒径小，若不借助其他手段肉眼很难看到，其形状和矿物组成与砂粒相似。粉粒用手指搓捏就像面粉一样光滑柔软，没有粗糙感。粉粒多为易风化矿物质，由于粒径较小，比表面积较大。与砂粒间的孔隙相比，粉粒间的孔隙体积较小但数量较多。因此，粉粒能够保持水分并降低水分渗漏的能力显著高于砂粒。

③黏粒：粒径小于 0.002 mm 的土壤颗粒为黏粒。由于颗粒较小，黏粒拥有很大的比

表面积，使其具有很强的吸水能力，但这些水分大部分很难被作物根系吸收利用。

土壤质地反映了土壤孔隙的大小，从而影响土壤保水性能和土壤水的流动性能。砂粒孔隙大，透水性强；粉粒孔隙小，土壤水分运移缓慢；而黏粒孔隙最少，吸水性强，保水性好。土壤质地影响土壤水分和养分状况，砂性土便于水分运移，植物营养容易被水分淋洗流失，而黏性土容易保持植物养分，有利于植物生长。

3.1.3.2　土壤结构

土壤结构是土壤颗粒在空间的排列结构方式，它直接影响土壤的保水性和透水性。土壤质地和结构对灌溉水的入渗率有较大的影响。砂土孔隙大，入渗率大；而黏土孔隙小，入渗率也小；介于砂土和黏土之间的砂壤土，入渗率中等。团粒结构良好的砂壤土具有良好的保水性能。掌握草地种植土壤的这些特性，在草地的灌溉和排水中就可以充分考虑土壤性质。

土壤结构决定了土壤的易耕性，以及水分、空气和植物根系是否容易进入的特性。土壤颗粒组成及排列结构形成了土壤结构。土壤团粒结构由土壤颗粒和孔隙组成，是最好的种植土壤结构。由细小颗粒组成的土壤结构，其透水、透气性能较差，容易被机械压实。

土壤结构并不直接影响草地植物，而是通过影响土壤的通气性能、紧实度、保水性和土壤温度来影响植物的生长，这些因素不仅影响植物生长而且彼此相互作用。同时，土壤结构及其相关的因素是随时间变化的。土壤结构由于耕作措施、植物生长、灌溉、降水以及管理措施等有季节性变化。土壤结构对草地植物影响的最直观例子就是土壤的紧实度，在紧实而致密的土壤中植物根系延伸受限制，根系很少，植物生长发育不良，而在较为疏松的土壤中植物根系发达。草地土壤管理的目的就是要创造有利于草地植物生长的土壤环境。通常保持草地土壤具有良好的结构和良好的透水性，主要是采取适当的耕作措施，如打孔、覆砂、施有机肥等。

3.1.4　土壤化学性质与土壤盐分

3.1.4.1　土壤化学性质

（1）土壤胶体

土壤胶体是指颗粒直径小于 0.001 mm 或 0.002 mm 的土壤微粒。土壤的保肥性、供肥性、酸碱反应，以及土壤的结构、土壤的物理性质等，都与土壤胶体有密切关系。土壤胶体具有如下性质：①巨大的比表面积和表面能。巨大的表面能吸附大量的水分子、养分和其他分子态物质。有些微生物也被吸附在表面。②带电性和离子吸收代换性能。一般胶体带负电，可吸附大量的阳离子。而且大部分的离子，具有代换能力。这对养分的供应与保存以及土壤的酸碱、缓冲性有很大的意义。③分散性和凝聚性。土壤胶体在一定条件下，可以分散在介质中，呈溶胶状态。有时又可以相互凝聚，呈凝胶状态。④土壤胶体具有黏结性、黏着性和可塑性。

（2）土壤阳离子交换

土壤胶体吸附阳离子，在一定条件下，与土壤溶液中的阳离子发生交换，这就是土壤阳离子的交换过程。能够参与交换过程的阳离子，称为交换性阳离子。土壤交换量的大小，基本上代表了土壤的保持养分数量，也就是平常所说的保肥力高低；交换量大，也就是保存养分的能力大，反之则弱。所以，土壤交换量可以作为评价土壤保肥力的指标。影响交换性阳离子有效性的因素有：①交换性阳离子的饱和度。饱和度大，该离子的有效性大。②陪伴离子的种类。对于某一特定的离子来说，其他与其共存的离子都是陪伴离子。与胶体结合强度大的离子，本身有效性低，但对其他离子的有效性有利。各离子抑制能力由强到弱的顺序为：$Na^+ > K^+ > Mg^{2+} > Ca^{2+} > H^+ > Al^{3+}$。

（3）土壤酸碱度

土壤酸碱度是由土壤溶液中游离的 H^+ 引起的，常用 pH 值表示，即溶液中氢离子浓度的负对数。土壤酸碱性主要根据活性酸划分：pH 值在 $6.6 \sim 7.4$ 为中性。我国土壤 pH 值一般为 $4 \sim 9$，在地理分布上由南向北 pH 值逐渐增大，大致以长江为界。长江以南的土壤为酸性和强酸性，长江以北的土壤多为中性或碱性，少数为强碱性。

3.1.4.2　土壤有机质

草地的表层土壤必须是种植土壤，土壤有机质在这种土壤中具有重要作用。有机质可以增加土壤保持水分以及水中溶解物质的能力，可以改善土壤结构。黏土增加有机质，黏性就会减弱，使水分分布更加均匀，土壤通气性得到改善，有利于植物根系的发展。砂土中增加有机质，就可以将砂性颗粒黏合在一起，减小过多的孔隙以及通气状况，增加砂土的保水能力，减少土壤化学元素的淋洗，减少土壤侵蚀。有机质有助于吸收和保持土壤热量，在分解过程中产生的酸的作用下，土壤的磷、钾化合物更有效。有机质分解也产生土壤氮素。

土壤有机质的来源主要是施用有机肥以及泥炭等。有机肥不仅具有一定的含氮量，而且对于土壤微生物、土壤保水能力、改善土壤结构都极具价值。

泥炭（peat）主要是一些高海拔或比较寒冷地区的植物茎叶、苔藓、水生芦苇、莎草等分解后的部分有机残渣，是在滞水条件下年复一年的衍生沉积产生的，在低温和缺氧条件下阻碍了分解过程。泥炭一般分三种类型：纤维性泥炭、木质性泥炭和沉积性泥炭。泥炭通常呈酸性，尽管有时泥炭常常中和成中性。泥炭的氮含量达 $1\% \sim 4\%$，但有效性比较低，与有机肥混合后，由于纤维素和木质素分解微生物的介入使分解速度加快，肥效提高。纤维性泥炭一般具有较高的保水能力，可以保持 $10 \sim 20$ 倍自重的水量或 $2 \sim 4$ 倍自身体积的水量，纤维性泥炭（如苔藓泥炭）常由于灰泥含量低而呈酸性。

在草地中施用泥炭（与土壤混合或覆盖土壤）是一种比较常用的做法。泥炭与土壤混合后增加了土壤有机质，既可以改善黏土的结构，也可以改善松散的砂土结构，并改善土壤的整个物理条件，大大增加土壤的保水能力，增加了土壤有效水分的供应，并可以减少土壤水分蒸发。

3.1.4.3　土壤盐分

土壤中的盐分主要包括钙、镁、钠、钾的氯化物和硫酸盐等。大多情况下，土壤中的可溶盐来自岩石和母质中原生矿物的风化。溶于水中的盐分离子随水分运动被运移到土壤中，水分会通过蒸发损失掉，而可溶性盐不能蒸发，只能留在土壤中逐渐积累。

在滨海地区，海浪和海水淹没是当地重要的土壤盐分来源。而在灌溉区灌溉也可能引起土壤的盐渍化。灌溉引入更多水分不仅改变了水平衡，同时也带入了更多的盐分。如果土壤中的 Na^+ 比 Ca^{2+} 和 Mg^{2+} 多，且存在 HCO_3^-，Na^+ 将会占据大部分的胶体交换电位。当 Na^+

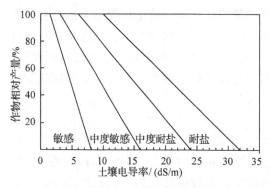

图 3-4　作物相对产量与土壤盐分的关系

饱和度超过 15% 时，称为钠质土，表现出极其恶化的土壤条件。大多数盐渍化土壤的交换性复合体中 Ca^{2+} 和 Mg^{2+} 占主导，而可交换的 Na^+ 很少。然而，当 Na^+ 含量高时，土壤团聚体破坏，渗透率下降。

为了适应土壤中盐分的积累，植物也进化出了对土壤盐分的耐受性，即耐盐性。植物的耐盐性一般通过将植物的相对产量与土壤盐分的关系来描述。对于大多数农田作物来讲，作物相对产量与土壤盐分的关系如图 3-4 所示。几种草地植物耐盐阈值及耐盐等级见表 3-2 所列。

表 3-2　几种草地植物耐盐阈值及耐盐等级 (Maas et al, 1999)

草地植物	耐盐阈值		耐盐等级
	电导率/(dS/m)	斜率/%	
紫花苜蓿	2.0	7.3	中度敏感
饲用大麦	6.0	7.1	中度耐盐
百慕大草	6.9	6.4	耐盐
饲用豇豆	2.5	11	中度敏感
黑麦	11.4	10.8	耐盐
小黑麦	6.1	2.5	耐盐
狐尾草	1.5	9.6	中度敏感

3.2　土壤水分状况

3.2.1　土壤水分形态

广义的土壤水是土壤中各种形态水分的总称，有固态水、气态水和液态水三种。主要来源于降水、灌溉水及地下水。液态水根据其所受的力一般分为吸湿水、薄膜水、毛管水和重力水，代表吸附力、表面张力和重力作用下的土壤水。土壤水是土壤的重要组成，是影响土壤肥力及植物生长的关键。

3.2.1.1　吸湿水

吸湿水是土壤颗粒表面吸附的一层薄膜，土壤颗粒对水分的吸附力极强，不能运动，无溶解能力，对植物生长是无效水。土壤的吸湿性是由土壤颗粒表面的分子引力、土壤胶体双电层中带电离子以及带电的固体表面静电引力与水分子作用所引起的，这种引力把偶极体水分子吸引到土粒表面上，吸附水分子过程释放能量(热能)。因此，土壤质地越黏，比表面积越大时，它的吸湿能力也越大。

3.2.1.2 薄膜水

土壤颗粒在充分吸附吸湿水之后，还有剩余的吸收力，虽然这种力量已不能够吸附动能较高的水汽分子，但是仍足以吸引一部分液态水，在土壤颗粒周围的吸湿水层外围形成薄的水膜，以这种状态存在的水称为薄膜水或膜状水。尽管重力也不能使薄膜水移动，但它本身却能从水膜较厚处往较薄处移动。因此，与吸湿水相比，这种水又称松束缚水。由于部分薄膜水所受吸引力超过植物根的吸水能力，而且薄膜水移动速度很慢，不能及时补给，所以植物只能利用土壤中薄膜水中的一部分。图 3-5 为土壤颗粒表面的薄膜水的存在形式。

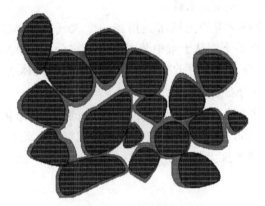

图 3-5　土壤颗粒表面的薄膜水

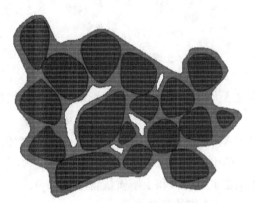

图 3-6　土壤孔隙中的毛管水

3.2.1.3 毛管水

毛管水是保持在土壤颗粒之间孔隙或毛细管中的水（图 3-6）。随着土壤供水的增加，吸湿水薄膜逐渐变厚，水逐渐充满土壤孔隙。当毛细管中的水分张力与重力平衡时，毛管水便保持在土壤孔隙中。毛管水是对植物生长最有用的水分，它是土壤溶液和营养物质的载体。土壤结构、土壤质地、土壤有机质以及土壤胶体都对毛管水含量产生影响，一般是细质地土壤毛管水含量比粗质地土壤高，有机质含量越大，毛管水含量就越高。

水由于其本身分子引力的关系，而具有明显的表面张力；土壤颗粒在吸足薄膜水后尚有多余的引力；土壤的孔隙系统是一个复杂的毛管系统。因此，土壤具有毛管力并能吸持液态水。毛管水就是指借助于毛管力，吸持和保存土壤孔隙系统中的液态水，它可以从毛管力小的方向朝毛管力大的方向移动，并能被植物吸收利用。土壤质地黏、毛管半径小，毛管力就大。由于土壤孔隙系统复杂，有些地方大小孔隙互相通连，另一些地方又发生堵塞，因此，土壤中的毛管水有几种状态，简略地可归为两类：毛管悬着水和毛管上升水。保持在植物根系层毛细管中的水分称为毛管悬着水。在地下水位以上土壤中由于毛细管作用存在的毛管水称为毛管上升水。

3.2.1.4 重力水

当土壤供水继续增加，使水充满整个土壤孔隙，土壤达到饱和状态，此时土壤水分张力远远小于重力，超过土壤吸水能力的水在重力作用下通过大孔隙向下流动，这就是重力

图 3-7 土壤孔隙中的重力水

水, 如图 3-7 所示。有时因为土壤黏重紧实, 重力水一时不易排出, 暂时滞留在土壤的大孔隙中, 就称为上层滞水。重力水虽然可以被植物吸收, 但因为它很快就流失, 所以实际上被利用的机会很少; 而当重力水暂时滞留时, 却又因为占据了土壤大孔隙, 使土壤通气性变差, 反而对植物根系的吸水带来不利影响。

3.2.2 土壤含水量与土壤水势

3.2.2.1 土壤含水量

土壤学中的土壤水是指在一个大气压下, 在 105℃ 条件下能从土壤中分离出来的水分。土壤水是植物生长和生存的物质基础, 它不仅影响林木、草地、大田作物的产量, 还影响陆地表面植物的分布。

土壤中所含水分的多少称土壤含水量, 也称土壤含水率。例如, 向 1 m³ 的干土立方体中注入与立方体底面相同并具有一定深度的水(150 mm), 使土壤立方体变成湿土, 此时, 湿土的土壤含水量可用几种方式表示: 单位土壤厚度上的水层深度, 如 150 mm/m; 土壤体积含水量(θ_v)和土壤质量含水量(θ_g)。

(1)土壤体积含水量

土壤体积含水量的定义就是水分体积占土壤体积的百分比。即:

$$\theta_v = \frac{V_w}{V} \times 100\% \tag{3.8}$$

体积含水量的单位可以是%, 也可用 cm³/cm³ 或 m³/m³。

式中　θ_v——土壤体积含水量, cm³/cm³;

　　　V_w——土体中水分所占的体积, cm³;

　　　V——土体的总体积, cm³。

(2)土壤质量含水量

土壤质量含水量的定义就是水分质量占土体质量的百分比。即:

$$\theta_g = \frac{M_w}{M_s} \times 100\% \tag{3.9}$$

式中　θ_g——土壤质量含水量;

　　　M_w——土体中水分的质量, g;

　　　M_s——干土的质量, g。

由于土体中水的质量为:

$$M_w = M_{ws} - M_s = \gamma_w V_w$$

式中　M_{ws}——湿土的质量, g。

因此

$$V_w = \frac{M_{ws} - M_s}{\gamma_w}$$

将上式代入式(3.8)得到体积含水量与质量含水量之间的换算关系。即：

$$\theta_v = \theta_g \frac{\gamma}{\gamma_w} \tag{3.10}$$

式中　γ_w——水的容重，g/cm^3；

　　　γ——土壤干容重，g/cm^3。

(3)单位土壤厚度上的水层深度

在一定土壤厚度中，土壤含水量的多少也可以用水层深度来表示。即：

$$h_w = \theta_v H_s = \frac{\gamma}{\gamma_w} \theta_w H_s \tag{3.11}$$

式中　h_w——土壤中的水层深度，cm；

　　　H_s——土壤厚度，cm；

　　　其余符号同前。

【例题2】

测得体积 134.5 cm^3 的土，湿重(包括盒重)365.19 g，烘干后土重(包括盒重)313.41 g，土盒重 120 g，土壤干容重 1.436 g/cm^3，水的容重为 1.0 g/cm^3。试确定土壤含水量。

扣除盒重后的湿土重 M_{ws} = 245.19 g，干土重 M_s = 193.41 g。

土壤质量含水量：

$$\theta_g = \frac{M_{ws} - M_s}{M_s} \times 100\% = \frac{245.19 - 193.41}{193.41} = 26.77\%$$

土壤体积含水量：

$$\theta_v = \theta_g \frac{\gamma_s}{\gamma_w} = 26.77\% \times \frac{1.436}{1.0} = 38.44\%$$

当土层深度为 50 cm 时，土壤中水的深度：

$$h_w = \theta_v H_s = 38.44\% \times 50 = 19.22 \text{ cm}$$

3.2.2.2　土壤水势

土壤和植物体中水分的吸附、运移等本质上都与能量有关，包括土壤持水性、土壤水运动、植物吸水及蒸腾现象等。土壤水的运动方向都是从能量高向能量低的方向运动。因此，要准确地获得土壤水的运动方向首先需要明确土壤中不同位置和状态的水的能量。一般物质能量包括势能和动能两种。对于流动速度比较快的河道水流而言，动能发挥着重要作用。但在土壤中由于水流速度非常缓慢，因而常常忽略动能，通常仅利用土壤水势能来研究土壤水运动及作用。

在分析水分在土壤或植物中运动时，没有必要知道水分绝对势能，仅了解水分运移通路上的相对势能即可。通常将标准状态下(标准温度和大气压)纯水作为参考状态，土壤剖面上某一位置水分所具有势能是其与参考状态水分所具有能量的相对值。这一相对能量差与参考状态、位置高度无关，并将这一相对能量差称为土壤水势。土壤水势如同压力一样显示了土壤水分的能量相对差异。

土壤总水势(Ψ_t)具体包括重力势(Ψ_g)、基质势(Ψ_m)、压力势(Ψ_h)和渗透势(Ψ_o)。这些分势可以同时影响土壤总水势进而影响土壤水分的运动和状态。土壤总水势与各分势关系为:

$$\Psi_t = \Psi_g + \Psi_m + \Psi_h + \Psi_o \tag{3.12}$$

(1)重力势

作用在土壤水分上的重力势是由地球引力引起的,其大小与距离水平参考面的高度有关。在空间某点处的土壤水分重力势能等于使该部分水分从该点运动到参考水平面时重力所做的功。参考水平面一般选在土壤剖面内或比较低边界上,以确保参考水平面以上的土壤水重力势是正值。发生强降雨或进行大田灌溉时,重力势能够使多余的水从表层进入地下水中。

(2)基质势

基质势主要由于水分和土壤颗粒或土壤基质之间的吸引力引起的。由于土壤颗粒吸引水分所导致的土壤水势要比纯水的能量低,因此由黏着力和毛管力所引起的基质势总是负的。基质势一般发生在地下水以上的非饱和土壤中。将两块基质势不同的土壤贴放在一起,水分将会从较湿的土壤(高能量状态)向较干的土壤(低能量状态)中运动,或者从大孔隙中向小孔隙中运动。基质势对土壤水分运移和植物根系的水分吸收都具有重要意义。

(3)压力势

压力势主要是由于饱和土壤或含水层中水分所承受的压力引起的。土壤的静水压力势主要发生在地下水位以下的饱和带。

(4)渗透势

渗透势也称溶质势,是单位水量从一个平衡的土-水系统移到没有溶质的,而其他条件都相同的参比状态水池时所做的功,指水分子和溶质离子间相互作用的势能。由于土壤中含有有机或无机离子。不同离子和水分子之间存在吸引力,这些力的作用降低了水的自由能,使产生的势能低于纯水的势能,使土壤水具有溶质势。土壤溶质浓度越大,溶质势越低。在含盐很低的土壤中,溶质势可以忽略。在盐碱地,溶质势在总土水势中起重要作用。溶质势对于土壤水运动的影响很小,但在土壤—植物—大气连续系统中,植物吸水主要是由于溶质势的作用。在含盐量高的土壤中,水分从植物细胞向较低溶质势的土壤中运移,极易导致幼苗死亡。

3.2.2.3　土壤含水量与土壤水势的关系

土壤含水量与土壤水势存在显著的正相关关系(图3-8)。随土壤含水量的增加,土壤水势也随之显著增加。当土壤含水量处于合适状况时,水分被保留在大孔隙和中等孔隙中,能自由运动,且水势较高容易被植物吸收。植物的生长中根系首先吸收最大孔隙中的水分,剩余的水分只保存在中等到最小孔隙中。中等孔隙中的水分虽然水势相对较低,但仍高于植物根系水势,可以向植物根系运动,且被根系吸收。然而,最小孔隙中水分与同体颗粒极紧密接触、被强烈吸引,保持在颗粒表面水势低于植物根系水势,植物根系无法吸收它。所以,当土壤大孔隙和中等孔隙中的水消耗完时,植物不能再利用土壤水分。

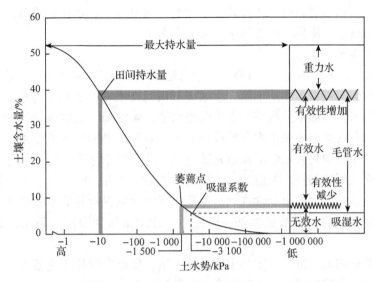

图 3-8　土壤含水量与土壤水势的关系（Brady and Weil, 2004）

3.2.3　土壤水分特征常数

进入土壤中的水分在各种力的作用下，有一部分被保存在土壤中。土壤保持水分能力的强弱，受土壤孔隙的大小、形状以及连通性等的影响，也与土壤颗粒表面积的大小有关。土壤的含水量是不断变化的，从只能保持一层相当于几个水分子直径厚的水膜，到土壤完全为水分所饱和，甚至地表出现积水。土壤的特征性含水量通常称为水分常数，包括吸湿系数、凋萎系数、田间持水量及饱和含水量等。

3.2.3.1　吸湿系数

吸湿系数是在相对湿度接近饱和空气时，土壤吸收水汽分子的最大量与烘干土重的百分比。吸湿系数相当于土壤吸力为 31 个标准大气压时所保持的水量。吸湿系数代表土粒表面的吸水能力。

3.2.3.2　凋萎系数

凋萎系数（wilting coefficient）也称永久萎蔫点（permanent wilting point，*WP*），指植物根系不能迅速吸取到能满足蒸腾需要的水分，植物开始出现永久萎蔫时的土壤含水量。

凋萎系数是重要的土壤水分常数之一，指生长在湿润土壤上的植物经过长期的干旱后，因吸水不足以补偿蒸腾消耗而叶片萎蔫时的土壤含水量。当叶片萎蔫发生后进行灌溉或降水，供给一些水分后也不能恢复叶片充涨，这时的土水势一般为 -1 500 kPa，大体相当于萎蔫叶片的水势。植物在这种情况下称为永久萎蔫，此时的土壤含水量称为凋萎系数。此时土壤中的水分活动已基本接近于零。事实上，植物是否表现水分不足以至萎蔫，并不单纯取决于土壤含水量或土水势，还取决于植物吸水率能否满足不断蒸腾的需要和气候因素。这个过程是动态的，而凋萎系数显然不能完全满足这个动态过程的要求。然而对大多数土壤、植物和气候条件来说，它仍是一个很好的近似值，也是了解土壤水分状况，进行土壤改良和灌溉不可缺少的重要依据。从灌溉的角度，控制土壤含水量一般要高于永久凋萎含水量,否则植物就会永久性死亡。因此,凋萎系数就是控制灌溉的土壤含水量的下限,只能接近这个下限但不能达到永久凋萎含水量。

3.2.3.3   田间持水量

田间持水量(field capacity,FC)是当土壤已经饱和即将开始排水时的土壤含水量,它表明了土壤保持水分的能力。如果土壤含水量高于田间持水量,水分充满整个土壤孔隙,土壤饱和产生重力水。土壤水分状态处于田间持水量,就意味着土壤保持了最高限度的为植物吸收利用的水分含量,多余的水分形成重力水产生深层渗漏进入地下水。土壤水分达到田间持水量时,土壤中仍有足够的孔隙充满空气,具有较好的透气性。

土壤含水率达到田间持水量时的土水势为-10 kPa左右。田间持水量长期以来被认为是土壤所能稳定保持的最高土壤含水量,也是土壤中所能保持悬着水的最大量,是对植物有效的最高土壤水含量,且被认为是一个常数,常用来作为灌溉上限和计算灌水定额的指标。

凋萎系数和田间持水量对一定的土壤相对稳定,所以有时称为土壤水分常数,但不同土壤间仍有一定的变动幅度。表3-3列举了几种土壤的土壤水分常数。

表3-3   几类土壤的土壤水分常数(按 USDA 土壤质地分类)   体积%

土壤类型	土壤水分常数		土壤类型	土壤水分常数	
	田间持水量	凋萎系数		田间持水量	凋萎系数
砂土	10	5	粉壤土	31	11
壤砂土	12	5	粉土	30	6
砂壤土	18	8	黏壤土	36	22
砂黏壤土	27	17	粉黏壤土	38	22
壤土	28	14	粉黏土	41	27
砂黏土	36	25	黏土	42	30

3.2.3.4   饱和含水量

饱和含水量(saturated moisture)就是土壤空隙中全部充满水时的含水量,是土壤的最大含水量。

3.2.3.5   土壤有效持水量

土壤有效含水量(soil available water capacity,AWC)就是土壤所能提供给植物的最大水量,可称为最大或绝对有效含水量。土壤最大有效含水量是一项反映土壤保持水分并为植物充分利用的指标。土壤最大有效含水量的数量等于田间持水量与凋萎系数之差,即:

$$AWC = FC - WP \tag{3.13}$$

式中 FC——田间持水量;

WP——凋萎系数。

超过田间持水量的土壤水分将形成重力水而产生深层渗漏,低于凋萎系数的土壤水分因土粒对水分的吸力大于植物根系对水分的吸力不能被植物吸收利用。因此,土壤中最大有效含水量是被植物所能利用的最大含水量范围。

在对植物的灌溉管理中,首先要掌握土壤的田间持水量和凋萎系数这两个水分常数,使每次灌溉后的土壤含水量不大于田间持水量，而当实际土壤含水量接近凋萎系数时就需要灌溉，这是植物灌溉的基本原理。土壤有效含水量是评价土壤抗旱性、水资源规划与管理以及指导灌溉的重要依据。

影响土壤有效含水量的因素包括土壤质地、土壤结构、土层深度、有机质含量、土壤紧实度以及土壤盐分等。土壤质地越细，土壤保持的水量就越多。因为粗质地的土壤田间持水量要小于细质地的土壤，粗质地的土壤孔隙大，排水容易，细质地的土壤孔隙小，阻止水分排出，从而保持在土壤中的水分就多。结构良好的壤土或粉壤土有效含水量比黏性土高，因为黏性土的凋萎系数增大。壤土质地疏松，施入有机质后，可明显改善土壤的物理性状，使土壤有效水含量增加，有利于植物对水分的吸收。土壤的紧实度也对有效含水量产生影响，越密实的土壤，其承载力提高，但植物根系越不容易伸入这层土壤，土壤水分的有效性就会减少。

草地土壤的水分特征对草地灌溉具有重要影响。在年降水量超过 250 mm 的地区，草地灌溉应当是补充降水的不足，是一种补充灌溉。补充灌溉的作用主要是在田间持水量和凋萎系数之间调控土壤水分。因为超过田间持水量的土壤含水量将形成重力水，离开草地根系层产生深层渗漏，因此，过量灌溉是对灌溉水资源的浪费，对草地也是无效的，但在盐碱土地区，可以起到淋洗土壤盐分的作用。

与土壤最大有效含水量相关的另一个概念是：在现状土壤含水量的条件下土壤中所含的有效水分可用土壤相对有效含水量表示，即：

$$土壤相对有效含水量(\%) = 土壤自然含水量(\%) - 凋萎系数(\%)$$

利用田间持水量、凋萎系数和土壤干容重数据就可以计算出植物根系层土壤剖面中的最大有效含水量。如果根系层深，土壤水分常数在不同深度上有变化，应分层计算：

$$AWC_i = (FC_i - WP_i)\frac{\gamma_i}{\gamma_w}H_i \tag{3.14}$$

式中　AWC_i——第 i 层土壤的最大有效含水量，用水层深度表示，cm；

FC_i——第 i 层土壤的田间持水量，%；

WP_i——第 i 层土壤的凋萎系数，%；

γ_i——第 i 层土壤干容重，g/cm³；

γ_w——水的容重，g/cm³；

H_i——第 i 层厚度，cm。

如果能监测到土壤现状含水量，应用田间持水量及植物当前的根系深度，就可以计算最大灌溉量，即一次的灌水定额。如果土壤现状含水量为 θ，则一次最大向土壤中补充的水量，即灌水量就是：

$$I_i = (FC_i - \theta_i)\frac{\gamma_i}{\gamma_w}H_i \tag{3.15}$$

式中　I_i——第 i 次最大的灌水深度，cm；

H_i——第 i 次灌水时的植物根系深度，cm；

θ_i——当前土壤含水量，%；

其余符号同前。

3.3   灌溉与入渗

3.3.1   入渗过程

入渗过程描述的是水分进入土壤的过程。在灌溉过程中，水一般都经历了渗透过程。

3.3.1.1   水进入土壤的过程

当降水或灌溉发生时，到达地面的水分进入土壤，即入渗；当降水或喷洒水量超过土壤的入渗能力时，在入渗的同时地表积水开始产生径流，流向地表的低洼处，这就是填注；进入土壤的水分形成土壤水储存于根系层内被根系吸收，并发生土壤水分运移和重新分布，土壤水形成的重力水继续下渗补给地下水，即深层渗漏(图 3-9)。

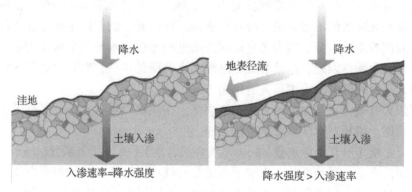

图 3-9   降水或喷灌时地表及土壤中的水文过程

在降水或喷灌时，由地表水转化为土壤水的过程就是入渗，如果不能及时入渗，降水或喷灌的水量可能会通过径流流失或通过蒸发而损失。因此，地表水通过入渗过程进入土壤，增加了土壤储水量，为植物根系提供了更多的水量，而且入渗使土壤水分在土壤剖面上重新分布，如果产生重力水，可以补给地下水增加地下水水量，从流域范围来说，入渗可减少地面径流，削减河川洪峰流量，延缓洪水历时，增加流域入渗可以起到拦蓄洪水、涵养水源的积极作用。

降水或喷灌时，水从土壤表面向土壤深层的运动是一个由剧烈变化到趋于稳定的过程。灌溉水或降水初次接近地面时，由于土壤含水量较小，单位时间内灌溉水或降水进入土壤的量很大，或初始入渗速度很大，使得近地面的土壤含水量在很短的时间内就接近饱和，随着入渗时间的延长，由于入渗路径延长，从地面到入渗锋面的水势梯度逐渐减小，入渗速度也不断减小，最后趋于稳定。

3.3.1.2   土壤水分入渗阶段

入渗过程在陆地水文学中分为三个阶段：

(1)初渗阶段

水向土壤入渗的初期阶段。当土壤干燥时，水分主要是在分子力作用下渗入土壤表层，被土壤颗粒吸附而成为薄膜水。初期干燥土粒吸附力极大，因而入渗率很大。当土壤含水量大于最大分子持水量时，分子力不再起作用，此阶段结束。初渗阶段的特点是，随入渗的开始入渗强度最大，随之迅速递减。影响初渗的因素主要是土壤的物理特性、植被覆盖程度、初始土壤含水量以及降水或喷灌强度。

（2）稳渗阶段

水向土壤入渗的稳定阶段。入渗水体在重力作用下稳定流动，使土壤某一深度的孔隙被充满，水分饱和，从而出现入渗率稳定的阶段。此时的入渗强度即为稳定入渗率。影响稳定渗透的因素主要是稳渗层的土壤特性。其中，土壤的机械组成、孔隙度最为重要，表土层的物理结构和植被也有影响。

（3）超渗产流

降水强度或喷灌强度超过土壤入渗强度时，就会产生地面径流，这种径流称为超渗产流。例如，暴雨和大雨往往会出现超渗产流，喷灌强度超过土壤的入渗强度时，也会产生超渗产流。在喷灌系统的设计中应尽量避免超渗产流的出现。

影响入渗过程的因素很多，主要包括土壤孔隙度、动植物地下孔穴、土体机械组成、土壤厚度、土壤前期含水量、降水强度和历时、地面坡度以及地下水位等。

3.3.2 土壤入渗率影响因素

3.3.2.1 土壤物理性质对土壤水入渗的影响

土壤物理性质主要包括土壤质地、土壤容重、孔隙状况、团聚体分布及与持水性能等密切相关的多项指标。不同土壤和土层的土壤物理性质，不但决定着土壤水、肥、气、热等肥力状况，而且影响着降水入渗、地表径流和流域产水等。由于气候环境和植被特征等的空间差异，不同地区土壤具有显著不同的土壤特性。土壤质地是指土壤中的颗粒组成，不同的土壤质地，其颗粒组成不同，进而影响土壤水分运动的驱动力、水力传导度和土壤水分入渗能力。一般来说，质地越粗，透水性越强。在相同入渗时间内，粗砂土、粉土和粉质黏土入渗量依次减少。土壤质地越黏重，黏粒质量分数越高，颗粒越细微，固相比表面积越巨大，表面能高，吸附能力越强，粒间孔隙越小，吸水、保水性能越强。一般来说，在相同土壤结构、含水量和水势梯度条件下，黏粒含量高的土壤比砂粒含量高的土壤水力传导度小，水分入渗能力小。土壤有机质和砾石含量对土壤入渗率也有显著影响。土壤质地由细颗粒转变为粗颗粒时，不饱和水流会发生中断。在细土层的微小孔隙基质吸力的作用下，毛细管中的水被紧密地保持在土壤中而不会进入到下面粗质土壤的大孔隙中，直到水势差为正。即大孔隙不能从小孔隙中吸取水分。事实上，在自然界不饱和水流也总是从较大孔隙流向较小的孔隙。当湿润峰沿着基质势梯度运移到具有大孔隙的土壤界面时，水分向下运动停止。代替水分向下运动，水分在细质地土壤中发生横向运动。如果水分进入系统的速度大于其侧向毛细作用，在两层土的接触面形成滞水层。

土壤紧实度是土壤的紧实程度，以土壤的容重表示（g/cm³），是衡量土壤质量的重要物理指标，对土壤入渗速率具有重要影响。前面已经介绍过，土壤包含固相和液相组分。当土壤受到挤压时，固相体积减少，进而增加土壤的容重和紧实度。土壤紧实度增加后导致土壤孔隙减小，一方面导致水分的入渗通道降低，另一方面导致表层土壤对水分的吸力增加。所以，在草地生态系统中由于机械活动和放牧等活动导致的土壤紧实度的增加会显著降低土壤的入渗。

土壤孔隙对土壤入渗速率也具有重要影响。土壤中孔隙的存在，导致水分入渗时产生孔隙流。对土壤孔隙的分类研究及定量观测，有利于对孔隙流运移机制的理解。根据孔隙成因可分为生物因素以及非生物因素。

生物因素是显著影响土壤入渗的重要因素。土壤中的动物是形成土壤大孔隙的主要原因之一，如蚂蚁或者蚯蚓在寻找食物和住所时会对经过土壤进行挖掘而形成一系列连通的孔隙。但有些土栖动物也会对土壤大孔隙造成破坏，导致孔隙连通性的降低，这主要取决于土壤动物的种类及土壤的性质。植物影响土壤入渗主要通过根系的生长和降解等过程。植物根系的生长、发育、死亡分解都会对土壤孔隙的形成造成影响。另外，植物的地上凋落物进入土壤后也可以形成大大小小的孔隙，影响土壤入渗过程。

土壤中的气体对土壤水分入渗也有重要影响。在开始入渗时土壤中的气体可以被进入的水分挤占空间而排出，随着入渗时间的延长，有些气体来不及排出形成空气气泡或者隔膜而阻隔土壤对水分的吸收，降低土壤入渗速率。

3.3.2.2　土壤空间异质性对土壤水入渗的影响

土壤空间异质性是普遍存在的。土壤的母质、气候、水文、地形、生物等特征决定土壤的基本理化性质，并且存在显著的空间差异性。因此，土壤渗透性也存在明显的空间差异。地形影响水热条件和成土物质的再分配，因而不同地形位置有着不同的土壤特性。不同植被类型空间位置包括坡度、坡向以及坡位等，对土壤水入渗都有一定的影响。用双环入渗仪对同一坡面不同坡位进行表层渗透试验的结果显示：坡顶土壤渗透性>坡中土壤渗透性>坡下土壤渗透性。

同时，不同区域的土地利用方式也存在显著差异，并导致明显不同的土壤入渗特征。土地利用方式可以显著影响土壤理化性质，进而影响到水分入渗。研究发现，小麦田、苜蓿地等的入渗速率大于荒地。

3.3.3　入渗的数学模型

随着土壤水分运移理论的发展完善，研究者发展建立了多种土壤水分入渗模型来理解土壤水分的入渗过程。水进入土壤的过程用入渗速率或入渗率表示，是指单位时间内水从地面进入土壤的深度。入渗率是时间的函数。入渗开始时的土壤含水量就是初始含水量，土壤水分饱和时入渗达到稳定阶段，入渗率不变化。因此，入渗开始后土壤剖面上有一个湿润部分和原状土之间的明显界线，这就是湿润锋。入渗过程就是随着时间的推移，土壤剖面湿润锋逐渐下移的过程。

在 t 时间内，累积进入土壤的水称为累积入渗量。根据入渗速率的定义，累积入渗量就是：

$$I = \int_0^t i(t)\,\mathrm{d}t \tag{3.16}$$

式中　$i(t)$——入渗速率，cm/s；

I——累积入渗量，cm；

t——入渗时间，s。

为了获得累积入渗量，需要知道土壤的入渗速率。因此，产生了许多理论模型和经验模型。其中，应用比较广泛的如考斯加可夫(Kostiakov)入渗模型：

$$i(t) = i_1 t^{-a} \tag{3.17}$$

式中 a——取决于土壤性质和初始含水率的经验指数，$a = 0.3 \sim 0.8$，轻质土壤取小值，重质土壤取大值；初始含水率越高，a 越小，一般土壤可取 0.5；

     i_1——在第一个单位时间末的入渗速率，cm/s；

     t——入渗时间，s。

从开始入渗到入渗时间为 t 时刻的累计入渗量就是：

$$I = \int_0^t i(t)\,\mathrm{d}t = \int_0^t i_1 t^{-a}\,\mathrm{d}t = \frac{i_1}{1-a} t^{(1-a)} \tag{3.18}$$

当已知入渗时间时，可以利用上式计算累计入渗的水层深度，或已知需要入渗的水层深度，就可以计算出入渗时间。

3.3.4 入渗的测量

入渗速度常以室内土柱入渗模拟、实地人工降水入渗模拟及入渗仪等方法测定。不同土类、植被、降水特性下的入渗量，一般在天然固定试验场进行试验，流域上的入渗量一般是在历次降水径流实测资料的基础上经水量平衡分析计算得到的。

入渗速率可以通过一个简单的装置——双环入渗仪(图 3-10)进行测量。双环入渗仪是一种入渗观测的常用设备，它是由两个大小不一的金属圆环组成。双环入渗仪的标准装置包括两套不同直径的不锈钢环，一个直径约 560 mm 的外环，一个直径约 300 mm 的内环，环高 250 mm。

测量入渗时，先在土壤表面铺设一层纱布，避免注水时对表层土壤产生扰动。再将内、外环同时打入待测土壤 10~15 cm 深，为了保证内、外环同时被打入土中，一般配一个十字垫板，以便使内外环进入土壤的深度相同，如图 3-10 所示。然后将水同时注入两个圆环中。在试验过程中，定时的记录小环内水深。外环的入渗水量不需要测量。外环水主要用于保证内外环水分同步入渗，以保证内环水分垂直入渗，不发生水平运动。

图 3-10 双环入渗仪

采用双环入渗仪，要求地表基本水平，在测定坡地土壤入渗率时，需将被测地面整理成基本水平后方可测定。因此，环式入渗仪不适用于坡地土壤入渗率测定，如平整地表进行测量，将不可避免地破坏土壤的原状性，坡面的连续性也遭到破坏；而且在环入土时，对土壤(尤其是表土)结构产生破坏，造成测量结果偏离真实值。此外，在测量时要考虑表面植被、土壤的紧实度、土壤温度以及土壤分层等因素对渗透速度的影响。

思考题

1. 土壤水分形态有哪些？

2. 什么是土壤水分特征常数？包括哪些内容？

3. 什么是土壤有效持水量？

4. 土壤含水量的不同表示方式如何换算？

5. 简述土壤入渗过程。

草地土壤入渗实验视频

第 4 章

草地灌溉管理

灌溉管理包括组织管理、工程设施管理、用水管理和经营管理等方面。草地灌溉管理不同于农田灌溉，我国已经建立了比较完善的负责农田灌溉管理的灌区管理体制，根据灌溉面积的大小和重要程度，分为国家管理和集体管理两种主要形式，对小型灌区也设有专人或联户管理。例如，国家管理的大、中型灌区，一般设有专职管理机构（如管理局、管理处等），并与用水户管理组织（即群众管理组织）相结合。草地灌溉管理，主要是由草地或草坪经营主体自主进行的一项日常管理工作，主要是对所经营的草地做好灌溉用水管理和灌溉设施、灌溉机械设备的管理。草地有不同的属性和功能，这些特征也影响着草地灌溉的用水管理。

首先，本章简要介绍了草地灌溉水资源，灌溉必须要有水源。从事草地用水管理的人应当了解自然界中水资源的存在形式和转化循环，了解地面水和地下水的转化形式，特别是浅层地下水的补给来源，这有助于我们在使用地下水进行灌溉时认清地下水的重要性，在草地灌溉用水管理中要培养保护水资源、节约水资源的意识。

其次，针对草坪的灌溉管理阐述了涉及的一些概念及灌溉用水计划编制的方法。草坪是我国城镇人居环境运用最多的植被，也是人们休闲娱乐、运动健身最受欢迎的场所。一片生长健壮、坪观优美的草坪必须消耗一定的水分，充足的水分供应是草坪景观和运动品质的保证。但是，草坪土壤水分充足也会促进草坪植物蒸腾和土壤蒸发，增大了草坪耗水量。我国总体水资源短缺，特别是城市水资源紧缺的条件下，城市草坪绿地的灌溉必须是节水型的，这就要求我们以节水的技术来灌溉草坪，以节水的理念来管理草坪，顺应建设节约型社会的要求，推进我国城乡人居环境的改善。

最后，介绍了与人工草地相关的地面灌溉的概念，使读者分清什么是漫灌、什么是畦灌。如在现有水浇地上种植苜蓿采用了现有的渠系输水地面灌溉。因此，本节阐述了草地地面畦灌的做法以及畦灌条件下的苜蓿灌溉管理。随着人们生活水平的提高，人们的食物消费结构发生了深刻变化，不断增长的动物源食品需求推动着我国人工草地的发展。苜蓿以产量高、营养品质好而成为我国最重要的人工种植的多年生牧草，为我国奶业的发展提供了有力支撑。但是，我国苜蓿草产量还远不及国内的需求，特别是优质苜蓿草产品对外依存度仍然很高。我国最适宜苜蓿种植的生态区域在北方干旱半干旱地区，这里生产的苜蓿干草品质好，产量高，但这些地区干旱缺水，而苜蓿生产必须要有灌溉保障。因此，苜蓿灌溉用水管理对于苜蓿产业的健康发展意义重大。本节内容以苜蓿地面灌溉为例简述了苜蓿灌溉管理的一般原理。有关喷灌条件下的苜蓿灌溉管理以及地下滴灌条件下的苜蓿灌溉管理分别在后续相关章节中表述。

4.1 草地灌溉水资源

水是生命之源，生态之基，生产之要。水对人类生存和福祉至关重要，水资源是工业、农业、生态及其社会经济不可替代的资源。然而，水资源在空间和时间上的分布是不规则的，而且由于人类活动的影响，水资源受到的各种胁迫和压力也越来越显著。研究草地灌溉，有必要了解水资源的一些知识，这对于草地可持续管理极为重要，对于草地灌溉管理也是十分重要的。

4.1.1 水资源概况

4.1.1.1 水资源的一般特征

水是人类及一切生物赖以生存的必不可少的重要物质，是工农业生产、经济发展和环境改善不可替代的极为宝贵的自然资源。一般认为水资源概念具有广义和狭义之分。广义上的水资源是指能够直接或间接使用的各种水和水中物质，对人类活动具有使用价值和经济价值的水均可称为水资源。狭义上的水资源是指在一定经济技术条件下，人类可以直接利用的淡水。淡水资源是人类社会和生态环境最重要、最基本的资源。水资源具有以下特征：

(1)周期性

水资源的特征之一是具有周期性，我们注意到的现象是，河流每年都有洪水期和枯水期，年际间有丰水年和枯水年。地下水位的变化也具有类似的现象。由于这种在时间上具有年的、月的甚至日的往复变化称为周期性，相应地有多年期间、月或季节性周期等。任一条河流不同年份的流量过程不会完全一致，地下水位在不同年份的变化也不尽相同，泉水流量的变化也有一定差异。这种现象反映了水资源的随机性，其规律需要大量的统计资料或长系列观测数据进行分析。

(2)相似性

气候及地理条件相似的地区或流域，其水文与水资源现象具有一定的相似性。例如，湿润地区河流径流的年内分布较均匀，干旱地区则差异较大；表现在水资源形成、分布特征也具有这种规律。

(3)循环性

水是自然界的重要组成物质，是环境中最活跃的要素。它不停地运动且积极参与自然环境中一系列物理的、化学的和生物的过程。水资源与其他固体资源的本质区别就在于其具有循环性和流动性，它是在水循环中形成的一种动态资源。水循环系统是一个庞大的自然水资源系统，地表水资源和地下水资源在开采利用后，能够得到大气降水和地表水渗透的补给，处在不断地开采、补给和消耗、恢复的循环之中，可以不断地供给人类利用和满足生态平衡的需要。从这一特点上，水资源确实具有"取之不尽、用之不竭"的特点。

(4)有限性

虽然水循环系统使水的总量保持不变，可实际上全球淡水资源的蓄存量是十分有限的，全球的淡水资源仅占全球总水量的 2.5%，且淡水资源的大部分储存在极地冰盖和高山冰川中，真正能够被人类利用的淡水资源仅占全球总水量的 0.796%，而人类比较容易利用的淡水资源，主要是江河水、淡水湖泊水以及浅层地下水，储量约占全球淡水总储量的 0.3%。从水量动态平衡的观点来看，一定时期水资源的消耗量应当大致等于该时期水资源的补给量，否则将会破坏水资源的平衡，由此带来一系列生态环境问题。

当前，与人类息息相关的淡水资源量在不断减少。原因有两方面：一是人类在利用淡水资源的过程中会对水体造成污染。自然水体虽然有自净能力，但是污染超过一定的程度，水体就不能恢复到未污染前的状态。二是水的存在形式有多种多样，如大气水、冰川水、江河水、湖泊水、地下水、植物中的水、土壤水、岩石裂隙水等，其中以冰川水最多，但是人类目前无法利用，也不能任意开发利用。因此，通过水循环恢复成人类可利用的淡水资源量受到多方面的制约与影响。人类可利用的淡水资源并不是取之不尽、用之不竭的，而是十分有限和紧缺的。

（5）分布的不均匀性

水资源在自然界中具有一定的时间和空间分布。时空分布的不均匀是水资源的又一特性。我国水资源在区域上分布不均匀。总的说来，东南多，西北少；沿海多，内陆少；山区多，平原少。在同一地区中，不同时间分布差异性很大，一般夏多冬少。

（6）利用的多样性

水资源是被人类在生产和生活活动中广泛利用的资源，不仅广泛应用于农业、工业和生活，还用于发电、水运、水产、旅游和环境改造和生态建设等。在各种不同的用途中，有的是消耗用水，有的则是非消耗性或消耗很小的用水，而且对水质的要求各不相同。此外，水资源与其他矿产资源相比，另一个最大区别是：水资源具有既可造福于人类，又可危害人类生存的两重性。水资源开发利用得当将为区域经济发展、自然环境的良性循环和人类社会进步做出巨大贡献。水资源开发利用不当，又可制约国民经济发展，破坏人类的生存环境。例如，灌溉排水系统设计不当、管理不善，可引起土壤次生盐碱化；无节制、不合理地抽取地下水，往往引起水位持续下降、水质恶化、水量减少、地面沉降，不仅影响生产发展，而且严重威胁人类生存。

4.1.1.2　中国的水资源

（1）水资源总量

中国水资源总量虽然较多，但人均水资源量并不多。全国年平均水资源总量约为 2.8×10^{12} m³，如果按水资源总量考虑，水资源总量居世界第 6 位，排在前 5 位的分别是巴西、俄罗斯、加拿大、美国和印度尼西亚。但是，我国人口众多，若按人均水资源量计算，人均占有量只有 2 000 m³，约为世界人均水资源量的 1/4，在世界排第 110 位。

（2）水资源分布

中国水资源的分布有以下特点：

①地区分布不均匀：中国水资源地区分布很不平衡，南北分配的差异非常明显。长江流域及其以南地区，国土面积只占全国的 36.5%，水资源量占全国的 81%；长江流域以北地区，国土面积占全国的 63.5%，水资源量仅占全国的 19%。由于自然环境以及高强度人类活动的影响，北方的水资源进一步减少，北方资源性缺水日益严重。我国年平均降水量小于 500 mm 的地区占国土面积的 50% 左右。

②时间分布不均匀：中国水资源的年际变化大，而且年内的分布也不均匀。由于受季风气候的影响，中国大部分河川径流量的年际变化大。例如，黄河曾出现过连续 11 年(1922—1932 年)的枯水期，也曾出现过连续 9 年(1943—1951 年)的丰水期，甚至还出现过断流现象。这种连续丰、枯水年现象，是造成水旱灾害频繁，农业生产不稳和水资源供需矛盾尖锐的重要原因。

(3)水资源供需问题

我国水资源面临的最突出问题之一就是水资源短缺，正因为如此，我国建设了举世瞩目的"南水北调工程"，为北方许多城市解决了供水不足的问题。但是，仍然存在城市生态用水不足、城市绿地灌溉用水紧缺，大面积的人工草地缺水灌溉。造成水资源短缺的根本原因主要是自然因素(包括水资源时空分布不均匀、全球气候变化等)和人为因素(包括社会经济活动以及对水资源的不合理开发利用与管理等)。缓解我国水资源紧缺的局面，关键在于提高用水效率，建立节水型社会。除了在农业、工业和生活用水中大力发展节水技术外，在城市绿地灌溉、人工草地及生态用水等方面采用先进的节水技术，充分利用自然降水、再生水以及微咸水等水源。

4.1.2　水循环及水资源的类型

4.1.2.1　水循环

地球表面各种形式的水体是不断地相互转化的，水以气态、液态和固态的形式在陆地、海洋和大气间不断循环的过程就是水循环。水循环又称水文循环，是自然环境中主要的物质运动和能量交换的基本过程之一，是地球上的水连续不断地变换地理位置和物理形态的运动过程。形成水循环的外因是太阳辐射和重力作用，其为水循环提供了水的物理状态变化和运动能量；形成水循环的内因是水在通常环境条件下具有气态、液态、固态三种形态容易相互转化的特性。

降水、蒸发和径流是水循环过程的三个最重要环节，这三个环节构成的水循环决定着全球的水量平衡，也决定着一个地区的水资源总量。水循环可以描述为：在太阳辐射能和地球表面热能的作用下，从地球上海陆表面蒸发的水分，上升到大气中；随着大气的运动和在一定的热力条件下，水汽遇冷凝结为液态水，在重力的作用下，以降水的形式落至地球表面；一部分降水可被植被拦截或被植物散发，降落到地面的水可以形成地表径流；渗入地下的水一部分从表层壤中流和地下径流形式进入河道，成为河川径流的一部分；储于地下的水，一部分上升至地表蒸发，一部分向深层渗透，在一定的条件下溢出成为不同形式的泉水；地表水和返回地面的地下水，最终都流入海洋或蒸发到大气中，如图 4-1 所示。水循环是多环节的自然过程，全球性的水循环涉及蒸发、大气水汽输送、地表水和地下水循环以及多种形式的水量调蓄过程。

影响水循环的因素很多。自然因素主要有气象条件(如大气环流、风向、风速、温度、相对湿度等)和地理条件(地形、地质、土壤、植被等)；人为因素对水循环也有直接或间接的影响。蒸发是水循环中最重要的环节之一。由蒸发产生的水汽进入大气并随大气活动而运动。大气中的水汽主要来自海洋，一部分还来自大陆表面的蒸散发。大气层中水汽的循环是蒸发—凝结—降水—蒸发的周而复始的过程。陆地上(或一个流域内)发生的水循环

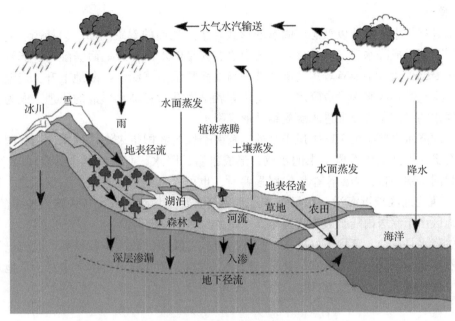

图 4-1　水文循环示意图

是降水—地表和地下径流—蒸发的复杂过程。陆地上的大气降水、地表径流及地下径流之间的交换又称三水转化。流域径流是陆地水循环中最重要的现象之一。

　　土壤水通过土壤和植被的蒸发、蒸腾成为大气水分，通过入渗向下运动补给地下水。地下水通过水平方向运动又可成为河湖水的一部分。地下水储量虽然很大，但却是经过长年累月甚至上千年蓄积而成的，水量交换周期很长，循环极其缓慢。

　　水循环按其发生的空间又可以分为海洋水循环、陆地水循环和海陆间的水循环。海洋水循环虽不能补充陆地水，但从参与水循环的水汽量来说，该循环在所有的水循环中是最多的，在全球水循环整体中占有主体地位。陆地水循环主要是陆域蒸发造成陆上降水的循环，陆地水循环对水资源的更新数量虽然较少，但对于内陆干旱地区却有着重大的意义。海陆间水循环，主要指水面蒸发—水汽输送—陆上降水—径流入海这样的过程，使陆地水得到源源不断的补充，水资源得以再生。

4.1.2.2　水资源的类型

　　人类可直接或间接利用的水，是自然资源的一个重要组成部分。天然水资源包括河川径流、地下水、积雪和冰川、湖泊水、沼泽水和海水。按水质划分为淡水和咸水。随着科学技术的发展，被人类所利用的水增多，如海水淡化、人工催化降水、南极大陆冰的利用等。由于气候条件变化，各种水资源的时空分布不均，天然水资源量不等于可利用水量，往往采用修筑水库和地下水库来调蓄水源，或采用回收和处理的办法利用工业和生活污水，扩大水资源的利用。与其他自然资源不同，水资源是可再生的资源，可以重复多次使用；并存在年内和年际量的变化，具有一定的周期和规律；储存形式和运动过程受自然地理因素和人类活动所影响。

　　草地灌溉用的水资源主要有以下几种类型：

（1）降水

降水是空气中的水分以液态或固态的形式降落到地面的现象。降水包括雨、雪、冰雹等降水形式。形成降水有三个条件：大气中要有充足的水汽；近地面暖湿空气能够上升遇到冷空气凝结；大气中要有较多的凝结核。当地面暖湿空气源源不断地上升，当温度低于露点后，水汽凝结成水滴形成降水。人工降雨就是根据自然降水形成的原理，人为补充某些形成降水的必需条件，促进水滴凝结并形成降水。

我国的降水主要是由东南季风带来的，东南季风为我国带来海洋的水汽，我国东南沿海地区会最先得到东南季风带来的水汽，形成丰富的降水。西南季风也为我国带来降水，可影响我国华南一带；当西南季风发展强盛时，也可深入到长江流域。我国华北、东北地区相对于西北地区较近海洋，在每年 7 月下旬至 8 月上旬会进入全年中降水较多的雨季。而西北地区由于深居内陆，成为我国年降水量最少的干旱地区。

自然降水是草地、草坪最好的获得水分的方式，喷灌、滴灌等各种灌溉设施只不过是模拟自然降水，仅仅是自然降水的补充。因此，草地上充分利用自然降水对于草地及草坪的生态可持续管理具有重要意义。

（2）地表水

地表水是河流、冰川、湖泊和沼泽 4 种水体的总称，又称陆地水。它是人类生活用水的重要来源之一，也是灌溉水资源的主要组成部分。我国河川径流主要是受夏季风影响，降水和河川径流的年际和年内季节变化很大。河川径流主要集中夏季半年，其中 6~8 月尤为集中。这时段的径流量在各地区年径流量中所占的比例：东北和华北地区 45%~60%，西北地区 45%~60%，华南和西南地区 50%~55%，华中东部地区 35%~50%。作为城市生态绿地及草地灌溉水源的地表水，主要是从水库、人工湖等工程设施中取水。

（3）地下水

地下水是草地及城市草坪绿地灌溉的重要水源。地下水是埋藏于地下岩土空隙之中可以流动的水体。根据地下埋藏条件的不同，地下水可分为上层滞水、潜水和承压水三大类。

①上层滞水：是由于局部的隔水作用，使下渗的大气降水停留在浅层的岩石裂缝或沉积层中所形成的蓄水体。

②潜水：是埋藏于地表以下第一个稳定隔水层上的地下水，通常所见到的地下水多半是潜水。当地下水流出地面时就形成泉水。当井深在潜水含水层内时，这种水井就叫潜水井。我们一般说的地下水位指的就是潜水距地面埋藏的深度。

③承压水（自流水）：是埋藏较深的、储存于两个隔水层之间的地下水。这种地下水往往具有较大的水压力，特别是当上下两个隔水层呈倾斜状时，隔层中的水体要承受更大的水压力。当井或钻孔穿过上层顶板时，强大的压力就会使水体喷涌而出，形成自流水。当井深在承压水含水层内时，这种水井就叫承压井。地下水含水层及水井如图 4-2 所示。

地下水的利用方式主要是打井取水。要发展人工草地或城市绿地计划使用地下水进行灌溉，首先要了解并遵守国家和各级政府有关地下水开发利用的相关法规和政策。例如，国务院颁布了《地下水管理条例》，其中明确指出：地下水管理坚持统筹规划、节水优先、高效利用、系统治理的原则。此外，各级地方政府部门也有关于地下水资源管理方面的许多规定。因此，要利用地下水灌溉草坪或草地，需要取得水资源管理部门的取水许可。同时，还需要了解当地水行政、自然资源、生态环境等部门编制的地下水状况调查评价及保护利用规划成果，会同水资源管理部门确定在哪里打井、机井出水量以及允许的取水总量等。

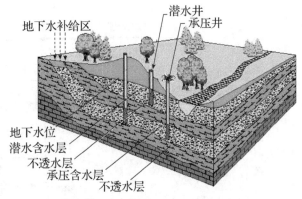

图 4-2　地下含水层及水井示意图

草原地区的浅层地下水或潜水含水层中的地下水是多年降水入渗以及地面河、湖长期入渗补给形成的，在这类地区发展以地下水为灌溉水源的人工草地，应特别注意地下水的开采利用影响评价，不要只注意到草原区看似地下水位高，地下水丰富，但过量开采就会引起区域地下水位下降，从而对区域草原生态系统造成影响。如图 4-3 所示，草原区有比较丰富的地下水，但在这里打井并抽取地下水时，如果抽水量大于机井含水层向井内的流量，就会形成以机井为中心的向下凹陷的、形似漏斗状的自由水面，这种水面称为降水漏斗，也称地下水漏斗。过量开采地下水会引起地下水位下降，形成区域性地下水漏斗。一个机井的地下水漏斗有一定的影响半径，如果停止抽取地下水这个地下水漏斗可以恢复，这种机井对区域地下水的影响就比较小，可以开采利用。如果抽取地下水形成永久性的，或长时期内难以恢复的地下水漏斗，在此区域内就应限制开发利用地下水。

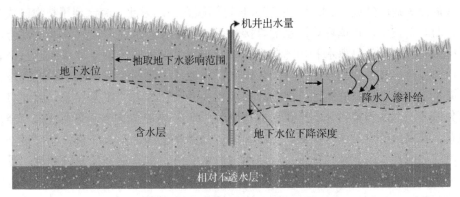

图 4-3　草原区抽取地下水的影响范围

（4）再生水

再生水是将污水经过适当的处理，达到规定的水质标准，在一定范围内能够再次被有益利用的水称为再生水。污水再生利用是解决水资源短缺重要的不可或缺的措施，也是一条成本低、见效快的有效途径。污水再生处理可分为一级处理、二级处理、二级强化处理、三级处理（深度处理）等过程。随着污水处理深度的加深，处理工艺流程就越复杂。处理后的再生水可以用于城市绿地灌溉、工业过程用水、娱乐水体补给以及其他用途。图 4-4 为城市生活污水二级处理流程简图。生活污水经过二级处理就能满足城市绿地、草坪灌溉水质要求。如果是工业污水，需要进一步评估水处理后的水质状况。

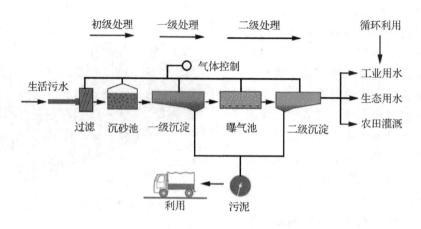

图 4-4　城市生活污水二级处理流程简图

城市生活污水处理后，在城市绿地、草坪灌溉中的利用是城市生态环境建设的必然选择。但利用再生水可能对土壤、植物带来的影响也需要引起重视并加强研究。发达国家在水资源再生利用方面有三条基本经验：将污水作为可利用水资源纳入水资源统筹规划；将生态环境修复和水资源再生相结合；大力发展高效、低耗能的污水处理再生技术。这些经验同样适合我国城市污水再生利用及城市生态环境建设。

（5）海水

淡水资源短缺已经成为 21 世纪的三大环境问题之一。因此，海水利用技术已成为各国非常重视的高新技术。在草坪草海水的直接利用中，适合海水浇灌或咸水淡水混合浇灌的草坪草——海滨雀稗就是海水利用的典型。海滨雀稗是一种暖季型草坪草，通过根状茎和匍匐茎横向蔓延，在外观和性能上与狗牙根非常相似，主要用于那些由于靠近海岸带或土壤及灌溉水质含盐量较高的地区。与狗牙根相比，其耐阴性好，耐寒性差，因此只适合南方大部分地区。海滨雀稗为禾本科雀稗属植物，原产于热带、亚热带海滨地带。经培育作为草坪草，其突出特点是色泽亮丽，坪质细腻，分蘖密度高，生长旺盛，具有很强的抗逆性和广泛的适应性，耐盐碱性极强，可以使用海水浇灌，具有很强的耐践踏性，受损后恢复很快。与同类的暖季型杂交狗牙根相比，海滨雀稗的耐盐性几乎是狗牙根耐盐能力的 2 倍，耐盐浓度为 0.04%～0.06%，对土壤的适应性也很强，适宜的土壤 pH 值是 3.5～10.2，无论在砂土、壤土，还是重黏土、淤泥中都能良好生长。在美国、东南亚和我国热带、亚热带沿海滩涂和类似盐碱地区的高尔夫球场中选用具有良好的表现。

在沿海地区的高尔夫球场中选用比较耐盐的海滨雀稗来建植草坪，对高尔夫球场的建造具有特别要求，否则使用海水灌溉可能带来土壤的次生盐碱化。第一，建设球场的场址土壤必须有良好的排水性，如砂质土壤；第二，必须具备一定数量的淡水资源，以便定期淋洗因咸水浇灌而滞留在土壤中的盐分，防止盐分在土壤中形成积累；第三，在高尔夫球场的用水管理方面，需要特别的灌溉计划，既要保持草坪土壤表面经常湿润，又要定期灌溉洗盐；第四，球场的排水系统要十分完善，特别是地下土壤排水系统，以便洗盐后的咸水及时排出场外。

4.1.3　草地灌溉水质要求

灌溉水质主要指灌溉水中所含泥沙的粒径和数量、可溶盐的种类和数量、灌溉水温以及其他有毒有害物质的含量等，水质要求需满足《农田灌溉水质标准》（GB 5084—2021）的规定。

4.1.3.1　灌溉水中的杂质

草地灌溉中采用喷灌、地下滴灌技术对灌溉水质的要求，就是不能含有较多或较粗的固体颗粒物或杂质，因为草地喷灌用的喷头是比较精密的，喷嘴尺寸小，水源中的固体颗粒易堵塞喷嘴，并且固体颗粒物易造成喷头部件的磨损。因此，从多沙的河流取水的草坪灌溉设施，必须分析灌溉水中泥沙的含量和组成，以便在灌溉系统的设计和管理中采取适当的措施，防止泥沙进入草地喷灌系统。如果水源中枯枝、落叶、藻类、悬浮物较多，这些杂质进入喷灌系统会堵塞喷头，增大压力损失，降低过流能力。因此，喷灌系统应阻止水体中的杂质进入喷灌系统。

4.1.3.2　灌溉水中的含盐量

灌溉水中可溶性全盐量是指单位体积水中所含可溶性盐类的总量，即单位体积水中总阳离子的含量和总阴离子的含量之和。可溶性盐的主要离子包括：钾离子、钠离子、钙离子、镁离子和碳酸根离子、硝酸根离子、氯离子以及硫酸根离子。天然水中的这些离子常用来作为表征水体主要化学特征。有时也用可溶性总固体（total dissolved solids，TDS）表示水中的含盐量，但可溶性总固体应当包括水中全部溶质的总量，包括无机物和有机物两者的含量。

水中总可溶性盐（TSS）就是总阳离子加总阴离子含量，即：

$$TSS = c_{Ca^{2+}} + c_{Mg^{2+}} + c_{Na^+} + c_{K^+} + c_{CO_3^{2-}} + c_{NO_3^-} + c_{SO_4^{2-}} + c_{Cl^-} \tag{4.1}$$

灌溉水中带正电荷的离子主要是钙离子、镁离子、钠离子、钾离子，带负电荷的离子主要是碳酸根离子、硝酸根离子、硫酸根离子和氯离子。灌溉水中的含盐量可以用总可溶性盐或可溶性总固体表示，也可以用水的电导率来表示，因为水中盐分离子电荷的增加使电导率增大。

水的电导率（EC）与盐含量呈线性关系，这跟离子的电荷数和盐的离子常数有关。因此，可用电导率表示水中含盐量的多少。水越纯净，含盐量越少，电阻就越大，电导率就越小。

在国际单位制中，电导率的单位为西门子/米（S/m），各单位的换算关系是：

1 S/m = 1 000 mS/m = 1 000 000 μS/m

1 S/m = 10 mS/cm = 10 000 μS/cm

1 dS/m = 100 mS/m = 0.1 S/m

1 dS/m = 1 000 μS/cm

电导率测量时，通常是在 25℃时测量水溶液的电导率。

根据可溶性总固体或总可溶性盐水中的总含盐量可以用毫克/升（mg/L）表示，即一定水量经蒸发以后剩余的固体物质总量。实践中测定水的电导率比较容易。可溶性总固体与电导率之间可以换算，其换算关系是：

$$TDS（mg/L）= K×EC(mS/cm) \tag{4.2}$$

式中　K——换算系数，其值取决于水中可溶性总固体的化学成分，一般为 0.54～0.96，常用近似取值 0.67。即：

$$TDS(mg/L) = 0.67×EC(μS/cm) \tag{4.3}$$

或

$$EC(μS/cm) = 1.49×TDS（mg/L) \tag{4.4}$$

也可以用下式进行换算：

$$TDS(mg/L) = 640×EC(dS/m) \tag{4.5}$$

4.1.3.3　灌溉水的钠吸附比

灌溉水中钠离子、钙离子、镁离子的相对浓度是评价灌溉水质的重要因素，钙离子和镁离子的作用是保持黏性土的结构。如果经常使用钠离子浓度高，而钙离子和镁离子浓度低的水灌溉黏性土壤，钠离子会置换出土壤中的钙离子和镁离子，导致土壤结构破坏，有机质减少，渗透性降低。

钠吸附比(sodium adsorption ratio，SAR)可表示土壤相对渗透性的大小：

$$SAR = \frac{c_{Na^+}}{\sqrt{\dfrac{c_{Ca^{2+}}+c_{Mg^{2+}}}{2}}} \tag{4.6}$$

式中　c_{Na^+}、$c_{Ca^{2+}}$、$c_{Mg^{2+}}$的单位为离子浓度(mol/L)。

钠吸附比是确定水源是否适宜灌溉的一项重要指标，不同植物对水源钠吸附比指标的大小有所不同，但一般来说，钠吸附比越高，灌溉水的适宜性就越差，如果长期用钠吸附比较高的水进行灌溉就会给土壤造成损害。对于草坪草来说，钠吸附比低于 3.0 应当是安全的；钠吸附比达到或高于 9.0，对黏性土而言将会引起土壤结构破坏；对于砂性土而言，土壤结构和渗透性不会有明显的改变，但能承受的钠吸附比最大值也不超过 10。

4.2　草地灌溉制度

4.2.1　灌溉制度与灌溉计划

4.2.1.1　灌溉制度

灌溉制度包括何时进行灌溉、每次灌溉多少量、一年灌溉的总量。其中，一次单位面积草地灌溉的水量称为灌水定额，全年单位面积上灌溉的水量称为灌溉定额，每次灌溉的时间称为灌水时间，两次灌水时间间隔称为灌水周期，一年灌溉的次数称为灌水次数。

草地的灌溉制度就是针对不同功能、不同管理要求的草地，确定灌溉一次需要多少水？何时进行灌溉？一次灌溉持续时间是多少？年终统计灌溉管理数据时，知道全年的单位面积灌溉用水量是多少？总灌溉用水量是多少以及灌溉的次数等。

灌水定额和灌溉定额的单位用 m^3/亩或 m^3/hm^2，也可以换算为灌水的水层深度(mm)。

4.2.1.2　灌溉计划

灌溉计划(irrigation scheduling)与灌溉制度类似。灌溉计划与灌溉制度的区别在于，灌溉计划是针对近期的、具体的灌溉需求而制定的管理执行细则，例如，何时进行灌溉，一次灌多少水，灌溉间隔时间以及具体灌溉的日期等，而灌溉制度则是一项较为长期的制度安排，主要从规划的层面进行管理。

草地的灌溉计划就是针对一块草地，决定何时进行灌溉、一次灌多少水、一次灌多长时间、一年内或一个生长季节内灌水的次数以及一年内的总灌水量。草地灌溉计划是灌溉用水管理的重要依据。制定灌溉计划的目的就是在节约用水的前提下尽可能均匀灌溉，以保证草地植物的健康生长。在管理学中，计划有两重含义：其一是计划工作，是指根据对组织外部环境与内部条件的分析，提出在未来一定时期内要达到的目标以及实现目标的方案和途径；其二是计划形式，是指用文字和指标等形式所表述的在未来一定时期内关于行动方向、内容和方式的安排。无论是计划工作还是计划形式，计划都是根据需要以及自身能力，通过计划的编制和执行，确定目标并有效地组织人力、物力、财力等资源，协调安排好各项活动，取得最佳的经济效益、生态效益和社会效益。灌溉计划可分长期和短期，长期通常指 5 年以上的计划，而短期一般指一年以内的计划。草坪灌溉计划一般是一年的计划，属于短期计划。

城市草坪的灌溉方式以喷灌为主，一些零星的、小面积的草坪也用微喷灌、喷灌带甚至人工浇灌，但较大面积的草坪均为喷灌，而且基本都是自动控制的喷灌，也就是说对草坪的灌溉过程已经实现了按灌溉计划编制控制程序，按程序控制喷灌系统进行喷洒。事实上，草坪灌溉发生在当下，要根据当前的植物耗水量、土壤水分状况及气象条件做出是否进行灌溉、灌多少水量的决策。这就需要感知当前的植物耗水、土壤水分、降雨情况，因此，草坪灌溉的自动控制应更多地吸纳外界监测数据，并按一定规则做出灌溉决策，只有把这些决策参数和规则纳入灌溉计划的编程中，才能实现草坪灌溉的智能化。

目前，灌溉自动控制器主要是根据灌溉计划以时间顺序编制程序进行的自动控制。有些厂商生产的灌溉控制器为用户设定了灌溉时间间隔可供选择，可以根据过去或上一年的草坪耗水量进行自动调整。有的厂商生产的灌溉控制器则在一定的限制条件下可以动态地调整灌溉间隔和运行时间，例如，什么时间不进行灌溉的限定条件等。更多的情况是，灌溉控制器配备降雨传感器和土壤水分传感器，这样就能应对自然降雨发生时，灌溉自动控制系统就能实时调整灌溉时间和灌溉间隔。例如，设有降雨传感器或土壤湿度传感器的灌溉控制系统，就可以根据降水量和土壤相对湿度情况对灌溉程序进行自动修正。

土壤水分状况是决定是否进行灌溉的最主要决策依据。当实际的草地土壤水分消耗量已经达到目标管理允许的水分消耗量时，应当开始灌溉；当实际的草地土壤含水量已经达到目标管理允许的上限时，应当停止灌溉。

目标管理允许的上限土壤含水量，在正常的灌溉方式下就是田间持水量，即每次灌溉的最大量就是田间持水量。目标管理允许的水分消耗量就是灌溉管理规定的土壤最低含水量，当实际土壤含水量达到这个最低值时开始进行灌溉直到土壤水分恢复到田间持水量。

4.2.2　灌溉计划制定需要的参数

如果采用土壤水分自动监测技术，即实时监测草地土壤的水分状况，就可以利用土壤水分监测数据实现自动控制的灌溉计划与管理。

4.2.2.1 草地实际蒸发蒸腾量

我们知道，只要获取距地面 2 m 高度处的气温（最高气温、最低气温）、相对湿度（与最高、最低气温对应的最高、最低相对湿度）、太阳辐射和风速，就能用彭曼–蒙泰斯公式计算出参考植物的蒸发蒸腾量，根据作物系数就可以计算出实际蒸发蒸腾量。

4.2.2.2 土壤最大有效含水量

草地根系层内土壤最大持水能力与根系深度有关，也与土壤质地有关。根系层土壤最大有效含水量，即最大持水能力计算：参见式（3.14）。

根系层土壤最大有效含水量与土壤质地有关，土壤质地不同，土壤水分常数也不同。表 4-1 列举了不同土壤质地的土壤干容重、田间持水量、凋萎系数和最大有效含水量参考值。

表 4-1   不同土壤质地的土壤水分常数

土壤质地	土壤干容重 /(g/cm³)	田间持水量 /(体积%)	凋萎系数 /(体积%)	最大有效含水量 /(体积%)
砂土	1.60	10	4	6
壤砂土	1.55	16	7	9
砂壤土	1.50	21	9	12
壤土	1.40	27	12	15
黏壤土	1.30	29	18	11
黏土	1.20	40	22	18

注：本表土壤质地类型参照美国农业部土壤质地分类。

灌溉所考虑的土壤持水能力只考虑植物根系层。因此，最大有效含水量还与根系深度有关，因为超过植物根系深度的土壤水对植物吸水是无效的。不同植物或同种植物不同生长季节中的根系深度是不同的（表 4-2）。

表 4-2   不同草种的参考根系深度

草种	拉丁名	根系深度/cm
多年生黑麦草（Perennial ryegrass）	*Lolium perenne*	30~45
高羊茅（Tall fescue）	*Festuca arundinacea*	50
紫羊茅（Red fescue）	*Festuca rubra*	30~45
草地早熟禾（Kentucky bluegrass）	*Poa pratensis*	20~40
匍匐剪股颖（Creeping bentgrass）	*Agrostis stolonifera*	20
狗牙根（Bermuda grass）	*Cynodon dactylon*	45
结缕草（Zoysia grass）	*Zoysia japonica*	40
紫花苜蓿（Alfalfa）	*Medicago sativa*	100
柳枝稷（Switchgrass）	*Panicum virgatum*	70

【例题 3】

一块城市草坪，土壤质地为砂壤土，根系深度以 25 cm 计算，根系层土壤容重 1.5 g/cm³。试确定该草坪土壤最大有效含水量是多少？

一般砂壤土田间持水量为 21%，凋萎系数为 9%，则

$$AWC = (FC - WP)\frac{\gamma}{\gamma_w}H_t = (21\% - 9\%) \times 1.5 \times 25 = 4.5 \text{ cm}$$

这就是说，在根系深度 25 cm 的砂壤土上建植的草坪，土壤最大有效含水量为 4.5 cm，如果一次喷灌水量超过这个最大有效持水量，超过田间持水量就会产生深层渗漏。

4.2.2.3　允许的土壤水分消耗量

我们知道，田间持水量是灌溉的上限含水量，超过田间持水量的灌水就会形成重力水从根系层流失，凋萎系数是灌溉的下限。但是，随着土壤水分的减少，植物吸水越来越困难，当土壤水分减少到一定程度后甚至对植物生长造成胁迫。也就是说，土壤水分对植物的有效性随着土壤水分的减少而降低。如果现实中真正使土壤含水量达到灌溉的下限再进行灌水，草地植物可能已经受到严重胁迫，导致萎蔫甚至死亡。因此，在制定灌溉管理目标时需要确定：土壤水分减少到什么程度就应当灌溉。

灌溉管理就是控制土壤水分。对草地而言，只要没有降水或灌溉补给土壤水分，土壤含水量总是随着时间的推移减少的，因为植物蒸发蒸腾总是存在的。对一类植物，土壤含水量最多减少到什么程度就需要灌溉，这就是允许土壤水分最大消耗量，也就是灌溉管理需要确定的重要控制指标或参数。

在相邻的两次灌水时间间隔内，对植物生长不会造成水分胁迫，即前一次灌水后随着时间的延长，土壤水分持续减少，但土壤水分没有明显地影响植物生长或作物产量，如果土壤水分再进一步减少，植物就会产生水分胁迫进而影响生长。此时土壤水分减少的数量称为允许土壤水分最大消耗量（maximum allowable depletion，MAD）。MAD 可以用根系层土壤最大有效含水量的百分比表示，如图 4-5 所示，图中 MAD 等于根系层土壤最大有效含水量（AWC）的 50%，这就是说，当根系层土壤含水量（θ_v）：

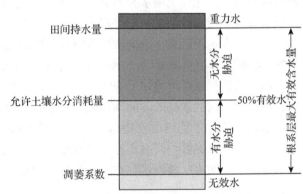

图 4-5　根系层土壤水分允许消耗量与土壤水分的有效性

$\theta_v > MAD = 0.5AWC$ 时，无水分胁迫；

$\theta_v < MAD = 0.5AWC$ 时，存在水分胁迫。

MAD 也可以用土壤水分的深度单位表示。因为体积含水量就是单位土体积中水体积的百分比，也就是单位土壤体积中水层的深度与土壤厚度的比值，即：

$$\theta_v = \frac{h_w}{h_s} \times 100\% \tag{4.7}$$

因此，一定土壤厚度内的水层深度就是：

$$h_w = \theta_v \times h_s \tag{4.8}$$

式中　θ_v——土壤体积含水量，%；

　　h_w——根系层土壤中的水层深度，cm；

　　h_s——根系层土壤厚度，cm。

　　如果根系层土壤最大有效含水量为体积含水量（%），则根系层内允许的土壤水分最大消耗量就是：

$$MAD = \beta \times AWC \times h_s \tag{4.9}$$

式中　β——允许土壤水分最大消耗量占土壤最大有效含水量的比例系数；

　　　　AWC——根系层土壤最大有效含水量，%；

　　　　MAD——根系层允许土壤水分最大消耗量，cm。

　　水层深度与体积的单位换算：

　　1 mm 的水层深度 = 1 L/m² = 10 m³/hm²。

4.2.2.4　允许土壤水分消耗量的影响因素

　　允许土壤水分最大消耗量是植物根系层内土壤有效水分被允许消耗的比例，显然 MAD 与植物种类及生长阶段的根系深度有关。对于草坪草，允许土壤水分消耗的最大百分比不宜超过50%；也就是说可以允许消耗50%的土壤有效含水量，之后必须进行灌溉。对缺水比较敏感的植物，允许土壤水分消耗的最大百分比30%～50%；对于比较耐旱的植物或根系较深的植物，允许土壤水分消耗的最大百分比可以达到50%～70%。不同植物在不同的生长阶段对土壤水分消耗的耐受程度是不一样的。因此，MAD 应当在不同生长季节进行调整，而不是固定不变的。不同的植物种类 MAD 也不同，例如，冷季型草坪草的 MAD 为40%，暖季型草坪草 MAD 为50%，紫花苜蓿的 MAD 一般为50%～60%。

　　如果植物根系层土壤水分消耗量还没有达到允许土壤水分消耗最大百分比就进行灌溉，说明前后两次灌溉的时间间隔较短，灌溉频率较高，此时植物根系层土壤水分比较充足，植物生长不会受到水分胁迫，但这种灌溉决策由于缩短了灌溉间隔，提高了灌溉频率，增加了灌溉次数，同时土壤水分充足，使土壤蒸发和植物蒸腾增加，未能充分发挥土壤水分的利用潜力，灌溉水存在一定程度的浪费。

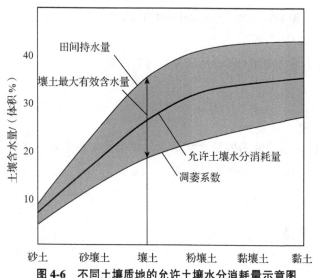

图 4-6　不同土壤质地的允许土壤水分消耗量示意图

　　允许土壤水分最大消耗量也与土壤质地有关。图 4-6 表示不同土壤质地与允许土壤水分消耗量之间的关系。因为土壤最大有效含水量与土壤质地有关，砂性土壤的最大有效水量小于黏性土壤，因此，砂性土壤的允许土壤水分消耗量小于黏性土壤的允许水分消耗量。在同一土壤质地情况下，允许土壤水分消耗值越小，土壤水分越接近田间持水量，说明土壤水分越充足，植物越不易受到干旱胁迫。对于根系较深的植物，细质地土壤（黏性土）的 MAD 值不宜超过40%，中等质地的土壤(壤土)的 *MAD* 值不宜超过 50%，粗质地的土壤(砂性土)的 *MAD* 值不宜超过 60%。

　　允许土壤水分最大消耗量就是灌溉管理设定的根系层土壤含水量的下限值，主要取决于灌溉的植物特征，有时也称管理上允许的水分消耗量。灌溉管理允许的土壤水分消耗量是根据所灌溉的植物设定的，以根系层内不会因土壤水分亏缺而造成植物水分胁迫影响正常生长为标准。对水分敏感的植物或因水分胁迫对生长和产量影响较大的植物，允许的土壤水分消耗量应适当小一些。

4.2.3　草地灌溉计划的制定方法

4.2.3.1　根系层水量平衡

　　草地根系层土壤中，在一定时段内储存的土壤水分可以用水量平衡原理计算，如图 4-7 所示。如果以一天为时段，则在一天内土壤储存的水量就是进入根系层的水量减去流出根系层的水量：

$$\Delta\theta = P+I-ET_c-D-R \qquad (4.10)$$

式中　$\Delta\theta$——时段内储存在根系层的土壤水分，mm；

　　　　P——时段内的降水量，mm；

　　　　I——时段内的灌溉水量，mm；

　　　　ET_c——时段内的草地蒸发蒸腾量，mm/d；

　　　　D——时段内深层渗漏量，mm；

　　　　R——时段内地表径流量，mm。

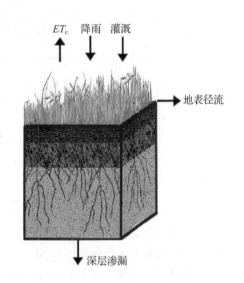

图 4-7　根系层水分平衡示意图

　　制订草地的灌溉计划时，我们假定根系层不发生深层渗漏，草地无地表径流，降水和灌溉一般不会同时出现，即降水时不可能再灌溉，由此得到简化后的水量平衡方程：

$$\Delta\theta = P+I-ET_c \qquad (4.11)$$

　　如果 $P=0$，$I=0$，既无降水，也没有灌溉，此时根系层的土壤水分存储量为：

$$\Delta\theta = -ET_c \qquad (4.12)$$

　　负值说明土壤含水量是减少的，因为时段内植物不断耗水使土壤含水量下降。可以用时段内根系层土壤水分的消耗量替代式(4.12)，得

$$SWD = ET_c \qquad (4.13)$$

式中　SWD——时段内根系层土壤水分的消耗量，mm/d。

4.2.3.2　灌溉时间

　　灌溉前经土壤水分监测，初始土壤含水量为 θ_0 mm，植物每天的蒸发蒸腾使得土壤含水量每天减少，当每天消耗的土壤水分达到管理允许的土壤水分最大消耗量时就需要灌溉。从图 4-8 中可以看出，植物每天消耗一定的土壤水分，使土壤含水量随时间的延长总是下降的。例如，从第 2 天即监测土壤水分的当天土壤含水量为 θ_0，到第 8 天时土壤含水量达到了允许土壤水分最大消耗量，此时就需要灌溉。用公式表达为：

$$\left[(FC - \theta_0) + \sum_{t=1}^{T} SWD_t\right] \geq MAD \tag{4.14}$$

也可以用植物耗水量表示为:

$$\left[(FC - \theta_0) + \sum_{t=1}^{T} ET_{ct}\right] \geq MAD \tag{4.15}$$

式中 $(FC-\theta_0)$——监测土壤含水量当天土壤水分累积的消耗量。

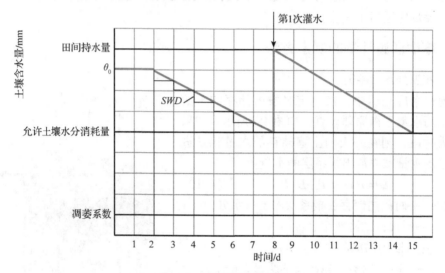

图 4-8 灌溉时间示意图

如果初始土壤含水量为田间持水量,则 $(FC-\theta_0)=0$。田间持水量是灌溉的上限,多余的水会形成重力水产生深层渗漏。

式(4.15)说明,灌溉前将 T 天的土壤水分消耗量累加,只要等于或大于允许土壤水分最大消耗量就必须灌溉。

从第一次灌水到下一次灌溉前的一段时间内,由于蒸发蒸腾消耗水分,从管理上不可能使根系层土壤储存的水分消耗殆尽,否则植物将进入永久性萎蔫。因此,在两次灌水期间允许土壤水分减少或消耗到什么程度,是决定本次灌水时间的关键。

在草地灌溉管理中,确定了允许土壤水分消耗的值,就可以计算何时开始进行灌溉。当然,最关键的就是要用土壤水分监测仪器及时监测到土壤水分是否达到了允许消耗的数值,如果已经达到就开始灌溉,如果还没有达到允许土壤水分消耗值就不灌溉。

【例题4】

假定一定生长期内草坪草的日耗水量 $ET_c = 3$ mm/d;草坪土壤为砂壤土,草坪根系深度 20 cm。田间持水量 $FC = 22\%$,凋萎系数 $WP = 10\%$,允许土壤水分消耗值 $MAD = 50\%$ AWC。第 1 次灌溉土壤水分达到田间持水量,问第 2 次灌水的时间是哪天?

①土壤最大有效含水量:$AWC = (FC - WP) = (22\% - 10\%) = 12\%$。

②草坪根系层最大有效含水量:因为 $AWC = 12\%$ 体积比,即为 $AWC = 12$ cm/m。根系深度 20 cm 时的土壤最大有效含水量 $AWC = 12 \times 20 \times 10^{-2} = 2.4$ cm $= 24$ mm。

③允许土壤水分消耗值 $MAD = 50\% AWC$,即 $MAD = 24 \times 50\% = 12$ mm。

④确定到哪天土壤水分消耗量就能等于或大于允许土壤水分消耗值 MAD（12 mm）：

第 1 天的土壤水分消耗量 $SWD_1 = 3$ mm$< MAD$；

第 2 天的土壤水分消耗量 $SWD_2 = 3 + 3 = 6$ mm$< MAD$；

第 3 天的土壤水分消耗量 $SWD_3 = 3 + 3 + 3 = 9$ mm$< MAD$；

第 4 天的土壤水分消耗量 $SWD_4 = 3 + 3 + 3 + 3 = 12$ mm$= MAD$。

第 2 次灌水的时间是从第 1 次灌水后的第 5 天。

由此可以看出，依据日蒸发蒸腾量数据，按时间步长 1 天通过编程实现灌溉计划的自动化处理和灌溉系统的自动控制。

4.2.3.3　单次灌水量

草地植物耗水量也就是保持植物健康生长和功能正常所需要的水量，这是确定灌多少水的基本依据。植物在生长期间，也从自然降水获得一部分水量，因此，在计算灌多少水时应当扣除有效降水量就是需要灌溉补给的水量。单次灌水量取决于灌水的策略。

①每次灌水量都达到田间持水量，即灌水量的上限，土壤水分消耗量达到允许土壤水分消耗值时灌水，这是灌水量的下限。灌溉计划如图 4-9 所示，当土壤水分消耗量达到允许土壤水分消耗值时进行灌溉，灌水量使土壤水分达到田间持水量。此时，一次灌水量就是允许土壤水分消耗量，即一次净灌溉水量 W_n 为：

$$W_n = MAD \tag{4.16}$$

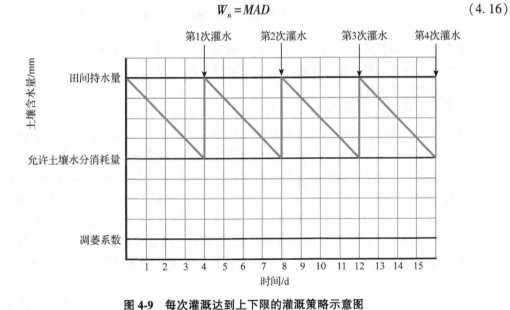

图 4-9　每次灌溉达到上下限的灌溉策略示意图

由例题 4 可知，草坪允许土壤水分消耗值 $MAD = 50\% AWC$，土壤根系层最大有效含水量 $AWC = 12$ cm/m，20 cm 草坪根系层允许土壤水分消耗值 $MAD = 12$ mm，则这块草坪一次净灌溉需水量为 $W_n = MAD = 12$ mm $= 0.012$ m^3/m$^2 = 12$ L/m^2。

②每次灌水量上限小于田间持水量，以一个随机确定的土壤含水量为上限值，但下限值为允许土壤水分消耗量。灌溉计划如图 4-10 所示。这种灌溉管理模式每次灌溉都不是充分灌溉，灌水量仅仅达到田间持水量的一定比例，但灌水次数明显比达到田间持水量的充

分灌溉模式要多。因此，这就是少量多次的灌溉模式。草坪灌溉中最常用的就是这种灌溉管理模式，这种模式可以充分发挥草坪喷灌自动控制系统的优点，容易实现少量多次的灌溉。

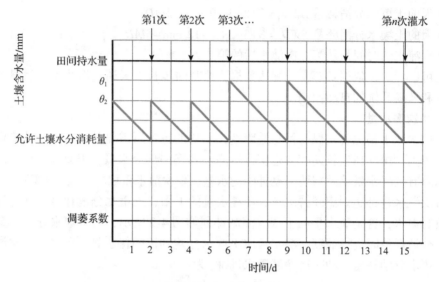

图 4-10　每次灌溉随机上限的灌溉策略示意图

少量多次的灌溉模式中，需要实时监测土壤含水量，当土壤水分消耗量达到允许土壤水分消耗值时就需要灌溉，但一次灌水量小于灌溉上限田间持水量。

4.2.3.4　草坪灌溉用水计划

草坪灌溉用水计划一般是指年度用水计划，要求在每年年初灌溉之前，根据草坪灌溉系统的性能、水源情况，分析水源供水及降水预测，编制年度灌溉用水计划。灌溉用水计划的用途一方面为草坪灌溉管理提供总体指导性计划，以便合理安排草坪灌水时间和灌水量；另一方面主要是便于计划管理，使年度用水量、水、电能源费用支出有计划、有指标。

草坪灌溉用水管理的基本任务是根据喷灌系统的规划设计和当地气候、草坪种类、土壤类型、土壤水分状况以及供水水源等状况，合理组织草坪的喷灌作业，达到提高灌溉效率、保持草坪最佳生长状态为目的。喷灌系统设计中一般是按满足最不利条件进行设计的，以便使灌溉系统能满足草坪高峰需水期的要求。而在草坪喷灌系统正常运行时，应根据当年的实际情况制定灌溉计划。

在确定草坪灌水时间时，在一天内的大部分时间均可灌水，但应避免在炎热的夏季中午灌水，此时喷灌不仅不利于草坪的生长，而且此时气温高、辐射强、蒸发量最大，水的利用率低。夜间灌水可避免上述情况，但人们往往担心因草坪叶面湿润时间太长，容易引发病害。清晨灌水，阳光和晨风可使叶面迅速变干，是较为理想的灌水时间。但对于非自动控制的喷灌系统，夜间和清晨灌水对操作人员会带来一些不便，因此，傍晚灌水也是较好的选择。灌水时间还受到人为活动的限制。例如，高尔夫球场为了尽可能减少喷洒对打球的影响，尽量清晨或夜间进行灌水；足球场草坪应在比赛之前一天喷灌完毕，以减轻场地湿滑对运动的影响。

灌水延续时间的长短，主要取决于系统的组合喷灌强度和土壤的持水能力，即田间持水量。当喷灌强度大于土壤的渗透强度时，将产生积水或径流，水不能充分渗入土壤；灌水时间过长，灌水量将超过土壤的田间持水量，造成水分及养分的深层渗漏和流失。因此，一般的规律是，砂性较大的土壤，土壤的渗透强度大，而田间持水量小，故一次灌水的延续时间短，但灌水次数多，间隔短，即需少灌勤灌；反之，对黏性较大的土壤则一次灌水的延续时间长，但灌水次数少。

4.2.4 草地灌溉质量控制

4.2.4.1 草坪质量与灌溉的关系

草坪质量是指草坪在其生长和使用期内功能的综合表现，是由草坪的内在特性与外部特征所构成的，它体现了草坪的建植技术与管理水平，是对草坪优劣程度的一种评价。草坪因其用途不同，其质量要求也不同，质量评价的指标及其重要性也各异。由于草坪质量是由草坪外观质量、生态质量、使用质量等众多指标共同构成，所以造成草坪质量评价比较复杂，评价标准很难统一。草坪的外观质量表现在颜色、质地、盖度、密度、均匀性等方面；生态质量主要是群落稳定性、青绿期、可恢复性、抗病、抗逆性等；使用质量表现在耐践踏性、光滑度、回弹性等。影响草坪质量的因素很多，草种、水分、施肥、管理措施等都会对草坪质量产生影响，因此，草坪质量是多因素综合作用的结果，其中水分是重要的影响因素之一。

草坪质量的形成是由多种因素综合作用的结果，灌溉因素可以影响草坪的颜色、质地、盖度、绿期、生物量以及草坪弹性、草坪硬度和草坪滑动摩擦性能等。水分是草坪草生长所必需的，要保持草坪草健康生长和一定的草坪质量就必须适时适量地供给水分。如果土壤中没有可供草坪草吸收的水分，草坪草就会受到胁迫，进而影响代谢过程和生长速度，最终影响草坪的质量。草坪草在生长过程中，水分的供给与草坪质量密切相关。

在降水有限的情况下，草坪质量很大程度上取决于灌溉。美国科罗拉多州立大学的研究表明，草坪质量随着草坪蒸散量的降低而降低，当蒸散量低于最大蒸散量的 73% 时，草地早熟禾和高羊茅草坪的质量下降 10%，当草坪蒸散量维持在 73% 时，蒸散量对草坪质量的影响很小。有人用结缕草在 4 种水分亏缺条件下（分别是 80%、60%、40% 和 20% 的实际蒸散量）进行的试验表明，水分亏缺 60% ET_a 在 6 周内的草坪质量是可以接受的，而 40% ET_a 的亏缺在 6 周内的草坪质量明显下降。

4.2.4.2 草地灌水均匀度

喷灌均匀度是指在喷灌面积上水量分布的均匀程度。如果喷灌水量分布不均匀，就会影响草地植物生长不均匀，从而影响草坪的质量和人工草地的产量。

喷灌均匀度是衡量喷灌质量的重要指标。影响喷灌均匀度的因素很多，主要有喷头的水力性能（包括喷头旋转均匀性、单喷头水量分布、喷灌设计中喷头的布置形式）、风向、风速、地形坡度等。喷头的布置形式和布置间距对喷灌均匀度有直接影响。

喷灌均匀系数是反映喷灌均匀度的指标，喷灌均匀系数的测量和计算方法比较简单，便于进行定量比较，所以在实际中应用较多。《喷灌工程技术标准》（GB/T 50085—2007）中规定：在设计风速 2~3 m/s 条件下，喷灌均匀系数不应低于 75%，如果低于 75% 容易出现漏喷，就会出现干点。国际标准对喷灌均匀系数的规定是在风速为 0.9~3 m/s 条件下，测试的喷灌均匀系数值不低于80%，实际上当风速超过 2 m/s 时，喷灌均匀系数值必然下降。因此，《喷灌工程技术标准》关于喷灌均匀系数的规定基本与国际标准相当。

4.2.4.3 草地灌水效率

灌水效率是指通过灌水在草地根系层土壤中储存的水量与从灌溉取水量的比值。显然，灌水效率越高越好，但实际上，灌水后一部分水量损失是无法避免的，另一部分水量损失是可以通过灌水管理减少的。草地地面不平整，在低洼处喷灌后就会积水，增加了水面蒸发；超灌，即超过田间持水量的灌溉不仅产生深层渗漏，而且土壤含水量高，土壤蒸发增加；灌水时间过长，或喷洒强度大于土壤入渗率，会产生地面径流，尤其在坡地、土质紧实的草地更容易产生地面径流。

因此，在草地灌溉管理中，尽可能减少地面径流、减少地面不平整形成的填洼积水，尽可能使土壤能储存更多的水量，就可以提高灌水效率。还可以提高制定灌水计划时适当延长灌水周期，这样可促进根系深度增加，使植物经受一定的干旱锻炼也能提高灌水效率。在灌水管理中尽量避免人为超灌，在草坪管理中适度打孔促进渗透也是提高灌水效率的重要措施。

引起地表径流的主要原因就是喷灌的喷洒强度大于土壤入渗率，大多数的喷灌喷洒强度为 0.75~1.5 cm/h，砂性土、壤土基本都能满足喷洒强度的要求，只有土质较黏的地方可能会出现喷洒强度大于土壤入渗率的情况。土壤比较紧实、枯草层较厚的情况，土壤入渗率也会降低。为此，从灌水管理上尽可能采用多次少量的灌水方式，即将一个灌水时段分成几个时段进行灌水，总灌水量保持不变。

提高草地的灌水效率，就是要根据植物需水量、天气状况、喷洒均匀性，通过灌溉管理措施，减少水量损失，从而达到节水、节能的目的。总之，一个高效的草地灌溉系统可通过以下途径提高灌水效率：

①降水临近不提前灌溉。
②高温时段避免灌溉。
③大风禁止灌溉，小风减少灌溉。
④土壤紧实、坡面处多次少量灌溉。
⑤严格管理不超上限灌溉。

灌溉是弥补自然降水在数量上的不足与时空上的不均，保证适时适量地满足草地植物生长所需水分的重要措施。草地的灌溉，要求在一定面积上灌溉的水量分布均匀，这样才能保证草地植物生长的均匀，以获得满意的草地产量或草坪质量。

4.3 草地地面灌溉

4.3.1 人工草地的灌溉

人工草地主要用于生产牧草，包括青草、干草、青贮等牧草产品，也可以直接用于放牧，或作为生态保护的生态草地。人工草地是现代草业的重要组成部分，人工草地可以充分覆盖地面增加植被盖度,可以大幅度提高单位土地面积草产量,可以选用优良的草种,采用先进的技术,获得高产优质的草产品,提高草地生产效率。发展人工草地,对于保护草地资源,提高草业生态、经济及社会效益具有重要意义。

人工草地面积的大小是衡量一个国家或地区草产业及草牧业发展水平的重要标志。西方发达国家人工草地面积占天然草地面积的比例都不低,例如,美国的人工草地(包括轮作草地)占草地总面积的 29%。据报道,在世界范围内,人工草地占天然草地的比例每增加 1%,草地动物生产水平就增加 4%。人工草地在我国未来草地农业的发展中潜力巨大。因为人工草地既是生态建设、恢复植被的需要,也是增加饲草产量,缓解草畜矛盾,促进草牧业发展,提高社会经济水平的需要。目前,我国发展人工草地的区域大多处于干旱、风沙、盐碱、贫瘠的土地或退化的草地,种植的草种主要包括紫花苜蓿、燕麦、沙打旺、披碱草、青贮玉米、老芒麦、无芒雀麦、甜高粱等。要建设高产的人工草地,就必须要有灌溉保障。

紫花苜蓿是一种相对比较耐旱的豆科植物,但也是对水分反应比较敏感的植物,只要供给足够的水分,紫花苜蓿就能生产出与供水量相匹配的草产量,特别是在干旱、半干旱的西北地区,苜蓿草产量与供水量几乎是成正比的线性关系。我国西北地区是苜蓿种植面积最大和总产量最高的主产区,陕西、甘肃、新疆自治区的苜蓿种植面积分列全国前 3 位,分别占全国苜蓿总种植面积的 22%、21% 和 15%,但西北地区干旱少雨,水资源短缺严重制约了苜蓿生产,使得西北地区的苜蓿单产水平整体不高,基本保持在干草产量 7 000 kg/hm^2 的水平。由于水资源不足和灌溉管理不当导致苜蓿生长受到水分胁迫是影响紫花苜蓿草产量的重要原因,如何用较少的水生产更多的高品质苜蓿草将是未来科学研究和生产实践面临的重要挑战。

4.3.2　紫花苜蓿地面灌溉管理

4.3.2.1　紫花苜蓿地面灌溉方式

苜蓿的灌溉方式主要有地面灌、喷灌、地下滴灌等几种。苜蓿的地面灌溉就是在平整土地的基础上,配置田间灌溉输水渠道,并将平整后的田块用土埂划分成畦田地块。苜蓿畦田灌溉时,从田间渠道分水进入畦田,水流沿苜蓿生长的地面向前推进扩散最终浇灌整个畦田地面。这种灌溉方式是地面灌溉中最常见的畦灌方法,它不同于大水漫灌。漫灌的地块比畦田地块大很多,要将整个地面都灌上水,需要的水量和灌水时间比较长。而畦灌由于地块之间有地埂,地块宽度缩小,灌溉水从田间渠道引入后水流速度较快,能以较短的时间湿润地面,灌水时间短,与漫灌相比比较节水,如图 4-11(a)所示。

紫花苜蓿的灌溉方式主要是推广应用喷灌,但在一些传统农区牧草种植中仍然采用地面畦灌方式。其优点是可以利用现有农田灌溉渠系和成形的农田,牧草种植者比较熟悉地面灌溉管理方式,不需要较多的投资。地面畦灌的主要缺点是:①灌溉用水量较多,在水资源有限地区受到一定限制,或者有限的水源无法灌溉更多的牧草种植面积。②畦灌的地块必须将地面整理成沿水流方向有一定坡度的地面,这样才能使水流尽快到达畦田末端。③畦灌的灌溉水入渗不均匀,畦灌首端靠近引水渠道,灌溉水停留的时间长,水量入渗就多,畦田末端灌溉水停留的时间短,入渗的水量就少,往往在首端出现超灌现象,而在末

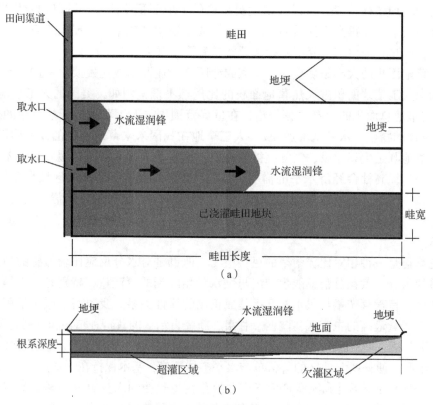

图 4-11 紫花苜蓿地面畦灌方式示意图

(a)苜蓿畦灌方式;(b)畦灌入渗剖面

端出现灌溉不足的问题,如图 4-11(b)所示,如果土壤砂性强,这种情况更为严重。

漫灌是一种在田间不做或很少做地埂,地块长而宽,面积大,灌水时从渠道引水进入田间任其在地面漫流,借重力作用浸润土壤,是一种比较粗放的浇灌方法。在水资源比较紧缺的地区发展牧草种植,我们要打破"浇地就是要浇足浇够水"的观念,坚持既要保证草地植物的正常生长,又要节省水资源、提高水资源利用效率的原则,消除草地灌溉中的水资源浪费现象。如果牧草地有地面灌溉的条件,也要杜绝大水漫灌方式,推行较为节水的畦灌或其他方式。

4.3.2.2 一次最大灌溉量

紫花苜蓿采用地面灌溉方式,灌溉水通过渠道或低压管道输送到田间,由于渠道引水量较大,水量控制不精准,要想实现少量多次的灌溉计划比较困难,因此,地面灌溉的苜蓿灌水量的上限可确定为田间持水量。因为田间持水量是土壤所能保持水分的最大含水量,是对苜蓿有效的最高土壤水含量。地面灌溉使土壤空隙全部充满水,但不要造成土壤水的下渗。因此,灌溉量达到田间持水量即停止灌溉。

制订紫花苜蓿地面灌溉计划前,需要了解苜蓿地土壤类型、土壤容重、土壤水分常数,即田间持水量和凋萎系数,以及苜蓿生长年限和主要吸水根系深度,在此基础上确定苜蓿根系层最大有效持水量 AWC。一次灌溉的水量如果超过 AWC,则超灌的水量就会产生深层渗漏，对苜蓿生长无效。AWC 值明确了苜蓿地当前的最大一次灌溉量，单位为水深，也可以用不同的计量单位表示为：

$$1 \text{ cm} = 0.01 \text{ m}^3/\text{m}^2 = 100 \text{ m}^3/\text{hm}^2$$

【例题 5】

某地苜蓿地土壤田间持水量为 24%，凋萎系数为 11%，土壤容重为 1.3 g/cm³，当前苜蓿根系深度分别按 40 cm 和 80 cm 计算苜蓿地一次最大灌溉量是多少？

根系深度 40 cm 时：

$$AWC = (FC - WP)\frac{\gamma}{\gamma_w}h_a = (0.24 - 0.11)\frac{1.3}{1} \times 40 = 6.76 \text{ cm}$$

苜蓿地的一次最大灌溉水深不超过 6.76 cm，单位面积灌溉量不超过 676 m³/hm²，或 45 m³/亩。

根系深度 80 cm 时：

$$AWC = (FC - WP)\frac{\gamma}{\gamma_w}h_a = (0.24 - 0.11)\frac{1.3}{1} \times 80 = 13.52 \text{ cm}$$

苜蓿地的一次最大灌溉水深不超过 13.52 cm，单位面积灌溉量不超过 1 352 m³/hm²，或 90 m³/亩。

4.3.2.3　灌水时间间隔

灌水时间间隔就是多长时间灌水一次。苜蓿生长过程中时刻都在消耗土壤水分，只要没有降水或灌溉补给土壤水分，土壤含水量总是随着时间减少的。土壤含水量减少到什么程度就需要灌溉，取决于苜蓿灌溉管理的决策。如果灌溉水源充分，则实行生长季内的充分灌溉，使苜蓿在生长阶段不缺水分，以获得最高草产量为目标。如果灌溉水源不足，就需要将有限的水源分配在对苜蓿生长和产量、品质影响较大的生育期或水分临界期，而在非水分临界期减少灌溉量甚至不灌溉，以有限的灌溉水资源获得最大的产量及经济效益。这种灌溉模式就是非充分灌溉。

如果是充分灌溉模式，如果忽略地下水向苜蓿根系层的水分补给，则每日根系层土壤水分的消耗量就等于苜蓿的实际蒸发蒸腾量或耗水量扣除期间的有效降水量，即：

$$SWD = ET_c - P_e \tag{4.17}$$

式中　SWD——时段内根系层土壤水分的消耗量，mm；

　　　P_e——时段内的有效降水量，mm。

有效降水量就是降水渗入土壤并贮存在主要根系层中为植物所利用的降水量。有效降水量等于地面观测的降水量扣除植物冠层的截留量、蒸发、蒸腾、地面径流量和深层渗漏量。因此，有效降水量与地面植物种类、植物根系吸水层的深度、土壤持水能力、雨前土壤含水量、降水强度和降水量等因素有关。有效降水量的数量要通过根系层的水量平衡计算确定。FAO 在《灌溉水管理培训手册》中提供了一种简单的估算有效降水量的经验公式：

$$P_e = 0.6P - 10 \qquad P < 75 \text{ mm/m} \tag{4.18}$$

$$P_e = 0.8P - 25 \qquad P > 75 \text{ mm/m} \tag{4.19}$$

式中　P_e——月有效降水量，mm/m；

P——月降水量，mm/m。

式(4.18)、式(4.19)中计算的最小有效降水量为零，不能出现负值。

为了防止苜蓿因土壤水分消耗过多造成生长胁迫，用允许土壤水分的最大消耗量 MAD 作为灌溉量的下限。允许土壤水分最大消耗量 MAD 就是一个指标，如果实际土壤水分消耗量小于 MAD，土壤水分状况不会影响苜蓿生长；如果土壤水分消耗量大于 MAD，苜蓿生长就会受到一定的水分胁迫。充分灌溉条件下，紫花苜蓿允许土壤水分最大消耗量 MAD 为根系层土壤最大持水能力 AWC 的 50%~60%。这就是说，将每日的土壤水分消耗量 SWD 相加，等于允许土壤水分最大消耗量 MAD 时就应当进行灌溉。

【例题6】

数据依据例题5，苜蓿实际耗水量 ET_c 以 5 mm/d 计算，降水量按 25 mm/m 计算。则时段内有效降水量 $P_e = 0.6P-10 = 0.6×25-10 = 5$ mm/m

时段内的土壤水分消耗量就需要通过灌溉得以补充，即灌溉时间间隔就是：

$$\sum_{i=1}^{T} SWD_i = \left(\sum_{i=1}^{T} ET_{ci} - P_e \right) \geqslant MAD \tag{4.20}$$

根系深度 40 cm 时，苜蓿根系层最大持水量 $AWC = 6.76$ cm，取 $MAD = 50\%AWC = 50\%×6.76 = 3.38$ cm $= 33.8$ mm，则灌水时间间隔用式(4.20)计算，得

$$\sum_{i=1}^{T} SWD_i = \left(\sum_{i=1}^{T} ET_{ci} - P_e \right)$$
$$= 8×5-5 = 35 \text{ mm} > MAD = 33.8 \text{ mm}$$

说明灌水时间间隔 8 天。

根系深度 80 cm 时，苜蓿根系层最大持水量 $AWC = 13.52$ cm，取 $MAD = 50\%AWC = 50\%×13.52 = 6.76$ cm $= 67.6$ mm，则灌水时间间隔用式(4.20)计算，得

$$\sum_{i=1}^{T} SWD_i = \left(\sum_{i=1}^{T} ET_{ci} - P_e \right)$$
$$= 15×5-5 = 70 \text{ mm} > MAD = 67.6 \text{ mm}$$

说明灌水时间间隔 15 天。

如果是非充分灌溉模式，则灌水量的下限值更低，即 MAD 占苜蓿根系层最大持水量 AWC 的比例更高。例如，苜蓿根系层最大持水量 $AWC = 13.52$ cm，MAD 占 AWC 的百分比为 80%，即 $MAD = 80\%×13.52 = 10.82$ cm $= 108.2$ mm，则灌水时间间隔为：

$$\sum_{i=1}^{T} SWD_i = \left(\sum_{i=1}^{T} ET_{ci} - P_e \right)$$
$$= 23×5-5 = 110 \text{ mm} > MAD = 108.2 \text{ mm}$$

说明灌水时间间隔为 23 天。时段的延长可能使时段内的降水量增大，因此，有效降水量也会增加，将结果代入式(4.20)会使灌水时间间隔进一步延长。

由此可见，非充分灌溉条件下灌溉时间间隔延长了，在生长季总的灌水次数就会减少，总灌溉用水量也会减少，但由于降低了灌溉时土壤含水量的下限，或增加了允许土壤水分的消耗量，苜蓿生长过程中可能会受到一定的水分胁迫，进而影响生长和产量。

思考题

1. 草地灌溉的水资源有哪些？草地为什么要实行节水灌溉？
2. 什么是灌溉制度？包括哪些内容？
3. 什么是最大允许土壤水分消耗量？
4. 如何制订人工草地的灌溉计划，有哪些步骤？

第 5 章

草地灌溉设备与材料

　　灌溉设备是为了向农作物或草地植物提供所需水分的技术装备。草地灌溉中，为了保证草地植物正常生长，人工草地为了获取较高的生物量，草坪等景观草地为了获得更好的景观品质，必须为草地或草坪提供满足植物需水要求的水分。在自然条件下，往往因降水量不足或分布的不均匀，不能满足植物的水分要求。因此，必须人为地进行灌溉，以补天然降水的不足。所以，人工用水浇地必须使用适当的工程设施和设备材料才能将水从水源输送到草地，再把水分散到植物生长的土壤中。例如，喷灌就是用水泵将水加压，通过管道将有压水流输送并分配到各个喷头，通过喷头将水喷射到空中，使喷射的水流呈雨滴状均匀散落在草地上。地下滴灌也是需要用水泵将水加压，通过管道将水输送并分配到位于植物根系土壤中的滴头，水分以水滴和渗透的方式湿润植物根系土壤。这些灌溉方式离不开各种灌溉设备，如动力机械、水泵、输水管道、喷头、滴头、水源过滤设备等。如果要实现灌溉系统的自动化运行，更需要自动控制技术与设备。

　　草地灌溉中采用先进的节水灌溉技术，就可以让水分损失降低，水的利用效率提高。性能优良的喷头不仅可以控制喷水量的多少，还能获得更好的喷洒均匀性，避免产生地面径流和深层渗漏损失，可以提高水的利用效率，节约灌溉用水。本章主要介绍草地及草坪喷灌的设备，其中最主要的就是喷头设备，各类管道化的灌溉方式都是使用通用的管道材料，无论是喷灌还是草地的地下滴灌都需要管道将水输送到喷头或滴头。草地及草坪灌溉与农作物等最大的不同就是草地灌溉中的自动化程度是最高的。因此，本章也系统介绍了草地和草坪灌溉中电磁阀等设备，并介绍了高尔夫球场、运动场及人工草地喷灌、地下滴灌系统自动控制的多线及双线控制方式，以及多线控制和双线控制的相关设备，最后简要介绍了自动控制系统中必不可少的电缆线及其选型方法。总之，草地灌溉自动化和智能化是未来草业创新发展的必然选择，我们学习草地灌溉就需要深刻理解灌溉设备和材料在草地灌溉中的作用和重要性，从而树立用先进的技术装备来武装草业的思想，以创新的思维来认识不断发展的草地灌溉技术设备领域，掌握前沿技术，促进草地灌溉技术的发展。

5.1　喷　头

　　喷头是专门用于喷灌的将压力水流分散喷洒装置，喷头的性能直接影响喷灌的喷洒质量和喷灌效率。因此，本节在介绍喷头性能参数的基础上重点介绍几类常用于草地或草坪喷灌的喷头。

5.1.1　喷头性能参数

在草地及草坪喷灌系统规划设计中，首先要选定合适的喷头类型，要选择与喷灌区域植物种植特征及耗水性相适应的喷头，就必须了解喷头的性能。选择一款合适的喷头，要考虑使用功能、地面起伏程度、土壤保水能力、水源条件以及喷灌工程的造价和运行管理等，需要从技术、经济等方面综合考虑，但首先要了解喷头本身的性能。喷头的主要性能指标主要有以下几方面。

5.1.1.1　喷洒半径

喷洒半径也称喷头射程，是喷头选型参数中最重要的参数之一。喷头的射程是指在无风条件下，在一定喷灌强度下喷头喷洒的距离。一般规定，对于喷头流量 ≥0.25 m³/h 时，喷头的射程是指雨量桶收集雨量为 0.3 mm/h 的点到喷头的距离；对于喷头流量 <0.25 m³/h 时，喷头的射程是指雨量桶收集雨量为 0.15 mm/h 的点到喷头的距离。因此，喷头的射程并不是实际喷洒的最远点到喷头的距离，而是比最远距离略短。喷头的射程与工作压力有关，一般喷头产品说明书中给出的喷头的射程就是在规定的工作压力条件下，喷头的喷洒距离。不同工作压力下喷头的喷洒半径如图 5-1 所示。

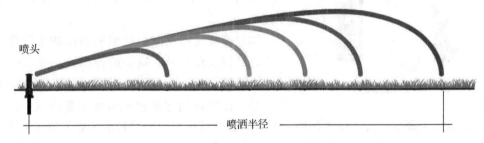

图 5-1　喷头的喷洒半径示意图

5.1.1.2　工作压力

喷头的工作压力并不是喷灌水源泵站提供的压力，而是喷头达到设计射程和出流量时需要的工作压力。喷头工作压力的单位是压强单位：kPa（千帕）、MPa（兆帕）、巴（bar）等。

5.1.1.3　喷头流量

喷头流量是指喷头单位时间内经喷嘴喷出的水量，一般用 m³/h 或升/分钟（L/min）表示。喷嘴是喷头的出水口，有不同的形状和断面尺寸。喷头出流量一般由喷嘴尺寸控制，喷嘴尺寸越大，出流量就越大。喷嘴有圆形、方形、三角形等多种形状。

喷嘴规格、工作压力、喷洒半径以及喷头流量之间都有相互影响，而喷头在制造时为了满足不同的需求，喷嘴性能参数有系列变化。在选择喷头时就需要查找喷头产品说明书。

5.1.1.4　喷灌强度

在喷头选型时，除喷头工作压力、射程和喷头流量三个主要参数外，喷灌强度也是需要考虑的一个参数。喷灌强度是指单位时间内喷洒到地面上的水深。喷灌强度可分为单喷头喷灌强度和组合喷灌强度。在设计喷灌系统时组合喷灌强度不应大于土壤入渗速率，否则地面就会产生积水或径流。

5.1.2　地埋式喷头

地埋式喷头是城市草坪及运动场草坪应用最多的一类喷头。根据喷头喷射水流的方式可将喷头分为地埋旋转式喷头和地埋散射式喷头两类。

5.1.2.1　地埋旋转式喷头

地埋式喷头也称弹出式喷头（pop-up rotors sprinkler），除喷头顶盖裸露在草地表面以外，其余全部埋入地下，是一种常年固定在地下的喷灌装置。在非工作状态下，喷头顶部与地面同高，人们在地面上运动、行走不产生障碍，不影响景观效果，草坪养护机械、车辆在草坪上作业不妨碍这些机械设备的工作。

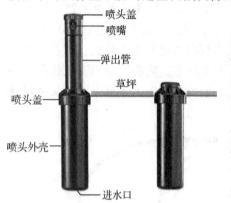

标注：喷头盖、喷嘴、弹出管、草坪、喷头盖、喷头外壳、进水口

图5-2　地埋式喷头

地埋式喷头如图5-2所示。这种喷头弹出和缩回的工作原理是在喷头工作时，依靠管道内的水压力使喷头弹出管向上弹出高于草坪面，通过弹出管上的喷嘴将水喷洒到空中，并分散成水滴降落到地面。当关闭喷灌管道的阀门，作用在喷头上的水压力消失，喷头的弹出管在喷头壳内弹簧的作用下缩回原位。

地埋旋转式喷头就是喷嘴喷射出的水流绕着喷头中心轴做旋转运动，喷头的弹出管在喷头体内以压力水流为驱动力，驱动齿轮转动，进而带动弹出管转动，使喷射的水流也随着弹出管转动。弹出管的旋转可以人工调节，以360°旋转的为全圆喷头，以小于360°旋转的为扇形喷头，或可调角度喷头。扇形喷头喷洒时，当喷嘴从0°旋转到设定的角度时，调角机构使其停止正向转动，并反向快速回位，再从0°开始旋转喷洒。

地埋旋转式喷头内部结构比较复杂，从20世纪80年代以后，这种喷头的整体结构、内部零部件等都被国外企业申请并获得了该国的专利，我国目前在高尔夫球场、运动场草坪及城市绿地上用的绝大部分地埋式喷头都是进口产品。例如，某专利就是一个喷头顶部的刮水密封环，可以清除弹出管上的泥沙和杂质。当进水阀门关闭时，弹出管立刻在弹簧的作用下缩回。由于这种喷头在喷洒时其弹出管经常伸出，停止喷洒时弹出管缩回，有可能在外壁黏上杂质或泥沙，泥沙颗粒积累到一定程度就有可能卡住弹出管。从这个专利我们可以看出，只有了解喷头在草坪上的实际运行状况和可能存在的损坏喷头的问题，才能提出解决这一问题的方法。

地埋旋转式喷头的喷嘴是一个喷射水流的出口，是喷头选择的一个重要参数。根据喷嘴出口的形状和横断面积的大小，喷嘴可以有各种规格尺寸，不同厂家也有自己独特的喷嘴出口形状，如图5-3所示。喷嘴出口为城门洞形，有不同大小的断面积尺寸。喷嘴大小不同，即使在相同的工作压力下，喷头的喷洒半径和喷头流量也不同。因此，喷头选型时必须确定所选喷头的喷嘴规格。喷嘴是一个单独的零部件，选定的喷嘴可安装到喷头上，安装过程简便只需一个螺丝刀即可。另外，喷嘴还可以在喷灌使用一段时间后随时更换。

图 5-3　地埋旋转式喷头的喷嘴尺寸示意图

地埋旋转式喷头除上述喷嘴规格、工作压力、喷洒半径、喷头流量以及喷灌强度等性能参数以外，喷头的弹出高度也是在城市草坪绿地喷灌中关注的性能参数。一般用于草坪的喷头，因草坪修剪高度低，喷头的弹出高度 7.5~10 cm 均能满足需要。如果用于非修剪的地被植物、花卉、灌丛等的喷灌，对喷头的弹出高度就有要求。如果喷头弹出高度低，在喷洒时植物对喷射水流形成阻碍使得喷洒半径达不到设计要求。因此，在选择喷头时必须根据所喷灌植物的特性确定合理的弹出高度。目前，市场上有各种弹出高度的地埋旋转式喷头可供选择。

有些地埋旋转式喷头为了喷洒均匀，喷头喷嘴喷射出的水流在空中会形成一道雨帘，称为雨帘喷头，目的使喷头喷洒的效果最佳。此外，这种喷头具有排除壳体内积水的排水装置。在阀门关闭的瞬间，水流压力喷射中断，此时仍有小股水流从喷头溢出，许多地埋旋转式喷头设有止溢装置，起到了阀门关闭，水流即刻停止的作用。这种喷头还具有防止水中杂质进入喷头旋转装置的滤网、防砂密封等。这种喷头具备调节喷洒范围的角度调节装置。如果用于运动场草坪喷灌的喷头，其喷头顶盖使用一层橡胶软垫，以防喷头顶部损伤运动员。地埋式喷头将喷头转动的部件及机构高度集成在一起，与用于农田等地上的喷头相比，结构紧凑，机构精密，性能优良，售价也相对较高。

5.1.2.2　地埋散射式喷头

地埋散射式喷头(pop-up spray head)是一种地埋但不旋转喷洒，只是将通过喷头的压力水流喷射到喷嘴顶部的挡板使喷射水流折射，通过一定形状的扁平喷口将水流分散成水滴，因此，这种喷头也称折射式喷头。这种喷头有内支架式、外支架式和整体式等几种。喷头由喷嘴、折射锥和支架等部分组成。折射锥为锥角 120°~150° 的圆锥体，锥体表面光滑，其轴线要求和喷嘴轴线吻合，这样有利于水量向四周均匀分散。为调节水滴大小和沿轴向水量分布及散落距离，折射锥与支架之间经常采用螺杆连接，可以调节喷嘴与折射锥之间的距离。整体式的折射喷头均为单面折射，折射锥不是整个圆锥体，而是一个带有部分圆锥面的柱体，喷洒形状为扇形。

地埋散射式喷头的工作原理是当喷灌管道阀门开启后，压力水流从喷头底部的连接管进入喷头，在水压力的作用下，压缩弹簧使喷头芯伸出喷头，压力水垂直喷射到喷嘴的折射锥，经折射喷出扁平的喷口，形成一层较薄的水层向四周射出，在空气阻力作用下，伞形的薄水层分散为小水滴而降落到地面。这种喷头喷射的水流形成一较薄的水层，因此，其喷洒范围有限，与旋转式喷头相比，这种喷头的喷洒半径小。

地埋散射式喷头有全圆喷洒和调角度扇形喷洒的方式，调角度喷洒只需从喷头顶部调节螺丝使其形成需要的喷洒角度。喷洒距离的大小完全取决于喷嘴大小。因此，这种喷头一般配有多种规格的喷嘴可供选择(图 5-4、图 5-5)。

图 5-4　地埋散射式喷头的滤网和喷嘴
(a)喷嘴滤网；(b)散射喷嘴

图 5-5　地埋散射式喷头

地埋散射式喷头由于不需要转动机构，结构比较简单，性能稳定，工作可靠，使用方便，同时节省了一部分用于维持机构转动的水压能量，喷头工作的压力比较小，水流在全圆内分散，雾化程度好，喷洒的景观效果也比较好。但由于压力水流在全圆内被分散，不形成水股集中远射，喷射半径比较小。因此，这类喷头特别适合小面积、庭院等处的草坪、园林花卉喷灌。

5.1.3　高尔夫球场喷头

高尔夫球场用喷头的类型为地埋旋转式喷头，但与城市草坪用的喷头相比，其工作压力、喷洒半径、喷头流量均大于一般草坪用的喷头，而且根据高尔夫球场的使用条件，喷头的结构也与一般草坪喷头有所区别。目前，高尔夫球场所用的喷头大多选用带电磁阀喷头，即每个喷头用自身携带的电磁阀实现单个喷头的启闭控制。带电磁阀喷头的外观如图 5-6 所示。

高尔夫球场不同的区域，如果岭、发球台、球道和高草区等，对喷灌的要求不同，不同的功能区应当采用不同性能的喷头。带电磁阀的每个喷头均可以独立运行，这样更容易适应不同区域草坪养护的要求，尤其是果岭，采用带阀喷头就可以使果岭养护、水分管理更精准。

图 5-6　带电磁阀喷头(局部)

高尔夫球场对喷灌喷头有一些特殊要求，因此就出现了专门针对球场的喷头产品。这些要求主要体现在：

①由于高尔夫球场草坪面积大，喷头的喷洒半径一般在 20 m 以上，特别是果岭面不允许设置喷头，果岭喷头必须有一定的喷洒半径才能覆盖较多的果岭面。

②由于球场喷头的喷洒半径较大，喷头一般设有主喷嘴和副喷嘴，主喷嘴负责远距离的喷洒，副喷嘴负责近距离的喷洒。

③球场用的喷头，要求喷头顶盖必须平整，安装以后与草坪保持在同一平面，如果喷头顶盖有凸出部分，打球过程中有可能被球击中，使球反弹，不仅改变了球路，还有可能损坏喷头，甚至反弹的球伤及周边的人员。平的喷头顶盖还便于粘贴码数标识。

　　④果岭和周边高草区的草种、养护水平差别很大，果岭往往采用双喷头设计，这就要求采用可调喷洒角度的喷头，以分别喷洒不同的草坪。因此，球场喷头无论是果岭喷头还是球道喷头，都应有可调角度的功能。

　　⑤为了保证喷头顶面与草坪地面始终在一个平整面上，高尔夫球场喷头与支管的连接必须采用可升降、可转动的喷头连接管。

　　⑥球场喷头要易于安装和维修。喷头的喷嘴具备多种规格可选择，而且更换简便。维修时只需打开喷头顶盖就能取出喷头芯中的全部零部件。

　　⑦球场喷头经常处于较高水压力下工作，使用过程中还会存在机械碾压等问题，因此，要用高强度耐用的工程塑料、不锈钢制造，并具有很好的水密封性能，而且要经久耐用、易于保养。

　　高尔夫球场喷头的主、副喷嘴喷洒效果如图 5-7 所示。

图 5-7　高尔夫球场喷头的主、副喷嘴喷洒效果

5.1.4　摇臂式喷头

　　摇臂式喷头（impact sprinkler）如图 5-8 所示。这种喷头也属于旋转式喷头，但旋转的原理和机构与齿轮驱动的旋转不同，驱动摇臂式喷头转动的机构就是摇臂和弹簧，当喷嘴喷射的高速水流冲击摇臂时，在水流冲击力的作用下摇臂转动一个角度，打击喷头也转动一个角度，同时，摇臂转动压紧了弹簧，当摇臂经冲击偏离射流时，在弹簧的作用下又恢复到原位，水流再次冲击摇臂，摇臂打击喷头，促使喷头旋转。

　　摇臂式喷头主要选用耐久性好的铜合金、工程塑料制造。喷嘴形状按流体力学原理设计，水流经喷嘴形成流束，并以一定的喷射仰角喷射，使喷洒距离达到理想的距离，喷洒水量的分布也能满足草坪灌溉要求，同时需要的工作压力也较小。摇臂式喷头的种类、规

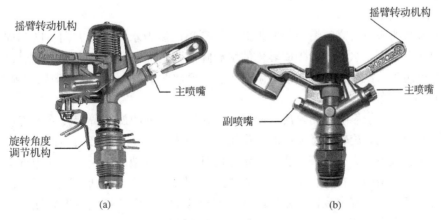

(a)　　　　　　　　　　　　　(b)

图 5-8　摇臂式喷头

(a)可调角度的喷头；(b)全圆喷洒的喷头

格、型号众多。应用范围广阔，包括农田喷灌、草地、苗圃、绿化、露天施工现场除尘防尘等。

摇臂式喷头按工作压力大小可分为低压喷头、中压喷头和高压喷头三类，见表5-1所列。

表5-1   摇臂式喷头分类

喷头类型	工作压力/MPa	喷射半径/m	喷头流量/(m³/h)	主要特点
低压喷头	<0.2	<15.5	<2.5	射程短，水滴打击强度小
中压喷头	0.3~0.5	15.5~22	2.5~3.2	喷灌强度比较适中，应用范围广
高压喷头	>0.5	>22	>3.2	喷洒范围大，水滴打击强度也大

摇臂式喷头与地埋式喷头不同，是设置在距离地面一定高度上喷洒的喷头，因此，主要用于人工草地、草皮生产等的固定式喷灌中。这种喷灌系统中干管、支管均埋入地下，喷头与支管通过立管或竖管连接，竖管的位置固定，喷头在竖管顶端喷洒。在人工草地上竖管或多或少会对草地上的生产机械作业带来影响。另外，喷头常年在田间也容易老化、损坏或丢失。在城市草坪中，摇臂式喷头主要用于人工移动的临时补充灌溉，因为竖管过多也影响草坪景观。

5.1.5   微喷头

微喷头与一般喷灌喷头相比，具有喷头流量小，喷洒半径小，喷水孔直径小，工作压力低和喷头外形体积小等特点。微喷头一般根据设计用工程塑料注塑成型，生产工艺比较简单，因此，微喷头的种类繁多，用途广泛。在草地灌溉中，微喷头主要用于城市草坪绿地中面积小、地形复杂、不便于采用固定式喷灌的小庭院、林下草地、花坛、道路绿化带等场合，在农业、林业上主要用于温室大棚、苗圃等的喷灌。

微喷头简单可以分为以下几种类型：

（1）散射式微喷头

散射式微喷头主要靠喷嘴顶部的折射板使喷嘴的压力水流改变方向，向四周喷射，在空气阻力的作用下，水流被粉碎成雾化的水滴降落到地面进行灌溉。根据折射板的结构和形状，有单向散射微喷头、双向散射微喷头、角度散射微喷头和梅花形散射微喷头等。

（2）旋转式微喷头

旋转式微喷头依靠喷嘴的射流，使带有曲线形导流槽的旋转臂旋转将水流喷洒在以喷嘴为中心的地面上。旋转式微喷头的工作压力一般为0.1~0.15 MPa，有效湿润半径1.5~12 m。由于湿润范围大，水滴细小，喷水强度低，又贴近地表安装，水的漂移损失小，适合公园、温室、苗圃、花卉、草坪等的灌溉。旋转式微喷头转动形式有旋臂式、旋轮式、旋转长臂式等多种，其中旋转长臂式还有双臂双喷嘴、三臂三喷嘴、四臂四喷嘴等。旋转式微喷头一般为全圆喷灌。旋转式微喷头如图5-9所示。

（3）离心式微喷头

离心式微喷头依靠喷嘴中螺旋形流道产生的离心作用将水流分散，这种喷头有塑料和铜制两种，流量和射程均可调节。射程范围在 3 ~ 9 m。离心式微喷头与旋转式微喷头一样，一般为全圆喷灌。

（4）缝隙式微喷头

缝隙式微喷头通过喷头上多个出流小孔或缝隙喷洒，喷洒方式与折射式微喷头类似，有不同喷洒角度和范围的喷头。

图 5-9　旋转式微喷头

（a）上喷式旋转微喷头；（b）下喷式旋转微喷头

5.1.6　喷灌带

喷灌带（图 5-10）是用人工移动进行喷灌的轻便灌水器材。喷灌带是用低密度聚乙烯为主要原料生产的塑料薄壁软管，通过机械或激光在软管一面上直接打孔，形成喷洒孔。使用时将喷灌带接入压力水管，压力水从软管喷洒孔中射流喷出，沿软管形成一条带状的喷洒带。喷灌带最大的特点是抗堵塞性能比滴灌强，对水源要求低，采用地下水源时可不使用过滤设备；进行喷洒时对水压力要求低，同时喷洒的流量较大，喷灌用时比较短，便于管理人员移动喷管带。喷灌带属于移动式喷灌的范畴，在一个喷洒条带上喷灌完成后可平行移动软管至邻近喷洒带，依次完成面积较大草坪的喷灌。此外，喷灌带用料少，安装、收藏、运输都较为方便。其不足之处是塑料薄壁软管材料的强度低，易损坏、易老化，一般普通型使用寿命为 1 ~ 2 年，加强护翼型使用寿命为 5 ~ 7 年。喷灌带最适用于平地或坡地的带状草坪绿地，对面积较大的草坪可考虑人工移动喷灌带进行喷灌，也可以平行铺设多条喷灌带同时喷洒。喷灌带在喷洒结束后需要清理干净，卷起收回，以备再用。

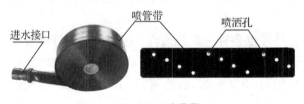

图 5-10　喷灌带

喷灌带的规格按软管压扁以后的折径为依据，折径有 40 mm、50 mm、63 mm、80 mm、100 mm、120 mm、140 mm 等不同规格，相对应的加压充水后的直径规格为 25 mm、32 mm、40 mm、50 mm、63 mm、75 mm、90 mm，喷洒控制宽度 2 ~ 9 m，每小时每米出流量为 1.0 ~ 1.65 m³/m，建议最大铺设长度 50 ~ 100 m。软管壁厚一般为 0.3 mm。软管上打孔的形式及孔数有斜五孔、斜七孔、斜九孔等形式。

5.2　管道材料

管道是喷灌系统中必不可少的材料，管道承担着从水源到喷头的水流输送功能。管道按设计要求进行铺设安装，需要管件将管道、管件连接起来形成管网。喷灌、滴灌等现代灌溉技术，没有管道几乎是不可能的。所以，了解喷灌、滴灌技术适用管道以及管件的种类、规格、型号和性能以及连接方式，对于在草地灌溉规划设计中合理选用管道和在灌溉管理中科学维护喷灌、滴灌系统都具有重要意义。本节主要介绍草地喷灌、滴灌系统中适用的两类塑料管道，即聚氯乙烯管道和聚乙烯管道的规格、性能及连接方式。

5. 2. 1　聚氯乙烯管道与规格

聚氯乙烯（unplastic polyvinyl chloride）管道，或硬聚氯乙烯塑料管道，简称 PVC 管道或 UPVC，这种管道是以聚氯乙烯树脂为主要原料，经注塑机挤出成型。聚氯乙烯管道因性能优越，可以安全使用 50 年以上，并且成本较低，在城市草坪园林、高尔夫球场、人工草地的灌溉中，PVC 管是目前使用量最大的塑料管。

需要特别说明的是，聚氯乙烯管道分为给水用的管道和排水用的管道，两类管道的用途不同，生产标准完全不一样。在喷灌、滴灌中均使用给水用的聚氯乙烯管道。因此，本节未经特别说明，聚氯乙烯管道或 PVC 管道均指给水用的 PVC 管道。

硬聚氯乙烯管道的生产标准，目前世界上 PVC 管道生产标准并不统一。中国生产的给水用硬聚氯乙烯管道符合国家标准《给水用硬聚氯乙烯（PVC-U）管材》（GB/T 10002.1—2006），该标准规定了给水用硬聚氯乙烯管材的材料、产品分类、技术要求、试验方法、检验规则、标志、包装、运输及贮存。

PVC 给水用管道由于质量轻，搬运、装卸、施工、安装便利，不结垢，水流阻力小，耐腐蚀，机械强度大，耐内水压力高，不影响输送水体的水质，使用寿命长，是喷灌系统输水主、干管和支管的首选管材。

在 GB/T 10002.1—2006 中，与管道规格有关的参数包括以下几部分：

（1）公称直径

公称直径（nominal diameter）也称名义直径、名义尺寸、标准尺寸或额定尺寸，仅表示不同管道直径的名称，也就是说公称直径是区分不同管道直径的标准。在我国，PVC 管道的公称直径以管道的外径为参考尺寸。

管道在生产时会存在一定的尺寸偏差，外径也会有一定的偏差，因此，管道标准规定了外径偏差的范围，而且在平均外径的基础上只允许正向偏差，即有利于增大管径的偏差。例如，公称直径 20~90 mm 的管道允许偏差+0.3 mm，公称直径 110~125 mm 的允许偏差+0.5 mm，公称直径 140~160 mm 的允许偏差+0.6 mm，公称直径 180~200 mm 的允许偏差+0.6 mm 等。管道内径就是公称外径减去壁厚的直径，内径主要用于管道水力计算。

（2）公称壁厚

公称壁厚即管壁的名义厚度。同一公称直径的 PVC 管道，可以有不同的壁厚，有不同的内径，壁厚越大，管道可承受的压力也越大，因此，不同壁厚可以区分管道承受压力的等级。在生产时壁厚也存在一定的偏差，管道标准规定了壁厚的允许偏差范围。

（3）压力等级

压力等级就是考虑一定的安全系数以后，管道能承受的最大内水压力。公称压力是指管道输送 20℃ 水的最大工作压力。公称压力就是管道的额定压力或标定压力。压力等级的单位是 MPa。

给水用硬聚氯乙烯（PVC-U）管材的公称压力等级和规格尺寸见表 5-2 所列。

表 5-2　给水用硬聚氯乙烯(PVC-U)管材给水管道的公称压力等级和规格尺寸

公称外径/mm	公称压力等级/MPa						
	PN 0.63	PN 0.80	PN 1.0	PN 1.25	PN 1.6	PN 2.0	PN 2.5
	公称壁厚/mm						
20	—	—	—	—	—	2.0	2.3
25	—	—	—	—	2.0	2.3	2.8
32	—	—	—	2.0	2.4	2.9	3.6
40	—	—	2.0	2.4	3.0	3.7	4.5
50	—	2.0	2.4	3.0	3.7	4.6	5.6
63	2.0	2.5	3.0	3.8	4.7	5.8	7.1
75	2.3	2.9	3.6	4.5	5.6	6.9	8.4
90	2.8	3.5	4.3	5.4	6.7	8.2	10.1
110	2.7	3.4	4.2	5.3	6.6	8.1	10.0
125	3.1	3.9	4.8	6.0	7.4	9.2	11.4
140	3.5	4.3	5.4	6.7	8.3	10.3	12.7
160	4.0	4.9	6.2	7.7	9.5	11.8	14.6
180	4.4	5.5	6.9	8.6	10.7	13.3	16.4
200	4.9	6.2	7.7	9.6	11.9	14.7	18.2
225	5.5	6.9	8.6	10.8	13.4	16.6	—
250	6.2	7.7	9.6	11.9	14.8	18.4	—
280	6.9	8.6	10.7	13.4	16.6	20.6	—
315	7.7	9.7	12.1	15.0	18.7	23.2	—
355	8.7	10.9	13.6	16.9	21.1	16.1	—
400	9.8	12.3	15.3	19.1	23.7	29.4	—

说明:公称壁厚根据设计应力 12.5 MPa 确定,最小壁厚不小于 2.0 mm。

(4)长度及颜色

PVC 给水管道是一种硬质管道,为了生产、运输、安装方便,在生产中按照一定的长度加工,这个长度称为定尺长度,一般 4 m 或 6 m 一节,也可以根据需要定制。定尺长度主要是根据标准集装箱长度规格确定的。市场常见的 PVC 给水管道外观颜色为灰色,也有白色管材,但大部分 PVC 排水管颜色为白色,所以使用时要严格区分给水管道和排水管道。

5.2.2　PVC 管件与安装

5.2.2.1　PVC 管件类型

(1)管件

管件是连接管道并形成管网最重要的部件,没有管件就无法形成管网。在压力灌溉系统中产生漏水等问题往往与管件有很大关系,所以在选择管道材料时应特别注意管件的制造精度,品种、规格要齐全,与管道的配合要精密,最好选用同一生产厂商的产品。PVC 给水管道的管件生产标准与国家标准《给水用硬聚氯乙烯(PVC-U)管材》(GB/T 10002.1—2006)相配套。

（2）弯头

弯头包括 90°和 45°两种，弯头用于管道的转弯。弯头规格与管道公称外径相同，如 DN110-90°弯头。由于硬聚氯乙烯塑料管有一定的柔性，而且管径越小，柔性越好，转弯半径就越小。因此，对于转弯半径较大的管线，可直接按一定的弧度将管线弯曲，不需要弯头管件。较小管径的弯头与管道的连接采用黏合剂粘接，较大管径的弯头有承插式接口。

（3）三通

三通是管道上的分流管件。三通包括等径正三通和异径正三通两类。等径正三通就是三通的三个管径均相同，且分流两个管道夹角为 90°。异径正三通为垂直于两个管轴线的一端管径与其他两个管径不同。一般是从大管径向小管径分流。三通的表示方法为：DN63×32×63、DN110×63×110 等，其中中间一个数字表示分流管道的公称直径。

还有一种三通为鞍形旁通接头，或称鞍形接口。使用这种接头时，首先要在管道准备分流的位置上打孔，孔径与分流管内径相同或略小，然后安装鞍形卡座，将鞍形卡座与管道通过螺栓固定就形成了分流三通。

（4）接头

①直通等径接头：是两段管道同一轴线方向的连接管件。一般情况下，管道在同一轴线方向可直接承插或粘接，直通等径接头主要用于维修损坏的管道时使用。直通接头的规格与管道相同。

②直通异径接头：也称大小头、变径接头、异径直通等，是管道变径时采用的管件。一般来说，异径接头两端的口径变化有一定范围，并不能从很大的管径直接变成很小的管径，如果遇到从大管径变小管径，需要几个不同规格的异径接头连接，逐级变径。异径接头的规格与连接两端的管道直径相同，异径接头规格的表示方法为大小头连接管道的公称外径，如 DN63×50、DN63×40、DN63×32 和 DN63×25 等。

③螺纹接头：包括外螺纹接头和内螺纹接头两种，一端为螺纹接口，另一端为承插接口或粘接接口。利用螺纹接头就可以有效地将塑料管与金属闸阀进行连接。

④法兰（flange）：也称法兰盘或法兰接头，是用来连接较大管径上金属闸阀的管件。因为大型闸阀一般为法兰连接，用塑料法兰接头就可以解决 PVC 管道与金属闸阀的连接问题。法兰接头有两种连接方式：一种是法兰盘与承插口连成一体；另一种是法兰盘与承插口分别为两个管件，也称平承法兰。法兰与 PVC 管道的连接分为承插粘接连接和承插胶圈连接两种，法兰上有螺栓孔，用螺栓将两个法兰连接。法兰之间使用衬垫密封。法兰都是成对使用的，在需要连接两个管道的端头各安装一片法兰盘，两片法兰盘之间加上密封垫，然后用螺栓紧固。

（5）堵头

堵头为管道末端的封闭管件，规格与管道公称外径相同。堵头一般用在管道的末端。

5.2.2.2 PVC 给水管道连接方法

PVC 给水管道的连接方式有三种：橡胶密封圈承插连接、承插粘接连接和法兰连接。最常用的是前两种方式，橡胶密封圈接口适用于管径为公称外径 DN140 mm 以上的管道连接；粘接接口只适用管径小于 DN140 mm 管道的连接；法兰连接一般用于硬聚氯乙烯管道与金属材料的管道、阀门等的连接。

(1)橡胶密封圈承插连接

橡胶密封圈承插连接的 PVC 给水管道如图 5-11 所示。PVC 硬管的每一节两端分别要加工成有倒角的插入端和能装橡胶密封圈的扩口承插端。采用橡胶密封圈承插连接时，首先将橡胶圈正确安装在承口的橡胶圈卡槽中，不得装反或扭曲，为了安装方便可先用水浸湿胶圈，但不得在橡胶圈上涂润滑剂，以防止在连接时将橡胶圈推出。橡胶圈连接的管道插口端，应有 15°倒角和插入长度，为此，安装时应预先在插入端划出插入长度标线，然后再进行连接。管径越大，要求的最小插入长度也越大，例如，DN160 mm 的管道，最小插入长度应大于 86 mm，DN200 mm 的管道，最小插入长度应大于 94 mm。橡胶密封圈承插连接后的 PVC 给水管道接口如图 5-12 所示。

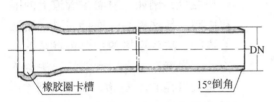

图 5-11　橡胶密封圈承插连接的 PVC 给水管道示意图

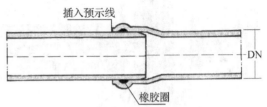

图 5-12　橡胶密封圈承插连接后的 PVC 给水管道接口示意图

(2)承插粘接连接

承插粘接连接只适用于硬 PVC 管，不适用于高密度聚乙烯塑料管。承插粘接连接的 PVC 给水管道如图 5-13 所示。承插粘接连接后的 PVC 给水管道的接口如图 5-14 所示。

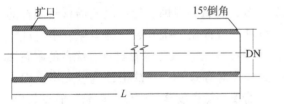

图 5-13　承插粘接连接的 PVC 给水管道示意图

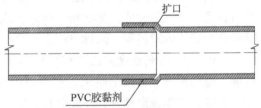

图 5-14　承插粘接连接后的 PVC 给水管道的接口示意图

承插粘接连接需要专用的 PVC 胶黏剂，简称 PVC 胶水。PVC 胶水为全透明溶液胶，主要用于 PVC 材料与 PVC 材料的粘接，具有常温下固化快、操作方便、粘接强度高、无毒等特点，具有耐水、耐热、耐腐蚀等特性。

粘接是 PVC 管道连接使用最普遍的方法。管道粘接的优点是：连接强度高，严密不渗漏，不需要专用工具，施工迅速。主要缺点是：管道和管件连接后不能改变和拆除，未完全固化前不能移动、不能检验，且渗漏时不易修理。PVC 管道粘接使用的黏接剂最好由管道材料供应商配套提供。

管道或管件在粘接前应用棉纱或干布将扩口内侧和插口外侧擦拭干净，使被粘接面保持清洁，无砂尘及水迹。当表面沾有油污时，须用棉纱蘸丙酮等清洁剂擦净。配管时应将管材与管件承口试插一次，在其表面划出标记。管道粘接时，用油刷蘸胶黏剂涂刷被粘接插口外侧及粘接承口内侧，应轴向涂刷，不要扭转、动作迅速、涂抹均匀、且涂刷的胶黏剂适量，不得漏涂或涂抹过厚。冬季施工时应先涂承口，后涂插口。承插口涂刷胶黏剂后，应立即找正方向调直管道，挤压插入承口。应使管端插入深度符合所划标记，并保持 60s 不动。承插接口插接完毕后，应将挤出的胶黏剂用棉纱或干布蘸清洁剂擦拭干净。根据胶黏剂的性能和气候条件静置至接口固化为止。

5.2.2.3 法兰连接

法兰连接是指把两个管道或管件先各自固定在一个法兰盘上，然后在两个法兰盘之间

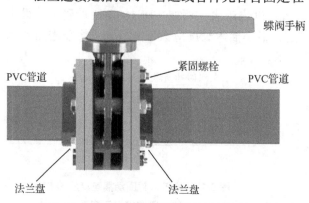

加上法兰密封垫片，最后用螺栓将两个法兰盘连接在一起的一种连接方式（图 5-15）。有的管件和器材已经自带法兰盘，例如，喷灌主管道上的隔离闸阀，与这种闸阀连接需要采用法兰连接。法兰连接的主要特点是拆卸方便、强度高、密封性能好。法兰连接是大口径 PVC 管道与金属闸阀连接的主要方式，而且使用方便，能够承受较大的压力。

图 5-15 PVC 给水管道与阀门的法兰连接示意图

5.2.3 聚乙烯管与管件

聚乙烯（polyethene，PE）是乙烯经聚合得到的一种热塑性树脂。聚乙烯无臭、无毒，具有优良的耐低温性能，化学稳定性好，能耐大多数酸碱的侵蚀。使用聚乙烯材料制造的管道称为聚乙烯塑料管，简称 PE 管，这种管材具有抗冲击、抗开裂、耐老化、耐腐蚀等特点。PE 管分为高密度聚乙烯和低密度聚乙烯两种，高密度聚乙烯管材具有优良的耐腐蚀性能，耐高温严寒，长期使用温度可在 $-40 \sim 60℃$，富有弹性，耐冲击，管壁光滑，阻力小，耐磨，化学稳定性好，连续管长，安装工艺简单。低密度聚乙烯管为软管，管壁较厚。

PE 管主要用于给水工程，也用于污水排放、油气输送、通讯电缆等方面。一般在灌溉中，小管径 PE 管常用于滴灌系统中的支管和毛管，由于这些管道常常铺设在地面上，为了防止太阳辐射，延缓塑料管老化，灌溉用的 PE 管一般为黑色。

国家标准《给水用聚乙烯（PE）管材》（GB/T 13663—2018）规定了 PE63、PE80、PE100 三个等级管材的公称压力和规格尺寸。公称压力为管材在 20℃ 时的最大工作压力（MPa）。PE63、PE80、PE100 为材料的类型和分级数，反映了管材在 20℃、使用 50 年、预测概率 97.5% 的静水压强值，如 PE63 级的最小要求静水压强值为 6.30～7.99 MPa，PE100 级的最小要求静水压强值为 10.00～11.19 MPa。

5.3 控制闸阀

喷灌、滴灌系统是一个压力管道系统，为了保证压力灌溉系统的安全运行，必须有效地对压力管道系统进行控制。控制压力管道系统的主要设备就是各种控制闸阀，其中有些

是手动操作控制的，有些是自动控制的。城市草坪、运动场、高尔夫球场和人工草地喷灌、滴灌系统中使用的控制闸阀，按其功能主要有：控制阀、逆止阀、安全阀、进排气阀和自动控制的电磁阀等。

5.3.1　控制阀

控制阀是指将喷灌、滴灌系统中的压力水流进行调控的闸阀。一般安装在喷灌、滴灌系统管网总进口处的闸阀称为主控制阀，其功能是开启或关闭灌溉系统主管道中的压力水流。安装在支管进口处的控制阀称为支管控制阀，是支管喷洒启闭或检修支管控制部分的闸阀。控制阀可以采用不同结构类型的阀门，喷灌、滴灌系统中常用的控制阀是直板闸阀、蝶阀和球阀等类型。

直板闸阀主要作为主管道上的总控制阀、管道系统上的隔离阀、排水阀等。直板阀的特点是水流阻力小。直板闸阀有内螺纹连接和法兰连接两种结构形式。

蝶阀(butterfly valve)是指关闭的阀板为圆盘，围绕阀轴旋转来达到开启与关闭的一种阀，在管道上主要起切断和节流作用。蝶阀的连接形式多为法兰连接。蝶阀的驱动可采用手动、电动、液动等形式。

球阀的旋转体为有圆形通孔的球体。球阀只需要旋转 90°的操作就能开闭。球阀的主要特点是结构紧凑，密封可靠，维修方便，易于操作，质量轻、安装尺寸小，易实现快速启闭。球阀是喷灌、滴灌系统中广泛使用的一种阀。球阀适用于喷灌、滴灌系统的支管及支管以下管道。

5.3.2　自动阀

自动阀是指压力管道系统中依靠自身的压力水流变化而自动动作的阀门，主要有逆止阀、自动进排气阀和减压阀等。

逆止阀(check valve)也称止回阀或单向阀，是一种防止水倒流的阀门。在喷灌、滴灌系统中，水泵出口处一般安装逆止阀，以防止喷灌、滴灌系统管道中的水在水泵停止工作时倒流，造成水泵及电动机反转损坏电机。在城市庭院草坪绿地喷灌中如果水源直接从城市自来水管接入，在接入口应设逆止阀以防喷灌管道中的水回流进入自来水系统。

自动进排气阀的工作原理是当管道开始充水时，管网中的空气受到压缩而向管网中位置较高处运动，在此处安装进排气阀把管网中的空气排出，否则空气在此形成气泡而产生气阻。当系统停止供水时，由于管道中的水流随重力逐渐流出，使管道系统内位置较高处的管段产生负压而吸扁管道，此时自动进排气阀进气，使管内保持与外界平衡的压力状态。自动进排气阀如图 5-16 所示。自动进排气阀是喷灌系统、滴灌系统等压力灌溉系统中必须安装的阀门，其作用是保证压力管网系统的运行安全。自动进排气阀的动作是根据系统内压力的变化而自动运行，不需要手动操作。自动进排气阀一般要安装在系统的位置最高点和次高点，或设在管道系统首部、管道末端、管道凸起处、管道水流方

图 5-16　自动进排气阀

向向下坡转折处及通过管网水力计算容易形成负压的管段。

安全阀也称减压阀，是一种安全保护用阀，它的启闭件受外力作用处于常闭状态，当管道内的水压力升高超过规定数值时，安全阀自动启动降低管道内的压力。

在喷灌、滴灌系统等压力管网中，由于某种外界原因(如阀门突然关闭、水泵机组突然停电)使水的流速突然发生变化，从而引起管道内的压力急剧升高和降低的交替变化，这种水力现象称为水击或水锤。水锤有极大的破坏性。由于水锤的产生，使得管道中压力急剧增大至超过正常压力的几倍甚至十几倍。管道压强过高，引起管道破裂，如果管道压强过低又会导致管道发生负压。水锤可以破坏管道、水泵、阀门、并引起水泵反转，管网压力急剧降低等，所以，在喷灌系统中预防水锤极为重要。

安全阀的主要作用是消除管路中超过设计要求的压力，保证管道运行安全。喷灌系统中一般使用弹簧式安全阀，并且安装在首部系统的主管上。

5.3.3　快速取水阀及闸阀箱

快速取水阀也称快速取水器，由两部分组成，一部分为阀体，另一部分为启闭专用手柄(也称钥匙)。快速取水阀的阀体部分与供水管道相连接并固定在草地中，可直接固定在草地中，也可以固定在闸阀箱内。快速取水阀带有取水手柄可连接软管，进行手动浇灌，也可冲洗车辆、清洁道路等，取水手柄即插即用，即拔即止，配360°弯头可以随意转向。快速取水阀结构简单，使用方便，是高尔夫球场、城市绿地、庭院绿化必不可少的补充浇灌工具。

快速取水阀的材质有工程塑料、铜合金等。快速取水阀阀体及取水匙如图 5-17 所示。快速取水阀在各类草坪绿地、高尔夫球场应用最为普遍，在草坪中安装的快速取水阀及其起保护作用的闸阀箱如图 5-18 所示。

图 5-17　快速取水阀　　　　　　图 5-18　矩形闸阀箱

城市草坪、高尔夫球场、人工草地喷灌系统及地下滴灌系统中几乎所有管道都是埋入地下，管道上的各类控制阀虽然安装在地下，但闸阀与周围的土壤必须隔离，以便阀门的运行操作和维护管理，这种隔离的器材称为闸阀箱。用了闸阀箱，不仅使管理操作闸阀更方便，同时又使草坪绿地更加整齐美观。采用闸阀箱，将各类闸阀设置在闸阀箱中，只有人工操作或检修时打开闸阀箱，平时用闸阀箱保护各类闸阀免受地面上可能的损害。

5.4　草地灌溉自动化设备

　　草地灌溉系统的自动控制是一种发展趋势，通过自动化的灌溉控制，不仅节约了人力成本，更为重要的是实现了草坪、草地的精准灌溉，人们可以根据对草坪、草地的生长要求，供给相应的水分，或根据植物需水量的多少，提供相应的水量。没有自动化的控制，就不可能实现精量化的灌溉。草地灌溉系统自动控制正在经历从时序性的程序控制，到通过土壤、气象、植物等的水分监测数据，经计算机控制系统的决策分析，确定是否应该灌溉或停止灌水，然后将控制信号通过控制系统传输到电磁阀开启或关闭。

5.4.1　电磁阀

　　电磁阀(solenoid valve)是自动控制喷灌、滴灌系统的主要控制设备，其结构主要由阀体、阀盖、橡胶隔膜、电磁体和压力调节装置等部分构成。

　　电磁体是电磁阀的核心器件，也是控制电磁阀完成开启或关闭的主要器件，电磁体主要由磁棒、线圈、弹簧及接入线圈的导线和外壳组成，电磁体安装在电磁阀体上，将水流通道与电磁体磁棒紧密结合，完成电磁阀的启闭。其基本组成如图 5-19 所示。电磁体在断电时，中心位置的磁棒在一端弹簧的作用下压紧阀体上的导水孔，此时电磁阀处于关闭状态。当电磁体线圈通电后，产生的磁力使磁棒向上运动压紧弹簧，此时导水孔打开，阀体进水侧的水通过小孔进入出水侧，此时阀体内橡胶隔膜上的水压力消失，隔膜向上弹起，阀门打开。断电时，电磁力消失，弹簧把磁棒推向阀体压住导水孔，阀门关闭。

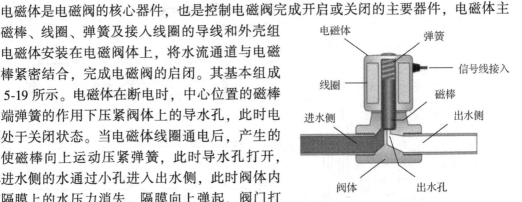

图 5-19　电磁阀基本组成示意图

　　电磁阀的额定电压一般为 24 V 直流电，有两条接线，其中一条为正极，也称控制线；另一条为负极，也称公用线。

　　电磁阀可以单独作为控制闸阀，也可以将电磁阀功能与喷头集成为一个整体，这就是带电磁阀喷头(valve in head)，即喷头与电磁阀作为一个整体，既能喷洒，又能对喷头独立进行控制。

5.4.2　多线控制方式及控制器

5.4.2.1　多线控制方式

　　多线控制方式是一种比较传统的喷灌系统控制方式，其特点是，每个电磁阀或带阀喷头的控制线(正极)都需要连接到控制器的一个接线端子上(也称控制站)，电磁阀两根线中的另一根为共用线(负极)，可以与其他电磁阀的共用线串联，然后连接到控制器的接线端子上。电磁阀的多线控制方式如图 5-20 所示，带电磁阀喷头的多线控制方式如图 5-21 所示。

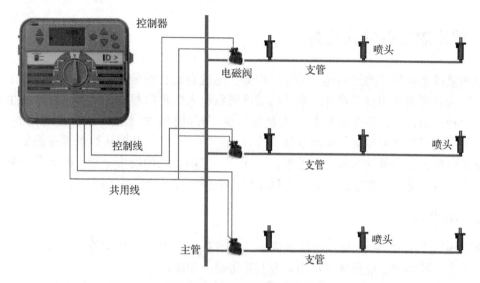

图 5-20　电磁阀的多线控制方式

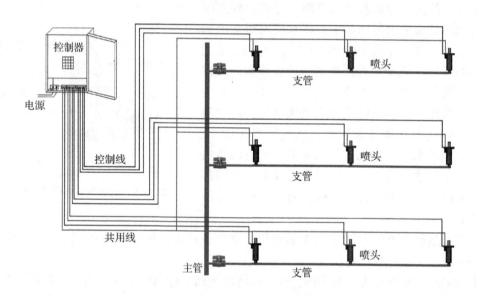

图 5-21　带电磁阀喷头的多线控制方式

　　多线控制方式的优点是一个站控制一个电磁阀，或一个带阀喷头（或几个带阀喷头串联成的组），控制站点与电磁阀通过控制信号线一一对应连接，控制可靠；缺点是控制的站点容量很大时，接入控制器的控制线缆数量很多，电缆线用量较大。如果喷灌系统需要改造增加电磁阀或带阀喷头，采用这种方式就会受到限制。

5.4.2.2　控制器

　　喷灌或滴灌自动控制器是自动化灌溉系统的中枢，它根据管理人员输入的灌溉程序向电磁阀或带阀喷头发出控制电信号，据此开启或关闭喷洒状态。

　　灌溉控制器的基本原理为时序控制。控制器内的微处理器或计算机的时间控制称为时序，即指令的执行过程是按时间顺序进行的，也就是说计算机的工作过程都是按时间顺序进行的。时序控制，就是按预定的时间顺序自动完成一系列预定的各项指令。在灌溉系统的控制中，首先要编制控制顺序及运行时段，将编制的时序程序输入到控制器中，控制器根据操作指令和程序根据时间逐个进行控制。因此，在没有各类信息反馈传感器的控制器中，控制方式就是基于时序的控制，也是最为简单的一种控制器。

灌溉控制器的容量可大可小，最小的控制器可控制一个电磁阀，最大的可控制数百个电磁阀。控制器工作需要电源输入，一般工作输入的电压为 220 V 或 110 V，控制器给电磁阀输出的电压一般为 24 V。控制器内设有公共线接线端子及控制信号线接线端子。灌溉控制器内部接线模块如图 5-22 所示。

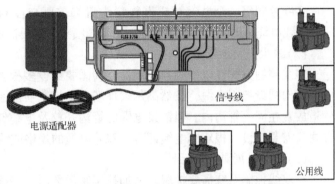

图 5-22　灌溉控制器内部接线模块示意图

5.4.3　双线控制方式与解码器

5.4.3.1　双线控制方式

双线控制方式是随着解码器技术的应用而产生的。与多线控制方式相比，双线控制方式只用包含双线的一根电缆线就可以实现对整个系统的控制。因此，双线控制方式也称解码器控制系统，它是一种分散型总线控制系统，适用于园林绿地、高尔夫球场、人工草地等灌溉系统的自动控制。双线控制方式如图 5-23 所示。

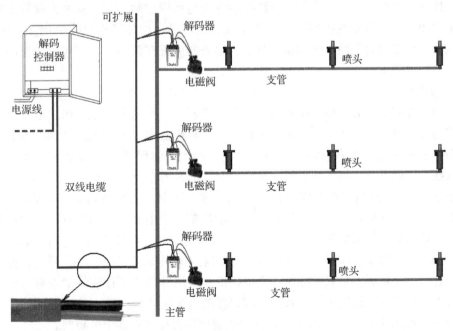

图 5-23　双线控制方式示意图

　　解码器(decoder)是从灌溉控制器到电磁阀的连接电路上的一种电子设备。它们通过接收来自同一线路的信号和电源来操作电磁阀,因此,可以在同一线路上安装许多电磁阀,而不是需要为每个电磁阀设置单独的控制电缆线。

　　双线控制方式与多线控制相比,其优点在于:

　　(1)节省电缆材料

　　多线控制每一个电磁阀或带阀喷头组都需要与控制器相连,而双线控制方式只需要一根双线电缆将田间所有控制电磁阀或带阀喷头的解码器连接起来,大大节省了控制电缆线。

　　(2)减少安装工作量

　　多线控制方式在电磁阀与控制器之间需要铺设多根控制电缆,安装时需要一定尺度的电缆管沟铺设控制电缆,虽然高尔夫球场自动控制喷灌系统安装实践中将控制电缆与喷灌管道放置在同一管沟内,但铺设电缆的管沟开挖及电缆铺设工作量仍然较大,而双线控制方式只需要铺设一根双芯电缆即可。双芯电缆的规格或线径越大,铺设的距离就越长。

　　(3)系统扩展具有灵活性

　　当双线控制系统需要扩展并增加控制阀门数时,多线控制方式需要从电磁阀到控制器铺设电缆线,而双线控制系统只需要延长双芯电缆线,在双芯电缆上增加解码器即可。双线控制方式具有便捷的可扩展性。

　　(4)易于排除故障

　　喷灌系统随着运行时间的推移,许多系统可能会出现各种各样的故障。在解码器控制系统中,由于线路少,排除故障更容易。

　　(5)运行比较可靠

　　自动控制系统一般来说电线越少,问题就越少。使用双线控制时,线缆暴露、啮齿动物啃咬等风险会更低。

　　双线控制方式也存在一些问题。双线控制方式与多线控制不同,从电磁阀到控制器之间增加了解码器。尽管双线控制节省了电缆线,但解码器增加了相应的费用。一般而言,当电磁阀数量较多时宜采用双线控制。其次,解码器放置在距离电磁阀较近的田间,对防雷电接地有特殊要求。

5.4.3.2　解码器

　　实现双线控制的核心元件是解码器。一个解码器有一个或多个地址码,地址码通过双线传输线的唯一数字信号激活。当地址被激活,其解码器容许电流连接到相应电磁头,即将控制器传送来的信号可靠的转换到对应的电磁阀上。解码器有两根输入线和两根输出线,输入线与解码器相连接,输出线连接到控制的电磁阀或带阀喷头上。

　　一般来说,一个解码器可以控制1~10个电磁阀,具体的控制数量和解码器拥有的地址码数量有关,如果解码器只有一个地址码,只能控制一个电磁阀,如果有两个地址码,就能控制两个电磁阀,目前的解码器最多可以有10个地址码,可控制10个电磁阀。

　　图5-24为一个解码器拥有一个地址码,解码器的输出端就只有一根信号线,另一根为回路。这样,一个解码器就只能控制一个电磁阀。解码器与双线控制线的连接方式,在电磁阀的位置上从双线控制线上并联接出与解码器的两个输入线连接,解码器的输出线连接电磁阀即可,如图5-25所示。有多个地址码的解码器可以控制多个电磁阀。

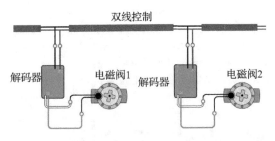

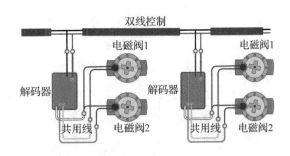

图 5-24　一个解码器控制一个电磁阀接线示意图　　**图 5-25　一个解码器控制两个电磁阀接线示意图**

5.4.3.3　双线控制的布置方式

　　解码器在田间一般会沿着喷灌系统主、干、支管道的走向和布置铺设，双芯电缆线可以布设在管沟内。喷灌或滴灌系统中管网有分支和环形管网布置，解码器的双芯电缆布置也分为分支布设和环形布设两种。分支布设双芯电缆与分支管网相匹配，因为电磁阀都会布置在沿干管各个分支的支管进口处，如图 5-26 所示。对于管线不长，电磁阀数量不是很多，一般推荐采用分支布设双芯电缆，这种布设方式线路短，如果线路出现短路等故障时比较容易查找和排除。分支布设时，从控制器到最远的解码器之间的距离与电缆线径有关，2.5 mm² 的电缆最大距离为 3.0 km。

　　如果喷灌系统管网为环形布置，双芯电缆沿环形主干管网布设成环形更符合实际。一般来说，环形路径要比分支管网的路径长一些。双芯电缆的环形布设就是将双芯电缆从控制器接出，沿线接入解码器，再回到控制器，如图 5-27 所示。环形布设中主要考虑距离控制器最远的解码器之间的线路长度，以及从最远解码器返回控制器的线路长度。对于2.5 mm² 电缆，环形布设的最大距离为 12 km。解码器与电磁阀一起放置在户外草地上的闸阀箱里，如图 5-28 所示。

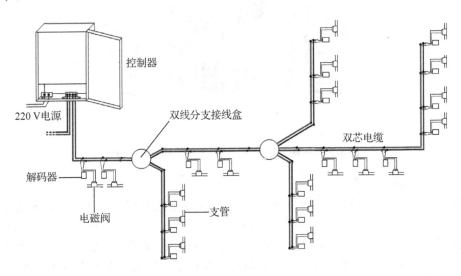

图 5-26　双线解码器系统的分支布设示意图

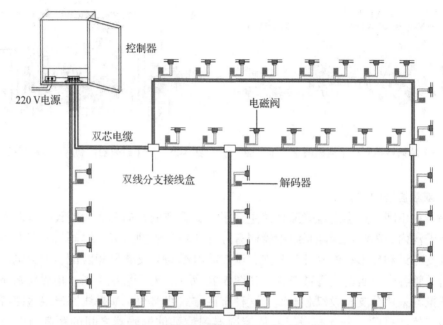

图 5-27 双线解码器系统的环形布设示意图

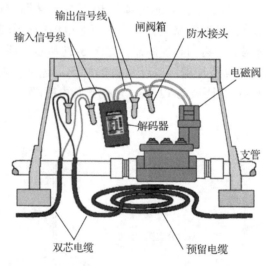

图 5-28 解码器与电磁阀在闸阀箱内的连接示意图

5.4.3.4 解码器的避雷接地

解码器对雷电天气的防护要求比较高。如果喷灌系统采用双芯线的解码器控制方式，需要做好两方面的雷电防护：一是采用解码器的控制器，必须做好安全接地。二是采用解码器的控制线路上也要做好避雷安全防护。在沿双芯电缆线铺设的路径上，每隔 100～150 m 要有一个避雷防护接地点，双芯控制线上的接地点避雷防护可以设置在连接解码器的位置上，并将解码器、避雷器和接地铜棒放置在一个闸阀箱内。解码器沿双芯电缆的避雷接地如图 5-29 所示。

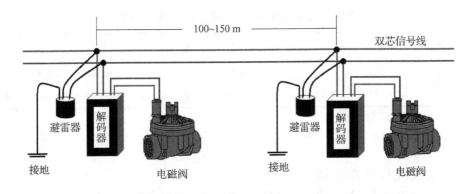

图 5-29　解码器的避雷接地示意图

由此可见，双线控制系统因增设避雷装置会增加一定的设备投资，特别是对于雷电强度大且频繁的地区，如高尔夫球场，采用解码器控制系统需要认真做好避雷防护设计及设备安装。此外，双线解码器控制系统的电缆连接必须使用专用的防水电线接头。

5.4.4　控制电缆选择

5.4.4.1　电缆的构造和类型

喷灌系统自动控制中电缆线的用量很大，了解电缆知识对于学习和应用自动控制也是十分必要的。喷灌或滴灌自动控制系统中使用的电缆主要有两大类：一类是电力电缆，如电机的供电电缆、田间控制器的 220 V 供电电缆等；另一类是低压控制电缆，主要是电磁阀、带阀喷头的信号传输及控制的电缆。

信号传输及控制用的电缆线主要由缆芯、绝缘层和保护层构成，如图 5-30 所示。

草地喷灌系统使用的控制器和电磁阀通常是在低电压(24 V)和低电流(小于 2.0 A)状态下工作，大多使用双芯电缆，也可以使用两根单芯电缆。

图 5-30　控制电缆线构造

5.4.4.2　控制电缆的选型

控制器及电磁阀选择确定后，应选择与此相配的控制电缆。由于控制器输出端的额定电压值一般为 24 V，如果线路太长，导线截面积过小，会造成沿线电压降幅太大，使到达电磁阀端的电压达不到开启电磁阀要求的最小电压值，这时系统就无法正常工作。因此，选择电缆线截面积适宜的电缆是十分重要的。选择控制电缆线芯截面的方法主要有以下几种：

①按持续工作电流选择电缆。选择的条件是：

$$I_{xu} \geq I_{js} \tag{5.1}$$

式中　I_{xu}——控制电缆按发热条件允许的长期工作电流，A，电缆允许的长期工作电流按其允许电流量，乘以铺设条件所确定的校正系数(表 5-3)求得；

　　　I_{js}——通过电缆的半小时最大计算电流，A。

②按铺设长度选择电缆。用式(5.2)计算电缆截面积：

表 5-3 电缆敷设在不同环境温度时的校正系数

环境温度/℃		5	10	15	20	25	30	35	40
线芯工作温度/℃	+65	1.22	1.17	1.12	1.06	1	0.935	0.865	0.79
	+70	1.2	1.15	1.01	1.05	1	0.94	0.855	0.815

$$S = 0.017\ 5\frac{L}{R} \tag{5.2}$$

式中　S——控制电缆线芯的截面积，mm^2；

　　　L——控制电缆的铺设长度，从控制器到电磁阀的电缆长度，m；

　　　R——控制电缆的最大允许电阻，Ω。

通常情况下根据电磁阀的工作电压允许波动值来确定控制电缆的最大允许电阻。

图 5-31 防水接头

在电缆截面积的选择时，一般以控制器所有电磁阀中最不利的一个为依据，即电磁阀距离控制器最远、电缆线路最长、电阻最大、电压降最大的那个电磁阀来确定电缆截面积。

5.4.4.3 电缆线的连接与铺设

喷灌系统自动控制电缆线一般与喷灌管道铺设在同一管沟内，220 V 控制器电源电缆可采用电缆管埋设。控制电缆线的连接要用专用的防水接头（图 5-31）。220 V 电力电缆应按照电气安装规范要求，在地下敷设电缆管，电缆管可以与管道放在同一管沟内，也可以单独埋设，距地表应有一定的深度要求。24 V 控制电缆可以直埋，在每一个电磁阀处盘成一螺旋线圈，以防止被拉紧，同时在管沟内、管道转弯处应有一定的宽松度，以免回填管沟时压断电缆。

思考题

1. 喷头的性能参数有哪些？

2. PVC 给水管的性能参数有哪些？各有什么意义？

3. PVC 管道的连接方式有哪几种？假如水泵出水管是一段钢管，如何与作为主管道的 PVC 管连接？

4. 一草坪足球场沿边线外草坪布置 7 个电磁阀，控制 7 条支管，每个支管上均匀安装 5 个喷头，试画出这个足球场喷灌系统采用多线控制的线路图。

5. 喷灌系统自动控制的多线方式和双线方式各有什么特点？

草地散射式喷头视频

草坪旋转式喷头视频

摇臂式喷头视频　　给水用硬聚氯乙烯(UPVC)及管件规格　PVC 管的连接视频

聚乙烯(PE)管道与管件规格　　　　电磁阀视频

第 6 章

灌溉管道水力计算

草地喷灌系统、地下滴灌系统是一种压力管道灌溉系统，需要一定的压力才能正常运行。水在管道中流动时会产生压力损失，也称水头损失。通过管道系统的水头损失计算，以确定压力灌溉系统需要的工作压力，为选择压力灌溉系统的加压水泵提供选型参数。

本章在介绍管道流量、流速以及管道水流连续性原理的基础上，从水头损失计算的理论入手，阐述管道水流阻力发生的内在机制和水头损失的计算理论，以我国《喷灌工程技术标准》（GB/T 50085—2007）和《微灌工程技术标准》（GB/T 50485—2020）为依据，给出了水头损失计算公式。

6.1 管道的流量与流速

6.1.1 灌溉管道

6.1.1.1 灌溉管道及组成

灌溉管道是指输送灌溉水的管道，其作用是将灌溉水从水源输送并分配到田间地块或喷洒、滴水设备。灌溉管道与传统农田灌溉的渠道作用类似，灌溉渠道从水库、河流等水源引水通过干渠、支渠、斗渠、农渠、毛渠逐级分配到灌溉区域上不同的地块，灌溉管道也是从水源引水，通过主管、干管、支管、毛管（滴灌系统的最末一级管道）将水逐级输送并分配到各个灌水单元。所以，灌溉管道是一个由不同管道级别、不同管段长度和管道上的配套设备组成的一个系统。

城市草坪、园林绿地、运动场草坪、高尔夫球场草坪和人工草地的固定式喷灌、地下滴灌，都是通过各级管道将压力水输送到各个喷头、滴头，并将灌溉水分散到草坪或草地上。喷灌、滴灌系统中管道内的水流都属于有压管流。有压管流中运动要素如果不随时间变化，称为有压管道恒定流，如果运动要素随时间变化则称为非恒定流。一般规定，管道内的水压力 $0 \leqslant P \leqslant 1.6$ MPa 为低压管道。大多数情况下，喷灌系统管道的水压力都会满足这一条件，因此，灌溉管道属于低压管道。

6.1.1.2 灌溉管道的结构

城市草坪、运动场、高尔夫球场和人工草地的喷灌、地下滴灌系统都是由各级管道连接组成的一个管网结构。根据管网中管道的连接和布置特点，管道系统的结构主要有以下几种情况：

（1）简单管道

简单管道就是在管道系统上没有分支、没有分级的一段管道。简单管道是组成管道灌溉系统的最基本单元，任何复杂的管道系统都是由众多的简单管道组成的，其水力计算的方法是各种管道水力计算的基础。

（2）串联管道

串联管道就是有多个简单首尾依次相接的管道。如果各管段连接处无分流，对不可压缩流体，通过各管段的流量不变；如果各管段连接处有分流，各管段的流量沿程减少。串联管道的沿程阻力等于各个管段阻力的和。

（3）并联管道

凡是两条或两条以上的管道从同一点分叉而又在另一点汇合而成的管道称为并联管道。并联管道中多个管段有共同的起点和终点。并联管道中多个管段在一个点连接，这个点称为节点。并联管道的特点是按水流方向，流入节点的流量与流出节点的流量相等，并联的各管段管路阻力皆相等。

（4）枝状管道

枝状管道是喷灌、滴灌系统最为常见的管网布置形式，其特点是主管、干管、支管布置清晰，功能分明，管道系统结构成树枝状。枝状管道系统形状像树枝，从水源出发，沿主、干、支管道把水输送至各个喷头处，管道水流方向明确。

（5）环状管道

环状管道系统的结构就像一个带有许多闭环的网络，管道系统输送的水从网络上的节点开始，沿着不同的路径可以到达网络上的任何节点。环状管道也称环形管网，其优点是供水安全，当一段管道发生故障时，断水范围小，缺点是管道路线长，建设投资高。高尔夫球场喷灌系统多为环状管网。

6.1.2　管道流量与流速

6.1.2.1　管道流量

（1）管道流量

管道流量就是单位时间内通过管道横断面积水流的体积，单位为：m^3/s、m^3/h、L/min、L/h 等。对于圆形管道，流量就是：

$$Q = Av = \frac{\pi d^2}{4} v \tag{6.1}$$

式中　A——水流通过的管道横断面积；

　　　d——管道内径；

　　　v——管道水流的平均流速。

管道流量的大小不仅与管道直径的平方成正比，也与管道内水流的速度成正比。管道流量的大小反映了管道输送水量的能力，是灌溉管道系统水力计算的基本依据。

（2）管道流量连续性原理

质量守恒是自然界的客观规律，我们一般假定灌溉管道中的水流是不可压缩的液体，不可压缩的液体流动过程遵循质量守恒原理。在流体力学中质量守恒原理称为连续性原理，也就是说流体是连续的，当管道中的水流稳定地流过一个横断面积大小不等的管道时，由于管道中任何一部分的水体都不能被挤压或压缩，流动过程是连续的，中间不会发生中断，此时在同一时间内，流进任意横断面的水体质量和从另一横断面流出的水体质量应该相等，这就是水流的连续性原理，它反映了水流流经不同横断面时流速与通道截面积大小的关系。如图 6-1 所示，根据管道流量对于不可压缩、流速不随时间变化的流体，流入断面 1-1 的流量一定等于流出断面 2-2 的流量，也等于流出断面 3-3 的流量。

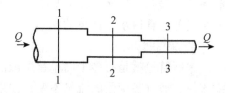

图 6-1　管道水流连续性原理示意图

根据管道流量的定义和流量连续性原理，针对图 6-1 就可以写出该管道 3 个横断面上通过流量的连续性方程：

$$Q_1 = A_1 v_1 = Q_2 = A_2 v_2 = Q_3 = A_3 v_3 \tag{6.2}$$

或

$$v_1 d_1^2 = v_2 d_2^2 \tag{6.3}$$

$$v_1 d_1^2 = v_3 d_3^2 \tag{6.4}$$

式中　Q_1、Q_2、Q_3——分别是通过管道断面 1、2、3 的流量；

v_1、v_2、v_3——分别是通过管道断面 1、2、3 的平均流速；

A_1、A_2、A_3——分别是管道断面 1、2、3 的横断面积；

d_1、d_2、d_3——分别是管道断面 1、2、3 的内径。

对于管道流速不随时间变化的管道，流量连续性原理表明，两个断面上管道的流速之比与两个管道断面内径的平方成反比，也就是说，只要流量是恒定的，管道断面大流速就小，管道断面小流速就大。

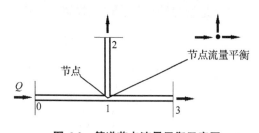

图 6-2　管道节点流量平衡示意图

（3）管道节点流量平衡原理

管道节点就是管道流量和流向发生改变的点，如图 6-2 所示。应用流量连续性原理就可以得到管道节点处的流量平衡方程。

$$Q_{0-1} = Q_{1-2} + Q_{1-3} \tag{6.5}$$

式中　Q_{0-1}——流入管道节点的流量；

Q_{1-2} 和 Q_{1-3}——分别是流出管道节点的流量。

在喷灌、滴灌系统中应用管道节点流量平衡方程，就可以很方便地推算出任意管段内通过的流量，图 6-3 为一段喷灌的支管，支管上按一定间距安装了喷头。为了确定喷灌支管各个管段的直径，进而计算水流通过管段时产生的管道阻力，首先需要确定管段的流量。图 6-3 中数字表示节点编号，管段编号就是管段两端的节点号。我们从管道末端开始逐段推算管段流量，即：

$Q_{3-4} = Q_4$

$Q_{2-3} = Q_{3-4} + q$

$Q_{1-2} = Q_{2-3} + q = Q_{3-4} + 2q$

$Q_{0-1} = Q_{1-2} + q = Q_{2-3} + 2q = Q_{3-4} + 3q$

需要注意的是，管道节点流量平衡方程适用于管道流量保持恒定的水流。

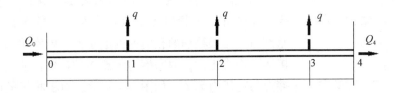

图 6-3　应用管道节点流量平衡原理推算管道流量

6.1.2.2　管道流速

喷灌系统中的管道横断面都是圆形，管道内的水流是有一定压力的水流。根据式 (6.1) 可以得到断面为圆形的压力管道水流速度，即：

$$v = \frac{Q}{A} = \frac{4Q}{\pi d^2} \tag{6.6}$$

从公式可以看出用式 (6.6) 得到的流速为管道横断面上的平均流速。实际上，管道水流是一种流体，流体在圆形管道横断面各点上的流速并不是完全相同的，如图 6-4 所示，流速在圆管断面上的一般分布规律为：

$$v(r) = v_{max} \left[1 - \left(\frac{r}{R} \right)^n \right] \tag{6.7}$$

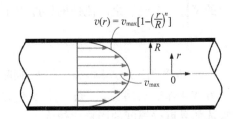

图 6-4　管道流速分布规律

式中　v_{max}——管道断面最大点流速；

　　　R——管道半径；

　　　n——随管道水流流动形态变化的指数，层流时 $n=2$。

从式 (6.7) 可以看出，当 $r=0$ 时，即圆管中心位置的点流速达到最大值。当 $r=R$ 时，即管道内壁，此处的点流速为 0。

6.2　管道水流阻力与水头损失

6.2.1　管道水流阻力

从管道断面上水流速度的分布规律可以看出，圆管的中心流速最大，水流越贴近管壁，水流的速度就越小。这是因为管壁对贴近管壁的水流产生了摩擦力，在摩擦力的作用下使贴近管壁的水流速度减小，甚至贴在管壁上极薄的一层速度为 0。

实际上，所有液体包括水都有黏性，像胶水、机油等给人的感觉就是黏黏的。液体黏性的实质就是，当液体在流动时，在其分子之间会产生摩擦力，这种摩擦力发生在液体内部，所以称为内摩擦力，液体在流动时表现出阻止液体流体的特性称为液体的黏性。黏性的大小用黏度表示，是用来表征液体性质相关的阻力因子。流动液体黏性的存在，主要是流动液体分子之间存在吸力，试图拉着流的快的部分让它慢下来。内摩擦力就是阻止流体流动的力，内摩擦力越大，流体也就越难流动。

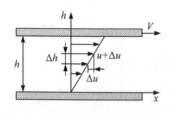

图 6-5　液体流动的内摩擦

描述液体内摩擦力大小的重要定律就是牛顿内摩擦定律。1686 年,牛顿给出了表征内摩擦力的定律,即液体内摩擦力与流层移动的相对速度成正比;内摩擦力与流层间的接触面积成正比,内摩擦力随流体的物理性质而改变;内摩擦力与正压力无关。如图 6-5 所示,面积相等的两块大的平板之间,有一很小的距离(h)分隔开,该系统原先处于静止状态。假设让上面一块平板以恒定速度(V)在 x 方向上运动,下面一块平板保持固定不动。紧贴于运动平板下方的一薄层流体也以同一速度运动,靠近运动平板的液体比远离平板的液体具有较大的速度,且离平板越远的薄层,速度越小,至固定平板处,速度降为零。

设某一层的流速为 u,与其相邻的上面一层的流速就是 $u+\Delta u$,两层之间的间距为 Δh。当两个流层的间距很小时,则两板之间的速度变化无限接近于线性,此时,流层单位面积上的摩擦力与流层之间流速的梯度成正比,这就是牛顿内摩擦定律,即:

$$\tau = \mu \frac{du}{dh} \tag{6.8}$$

式(6.8)中的比例系数 μ 为液体的动力黏度,也称动力黏滞系数。还有一种黏度的表示方式叫作运动黏度 ν,是一个没有力学参数的量纲,运动黏度就是动力黏度除以密度。液体的黏度受温度的影响比较大。对于液体,温度越高黏度越小,例如,将沥青加热就会产生流动,水的黏度小一些,随温度的变化不容易肉眼观察,但黏度确实存在。

牛顿内摩擦定律显示了液体流动时内摩擦力的规律与固定摩擦力不同。

6.2.2　水头损失

6.2.2.1　水头损失的概念

我们知道,管道水流在运动过程中要受到两种阻力的影响,一是运动水流与管壁产生的摩擦力,二是运动水流内部产生的内摩擦力。水流在管道中运动时由于两种摩擦力的阻力作用需要消耗运动水流的能量,摩擦阻力要阻止水流的运动,水流运动时必定要损失运动的能量。水流运动时单位质量液体机械能的损失称为水头损失。

水流运动的能量有位置势能、压强势能和动能,简称位能、压能和动能,统称机械能。水流在运动过程中,在不计摩擦阻力的情况下动能和势能可以相互转化,并且机械能的总量保持不变,也就是动能的增加或减少等于势能的减少或增加,遵守能量守恒定律。当有摩擦阻力时,一部分的机械能转化为热能,在流动过程中散失,因此,水流总是从能量高的地方向能量低的地方流动。单位质量液体所具有的机械能,是一个高度,其单位用长度单位来计量。单位质量液体所具有的位能、压能、动能都可以用长度单位,单位质量液体摩擦阻力损失的机械能也用长度单位,因此,经常用水头表示能量的高低,摩擦阻力造成的单位质量液体机械能的损失就称为水头损失。

产生水头损失的原因有内因和外因,外部边界对水流的阻力是产生水头损失的外因,液体的黏滞性是产生水头损失的内因,也是根本原因。

6.2.2.2　水头损失的几何意义

如图 6-6 所示，水流通过管道 1-1 断面和 2-2 断面时，两个断面上的位置势能 z 就是从基准面到断面中心点之间的高度，$\dfrac{p}{\gamma}$ 为压强势能，$\dfrac{v^2}{2g}$ 为动能，其单位为长度，线段长度可表示其值的大小。水流总是从能量高的地方向能量低的地方流动。从 1-1 断面流向 2-2 断面的总机械能差值就是水流通过 1-1 断面到 2-2 断面之间管道长度上的水头损失。

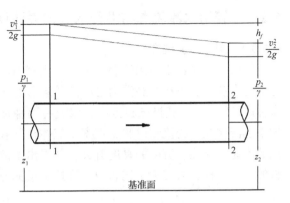

图 6-6　管道水流能量平衡原理

$$E_1 = z_1 + \frac{p_1}{\gamma} + \frac{v_1^2}{2g} \tag{6.9}$$

$$E_2 = z_2 + \frac{p_2}{\gamma} + \frac{v_2^2}{2g} + h_f \tag{6.10}$$

$$h_f = \left(z_1 + \frac{p_1}{\gamma} + \frac{v_1^2}{2g}\right) - \left(z_2 + \frac{p_2}{\gamma} + \frac{v_2^2}{2g}\right) \tag{6.11}$$

要保持两个断面上的能量守恒，水流流过两个断面时就会有一部分能量转化为热能的形式在流动过程中散失了，因此，水头损失的几何意义就是两个断面的总能量差或总水头差。

6.2.2.3　水头损失的类型

管道水流在流动过程中，在流动方向、管道内壁粗糙程度、管道横断面形状和大小均不变的管段上产生的摩擦阻力称为沿程阻力，受沿程阻力的影响造成水流能量的损失称为沿程水头损失。沿程阻力均匀地分布在整个均匀流段上，仅与管段的长度成正比。沿程水头损失一般用 h_f 来表示。

实际灌溉管道系统，经常有管道转弯、管径变化、流向改变等情况。管道水流在流动过程中，如果发生流动边界有急剧的变化造成的能量损失称为局部水头损失。通常在管道的进出口、管道横断面突变、管道连接等部位，都会发生局部水头损失，一般用 h_j 来表示。

沿程水头损失和局部水头损失的和为总水头损失，即：

$$h_w = \sum h_f + \sum h_j \tag{6.12}$$

式中　h_w——管道的总水头损失。

管道水头损失的计算是喷灌、滴灌系统设计的重要任务之一，在确定了管段的直径和设计流量以后，便可进行水头损失计算。水头损失包括管道长度上的沿程损失和管道断面及水流方向突然变化处的局部水头损失两部分。沿程水头损失随流程而增加。局部水头损失发生在管道系统的弯曲、分岔、闸阀、管道直径突变等处。水头损失的计算与管道的材料、管道内壁的粗糙程度、水流的流态等因素有关。

6.2.3　管道水流流态与沿程水头损失计算理论

6.2.3.1　管道水流流态

如何计算管道水流因管壁摩擦力和水流内摩擦力造成的水头损失？人们发现促使水流运动的力和水流内在的黏滞力之间的关系影响水流摩擦阻力的大小。早在1883年英国科学家雷诺(Reynolds)通过试验得出，水流有两种流动形态，即层流和紊流。他用玻璃管中间加染色液体注入的流动试验，观察了流体在圆管内的流动，指出流体的流动形态与管道水流的流速、管径、流体的黏度有关，并提出了流体的两种流动形态，给出了判别层流和紊流的一个指标，人们为了纪念他，称这个指标为雷诺数(Reynolds number, Re)，即：

$$Re = \frac{vd}{\nu} \tag{6.13}$$

式中　Re——雷诺数，一种用来表征流体流动形态的无量纲数；

　　　　v——管内流速；

　　　　d——管道内径；

　　　　ν——水的运动黏滞系数，与水温有关(表6-1)。

表 6-1　水的运动黏滞系数

水温 /℃	运动黏滞系数 /(cm²/s)	水温 /℃	运动黏滞系数 /(cm²/s)
0	0.017 8	20	0.010 1
5	0.015 2	25	0.009 0
10	0.013 1	30	0.008 1
15	0.011 4	40	0.006 6

雷诺的试验显示，当流速很小时，流体分层流动，互不混合，称为层流；流速逐渐增加，流体的流线开始出现波浪状的摆动，摆动的频率及振幅随流速的增加而增加，此种流动形态称为过渡流；当流速增加到一定程度时，流线不再清楚可辨，流场中有许多小漩涡，层流被破坏，相邻流层间不但有水平运动，还有上下的混合和紊动。这时的流体做不规则运动，有垂直于管道轴线方向的分速度产生，这种运动称为紊流或湍流。管道水流的流动形态如图6-7所示。

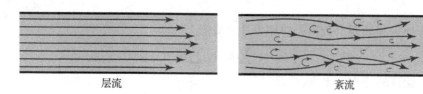

层流　　　　　　　　　　　　　　紊流

图 6-7　管道水流的流动形态

雷诺数的物理意义表示惯性力和黏性力的比值。惯性力是促使水流运动的力，黏性力或黏滞力是阻止水流运动的力，两者的比值小，即雷诺数小，说明流体流动时流体的黏性对流动的影响大于惯性，流动形态稳定，为层流；反之，若两者的比值大，雷诺数大，说明惯性对流动的影响大于黏性,流体流动不稳定,流速的微小变化容易使流动形态发生紊乱,此时为紊流。流体在紊流状态时,其速度、压强等物理量在时间和空间上都会发生紊动或脉动。在现实中,我们观察喷灌泵站主管道上压力表的指针总是在颤动,说明管道水流的紊动情况在发生。在自然界中,我们常常能看到流体做紊流或湍流,如急流的河水、大风天气的空气流动、烟囱排烟等都是湍流。

利用雷诺数可判别流体的流动是层流还是紊流,可用于确定管道水流在流动中所受到的摩擦阻力。

一般管道水流,如果:

$Re<2\,300$,则管内流态为层流;

$Re>2\,300$,则管内流态为紊流;

$Re=2\,300$,为临界流。

在不同的流动状态下,流体的运动规律、流速的分布等都是不同的,因而管道内流体的平均流速 v 与最大流速 u_{max} 的比值也是不同的。因此,雷诺数的大小决定了流体的流动特性。

管道水流的流态影响沿程水头损失的大小。在层流中,沿程水头损失与管道断面平均流速的一次方成正比,在紊流中,沿程水头损失与管道断面平均流速的 $1.75\sim2.0$ 次方成正比。说明,管道水流流速越大,沿程水头损失增加的就越快。

6.2.3.2　沿程水头损失计算理论

有压管道中沿程水头损失计算最常用的公式是达西-威斯巴赫(Darcy-Weisbach)公式:

$$h_f=\lambda\,\frac{l}{d}\,\frac{v^2}{2g} \tag{6.14}$$

式中　h_f——管道的沿程水头损失;

　　　l——管道长度;

　　　d——管道内径;

　　　v——管道平均流速;

　　　g——重力加速度;

　　　λ——沿程阻力系数,与水流流态有关。

从式(6.14)可以看出,要确定沿程水头损失,首先要确定沿程阻力系数。沿程阻力系数的变化规律比较复杂,直到目前都是通过试验和分析得到的一些经验公式。这也说明了流体流动时内部阻力的复杂性。

(1)层流时的沿程阻力系数

从雷诺数的定义我们可以得出,在管道直径一定的情况下,管道平均流速小到一定程度,管道水流的流态就会出现层流流态。层流时哈根-泊肃叶(Hagen-Poiseuille)提出了管道沿程阻力系数的计算公式:

$$\lambda=\frac{64}{Re} \tag{6.15}$$

将式(6.15)代入沿程水头损失计算式(6.14)中,并代入雷诺数的计算公式得到

$$h_f=\lambda\,\frac{l}{d}\,\frac{v^2}{2g}=\frac{64}{Re}\,\frac{l}{d}\,\frac{v^2}{2g}=64\nu\,\frac{l}{d^2}\,\frac{v}{2g} \tag{6.16}$$

由此可以看出，层流状态时沿程水头损失与流速的一次方成正比。

（2）紊流时的沿程阻力系数

当管道平均流速增加时，从管道流速分布规律可以看出，管道中心轴线处的点流速最大，水流越接近管壁，点流速就越小。当管道中心部位的流速大到一定程度时，管道中心水流的雷诺数 $Re>2\,300$，说明管道中心部位的水流流态变化成紊流，而接近管壁处的流速小，接近管壁一周水流的雷诺数 $Re<2\,300$，管壁附近的水流流态仍为层流。这种管道中心为紊流，管壁附近为层流的流动状态称为紊流光滑区，此时管壁的粗糙程度对沿程阻力没有影响。这说明在紊流中，紧靠固体边界附近的地方，因点流速很小，而流速梯度却很大，所以黏滞性导致的内摩擦力或黏滞切应力起主导作用，其流态基本上属于层流。因此，管道内不是整个水流都是紊流，在紧靠固体边界表面有一层极薄的层流层存在，该层流层称为黏性底层。

布拉休斯（Blasius，1911）通过试验和理论推导提出了紊流光滑区的沿程阻力系数公式：

$$\lambda = \frac{0.316\,4}{Re^{\frac{1}{4}}} \qquad (6.17)$$

式（6.17）适用范围为 $Re<10^5$。

将式（6.17）代入沿程水头损失计算式（6.14）中，并将 $Re=\dfrac{vd}{\nu}$ 代入，得

$$h_f = \lambda\,\frac{l}{d}\frac{v^2}{2g} = \frac{0.316\,4}{Re^{\frac{1}{4}}}\frac{l}{d}\frac{v^2}{2g} = 0.316\,4\nu^{0.25}\frac{l}{d^{1.25}}\frac{v^{1.75}}{2g} \qquad (6.18)$$

可以看出在紊流光滑区沿程水头损失与流量的 1.75 次方成正比。

进一步将流速用流量替换并统一计算单位得到滴灌管道沿程水头损失计算中常用的公式：

$$h_f = \frac{2.62\times10^{-5}\nu^{0.25}Q^{1.75}l}{d^{4.75}} \qquad (6.19)$$

式中　h_f——管道的沿程水头损失，m；

　　　　l——管道长度，m；

　　　　ν——水的运动黏滞系数，cm^2/s；

　　　　d——管道计算内径，cm；

　　　　Q——管道流量，L/h。

随着管道平均流速的进一步增加，管道中心紊流区的范围进一步向周围扩大，当接近管壁处的水流速度已经达到或超过形成紊流的临界速度时，说明整个管道断面水流流态都处于紊流状态，此时，管壁的粗糙程度就会对水流产生比较大的阻力作用。

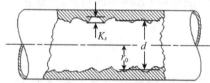

图 6-8　管道内壁的粗糙程度示意图

K_s. 管壁绝对粗糙度；r_0. 管道半径；d. 管道内径

任何材料的表面都是粗糙的，PVC 管内壁肉眼看非常光滑，但光滑是相对的，粗糙是绝对的。图 6-8 说明管道内壁的粗糙程度。新的 PVC 管道管壁绝对粗糙度<0.002 mm，钢管 0.045 mm。

管道水流流态完全紊流时，管壁的粗糙度对沿程阻力系数产生影响。许多研究者对管道内部完全紊流条件下通过试验提出了一些沿程阻力系数的经验公式。例如，可列布鲁克-怀特（Colebrook-White，1939）提出的沿程阻力系数经验公式为：

$$\frac{1}{\sqrt{\lambda}} = -2\lg\left[\frac{K_s}{3.71d} + \frac{2.51}{Re\sqrt{\lambda}}\right] \qquad (6.20)$$

说明紊流时管道沿程阻力系数与相对粗糙度 $\dfrac{K_s}{r_0}$ 和 Re 有关。但从式（6.20）可以看出雷诺数的影响已经很小。在完全紊流时沿程水头损失与平均流速的平方成正比。

6.2.4　管道水头损失计算

6.2.4.1　沿程水头损失计算公式

（1）喷灌管道的沿程水头损失计算

在草地、城市园林、农业喷灌、微灌中大量使用 PVC 管道，我国《喷灌工程技术标准》（GB/T 50085—2007）对于喷灌管道的沿程水头损失给出了计算沿程水头损失的公式：

$$h_f = f\frac{LQ^m}{d^b} \qquad (6.21)$$

式中　h_f——沿程水头损失，m；

　　　f——摩阻系数，与摩阻损失有关。对硬聚氯乙烯塑料管：$f = 0.948 \times 10^5$；

　　　L——管长，m；

　　　Q——流量，m^3/h；

　　　d——管内径，mm；

　　　m——流量指数，与摩阻损失有关，对硬聚氯乙烯塑料管：$m = 1.77$；

　　　b——管径指数，与摩阻损失有关，对硬聚氯乙烯塑料管：$b = 4.77$。

将以上参数代入就是喷灌系统 PVC 管道的沿程水头损失计算式：

$$h_f = 0.948 \times 10^5 \frac{Q^{1.77}}{d^{4.77}}L \qquad (6.22)$$

式中　符号同前。

如果喷灌系统中使用钢管，则公式中针对钢管的参数为：

$$f = 6.25 \times 10^5$$

$$m = 1.9$$

$$b = 5.1$$

根据式（6.22）可以计算出喷灌用 PVC 给水管不同压力等级不同公称外径在不同流量时的单位管长沿程水头损失。表 6-2 根据喷灌工程技术标准公式计算给出了压力等级 1.0 MPa PVC 管在给定流量条件下的管道流速和单位管长沿程水头损失，在实际应用中可以查表快速选择管道直径和沿程水头损失。表中空白说明管道流速过大，不宜选用此类管径。

表 6-2 1.0 MPa PVC 管单位管长水头损失(根据 GB/T 50085—2007 公式计算)

公称外径/mm	32		40		50		63	
计算内径/mm	28.0		36.0		45.2		57.0	
壁厚/mm	2		2		2.4		3	
流量/ (m³/h)	流速/ (m/s)	沿程损失/ (m/m)	流速/ (m/s)	沿程损失/ (m/m)	流速/ (m/s)	沿程损失/ (m/m)	流速/ (m/s)	沿程损失/ (m/m)
1	0.45	0.011 9	0.27	0.003 6	0.17	0.001 2	0.11	0.000 4
2	0.90	0.040 4	0.55	0.012 2	0.35	0.004 1	0.22	0.001 4
3	1.35	0.082 9	0.82	0.025 0	0.52	0.008 4	0.33	0.002 8
4	1.81	0.137 9	1.09	0.041 6	0.69	0.014 0	0.44	0.004 6
5	2.26	0.204 7	1.37	0.061 7	0.87	0.020 8	0.54	0.006 9
6			1.64	0.085 2	1.04	0.028 8	0.65	0.009 5
7			1.91	0.112 0	1.21	0.037 8	0.76	0.012 5
8			2.18	0.141 8	1.39	0.047 9	0.87	0.015 8
9					1.56	0.059 0	0.98	0.019 5
10					1.73	0.071 1	1.09	0.023 5
12					2.08	0.098 2	1.31	0.032 5
14							1.52	0.042 7
15							1.63	0.048 2
16							1.74	0.054 0
18							1.96	0.066 5
20							2.18	0.080 2

公称外径/mm	75		90		110		160	
计算内径/mm	67.8		81.4		100.4		147.6	
壁厚/mm	3.6		4.3		4.8		6.2	
流量/ (m³/h)	流速/ (m/s)	沿程损失/ (m/m)	流速/ (m/s)	沿程损失/ (m/m)	流速/ (m/s)	沿程损失/ (m/m)	流速/ (m/s)	沿程损失/ (m/m)
5.00	0.38	0.003 0	0.27	0.001 3	0.18	0.000 5	0.08	0.000 1
10.00	0.77	0.010 3	0.53	0.004 3	0.35	0.001 6	0.16	0.000 3
15.00	1.15	0.021 1	0.80	0.008 8	0.53	0.003 2	0.24	0.000 5
20.00	1.54	0.035 0	1.07	0.014 7	0.70	0.005 4	0.32	0.000 9
25.00	1.92	0.052 0	1.34	0.021 8	0.88	0.008 0	0.41	0.001 3
30.00			1.60	0.030 0	1.05	0.011 0	0.49	0.001 8
35.00			1.87	0.039 5	1.23	0.014 5	0.57	0.002 3
40.00					1.40	0.018 4	0.65	0.002 9
45.00					1.58	0.022 6	0.73	0.003 6
50.00					1.76	0.027 3	0.81	0.004 3
55.00					1.93	0.032 3	0.89	0.005 1
60.00							0.97	0.006 0
70.00							1.14	0.007 9
80.00							1.30	0.010 0
90.00							1.46	0.012 3
100.00							1.62	0.014 8

（2）微灌管道的沿程水头损失计算

在微喷、滴灌、地下滴灌系统中，大量采用聚乙烯塑料管道（PE 管）或 LDPE 管，即低密度聚乙烯管，这类管道的沿程水头损失计算在我国国家标准《微灌工程技术标准》（GB/T 50485—2020）中给出了计算公式：

$$h_f = 0.505 \frac{Q^{1.75}}{d^{4.75}} L \tag{6.23}$$

式中　h_f——沿程水头损失，m；

　　　L——管长，m；

　　　Q——流量，L/h；

　　　d——管内径，mm。

式（6.23）适用于聚乙烯塑料管管径大于 8 mm 的管道。

根据国家标准《给水用聚乙烯（PE）管道系统　第二部分：管材》（GB/T 13663.2—2018）的标准规格，应用式（6.23）计算了一定流量时单位管长的水头损失，见表 6-3 所列。

表 6-3　1.0 MPa PE 管单位管长水头损失（根据 GB/T 50485—2020 公式计算）

公称外径/mm		16.0	20.0	25.0	32	40	50
计算内径/mm		11.4	15.4	20.4	27.4	35.2	44.0
壁厚/mm		2.3	2.3	2.3	2.3	2.4	3
流量/(m³/h)	流量/(L/h)	单位管长水头损失	单位管长水头损失	单位管长水头损失	单位管长水头损失	单位管长水头损失	单位管长水头损失
0.10	100.00	0.015 2	0.003 7	0.001 0	0.000 2	0.000 1	0.000 0
0.20	200.00	0.051 3	0.012 3	0.003 2	0.000 8	0.000 2	0.000 1
0.30	300.00	0.104 2	0.025 0	0.006 6	0.001 6	0.000 5	0.000 2
0.40	400.00	0.172 4	0.041 3	0.010 9	0.002 7	0.000 8	0.000 3
0.50	500.00	0.254 8	0.061 1	0.016 1	0.004 0	0.001 2	0.000 4
0.60	600.00	0.350 6	0.084 0	0.022 1	0.005 4	0.001 7	0.000 6
0.70	700.00	0.459 1	0.110 0	0.028 9	0.007 1	0.002 2	0.000 8
0.90	900.00		0.170 8	0.044 9	0.011 1	0.003 4	0.001 2
1.10	1 100.00		0.242 7	0.063 8	0.015 7	0.004 8	0.001 7
1.30	1 300.00		0.325 1	0.085 5	0.021 1	0.006 4	0.002 2
1.80	1 800.00			0.151 1	0.037 2	0.011 3	0.003 9
2.30	2 300.00			0.232 0	0.057 1	0.017 4	0.006 0
2.80	2 800.00			0.327 4	0.080 6	0.024 5	0.008 5
3.30	3 300.00			0.436 5	0.107 5	0.032 7	0.011 3
4.30	4 300.00				0.170 8	0.052 0	0.018 0
5.30	5 300.00				0.246 3	0.074 9	0.026 0
6.30	6 300.00				0.333 3	0.101 4	0.035 1
8.30	8 300.00					0.164 3	0.056 9
10.30	10 300.00					0.239 7	0.083 1
12.30	12 300.00					0.327 0	0.113 3
16.30	16 300.00						0.185 4
20.30	20 300.00						0.272 3
25.00	25 000.00						0.392 0

6.2.4.2 局部水头损失计算

（1）局部水头损失产生的原因

在管道水流中，不同的管道边界形状对水流的通过产生不同的影响。如图6-9所示，水流从较大的管径断面进入较小的管径断面时，即管道断面突然缩小，水流通过边界形状突然发生变化的管段水流流线就会发生与边界脱离的现象，因为要使两个断面的流量保持连续，较大断面处的水流进入较小断面时，水流就会加速，由于流动的惯性，在边界突然发生改变的地方水流流线就会与边界脱离，当水流进入持续稳定的管段后，流速也趋于稳定。因此，管道断面突变对水流流速造成局部增大或减小的效应，由此造成水流在边界突变区域的紊乱，进而产生阻力效应。当水流边界的形状或大小沿流程急剧变化所产生的水头损失称为局部水头损失，简称局部损失，以符号 h_j 表示。例如，在管道断面发生改变处、管道转弯、管道上安装闸阀、分流三通等，都会造成管道水流流速和方向的剧烈变化，因而产生局部水头损失。

在一个灌溉管道系统中，水流边界产生剧烈变化的情况很多，有些也是必需的，例如，管道要根据需要转弯、由大变小或由小变大、管道上要安装控制水流的各种闸阀、管道有时需要安装分支进行分流，有时需要有分流汇合以及管道与各类供水设施的连接等，如图6-10所示。在这些管道断面水流通过时，对水流流速会产生影响，也会对水流方向产生影响，各类分流或汇流三通、转向的弯头等，既改变了流速也改变了流向，这些部位就会产生附加的阻力造成局部水头损失。

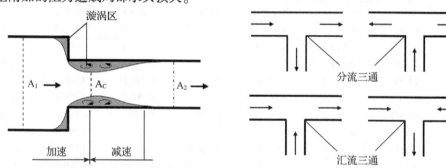

图6-9　管道边界形状对水流的影响示意图　　图6-10　灌溉管道中常见的分流或汇流三通

沿程水头损失沿管道长度分布，与管道长度成正比，而局部水头损失与管道上引起水流流速和流向变化的边界条件有关，边界条件不同，局部水头损失的大小也不同。由于产生局部损失的边界条件类型繁多，难以从理论上进行全面分析，但都是因流速变化而产生的，水流边界剧变处的局部水头损失都与流速水头成正比，即：

$$h_j = k \frac{v^2}{2g} \tag{6.24}$$

式中　h_j——j 类管件的局部水头损失，具有长度单位；

　　　k——局部水头损失系数，也称局部阻力系数；

　　　$\dfrac{v^2}{2g}$——流速水头，计算时需要根据试验条件确定计算流速发生的部位。

管道系统上各种管件的局部损失的总和为 $\sum h_j$。

（2）局部水头损失的估算

由于绝大多数的局部阻力系数都要通过试验来确定，在精确计算时可以查阅相关水力计算手册。在喷灌、滴灌系统中，管道的连接、管件的种类、闸阀等种类多，逐个计算局部水头损失工作繁杂，在喷灌系统管道水力计算时，一般可按沿程水头损失的 10%～15% 估算局部损失。滴灌系统中可按沿程水头损失的 10%～20% 估算局部损失。

6.3　管道的水压力

管道化的灌溉系统，如喷灌、滴灌系统都是压力灌溉系统，也就是说灌溉管道内的水是有压力的，这样才能使草坪上的地埋弹出式喷头弹出一定高度并进行喷洒，才能使喷洒的水达到一定的射程以覆盖一定的地面，才能使喷头在一定的时间内喷洒出需要的水量以满足草地植物的需水量。如果没有水压力，喷头既不能从喷头弹出来，也无法将水喷射到地上。所以，喷灌系统就是一个压力系统，它依靠水泵提供的水压力进行喷洒作业。水压力可分为静水压力和动水压力。

6.3.1　静水压力

6.3.1.1　静水压强

静止水体作用在单位面积上的水压力称为静水压强。在静止的水体中取一个底面积为 $dx \times dy$ 的单位面积，高为 dz 的微立方体，建立坐标系如图 6-11 所示。

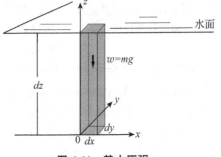

微立方体底面承受的水压力就是微立方体水体的重力，即：

$$P = -w = -mg \qquad (6.25)$$

式中　m——微立方体水的质量；

　　　g——重力加速度；

　　　负号表示重力与 z 轴方向相反。

图 6-11　静水压强

液体密度、容重和重力加速度之间的关系为：

$$\gamma = \rho g$$

式中　γ——水的容重；

　　　ρ——水的密度。

作用在微立方体底面上的压强则为 dp，则：

$$dp = \frac{p}{dxdy} = \frac{-mg}{dxdy} = \frac{-\rho(dxdydz)g}{dxdy} = -\rho g dz = -\gamma dz \qquad (6.26)$$

将上式积分得到：

$$p = -\gamma z + C \qquad (6.27)$$

式中　C——积分常数。根据边界条件，水面上 $z = z_0$；水面上的压强就是大气压强 p_0，即 $p = p_0$，代入上式整理得到：

$$p = p_0 + \gamma(z_0 - z) \qquad (6.28)$$

式中　(z_0-z)——微立方体底面到水下 z 处的水深。一般用 h 表示水面以下的水深（m），则：

$$p=p_0+\gamma h \tag{6.29}$$

这就是静水压强的计算公式，如果同处在大气压条件下，就可以用相对压强公式：

$$p=\gamma h \tag{6.30}$$

说明水中某点的静水压强只与该点处的水深有关。

静水压强有两个特性：①静水压强的方向垂直并且指向受压面。②静止水体内任一点沿各方向上的静水压强大小都相等。

6.3.1.2　静水压强的测量和单位

一般在喷灌系统中所说的管道压力都是指压强。在灌溉系统的加压泵站或主管道的进

图 6-12　用于管道压力检测的普通压力表

口处要监测管道压力的大小或波动情况。管道压力检测常用普通压力表，如图 6-12 所示。压力表通过表内的敏感元件（膜盒、波纹管等）的弹性形变，再由表内机芯的转换机构将压力形变传导至指针，引起指针转动来显示压力。除指针指示型外还有数字型压力表。喷灌系统泵站的变频调速和泵站的自动控制要实时监测管道压力，这种压力测量采用压力传感器，其工作原理是水压力直接作用在传感器的膜片上，使膜片产生与水压力成正比的微位移，使传感器的电阻发生变化，利用电子线路检测这一变化，并转换输出一个对应于这个压力的标准信号。压力传感器有多种类型，常见的电容式压力传感器，实际就是两个极板，分别固定在刚性物体上，极板的距离很近，以至于微小

的距离变化，就会使两个极板间的电容量发生变化。将电容量的变化与压力的变化关联起来，通过电子线路输出得到压力监测的结果。还有一种电感式压力传感器，压力使铁心在线圈中产生位移，从而改变线圈的电感量。

压强的国际制单位有大气压（atm）、Pa、kPa、MPa、bar、mH₂O（水柱高）等单位，非国际制单位为 kg/cm² 经常在工程中应用。

工程中各压强单位间的换算关系为：

$$1\ \text{atm}=1\ \text{bar}=1\ \text{kg/cm}^2=0.1\ \text{MPa}=100\ \text{kPa}=10\ \text{mH}_2\text{O}$$

在草坪喷灌设备采购中有可能引进一些国外产品，其压强计量单位用 psi（磅/平方英寸），它与公制单位的换算关系为：

$$1\ \text{MPa}=145\ \text{psi}$$

由于静止液体中无剪切力，则某点压强的大小与受压面的方位无关，即空间内任一点处有唯一的压强值。如图 6-13 所示，如果 4 种容器中的水面均处在大气之中，则底部基准线上的压强只与液面与基准线之间的高差有关，与容器的形状无关。

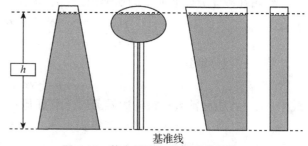

图 6-13　静水压强与容器形状无关

根据静水压力计算公式，在坡地上的喷灌管道中，即使水泵工作已经停止，高位处管内的存水对低点处的喷头仍有压力（图 6-14），这种压力虽不能使喷头弹出喷洒，但可能使喷嘴露出产生溢流。所以，有些喷头设计了一种止溢功能，以防喷头在低压时漏水或溢流。

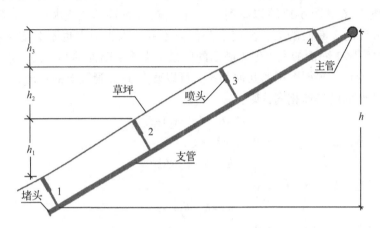

图 6-14　坡地上不同位置喷头的静水压力

6.3.2　动水压力

管道内水流流动时的压力称为动水压力，管道内水流之所以流动，就是由于管道前后两个断面上的水压力不同，水流总是从压力高的断面流向压力低的断面，无论管道本身是水平放置、下坡管道（以水流方向为判断管道下坡或上坡的依据），或上坡管道，只要两点之间存在压力差，水就能流动（图 6-15 ~ 图 6-17）。

如图 6-15 所示，水在管道内从 1 断面流动到 2 断面时，由于管道水流产生摩擦阻力，使 2 断面上的压力值比 1 断面有所降低，两个断面上的压力差就是这段管道的沿程水头损失。只要水流动就会产生沿程水头损失，这与管道的坡度（平坡、上坡、下坡）无关，沿程水头损失的大小只与管道内的流量、管道内径和管段长度有关。

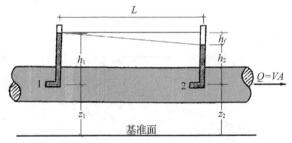

图 6-15　水平管道两点之间的压力差

用能量守恒的原理来分析管道的水流，我们列出 1 断面和 2 断面的能量平衡方程，即：

$$z_1 + \frac{p_1}{\gamma} + \frac{v_1^2}{2g} = z_2 + \frac{p_2}{\gamma} + \frac{v_2^2}{2g} + h_f \tag{6.31}$$

式中　z——单位水体所具有的位置势能；

　　　$\dfrac{p}{\gamma}$——单位水体所具有的压力势能；

　　　$\dfrac{v^2}{2g}$——单位水体所具有的动能；

h_f——单位水体损耗的能量。

这些单位水体所具有的能量都是长度单位，所以也称位置水头、压强水头、流速水头以及损失水头或水头损失。此式说明，管道水流两个断面上的能量差就是水头损失。

同时，从图6-16和图6-17可以看到，管道上坡，1断面的位置水头比2断面的小，但1断面的压强水头比2断面的大，流速水头保持不变，水头损失也不会变化；管道下坡，1断面的位置水头比2断面的大，但1断面的压强水头比2断面的小，流速水头保持不变，水头损失也不会变化。根据图中的几何关系，可以确定1-2管段上的水压力。如果管道直径相同，则两个断面的流速相同，则：

$$h_2 = h_1 + (z_1 - z_2) - h_f \tag{6.32}$$

对于上坡管道，$\Delta z = (z_1 - z_2) < 0$

$$h_2 = h_1 - h_f - \Delta z \tag{6.33}$$

对于下坡管道，$\Delta z = (z_1 - z_2) > 0$

$$h_2 = h_1 - h_f + \Delta z \tag{6.34}$$

对于平坡管道，$\Delta z = (z_1 - z_2) = 0$

$$h_2 = h_1 - h_f \tag{6.35}$$

式中 Δz——两个断面之间的高差。

由此我们可以看出，一段管道，只要已知一个断面的压力，计算出这段管道的水头损失，并确定这段管道两个断面之间的高差，就能确定另一个断面的压力。一般从管道末端已知工作压力推算管道进口端需要的压力时就可以用此方法，即：

$$h_1 = h_2 + h_f \pm \Delta z \tag{6.36}$$

式中   上坡管道取"+"，下坡管道取"-"，平坡管道 $\Delta z = 0$。

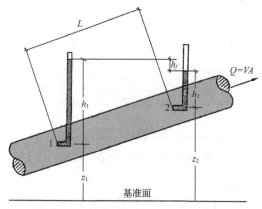

图 6-16   上坡管路两点之间的压力差

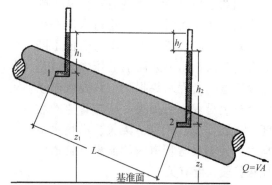

图 6-17   下坡管路两点之间的压力差

6.3.3   管道系统工作压力

6.3.3.1   允许压力变差

我们知道，在喷灌系统设计时首先要选择喷头型号与规格，喷头的规格参数有喷嘴规格、喷洒半径、喷头流量和工作压力。其中的工作压力就是喷头设计工作压力，在一定喷嘴规格和一定的压力条件下才能达到设计的喷洒半径和喷头出流量。因此，喷灌系统中喷头的设计工作压力就是喷头选型时的压力，滴灌系统中的设计工作压力就是滴头或滴灌管选择时的产品设计压力。喷灌系统的工作压力计算要以喷头的设计工作压力为基础，喷灌系统中只有满足全部喷头的工作压力都达到设计工作压力，喷灌系统中的喷头才能达到设计的喷洒半径和出流量。当然，如果喷灌系统内部分区域的工作压力高出喷头设计工作压力很多，就需要采取减压措施，如增设减压阀等，但是，如果喷灌系统内部分区域的工作压力低于喷头设计工作压力，则这部分喷头就无法达到设计的喷洒半径和出流量。因此，喷灌系统水力计算时进行工作压力的计算，要以喷头设计工作压力为基准。

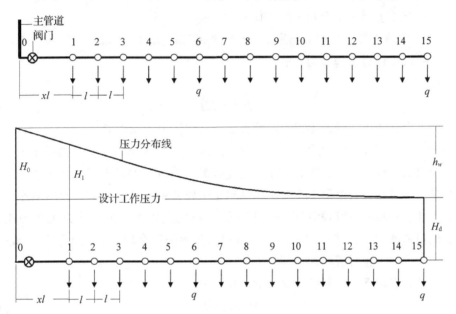

图 6-18　管道设计工作压力与压力分布曲线

图 6-18 表示一条支管上设有多个喷头或滴头的管道压力分布。图中 H_d 为喷头设计工作压力，H_0 为支管进口端的工作压力。由于沿程水头损失的存在，支管上每个喷头的工作压力都是不同的。如果以喷头设计工作压力为基准，则支管上每个喷头的工作压力都大于喷头设计工作压力，越靠近支管首端的喷头，工作压力高出喷头设计工作压力就越多。管道末端的喷头工作压力接近或等于喷头设计工作压力。

以喷头设计工作压力为基准可以推算支管进口端的压力：

$$H_0 = H_d + \sum h_f + \sum h_j = H_d + h_w \tag{6.37}$$

式中　H_d——喷头设计工作压力，m；

　　　H_0——管道进口端的工作压力，m；

　　　h_w——管道总水头损失，m。

从图 6-18 可以看出，支管上第 1 个喷头与最末 1 个喷头的工作压力差最大，由此导致第 1 个喷头与最末 1 个喷头的出流量差别很大，其结果是支管上各个喷头的出流量不均匀。

喷灌的重要目标就是为了获得较高的喷洒均匀度，但各喷头工作压力存在差异，喷头流量不均匀问题是客观存在的。

为了得到较高的喷头出流量均匀度，喷灌工程技术规范规定，支管上任意两个喷头之间的工作压力之差应在喷头设计工作压力的 20% 以内，同时，任何喷头的工作压力不得低于喷头设计工作压力的 90%。根据图 6-18 可以得到：

$$\frac{H_1 - H_n}{H_d} = \frac{\Delta H}{H_d} \leqslant 20\% \tag{6.38}$$

式中 H_1——支管上第 1 个喷头的工作压力，m；

  H_n——支管上最末 1 个喷头的工作压力，m；

  ΔH——支管上第 1 个喷头与最末 1 个喷头的工作压力差，m；

  H_d——喷头设计工作压力，m。

上式可写为：

$$\Delta H \leqslant 0.2 H_d \tag{6.39}$$

即支管上允许的压力变差不得超过喷头设计工作压力的 0.2 倍。

从图 6-18 中可以看出，支管上第 1 个喷头与最末 1 个喷头的工作压力差最大，只要支管上第 1 个喷头与最末 1 个喷头的工作压力变差满足式(6.39)的要求，其余喷头的压力差都满足要求。要减小支管上第 1 个喷头与最末 1 个喷头的工作压力差，只有减小支管的水头损失。因此，在喷灌系统设计时，一个支管上不能设置过多的喷头，因为喷头数量越多，管道流量就越大，管道长度就延长，沿程水头损失就会增大，增大管径会减少损失，但管径的增大导致工程投资增加。

此外，还可以用下式控制各个喷头的工作压力：

$$H_i \geqslant 0.9 H_d \tag{6.40}$$

式中 H_i——支管上第 i 个喷头的工作压力，m；

  其余符号同前。

6.3.3.2 管道系统压力计算

灌溉管道是一个管道系统，是由许多管段按一定的连接方式形成的管道系统。管道的连接方式主要是串联管道和并联管道以及两种组合以后的复合管道系统。

（1）串联管道压力计算

在串联管道中，管道系统的总水头损失等于各个管段的水头损失之和。如图 6-19 所示为中间有分流的两段串联管道，各管段的长度、管径和管段流量不同，可分别计算管段的水头损失，再相加就是管道系统的总水头损失。如果已知管道末端的压力，可推求管道首端需要的工作压力：

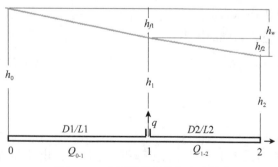

图 6-19 串联管道系统的水头损失

$$h_0 = h_2 + h_{f1} + h_{f2} = h_2 + h_w \tag{6.41}$$

【例题7】

一串联支管，布置 5 个喷头。选用运动场草坪专用地埋式喷头。选用的喷头规格：$15^{\#}$ 喷嘴，喷洒半径 18 m，喷头流量 3.5 m^3/h，喷头压力 4.1 bar。根据喷洒半径布置喷头，推算各个管段的流量，并拟定了管段直径，如图 6-20 所示。计算各个喷头及支管进口的工作压力，并验算支管压力变差是否满足设计要求 $\Delta H \leqslant 0.2 H_d$。

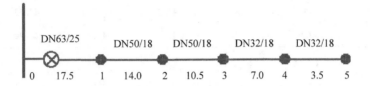

图 6-20　串联管道压力计算示例

以喷头压力为喷头设计工作压力，即 $H_d = 4.1$ bar $= 41$ m。

支管水头损失、工作压力计算见表 6-4 所列。管段的局部损失按沿程损失的 15% 估算，并在压力推算时加入局部损失（下同）。

表 6-4　支管水头损失、工作压力计算

管段	管段长度/m	管段流量/(m^3/h)	公称直径/mm	计算内径/mm	沿程损失/m	末端压力/m	首端压力/m
5-4	18	3.5	32	28	1.96	41.00	43.25
4-3	18	7	32	28	6.68	43.25	50.94
3-2	18	10.5	50	45.2	1.40	50.94	52.54
2-1	18	14	50	45.2	2.32	52.54	55.21
1-0	25	17.5	63	57	1.58	55.21	57.03
沿程损失合计					13.94		
总水头损失					16.03		
管道首末端压差/m							16.03

由于喷头设计工作压力 $H_d = 41$ m，经计算，该支管进口端需要的工作压力为 57.03 m。支管上各管段的首端工作压力见表 6-4 所列。

设计允许的压力变差：$\Delta H \leqslant 0.2 H_d = 41 \times 0.2 = 8.2$ m。

根据表 6-4，第 1 个喷头处的工作压力为 55.21 m，最末 1 个喷头的工作压力就是喷头设计工作压力为 41.00 m，从喷头 1 到喷头 5 的压力差为 55.21 - 41.00 = 14.21 m，设计允许的压力变差为 8.2 m，显然不能满足设计允许压力变差的要求，必须调整公称直径重新计算。

支管各管段采用相同的公称直径（50 mm），计算结果见表 6-5 所列。

表 6-5　调整后支管水头损失、工作压力计算

管段	管段长度/m	管段流量/(m³/h)	公称直径/mm	计算内径/mm	沿程损失/m	末端压力/m	首端压力/m
5-4	18	3.5	50	45.2	0.20	41.00	41.23
4-3	18	7	50	45.2	0.68	41.23	42.01
3-2	18	10.5	50	45.2	1.40	42.01	43.62
2-1	18	14	50	45.2	2.32	43.62	46.29
1-0	25	17.5	50	45.2	4.79	46.29	51.79
沿程损失合计					9.38		
总水头损失					10.79		
管道首末端压差/m							10.79

计算结果表明，第 1 个喷头的工作压力 46.29 m，第 5 个喷头的工作压力就是设计工作压力为 41.00 m，从喷头 1 到喷头 5 的压力差为 46.29−41.00＝5.29 m，小于允许压力变差 8.2 m，满足设计要求。

（2）并联管道压力计算

并联管道系统的水头损失如图 6-21 所示，并联节点处流进的流量等于流出的流量，即节点流量满足流量平衡原理，即：

$$Q_{0-1} = Q_{1-2} + Q_{1-3} \qquad (6.42)$$

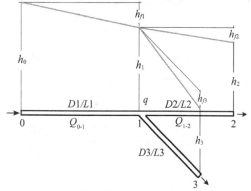

图 6-21　并联管道系统的水头损失

并联管道从分支节点处分为两支管，但该点处的压力只有一个，也就是说，并联节点处的压力对各分支管都相同，如图 6-21 中，1-2 管段的进口压力为 h_1，1-3 管段的进口压力也是 h_1，因为节点就是并联管道的交汇点，无论 1-2 或 1-3 管道的沿程水头损失如何，但管道在同一点交汇，交汇点处只有一个压力，也就是两个管道的进口压力均相同。但是，并联管道的末端压力并不相同，这主要受到水头损失的控制。

$$h_2 = h_1 - h_{f2} \qquad (6.43)$$

$$h_3 = h_1 - h_{f3} \qquad (6.44)$$

【例题 8】

一并联支管，布置 6 个喷头。选用草坪地埋式喷头。选用的喷头规格：15#喷嘴，喷洒半径 18 m，喷头流量 3.5 m³/h，喷头压力 4.1 bar。根据喷洒半径布置喷头，推算各个管段的流量，并拟定了管段直径，如图 6-22 所示。计算各个喷头及支管进口的工作压力，并验算支管压力变差是否满足设计要求 $\Delta H \leqslant 0.2 H_d$。

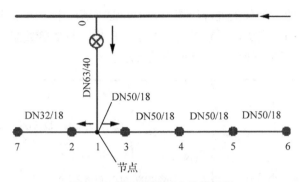

图 6-22　并联管道压力计算示例

首先进行喷头及管道的布置。喷头布置间距与喷洒半径相等的布置，即 18 m，管道的连接如图 6-22 所示，采用并联布置，支管从节点 1 处分流向两侧分支管供水。节点 1 位于 2-3 管段的中点。根据选定喷头的流量，按经济流速初步拟定了各段管道的直径。在此基础上计算管道各段的沿程水头损失，并考虑 15% 的局部损失，推算管段工作压力，结果见表 6-6 所列。

表 6-6　并联支管水头损失、工作压力计算

管段	管段长度 /m	管段流量 /(m³/h)	公称直径 /mm	计算内径 /mm	沿程损失 /m	末端压力 /m	首端压力 /m
7-2	18	3.5	32	28	1.96	44.34	46.59
2-1	9	7	50	45.2	0.34	46.59	46.98
1-7 沿程损失合计					2.30		
6-5	18	3.5	50	45.2	0.20	41.00	41.23
5-4	18	7	50	45.2	0.68	41.23	42.01
4-3	18	10.5	50	45.2	1.40	42.01	43.62
3-1	9	14	50	45.2	1.16	43.62	44.95
1-6 沿程损失合计					3.44		
1-0	40	21	63	57	3.50	44.95	48.97
管道首末端最大压差/m							7.97

通过计算，1-7 分支管的沿程损失 2.3 m，1-6 分支管的沿程损失 3.44 m。两个分支管都在节点 1 处交汇并联，该点处的压力对两个分支管都相同，是同一个压力。因此，我们选择水头损失较大的一支来推算各个喷头的工作压力。因喷头的设计工作压力为 41 m，1-6 分支管的水头损失较大，依此推算出 1-6 分支管各点的工作压力。节点 1 处的工作压力 44.95 m。以节点 1 向 1-6 分支管推算，6 点处的工作压力为 41.00 m。再考虑 0-1 管段的水头损失，推算支管进口端的工作压力为 48.97 m，则管道首末端压差为（44.95-41.00）+（48.97-44.95）= 7.97 m，小于允许压力变差 8.2 m。

通过本算例，并联管道在计算管道水头损失及推算管道工作压力时，应选择水头损失最大或管道线路最长的一个分支进行计算，如图 6-23 所示。因为根据并联节点压力相等的原理，水头损失最大的一支决定了管道首端的工作压力，只要管线最长的一支压力差能满足允许压力差的要求，则其他分支管都能满足要求。

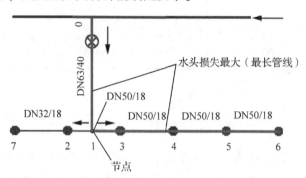

图 6-23　并联管道系统的最长管线作为水力计算的管线

6.3.4　水锤压力

　　喷灌系统是一种压力管道灌溉系统，在喷灌系统正常运行中如果主管道的闸阀突然关闭，如人为关闭闸阀、事故停电关闭闸阀等，此时主管道水流的速度就会发生突然变化，从正常流速骤降为零。当管道水流速度迅速降为零时，动能瞬间转化为压能，导致阀门处的压力突然增加。这种由于流动水体流速突然变化造成水流动能急剧变化引起的压力冲击通常称为水击，也称水锤(water hammer)，造成的压力波动是一种压力冲击波。图 6-24 为观测到的一种因阀门突然关闭(阀门从全开到完全关闭持续 2.2 s)时阀门处主管道水压力的波动过程。从图中可以看出，阀门关闭引发的水锤压力瞬间高出工作压力，而且是以压力波的形式震荡反复冲击，从管道系统的进口端到末端之间震荡传播，直至压力衰减。这种冲击压力足以造成管道系统损坏。

　　造成管道水流速度及管道压力突然变化，进而形成管道压力波动是由各种原因产生

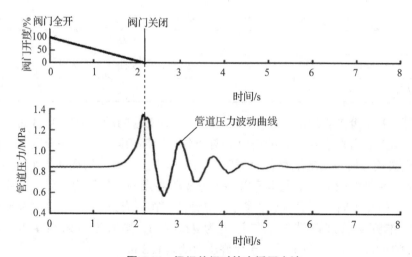

图 6-24　阀门关闭时的水锤压力波

的。主要是由于：①灌溉水泵突然停机或快速启动，特别是由于负载脱落或突然断电。②阀门快速关闭或开启，如突然关闭止回阀。③管道系统内存在气穴，特别是在泵启动期间。

水锤现象是喷灌系统设计要求关注的问题之一。水锤可能造成管道接头脱开、管道爆裂、水泵及电机反转、管道系统震动、管道基础支墩位移等问题。所以，在喷灌系统加压泵出口主管道上要设置减压阀，以防发生水锤时系统压力骤然升高对系统可能造成的破坏。对于设有单向阀的上坡主管道，在设计时应验算事故停泵时水泵机组的最高反转转速。对于下坡主管道，应验算主管道上的阀门启闭时的水锤压力。

经过上述验算，如果水锤压力超过管道的试验压力、水泵机组最高反转转速超过额定转速的 1.5 倍等情况，都需要采取水锤防护措施。一般管道的试验压力是管道工作压力的 1.5 倍以上。管道系统要防止因发生水锤导致的压力过大，可选择合理的主管道直径，控制管道流速，即使发生水锤，压力增值也不会很大。设置水锤消除器。水锤消除器实际就是一个具有泄水能力的安全阀，它安装在逆止阀的出水侧。正常工作时，阀板与密封圈紧密贴合，减压阀处于关闭状态，当管道中的压力超过设定值，水压力使减压阀内的弹簧压缩，密封圈离开使管中高压水由减压阀的排水口泄出，从而达到减压的目的。

6.4　喷灌系统管道管径

6.4.1　管道系统的能耗与管径

确定喷灌系统中各级管道的直径是喷灌系统设计的重要任务，管道直径是管道系统水力计算的参数之一，必须在水头损失计算时要确定管道的直径。根据管道的流量我们可以得出管道直径的计算公式：

由 $Q = Av = \dfrac{\pi d^2}{4} v$ 得到

$$d = \sqrt{\frac{4Q}{\pi v}} \tag{6.45}$$

上式中管道流速为未知数，显然我们无法从中得到管道直径。

在管道水头损失计算中，对于喷灌用的 PVC 管道，沿程水头损失计算式：

$$h_f = 0.948 \times 10^5 \frac{Q^{1.77}}{d^{4.77}} L \tag{6.46}$$

式中　h_f——沿程水头损失，m；

　　　L——管长，m；

　　　Q——流量，m³/h；

　　　d——管内径，mm。

我们知道，管道的水头损失就是由于管道内水流摩阻造成的能量损耗。显然，管道直径一定时，流速越大，管道流量就越大，管道水流摩阻损耗的能量就越多。

喷灌系统的能量是由水泵提供的，电动机驱动水泵转动给水增加压力，即增加水的压强势能，从而为喷头提供所需要的压力。喷灌泵站有若干台水泵并联工作，泵站将一定流量提升到一定高度时输出的功率可按下式计算：

$$N_e = \frac{\gamma Q H}{102} \tag{6.47}$$

式中 N_e——水泵输出的有效功率，kW；

Q——泵站的总流量，m^3/s；

H——泵站的净扬程，m，即从蓄水池提水的净高度；

γ——水的容重，1 000 kg/m^3。

从上式可以看出，有效功率与所输送液体的容重有关。由于水泵内总是存在能量损失，从动力机械（电动机）传递功率给水泵，再到水泵传递功率给水，这一过程中存在能量损失。因此，电动机的轴功率（N_d）总是比水泵的有效功率大，它们之间相差一个泵站的效率，即：

$$N_d = \frac{\gamma Q H}{102\eta} \tag{6.48}$$

式中 η——泵站的效率；

其余符号同前。

运行 t 小时，泵站所消耗的电能为：

$$E_d = \frac{\gamma Q H}{102\eta}t \tag{6.49}$$

式中 E_d——泵站消耗的电能，kWh；

t——泵站运行小时数，h；

其余符号同前。

泵站消耗的电能度数与电价相乘就是泵站运行所消耗的动力费用。

由此可见，喷灌泵站运行消耗的动力费用与喷灌系统流量、泵站提水的净扬程、运行时间以及泵站的效率有关。在泵站总流量、运行时间以及泵站效率一定的情况下，泵站提水的净扬程越大，泵站的能耗就越高，运行动力费用就越高。喷灌系统水头损失就是因管道系统水流摩阻消耗的压力。因此，管道系统水头损失越大，系统的能耗就越高，运行费用也就越高。在泵站总流量、运行时间、泵站效率一定的情况下，根据式（6.46）和式（6.49）就可以建立单位管道长度因水头损失造成的能耗与管道直径的关系，在一定电价的情况下也就知道了泵站运行动力费用与管径的关系。

【例题 9】

一高尔夫球场喷灌泵站，系统总流量 200 m^3/h，泵站效率 0.85，预计一年运行 1 000 小时，即每天按 8 小时运行，合计 125 天。试确定 100 m 管长的能耗与管道直径的关系。

泵站系统总流量：200 m^3/h = 0.055 6 m^3/s，水的容重 1 000 kg/m^3，计算结果见表 6-7 所列。结果表明，根据题设，喷灌系统的管道直径越大，单位管长的水头损失就越小，泵站因水头损失造成的能耗就越低，运行动力费用也越低。

表 6-7　喷灌系统能耗与管径的关系计算示例

公称直径 /mm	内径 /mm	沿程损失/ (m/100 m)	总水头损失/ (m/100 m)	系统流量 /(m³/s)	运行时间 /h	泵站效率	泵站能耗 /kWh
75	67.8	206.38	237.34	0.055 6	1 000	0.85	152 201.6
90	81.4	86.29	99.23	0.055 6	1 000	0.85	63 636.5
110	100.4	31.72	36.48	0.055 6	1 000	0.85	23 394.6
160	147.6	5.05	5.80	0.055 6	1 000	0.85	3 722.6
200	184.6	1.74	2.00	0.055 6	1 000	0.85	1 280.7
250	230.8	0.60	0.69	0.055 6	1 000	0.85	441.3
315	287.6	0.21	0.24	0.055 6	1 000	0.85	154.5

6.4.2　经济管径

　　喷灌系统的建设投资中管道系统投资占项目总投资较大的份额。管道系统投资主要由管道及管件材料费用和管道安装工程费用组成。图 6-25 给出了 PVC 给水管道的价格与管径的关系，虽然管道销售价格市场上可能是波动的，但管径越大，管道制造消耗的原材料就越多，管道的价格就越高，这种关系基本不会发生变化。同时，较小管径的 PVC 管道安装工艺简便易行，管道安装工程费用低，较大管径的 PVC 管道施工安装需要较多的人工和机械费用，总体上安装费用较高。

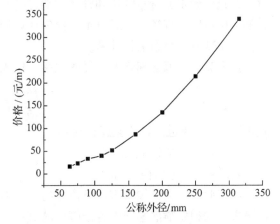

图 6-25　PVC 给水管道的价格与管径的关系

　　图 6-25 表明，喷灌系统管道直径与单位管长的价格有一定的函数关系。管道的建设费用包括管道材料费和安装费，两者都与管道直径有关。灌溉管道工程建设一般都是短期内一次性投资建设。为便于和喷灌系统年运行动力费用进行比较，将一次性的工程建设费用或工程投资折算为使用年限内的年值，应用动态资金回收公式，即：

$$C_j(D) = P(D) \frac{i(1+i)^n}{(1+i)^n - 1} \tag{6.50}$$

式中　$C_j(D)$——灌溉管道工程建设费用的折算年值，与管道直径有关；

　　　$P(D)$——灌溉管道工程建设费用或投资的现值，与管道直径有关；

　　　n——管道系统经济或使用寿命，年；

　　　i——资金贴现率。

　　根据管道系统水头损失、能耗及泵站年运行动力费用与管径的关系，可以得到运行费用函数 $C_f(D)$。运行费用是以年度结算，是年费用，可以与管道建设投资折算的年值进行叠加，即建设投资折算年值与年运行费用两个函数叠加，得到管道总费用函数，对其取极值得到：

$$\frac{dC_f(D)}{dD}+\frac{dC_j(D)}{dD}=0 \tag{6.51}$$

从中解出直径 D 即为总费用最小的管径，管道直径与费用关系如图 6-26 所示。总费用最小的管径称为经济管径，与经济管径对应的流速称为经济流速。

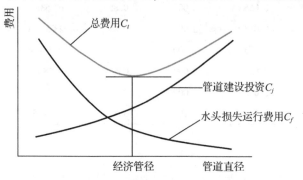

图 6-26　管道直径与费用关系

在《建筑给排水设计标准》(GB 50015—2019)中规定：生活给水管道公称直径 DN = 15 ~ 20 mm，流速不大于 1.2 m/s；DN = 20 ~ 40 mm，流速不大于 1.5 m/s；DN = 50 ~ 75 mm，流速不大于 1.8 m/s；DN 大于 80 mm，流速不大于 2.0 m/s。消防栓给水系统管道中流速不宜大于 2.5 m/s。这些管道系统对流速的限制都体现了经济流速的含义。

在喷灌系统、滴灌系统水力计算时，首先要确定流量、管长和管径才能进行水头损失的计算。此时可以根据经济流速的概念初步拟定管道直径，再通过水头损失计算校验初步拟定直径的合理性，若存在明显不合理，应调整管径重新进行计算。

根据流量与流速和管道直径的关系，代入管道经济流速，得到：

$$D=\sqrt{\frac{4Q}{\pi v_e}}=18.81\sqrt{\frac{Q}{v_e}} \tag{6.52}$$

式中　v_e——管道的经济流速，m/s；

Q——管道流量，m³/h；

D——管道内径，mm。

应用此式，在已知管道经济流速的情况下可根据管道流量确定管道的计算直径。为了快速方便的拟定喷灌系统中各级管道的直径，如果用式(6.52)用经济流速进行计算，得到一个计算值，计算结果并不是管道规格的标准管径，应选取以接近标准规格的管径为确定的管径。

也可以参考表 6-8，根据管道流量选用合适的管道直径，例如，管道流量为 30 m³/h，宜采用公称外径为 90 mm 的管径，此时管道水流的流速 v = 1.49 m/s。表中大于 2 m/s 的流速不建议选用。

管道的经济流速是综合考虑了管道系统建设投资和运行过程中的能源消耗即运行费用后，以总费用或总成本最小为原则确定的管径。因为，在流量一定的情况下，管道系统建设中，选择的管径越大，管道的造价就越高。另外，选择的管径越大，管道的水头损失就会越小，这意味着管道系统在运行中损失的压力，也就是损失的能量就越少，从而使管道系统的运行费用就越低。将管道系统的建造成本与管道尺寸的关系与管道系统的运行成本与管道尺寸的关系相叠加，就是管道系统的总成本，取总成本与管道尺寸函数的极值，以总成本最小对应的管径的流速就是经济流速。所以，在确定喷灌系统管道的管径时，流速既不浪费管材增加投资，又不造成管道水头损失过大。

表 6-8　PVC 给水管道管径、流量与流速关系表

管径/mm	25	32	40	50	63	75	90	110	125	160
壁厚/mm	(1.6)	(1.6)	(1.6)	(1.6)	(2.0)	(2.3)	(2.8)	(3.4)	(3.9)	(4.9)
$Q/(m^3/h)$					$v/(m/s)$					
1	0.74	0.43	0.26	0.16	0.10	0.07	0.05	0.03	0.03	0.02
2	1.49	0.85	0.52	0.32	0.20	0.14	0.10	0.07	0.05	0.03
3	2.23	1.28	0.78	0.48	0.30	0.21	0.15	0.10	0.08	0.05
4	2.98	1.71	1.05	0.65	0.41	0.29	0.20	0.13	0.10	0.06
5		2.13	1.31	0.81	0.51	0.36	0.25	0.17	0.13	0.08
6		2.56	1.57	0.97	0.61	0.43	0.30	0.20	0.15	0.09
7		2.99	1.83	1.13	0.71	0.50	0.35	0.23	0.18	0.11
8			2.09	1.29	0.81	0.57	0.40	0.27	0.21	0.13
9			2.35	1.45	0.91	0.64	0.45	0.30	0.23	0.14
10			2.61	1.62	1.02	0.71	0.50	0.33	0.26	0.16
15				2.42	1.52	1.07	0.75	0.50	0.39	0.24
20				3.23	2.03	1.43	0.99	0.66	0.52	0.31
25					2.54	1.78	1.24	0.83	0.64	0.39
30						2.14	1.49	1.00	0.77	0.47
35						2.50	1.74	1.16	0.90	0.55
40							1.99	1.33	1.03	0.63
45							2.24	1.50	1.16	0.71
50							2.48	1.66	1.29	0.78
55								1.83	1.42	0.86
60								1.99	1.55	0.94
65								2.16	1.67	1.02
70								2.33	1.80	1.10
75									1.93	1.18
80									2.06	1.25
90									2.32	1.41
100										1.57
110										1.73
120										1.88
140										2.20

思考题

1. 喷灌系统管道水力计算的主要任务是什么？
2. 管道水流的连续性原理是什么？
3. 管道水流沿程水头损失是怎样产生的？
4. 什么叫喷灌系统的设计工作压力？
5. 喷灌系统水力计算时为什么要设置允许压力变化？

第 7 章

城市草坪绿地喷灌

    城市绿地以各类公园绿地、居住区绿地、防护区绿地以及生产绿地为主要形式，以改善城市生态、保护环境，为居民提供游憩、运动的场地和美化城市人居环境为目的。城市绿地是城市中的绿色空间，草地是这个绿色空间的基底，草绿是这个绿色空间的底色，草地或草坪在城市绿地中具有重要的生态、游憩和景观功能。在城市绿地中，草地覆盖了绿地空间裸露的地面，防止起沙扬尘，拦截了降雨，增加了入渗，有效保持了水土。城市绿地中稀树草地或草坪为居民提供了开放的绿色空间和游憩活动场地。城市绿地以草为底色，可绘出更优美、有活力的绿色空间。因此，本节以城市绿地中的草坪绿地为目标研究如何解决草坪绿地的喷灌设计问题。

    喷灌是城市草坪绿地灌溉的最佳方式之一，因为草坪、草地植株密集、生长低矮，根系较浅，喷灌以模拟自然降雨的方式为草地植物提供了生长所需要的水分。本章以建设城市草坪绿地配套喷灌系统为目标，以草坪绿地喷灌规划设计的基本流程为主线，系统介绍了草坪绿地喷头系统的规划布置、运行规则及水力计算等内容。掌握了这些内容，就能完全胜任城市草坪绿地的喷灌规划、设计工作，更能理解草坪绿地喷灌规划设计对后期运行管理的重要性，从而增强草业工作者服务国家生态建设和城乡人居环境美化建设的业务工作能力。

7.1 城市草坪绿地灌溉方式选择

7.1.1 城市绿地的概念

7.1.1.1 城市绿地

    城市绿地是指在城市行政区域内以自然植被和人工植被为主要存在形态的土地。它包含两个层次的内容，一是城市建设用地范围内用于绿化的土地；二是城市建设用地之外对生态、景观和居民休闲生活具有积极作用的绿化区域。城市绿地是城乡环境建设的重要载体，也是城市建设用地的重要类型之一。为统一城市绿地分类，科学地编制和实施绿地系统规划，规范绿地的保护、建设和管理，改善城乡生态环境，促进城乡的可持续发展，国家住房和城乡建设部发布了《城市绿地分类标准》（CJJ/T 85—2017），以规范城市绿地的规划、设计、建设和管理等工作。该标准的绿地分类与《城市用地分类与规划建设用地标准》（GB 50137—2011）相对应，包括城市建设用地内的绿地与广场用地和城市建设用地外的区域绿地两部分。

（1）公园绿地

公园绿地是向公众开放，以游憩为主要功能，兼具生态、美化、防灾等功能，有一定游憩和服务设施的绿地。公园绿地就是公园性质的绿地，包括公共绿地、公园绿地、街头绿地等。公园绿地是城市建设用地、城市绿地系统和城市绿色基础设施的重要组成部分，是表示城市整体环境水平和居民生活质量的一项重要指标。

（2）防护绿地

具有卫生、隔离和安全防护功能的绿地称为防护绿地。主要包括卫生隔离防护绿地、道路及铁路防护绿地、高压走廊防护绿地、公用设施防护绿地等。防护绿地的功能在向功能复合化的方向转变，即城市中同一防护绿地同时承担诸如生态、卫生、隔离、安全等一种或多种功能。

（3）广场绿地

广场用地是以游憩、纪念、集会和避险等功能为主的城市公共活动场地。《城市绿地分类标准》（CJJ/T85 —2017）将其定义为广场用地，规定广场用地绿化占地比例应大于或等于35%，其中大于或等于65%的计入公园绿地，这是根据全国153个城市的调查资料以及相关文献研究确定的，且85%以上的城市中广场用地的绿化占地比例高于30%，其中2/3以上的广场绿化占地比例高于40%。基于市民对户外活动场所的环境质量水平以及遮阴的要求，广场用地应具有较高的绿化覆盖率。因此，广场用地也可称为广场绿地。

（4）附属绿地

附属绿地是指附属于各类城市建设用地的绿化用地，不能单独参与城市建设，须附属于某一建设用地之中。它包括公共管理与设施用地，行政、教育、文化、卫生、体育等设施用地，居住区用地，商业服务业设施用地，工业用地，道路交通设施用地，公用设施用地中的绿地。《城市用地分类与规划建设用地标准》（GB 50137—2011）将康体用地归入商业服务业设施用地中，包括赛马场、高尔夫球场、溜冰场、跳伞场、摩托车场、射击场等，而在体育用地中不包括这些场地。

（5）区域绿地

区域绿地是城市建设用地以外具有城乡生态环境及自然资源和文化资源保护、游憩健身、安全防护隔离、物种保护、苗木生产等功能的绿地，包括城市建设用地之外对于保障城乡生态和景观格局完整、居民休闲游憩、设施安全与防护隔离等具有重要作用的各类绿地，但不包括耕地。因为耕地的主要功能为农业生产，为了保护耕地，土地管理部门对基本农田和一般农田有明确管理要求。区域绿地不参与城市建设用地的绿地指标统计。区域绿地主要功能分为4类：风景游憩绿地、生态保育绿地、区域设施防护绿地和生产绿地。该分类突出了各类区域绿地在游憩、生态、防护、园林生产等不同方面的主要功能。生产绿地指为城乡绿化服务的各类苗圃、花圃、草圃等，不包括农业生产园地。随着城市的建设发展，生产绿地逐步向城市建设用地外转移，城市建设用地中已经不再包括生产绿地，但生产绿地作为园林苗木生产、培育、引种、科研的保障基地，对城乡园林绿化具有重要作用。

7.1.1.2　城市草坪绿地

如上所述，城市绿地规划主要是从城市规划建设的角度，在城市中规划适当的区域用以改善生态、保护环境、为居民提供游憩场地和优美的景观，要满足这些功能最基本的材料就是树木花草，并结合场地功能和景观美学的设计，就形成了城市绿地。城市绿地的植物包括乔、灌、花、草，各自有着不同的使用功能和景观美化效果。其中，草地、草坪是城市绿地中的地被和底色，在城市绿地生态、游憩、景观功能中发挥着基础性的功能。草地是主要生长着草类植物的土地，草坪是以禾本科多年生草本植物为主经过人工建植和管理的坪状草地。城市绿地中，除密植的林木灌丛外，林下都是草地，草坪、草坪上也可以有稀疏的林木，如此才能构成一个比较完整的城市绿地生态系统。

城市草坪绿地主要是指以草坪或草地为主体的城市绿地，无论是开阔的草坪，还是稀疏林下的草地，草坪或草地的面积在绿地中占据主要比例。

城市绿地上植物的种类、组团方式不同，所选择的灌溉方式也不同。城市草坪绿地的灌溉主要以喷灌方式为主，而乔灌林木的灌溉优先选择滴灌、地下滴灌以及树池涌泉灌溉等方式。同时，不同的绿地类型对灌溉方式的选择及灌溉系统规划设计也会有所不同。

7.1.2　草坪喷灌

喷灌是利用动力设备和喷头等专用设备把有压水喷洒到空中，形成水滴落到地面的灌水方法，草坪喷灌如图 7-1 所示。喷灌是草坪灌溉最常用也是最适用的灌溉方法。喷灌方法有许多优点，但也存在一些缺点，了解喷灌方法的特点对于做好城市草坪绿地喷灌系统的规划设计及运行管理都是必要的。

图 7-1　草坪喷灌

7.1.2.1　草坪喷灌的优缺点

（1）喷灌的优点

喷灌可以控制喷水量和均匀性，避免产生地面径流和深层渗漏损失，使水的利用率大为提高，达到节水、低成本的目的。喷灌便于实现自动化，可以节省劳动力。喷灌还可以结合灌溉水施入化肥。喷灌便于控制土壤水分，使土壤相对湿度维持在植物生长最适宜的范围。而且在喷灌时能冲掉植物茎叶上的尘土，有利于植物呼吸和光合作用。另外，喷灌对土壤不产生冲刷等破坏作用，从而保持土壤的团粒结构，使土壤疏松多孔，通气性好，因而有利于植物生长。喷灌对各种地形适应性强，在坡地和起伏不平的地面均可进行喷灌。特别是在土层薄、透水性强的砂质土，非常适合采用喷灌。喷灌可以调节小气候，特别是在居住小区草坪、公园绿地的喷灌，可降低地面温度，增加近地面空气相对湿度。

（2）喷灌的缺点

喷灌受风影响比较大，当风速大于 5.5 m/s 时（相当于 4 级风），就能吹散水滴，降低喷灌均匀性。在气候十分干燥时，喷洒水滴在空气中的漂移蒸发损失增大，降低喷灌水的利用效率，研究表明，当空气相对湿度过低时进行喷灌，水滴未落到地面之前的蒸发损失就达到 10%。喷洒水被植物叶片截留并存留在叶面上时容易造成霉菌的繁殖。喷灌必须加压，消耗一定的能源。林下草地喷洒时，树干、灌丛会对喷射水流产生干扰，影响喷洒效果。

7.1.2.2　草坪绿地喷灌系统类型

（1）固定式喷灌系统

固定式喷灌系统就是全部管道及其喷头固定位置，不能随意或根据需要移动，固定式全部管道地埋，包括主干管道、分支管道、配水管道以及安装喷头的立管或喷头连接管等都埋入地下，许多系统喷头也采用地埋式喷头，也有一些系统采用地上式喷头，但喷头也不移动，只有在较长时期不喷灌时将喷头移走。

固定式喷灌系统具有操作方便、易于实现自动化运行、运行管理费用低等优点，因此，固定式喷灌系统又可分为自动控制和手动控制两大类。固定式喷灌系统适用于绝大多数以草坪为主要植被类型的城市绿地，包括公园性的绿地、广场草坪、机关单位和居住区的附属绿地、防护或隔离带的绿地等，也包括各类以草坪为场地

图 7-2　新建植草坪的固定式喷灌

的运动场的喷灌，如高尔夫球场的喷灌等。图 7-2 为新建植草坪的固定式喷灌。

（2）移动式喷灌系统

移动式喷灌一般是主干管道埋入地下固定，在主管道上设置出水立管接口，如草坪常用的快速取水阀、给水栓等。喷灌时，将地面上可移动的软管或轻质的可人工移动的管道与取水阀连接即可进行喷洒，喷洒完成后移动到另一个取水接口，连接地面移动软管再进行喷洒。对于小型的喷灌系统，在软管末端固定一个摇臂式喷头，一次喷洒只有一个喷头喷洒。这种移动喷灌适合于小面积的绿地或补充喷洒。对于较大面积的草坪（如生产草皮的土地），可采用质轻、壁薄的合金管或塑料管，并采用快速接头连接，在移动支管上可安装多个喷头，这样可以提高移动喷灌的灌溉效率。

在城市机关单位、居住小区、绿化带等使用的人工移动喷灌最常见的是喷管带。喷管带属于移动式喷灌的范畴，在一个喷洒条带上喷灌完成后可平行移动软管至邻近喷洒带，依此完成面积较大草坪的喷灌。

（3）草坪喷灌机

城市草坪绿地可以采用喷灌机进行喷洒。喷灌机就是具有行走或自动移动功能的移动式喷灌设备。在以牧草生产为主的大面积人工草地的灌溉中，大型喷灌机具有一般灌溉方式无法比拟的优势。用于草地的大型喷灌机主要有圆形喷灌机或中心支轴式喷灌机、平移式喷灌机以及卷盘式喷灌机等。

图7-3 卷盘式喷灌机喷洒草坪

草坪喷灌中也可以采用卷盘式喷灌机。这种喷灌机是一种将供水管缠绕在绞盘上，利用喷灌水压力驱动水涡轮旋转，经变速装置驱动绞盘旋转，并牵引喷头车自动移动和喷洒的喷灌机械，如图7-3所示。

卷盘式喷灌机喷洒前，首先将喷灌机拖移至待喷洒的草坪上，调整好喷洒的方向，将水源与卷盘喷灌机进水管连接。其次，将喷洒车拖移至喷洒区域的端部，开启水源阀门开始进行喷洒。喷洒车在喷洒的过程中，卷盘机也在水压力的作用下缓慢转动，不断收紧与喷洒车相连的供水软管并卷在卷盘上，从而使喷灌车一边喷洒一边后退，喷洒出一条矩形湿润带。喷洒车退到卷盘机时关闭阀门停止喷洒，移动喷灌机到下一个待喷洒的位置，将喷灌车拖移到草坪的另一端再开始喷洒，重复这个过程完成整个草坪的喷灌。

卷盘式喷灌机的管长一般都在90 m左右，所以适合足球运动场草坪、草皮生产等大面积草坪的喷灌。还有一些更小型的卷盘喷灌机，适合小块面积草坪的喷灌。

7.1.3 草坪微喷灌和滴灌

7.1.3.1 微喷灌

微喷灌是利用折射、旋转、或辐射式微型喷头将水均匀地喷洒的灌水形式，属于微灌范畴。微喷灌的工作压力低，流量小，既可以定时定量的增加土壤水分，又能提高空气相对湿度，调节局部小气候，广泛应用于蔬菜、花卉、果园、药材种植场所。

微喷灌系统的特点是水以喷洒的方式灌溉植物，即水流通过微型喷头喷出经过空气阻力使水流分散成细小的水滴降落到植物叶面及土壤表面。微喷灌不仅向植物提供水分，还可以淋洗植物叶面、花朵、茎秆，使植物保持新鲜、清洁，提高了观赏性，此外喷洒的水雾还可以增加近地面空气相对湿度，调节植物环境温度。

微喷灌喷洒的方式多种多样，可以全圆喷洒，也可以任意角度喷洒。可以自下向上喷洒，也可以自上向下喷洒。可以根据需要选择不同的喷洒方式。

微喷灌系统中最重要的部分就是微喷头，其性能（如微喷头的工作压力、流量、射程、喷头结构、喷嘴大小、安装方式等）将影响滴灌系统的选择。

7.1.3.2 滴灌

滴灌是将水一滴一滴地、均匀而又缓慢地滴入植物根系附近土壤中的灌溉形式，滴水流量小，水滴缓慢入土，可以最大限度地减少蒸发损失，如果再加上地膜覆盖，可以进一步减少蒸发。滴灌条件下除紧靠滴头下面的土壤水分处于饱和状态外，其他部位的土壤水分均处于非饱和状态，土壤水分主要借助毛管张力作用入渗和扩散。

滴灌系统与微喷灌系统不同，灌水时水流通过滴头，使水流多余的能量消耗在通过滴头的路径上，然后以水滴的形式滴到植物根区的土壤中。

滴灌的主要特点是单位时间内的灌水量很小，如果要满足一定的植物需水量，就需要保持较长时间的灌水。因此，滴灌可以经常性地保持植物根系带一定的土壤含水量，同时将灌溉水的损失减少到最低限度，土壤蒸发量很小，深层渗漏量微乎其微，水的利用效率很高。

地下滴灌是以点源方式将水输送到土壤中并向点源周围进行渗透的一种灌溉方式。而渗灌是指水流通过沿管均匀分布的多孔渗水管渗透到土壤中，水分分布是一种线源方式。地下渗灌管用一种特殊的材料制成，具有沿管壁透水的性能，如图 7-4、图 7-5 所示。

图 7-4　草坪地下滴灌水浸润范围

图 7-5　地下渗灌管

地下滴灌在草坪中的应用具有独特的优点，首先草坪是多年生的地被植物，滴灌管一次性铺装到草坪基层，可以使用多年；第二，地下滴灌避免了地面蒸发，比地面滴灌还要节水；第三，草坪地下滴灌使灌溉设备不暴露在草坪上，不影响草坪的运动、游憩功能；草坪地下滴灌还可以使水肥一体，避免地面施肥的损失，提高肥料利用率。草坪地下滴灌的主要问题是管道铺设间距小，单位面积管道密度大，因此，单位面积设备投资比较高，适合于城市绿地中地块狭小、不规则、灌水边界限制比较严格的地块，如城市道路绿化隔离带等。图 7-6 为铺草皮建坪时地下滴灌的应用方式，即先整平草坪

图 7-6　铺草皮建坪时地下滴灌的应用方式

床，按一定间距铺设滴灌管，最后铺装草皮。这种方式适合于路边等要求快速绿化的区域。已经建成的草坪上铺设地下滴灌管时，先用草坪切边机在草坪上切割一条深 10~15 cm 的缝，将滴灌管压入切割缝中，最后覆沙适当滚压即可。

7.1.4 草坪灌溉方式的选择

根据草坪草的生长特点和草坪的使用功能，草坪灌溉方式多采用喷灌。

草坪喷灌系统的类型很多，主要有管道式喷灌系统，在城市草坪、运动场草坪、高尔夫球场草坪喷灌中，都采用固定管道式喷灌系统；移动式或半固定管道式喷灌以及机组式喷灌系统多用于草坪生产、草圃、苗圃等。固定管道式喷灌系统按控制方式，又可分为人工手动控制喷灌系统、分区自动控制系统以及中央自动控制系统等类型。

各类系统都有其适用条件，并且投资造价和运行成本高低各异，管理运行要求也不同，只有因地制宜考虑各类喷灌系统的特点，结合具体喷灌应用的条件，从技术上和经济上加以比较论证，才能确定适宜的系统类型。

7.2 草坪绿地喷灌系统规划

7.2.1 草坪绿地喷灌系统规划依据

草坪绿地就是其植被类型主要为草坪的绿地，包括全部、部分以及稀树林下为草坪的绿地，草坪绿地可以是公园绿地、广场绿地、防护绿地、附属绿地以及区域绿地的类型，每种绿地类型中的草坪绿地都具有游憩、防护、运动、集会等主要功能，并具有生态、美化、防灾生产等功能，草坪绿地内一般都有一定的园路、水系和公共服务设施。

要对草坪绿地设计配套灌溉供水系统，首先需要对设立草坪绿地的目的及绿地景观规划有充分的了解，并以草坪绿地景观总体规划图为依据，进行草坪绿地灌溉系统的规划设计。往往做绿地景观规划设计的人不十分了解绿地灌溉系统的具体做法，而做绿地灌溉系统规划设计的人员也不了解草坪绿地景观规划设计的理念和预期的目标。因此，为了做好草坪绿地喷灌系统的规划，必须要充分认识和读懂草坪绿地景观规划设计图，了解喷灌系统所服务对象的基本特征和特殊要求。此外，还需要了解喷灌区的水源特点、气象资料、土壤性质以及相关的政策法规、标准规范、产品目录等资料。

7.2.1.1 草坪绿地规划

草坪绿地景观总体规划是在原地形图的基础上依据边界等条件完成的。在进行喷灌系统规划布置时应具备原地形图和草坪绿地景观总体规划图以及相应的规划设计文件一并作为喷灌规划设计的主要依据。

（1）地形图

原地形图应明确方向、比例尺、地面高程点或等高线、坐标网格，并对现状地形、地物标注比较全齐，包括永久性建筑物、道路、水面的位置，也包括地下构筑物、重要管线等的方位、埋深等信息。喷灌系统规划设计包括喷头布置、管线布置等，应在一定比例尺的底图上进行。

（2）草坪绿地景观规划

草坪绿地景观总体规划图是在原地形图的基础上完成的景观规划设计。在做喷灌系统规划设计时，我们需要明确以下几点：

①草坪绿地景观规划的边界及规划面积。

②规划区域内部的组成要素。

③各区域用地面积以及各要素之间的空间位置关系。

④规划区域地面竖向设计及高程变化情况。

⑤规划区域的植物种类、种植区域及种植技术要求。

例如，图 7-7 为一城市街区的以草坪为主体的公园绿地规划图，在这个公园绿地规划图中，我们首先明确草坪公园绿地的区域及边界，明确区域内的建筑物、园路及铺装地面、树种、灌丛、花卉、地被、建筑小品等主要组成要素的空间位置及相互关系。图中最显著的特点就是一块大面积的草坪占据了这个小公园的核心区域，另有两块建筑围成的庭院草坪及小型活动草坪，还有两块坡面草地，部分稀疏的景观树木下也配置了草坪。此外，公园内配置了大量的景观树木、彩叶林木、小型灌丛花卉组团，并配置了两块停车场，一块位于东侧，另一块

图 7-7　公园绿地规划示意图

是位于西侧的林下停车场。公园内的园路为铺装地面，配有露天的座椅等设施。在景观规划中对公园内的地面进行了一定的竖向设计，即地形设计。例如，园区北侧的边界林带就是经过地形设计建成了起伏不平的地表，再在上面适当密植高大的乔木林带，形成一道隔离屏障。在大草坪北侧地表隆起形成一个平顶的山包，从山包顶部顺坡而下形成一片平坦的草地。另外，大草坪的西侧也设计了一片地形高出草坪面的区域。

（3）绿地景观设计文件

主要包括在规划图中无法表达的信息，如绿地规划选用的草坪草种及乔、灌、草、花植物的种类、规格、数量，草坪建植技术要求等。还包括对园区内地表土壤的改良措施，等等。

7.2.1.2　灌溉水源

发展城市草坪绿地必须要解决水源从哪里来。水源是绿地喷灌系统规划的出发点。

（1）灌溉水源

草坪绿地的灌溉水源可来源于地表河湖、地下水以及城市再生水等。需了解并确定取水点与喷灌区域的距离、水源正常水位与喷灌区的高差、水源到喷灌区的引水方式、喷灌泵站的选址等。地下水源，需了解地下水水位、地下水井出水量、机井现状或打井取水的行政许可以及机井配套动力等问题。同时应了解当地政府主管部门对草坪绿地灌溉用水的水资源费管理政策。

（2）灌溉水质

应了解水源泥沙、杂质含量和灌溉水的物理、化学性质以及主要化学成分等，以判断水源能否满足城市绿化灌溉用水的水质标准。

7.2.1.3　水文气象资料

草坪绿地喷灌系统规划设计中所依据的主要水文、气象数据包括：风速、风向。主要

在喷头布置时考虑主导风向及风速的大小。多年平均降水量及其年内的分布、年蒸发量等。多年平均降水量是指一定区域面积上的多年平均降水量。考虑的区域面积越小，降水量的代表性就越强。最好是从就近气象站收集降水量资料。另外，也要关注当地最大冻土层深度。在北方冬季寒冷地区，需要了解最大冻土层深度，主要是考虑喷灌系统管道的设计埋深问题。因为有些管道或管段，冬季不一定能将管道内积存的水全部排干，这种情况需要将管道埋深在冻土层以下。

7.2.1.4　土壤理化性质

土壤资料主要是指在草坪绿地喷灌区域内，景观设计对原地面改造后地表土壤的主要理化形状。包括土壤质地、容重、pH 值、土壤养分、土壤盐碱等。另外，土壤渗透性也影响到喷头选型问题，一般来说，砂性土孔隙大，渗透速度快，而黏性土渗透速度小，喷灌强度高时会产生地表径流，介于砂土和黏土之间的壤土，渗透性中等。掌握草坪种植土壤的这些特性，以便选择合适的喷头。土壤田间持水量是制定草坪绿地灌溉制度的重要依据，对于已经建成的草坪绿地，因地表土壤是建成以后混合的土壤，应试验观测土壤田间持水量。

7.2.1.5　植物种类及种植方式

草坪绿地内种植的植物种类、品种、面积、株数、种植计划、各类植物种植技术要求及植物种植设计图都应包含在绿地规划设计图和设计说明书的内容之中。在进行喷灌系统规划时需要进一步了解草坪绿地各类植物的生长特性、根系分布深度、草坪草耗水量、草坪上种植的乔木种类、地径规格（齐地面树干直径）、种植密度、草地上乔木的灌溉方式、是否配置浇灌树池等。还需要了解树木的分枝点高度，因为分枝点过低会影响喷洒水量的分布。例如，在平坦的草地上一棵未修枝的雪松树，就会影响树干周围一片草地的喷灌。

7.2.1.6　相关标准规范等文件

草坪绿地喷灌规划设计必须遵循相关的技术标准、设计规范。另外，还需要了解有关喷灌设备、材料生产、供应商提供的产品规格与性能、价格等，以便在规划中选择设备材料，并进行喷灌工程投资估算或概预算等。

7.2.2　喷头性能与选型

在草坪绿地喷灌系统规划设计中，首先要选定合适的喷头，而要选择与喷灌区域草坪绿地相适应的喷头，就必须了解喷头的性能。喷头的选型与草坪绿地的功能、地面坡度、土壤、水源条件以及喷灌工程的造价和运行管理密切相关，需要从技术、经济等方面综合考虑，以选择比较合理的喷头。喷头的性能主要包括水力性能、机械性能和市场售价三方面，这三方面均会影响喷头的选择。喷头的水力性能是喷头选型中最重要的参数，这些参数主要包括喷洒半径、工作压力、喷头流量、喷灌强度等指标。

7.2.2.1　喷头性能

（1）喷洒半径

喷头的喷洒半径也就是喷头的射程，是指在规定的工作压力条件下，按喷头试验规范确定的喷洒距离。喷洒半径是所有喷灌用的喷头产品中必须给出的性能指标。喷头产品说明书中给出的喷头喷洒半径总是与一定的工作压力相对应。沿喷洒半径方向喷洒水量的分布并不是均匀的(图 7-8),大部分草坪喷头的水量分布在喷头中心点略低,随着喷洒半径水量分布逐渐减小。了解喷头的这一特性对于合理布置喷头及确定喷头布置间距是至关重要的。

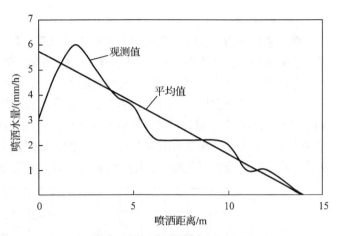

图 7-8　一种典型草坪喷头的喷洒距离与水量分布

(2)喷头工作压力

喷头的工作压力并不是喷灌水源系统的压力,而是喷头达到设计射程和出流量时需要的工作压力,这是喷灌系统设计中确定的最小工作压力。需要说明的是,喷头的工作压力参数是由制造厂商确定的,一般用 bar、MPa 表示压力的大小,而喷灌设计中一般用水头表示压力的大小。

(3)喷头流量

喷头流量是指喷头单位时间内经喷嘴喷出的水量,一般用 m³/h 或 L/min 表示。喷头流量与喷嘴断面积及压力水头之间一般存在以下关系:

$$q = 3\ 600\mu A\sqrt{2gh_p} \tag{7.1}$$

式中　q——喷头流量,m³/h;

　　　μ——喷嘴流量系数,不同类型的喷嘴大小、形状各有不同;

　　　h_p——喷头工作压力水头,m;

　　　A——喷嘴过水断面面积,m²。

(4)喷嘴尺寸

喷嘴是喷头上喷射水流的出流部件,不同喷头产品有不同的喷嘴尺寸和形状,图 7-9 为一种旋转式喷头的喷嘴系列。在喷嘴尺寸一定时,工作压力越大,喷头流量就越大。因此,喷嘴往往设计成一个尺寸规格系列,同一型号的喷头一般有多种规格的喷嘴可以选用,以适应喷洒区域对喷洒流量、射程和雾化指标的要求。在工作压力一定的情况下,喷头出流量由喷嘴尺寸决定,喷嘴越大,喷头出流量就越大。喷嘴出流断面形状有圆形、方形、三角形等多种形状。

图 7-9　一种旋转式喷头的喷嘴系列

(5)喷灌强度

喷灌强度是指单位时间内喷洒在地面上的水深，用 mm/h 或 mm/min 表示。喷灌强度有单喷头喷灌强度、平均喷灌强度、组合喷灌强度和设计喷灌强度等概念。

单喷头喷灌强度是喷头选型中考虑的因素之一。在喷灌试验中常用单喷头测定喷头的喷洒性能。不同类型和型号的喷头，其喷洒水量分布也不同，因此具有不同的喷灌强度。图 7-10 为三种不同压力下喷头水量径向分布示意图，可以看出，一个喷头在喷洒时，水量沿喷洒半径方向的分布受喷头压力的影响是比较大的，如果压力过高，高压水流从喷嘴喷出后遇到较大的空气阻力压力骤然降低，使喷射距离下降，大部分水量在喷头周围分布。

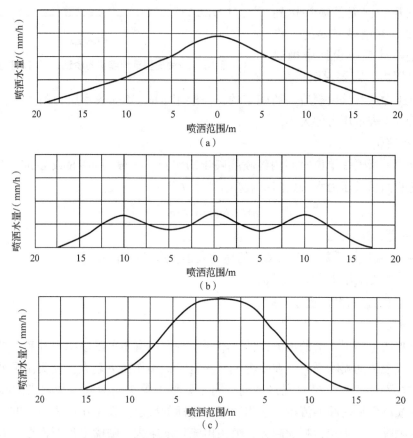

图 7-10 三种不同压力下喷头水量径向分布示意图

(a)压力正常；(b)压力过低；(c)压力过高

平均喷灌强度是指喷洒区域内喷灌强度的平均值。在单个喷头喷洒的条件下，平均喷灌强度就是喷头喷洒面积上的平均水深，即：

$$I_s = 1\,000k\,\frac{q}{A} \tag{7.2}$$

式中　I_s——平均喷灌强度，mm/h；

　　　q——喷头流量，m³/h；

　　　A——喷头喷洒的覆盖面积，m²；

k——考虑喷洒水在空中蒸发和漂移损失的系数。

对于喷头射程为 R 的全圆喷洒，平均喷灌强度为：

$$I_s = 1\,000k\frac{q}{\pi R^2} \tag{7.3}$$

对于喷头射程为 R 的调角的扇形喷洒，平均喷灌强度为：

$$I_s = 1\,000k\frac{q}{\alpha R} \tag{7.4}$$

式中　α——扇形喷洒面积的圆心角，rad。

为了弥补单个喷头喷洒时水量分布不均匀的问题，喷灌系统中总是将喷头组合起来进行喷洒，即将两个以上的喷头按一定间距和平面位置布置后进行喷洒，此时喷洒面积上的平均喷灌强度就称为组合喷灌强度。例如，图 7-11 表示两行喷头布置方式、4 个喷头喷洒的情况，其中喷头间距等于喷洒半径 R，喷头行距 s。此时喷洒区域中心地带有 4 个喷头喷洒的覆盖区域、3 个喷头喷洒的覆盖区域、2 个喷头喷洒的覆盖区域和 1 个喷头喷洒的覆盖区域，显然各个区域上的喷洒水量不相同。喷洒覆盖区域会产生水量的叠加，覆盖次数越多，叠加的水量也越多。根据图 7-11 所示，在正常工作压力条件下，这

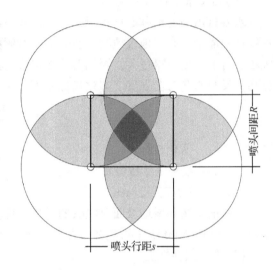

图 7-11　两行喷头全圆喷洒覆盖区域

种喷头布置使喷洒面积有一定的重合覆盖，这些区域的水量产生叠加从而弥补了单喷头喷洒时水量分布不均匀的问题，但喷洒区域两侧只有一次喷洒覆盖的区域水量分布仍不均匀，喷洒的水量相对较少。此时的喷洒面积为带状，组合喷灌强度等于喷洒区域上喷头的总流量除以带状喷洒面积。

允许喷灌强度是在土壤含水量为田间持水量的 60%~70% 时小于或等于土壤稳定入渗速度的喷灌强度。允许喷灌强度是指喷灌时地表在短时间内有少量积水但不产生径流的最大喷灌强度。根据各类土壤的入渗性能，土壤允许喷灌强度参见表 7-1 所列。

表 7-1　土壤允许喷灌强度

土壤类型	允许喷灌强度/(mm/h)	土壤类型	允许喷灌强度/(mm/h)
砂土	20	黏壤土	10
砂壤土	15	黏土	8
壤土	12		

注：地面完全植被覆盖时表中的允许喷灌强度可提高 20%。

允许喷灌强度与土壤质地和地面坡度等因素有关。在选择喷头时，土壤黏性越强，允许喷灌强度就越低，此时尽量选用小流量的喷头；地面坡度越大，允许喷灌强度的降低值

就越大(表7-2),就应选用较小流量的喷头,反之亦然。为保证喷洒区域不产生地面径流(坡面)和不产生地面积水(平地),设计的喷灌强度应小于或等于允许的喷灌强度。

表 7-2 坡面土壤允许喷灌强度

地面坡度/%	允许喷灌强度降低值/%	地面坡度/%	允许喷灌强度降低值/%
5~8	20	13~20	60
9~12	40	>20	80

(6)喷头水滴打击强度

水滴打击强度也称雾化指标,主要反映喷洒水滴对植物或土壤的打击力的大小。在草坪绿地喷灌中,有些地被植物、花卉等具有鲜嫩的花瓣、叶片,对此喷灌要求喷洒的水滴大小、打击强度不得过大,否则对植物造成一定伤害。在喷灌中一般用喷洒水滴大小或雾化指标反映水滴打击强度。雾化指标用下式表示:

$$P_d = \frac{1\,000h_p}{d} \tag{7.5}$$

式中 P_d——雾化指标;

    h_p——喷头工作压力水头,m;

    d——喷嘴直径,mm。

不同的植物和绿地坡面对喷头的雾化指标有不同的要求。花卉、蔬菜植物要求的雾化指标为 4 000~5 000,彩叶树木、果树 3 000~4 000,一般草坪为 2 000~3 000。

(7)喷头其他性能

除以上喷头性能外,喷头的使用性能和价格也是影响喷头选择的重要因素。喷头整体的结构性能,包括防止低压溢流、抗冻性、耐久性、抗腐蚀、耐磨损、抗老化性能、零部件的可更换性能、安装维修性能、喷洒质量等综合反映了喷头的使用性能。喷头价格是喷头选型中的重要参考指标。一般情况下喷头价格与喷头性能有密切关系,性能越好,价格越高。实际上,喷头作为喷灌系统的设备之一,其投资是喷灌系统整体投资的重要组成部分,也是必要的一次性投资。因此,在选择喷头时要根据具体应用条件选择性能、价格合适的喷头。如果不结合实际应用条件,片面强调性能,可能使喷灌系统造价过高,另外,如果不重视性能而仅仅考虑喷头价格,往往初期投资可以减少,但运行期间的维修、更换费用可能增加,同时影响喷灌质量、增加维护工作量。所以,选择喷头时需要进行适当的分析比较,以便选择经济、适用的喷头。

7.2.2.2 喷头选型

喷头的选型中喷洒半径是首要选型依据。因为在选择喷头时,首先考虑的是喷洒区域的形状和尺寸,所选喷头的喷洒半径要满足草坪绿地尺度的要求,以便使喷洒面积全覆盖。城市草坪绿地不同于高尔夫球场草坪、不同于生产性的人工草地,城市草坪绿地与道路或硬化铺装地面之间具有明晰且规则的边界,在进行喷洒时不能将水喷洒到路面、硬化铺装地面或其他建筑物上,一般来说绿地地块比较零散,绿地形状不规则。例如,城市道路防护绿地,为带状边界固定的绿地,不允许将灌溉水喷洒到路面或机动车道、人行道上。机关单位或居住区所属的绿地,地块大小变化大,地块形状不规则,如图 7-12 所示,在长宽 102 m×76 m 的所属院内，分布着大小 10 块绿地，地块之间被硬化地面隔断，绿地形状以带状为主，最小宽度 4 m，绿地的组成主要是草坪，部分草坪上种植绿化树木。因此，在选择喷头时，首先要详细了解绿地形状及尺寸，再根据待选喷头的喷洒半径是否与绿地尺寸匹配确定喷头。图 7-12 中，根据草坪绿带的宽度，应至少选择三类不同喷洒半径的喷头。

如果喷头的喷洒半径相同，则出流量大的喷头喷灌强度高，出流量小

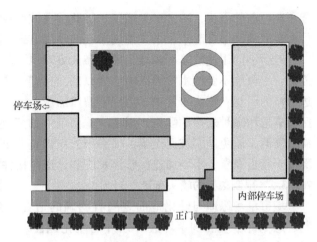

图 7-12 某商业宾馆院内草坪绿地分布图

的喷头喷灌强度低。喷洒半径的选择不仅要考虑喷洒范围的大小，而且要考虑喷洒水量的分布，并兼顾喷灌系统的造价。一般小射程喷头价格较低，但小射程喷头用量大，由此带来管道及管件用量增加；大射程喷头价格相对较高，但布置间距大，喷头用量小，由此带来管道及管件用量减小。

喷头的喷洒半径选定后，确定与选定喷洒半径对应的工作压力和喷头流量。以某草坪喷头为例，如果以喷洒半径 20.7 m 为依据选择喷头，则可以找到 4 种喷头规格，分别是：

①20#喷嘴，喷洒半径 20.7 m，工作压力 0.55 MPa，喷头流量 4.88 m³/h。

②20#喷嘴，喷洒半径 20.7 m，工作压力 0.62 MPa，喷头流量 5.09 m³/h。

③23#喷嘴，喷洒半径 20.7 m，工作压力 0.48 MPa，喷头流量 5.22 m³/h。

④25#喷嘴，喷洒半径 20.7 m，工作压力 0.41 MPa，喷头流量 4.77 m³/h。

可以看出，喷洒半径相同，但喷头工作压力最小 0.41 MPa，最高 0.62 MPa，相差 0.21 MPa，喷头流量最小 4.77 m³/h，最大 5.22 m³/h，相差 0.45 m³/h。此时，以喷头流量为选择喷头的主要依据。一般情况下，喷头的喷嘴尺寸越大，喷头流量就越大，喷灌强度也就越大。因此，根据喷灌草坪绿地的地面特征(如地面坡度、土壤性质、地面覆盖情况等)确定允许喷灌强度，然后根据喷洒半径计算平均喷灌强度并与允许喷灌强度相比较，确定喷头流量。

7.2.3 草坪绿地喷头布置

7.2.3.1 喷头喷洒方式

喷头的喷洒方式有全圆喷洒和扇形喷洒两种。在喷头选型时，除确定喷头规格型号及喷灌参数以外，还需要明确喷头的机械性能，即全圆或可调角度喷洒。全圆喷洒的特点是控制面积大、喷头间距大、喷灌效率高，但草坪绿地的边角地带容易产生喷洒不到的干点。一般面积较大的人工草地、高尔夫球场草坪大都采用这种喷洒形式。可调角度喷洒也称扇形喷洒，适合于城市草坪绿地，因为城市草坪绿地最主要的特点是具有明确的草地与硬化地面之间的边界，而且不允许将灌溉水喷洒到硬化地面或道路上，以避免喷灌对行人

和车辆行驶的干扰，减少水量浪费。因此，在城市草坪绿地布置喷头时总是将全圆喷洒和可调角度喷洒结合起来，很少使用单一的喷洒方式。

对于不同用途的草坪绿地，喷头布置方式也不尽相同，但在布置喷头时尽量遵循以下原则：尽可能不要使水喷洒在喷洒区以外，这样一方面节约喷灌水量，另一方面避免对周边区域的干扰；喷头布置中尽可能考虑风的影响，保留适当的喷洒重叠半径；地形多变的区域应选用多种规格的喷头，以适应地面条件的变化；对于坡地应自上而下的喷洒，不应向上喷洒，以免冲刷坡面土壤；喷头布置应当整齐划一，一方面喷洒时比较美观，另一方面便于管道布置，不增加连接管道长度和管道连接件数量。

7.2.3.2 限制边界的喷头布置

城市草坪绿地与硬化地面之间有明确的边界，在设计喷灌时就应考虑这一边界的限制，避免将水喷洒到草坪边界以外的硬化地面。限制边界的喷头布置主要有两种类型。

（1）线性边界喷头布置

城市草坪绿地的线性边界（包括直线、曲线）十分常见，草坪绿地喷灌设计是否精细、喷灌系统安装是否到位首先看绿地边界上的喷头就能基本给出答案。草坪绿地具有线性边界，喷头应布置在边界线草坪一侧紧贴边线布置，采用可调角度喷洒的喷头，图 7-13 为直线边界的喷头布置。其中，图 7-13（a）喷头布置间距较大，但需要内部喷头的配合，如图 7-13（b）所示，这种布置比较适合于草坪绿地较宽的情形；图 7-13（c）为较小间距的喷头布置，适合于草坪地块形状为带状的绿地。

图 7-14 为曲线边界的喷头布置。曲线边界在

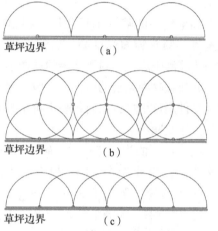

图 7-13　直线边界的喷头布置
(a)大间距喷头布置；(b)大间距布置与内部喷头
的配合；(c)小间距喷头布置

公园绿地、居住小区庭院绿地中比较常见，如果曲线边界变化比较平缓，喷头的布置与直线边界布置类似，贴近边线草坪一侧布置。如果曲线边界曲率半径比较小，采用一种喷头布置可能无法避免将水喷洒到边界以外，对此可采用喷洒半径较小的喷头。

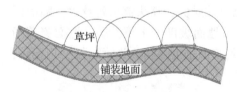

图 7-14　曲线边界的喷头布置

（2）角度边界喷头布置

在城市草坪绿地中，绿地与硬化地面成一定角度的边界是喷头布置需要重视的一个重点区域。草坪绿地喷灌中由于喷头喷洒的形状是圆形或扇形，因此，最难控制的部位是边界出现折角的部位。对于边界有折角的草坪绿地，有两种喷头布置方式，一种是将喷头布置在折角的两条边线上以扇形喷洒覆盖折角部位，如图 7-15（a）所示，这种情况类似于线性边界，所有喷头的喷洒角度均为 180°；另一种是将喷头布置在折角顶点上，这个喷头以 90°（对于非直角的转折，可以是小于 180°或小于 90°）的扇形方式向绿地内部喷洒，如图

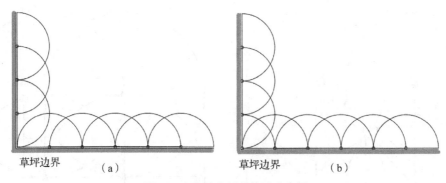

图 7-15　边界有折角的喷头布置

(a)折角不布设喷头；(b)折角布设喷头

7-15(b)所示，根据不同的转折角度调节喷头的扇形喷洒角度。

城市草坪绿地的功能主要是美化环境，保持水土。城市草坪绿地一般是经过人工建设形成的，其特点是具有明确的绿地边界，边界以内是需要喷灌的草坪、地被植物，而边界以外可能是道路、建筑物、水体等并不需要喷灌，甚至是禁止喷洒的区域。因此，在草坪绿地喷灌系统的喷头布置中既要保证绿地内部的水分供给，保证植物正常需水，又要防止喷灌将水量喷洒到绿地外部，避免水量浪费和减少对外界的干扰。当然，有些草坪绿地边界并不十分明确，或对水量喷洒到边界以外没有严格的限制，甚至要求将一部分水量喷洒到界外。这种无限制条件的绿地喷头布置就比较简单。在有限制条件的情况下，草坪绿地喷头的布置首先要考虑在边角地带这些难以喷洒到的地段布置喷头。

7.2.3.3　无边界限制的喷头布置

无边界限制的草坪绿地喷头布置形式有正方形布置和正三角形布置两种形式。

(1)正方形布置

正方形布置就是以 4 个喷头为 4 角组成一个等边的相互垂直的正方形。如果喷头以两行或多行进行喷洒，正方形喷头布置是最为常见和有效的布置方式。正方形布置不仅喷头布局规则，连接管道顺直，施工放样简洁，而且能有效抵御风的影响。因此，在地形比较规则方正，要求喷洒景观效果比较大方的草坪，正方形喷头布置是最为合适的。

正方形喷头布置中首先要确定正方形的边长，即喷头间距。如果喷头的射程为 R，喷头间距为 S，根据正方形布置的几何关系，最难于喷到的位置位于正方形的形心点，也称喷洒控制临界点，因此，最大喷头间距(图 7-16)以正方形的形心点能喷到为原则，即：

$$S_{max} = \sqrt{2}R = 1.414R \tag{7.6}$$

式中　S_{max}——最大喷头间距；

　　　R——喷洒半径。

正方形布置的最小喷头间距(图 7-17)应当是：

$$S_{min} = R \tag{7.7}$$

式中　S_{min}——最小喷头间距；

　　　其余符号同前。

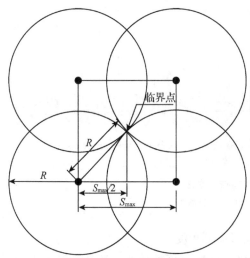

图 7-16　正方形布置的最大喷头间距

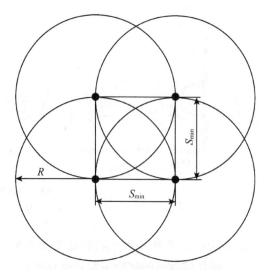

图 7-17　正方形布置的最小喷头间距

在正方形布置时，如果喷头射程已定，则喷头最大间距不能超过 1.414R，否则在喷洒临界点会出现干扰。如果喷头间距小于 R，则喷头射程超过喷头间距，不仅喷头之间喷洒时相互干扰，在正方形形心点处存在 4 次喷洒重叠，而且由于喷头间距过密，增加了喷头数量以及相应的管道及管件数量，增大工程造价，因此，正方形布置中喷头间距的范围是：

$$S = 1 \sim 1.414R \tag{7.8}$$

式中　S——喷头间距；

其余符号同前。

一般情况下喷头间距应小于最大喷头间距，因为喷洒过程中一方面存在风的影响，另一方面喷灌系统在运行过程中，工作压力有一定变化，而且不同地点喷头的实际工作压力各不相同，因而导致喷洒半径和喷头流量也不相同。最大喷头间距只有在无风条件下喷洒覆盖面积形状为圆形时才能完全覆盖地面，只要存在任何方面的影响喷洒半径的因素，喷洒形状和喷洒半径就会发生变化，从而造成喷洒干点。所以，一般情况下选择喷头间距 $S = 1.0 \sim 1.2R$。但对于不同的喷头径向水量分布图应采用不同的喷头间距。

(2)正三角形布置

正三角形布置就是以 3 个喷头为 3 个角形成一个等边（等喷头间距）三角形。这种布置方式特别适合三角形、平行四边形、圆形、曲线形边界的草坪，具有喷头布置紧凑、规格整齐、喷洒美观的特点。正三角形布置的喷头间距如图 7-18 所示。

正三角形布置时以三角形形心点为临界点，因此最大喷头间距以覆盖临界点为准，根据图中的几何关系，可以得到：

$$S_{max} = \sqrt{3}R = 1.732R \tag{7.9}$$

最小喷头间距为：

$$S_{min} = R \tag{7.10}$$

因此，在正三角形布置时，喷头间距可调整的范围是：

$$S = 1 \sim 1.732R \tag{7.11}$$

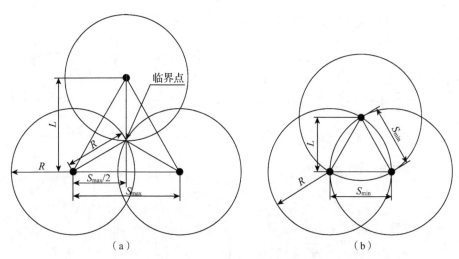

图 7-18　正三角形布置的喷头间距

(a)最大喷头间距；(b)最小喷头间距

如果将喷头按行布置，每一行用一条管道连接，三角形的高也就是喷头的行间距(即支管间距)为：

$$L = \frac{\sqrt{3}}{2}S = 0.866S \quad\quad\quad (7.12)$$

与正方形布置不同，正方形布置中喷头间距与支管间距相同，而三角形布置中喷头间距大于支管间距。相应于最大和最小喷头间距的支管间距分别为：

$$L_{max} = \frac{3}{2}R = 1.5R \quad\quad\quad (7.13)$$

$$L_{min} = \frac{\sqrt{3}}{2}R \qu\quad\quad\quad (7.14)$$

即支管间距可调整的范围是：

$$L = 0.866 \sim 1.5R \qu\quad\quad\quad (7.15)$$

式中　L——支管间距；

　　　L_{max}——最大支管间距；

　　　L_{min}——最小支管间距；

　　　其余符号同前。

正三角形布置时，喷头间距等于$(1.3 \sim 1.5)R$ 比较适宜。如果间距过大，受风影响或其他条件发生变化时容易出现干点。

图 7-19 和图 7-20 说明了采用相同的喷洒半径和喷头布置间距时，正方形布置和正三角形布置时喷头喷洒覆盖范围的比较。可以看出，正方形布置与正三角形布置的喷头喷洒覆盖面积，在喷头布置间距相同的条件下，正三角形布置的喷头喷洒覆盖面积略小于正方形布置的喷头覆盖面积。

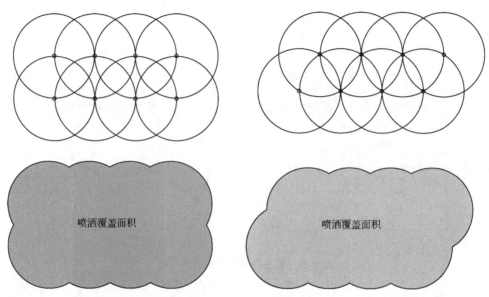

图 7-19 正方形布置的喷头喷洒覆盖面积   图 7-20 正三角形布置的喷头喷洒覆盖面积

【例题 10】

图 7-12 为一商业宾馆所属庭院绿地，四周绿地以乔木为主，地面全部草坪覆盖，内部绿地以草坪为主，点缀少量的观赏树木和花草。试对此庭院绿地提出一个喷头布置方案。

城市草坪绿地喷灌系统规划设计的第一项工作就是在充分研究现有绿地特征及植物配置条件下进行喷头布置。喷灌设计任务要求和绿地特征主要是：

①绿地为一商业宾馆所属庭院绿地，从机构经营性质对其绿地景观和环境质量要求比较高，需要配置比较完善的自动控制喷灌装置，并且要求不能将灌溉水喷洒到边界以外，也不能喷洒到院内铺装地面。

②绿地特征以地面草坪为主，周边部分绿地种植高大乔木，树下均为草坪；内部绿地主要是草坪，点缀一些观赏树木花草。本设计以解决地面草坪喷灌为主。

③草坪绿地形状以规则边界条带状为主，其中宽度 5.5 m 的绿带有 7 处，宽度 10 m 的绿地有 2 处，宽度 6.5 m 的绿带 1 处，院内大草坪面积 25.5 m×31.5 m＝803 m²，主要用于露天聚会场地。另有 2 个平均宽度为 5 m 的弧形草坪，围绕着中央的是一处假山跌水。

根据草坪绿地的这些特征，选用两种喷洒半径的草坪喷头：分别是喷洒半径 5 m 和喷洒半径 9.6 m 两种，两种喷头都可调角度喷洒。庭院绿地喷头布置方案如图 7-21 所示。

7.2.4 管道系统布置

喷灌系统是由不同等级的管道按一定的规则将喷头连接起来，并配置各类闸阀形成的一个压力供水系统。喷灌系统中的管道承担着具有一定压力灌溉水的输送及分配，其中主管道将灌溉水从加压水泵输送到各个支管，支管将灌溉水分配到连接在该支管上的各个喷头，为便于控制，每个支管与干管连接处，即支管的进口端设置控制阀门，可以是手动闸阀，也可以是自动控制电磁阀。通过对支管控制闸阀的开启或关闭的管理，实现对不同支管控制区域的喷灌。不同等级的管道，一般是连接喷头的管道称为支管，连接支管的管道

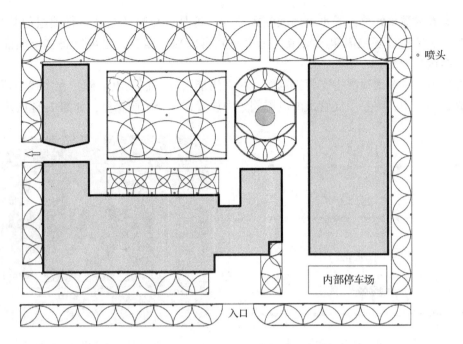

图 7-21　庭院绿地喷头布置方案示意图

称为干管，连接干管的管道称为主管。

7. 2. 4. 1　支管与喷头的连接

支管的任务是向喷头供水，因此，支管布置就是确定支管与喷头如何连接。在城市草坪绿地的喷灌系统中，支管与喷头的连接主要有以下两种方式：

图 7-22 中，将多个喷头用支管串联起来，从支管的一端供水，依次从第一个喷头到最末一个喷头。这种支管布置方式简单，便于施工安装，是最为常见的喷头与支管的连接方式。其特点是管线直，支管进口阀门打开，整个支管上的喷头开始喷洒，但是，由于支管水流流程长，如果喷头流量较大，或支管管径较小时，沿程水头损失较大。

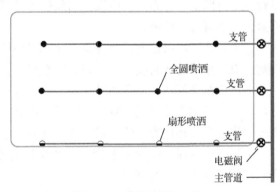

图 7-22　串联喷头的支管

图 7-23 就是将串联喷头的支管从支管中间位置连接到主管，支管水流到分流节点后向两侧支管分流，此时可以称两侧的支管为分支管。这种连接方式的特点是在一条支管上可以分两条或若干条分支管，每个分支管连接一个喷头，或串联几个喷头。这种并联和串联组合的支管连接方式，由于支管水流在节点处分流，减小了分支管内的流量，从而减小水头损失，有利于减少支管上的压力，保持较高的出流均匀度。

支管进口端必须设置控制阀，以便根据需要开启或关闭闸阀来喷洒该支管控制的喷洒区域。一个支管闸阀控制的所有喷头，在阀门打开时进行喷洒，阀门关闭时停止喷洒，这样一个支管喷灌单元称为灌水小区或喷灌单元,这是进行喷灌系统运行编组的基本单位。一个喷灌系统由许多喷灌单元组成,每个单元可以独立运行,也可以将多个喷灌单元编组,分组进行轮灌。

在城市草坪绿地喷灌中支管控制阀一般采用能自动控制的电磁阀。在实践中可将支管电磁阀适当集中,将各个支管上的电磁阀集中放置在一个闸阀箱里,如图7-24所示。

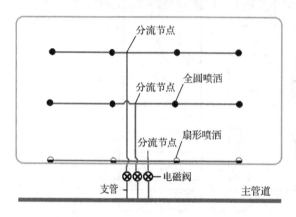

图7-23　串联、并联组合的支管

图7-24　支管电磁阀的集中布置

7.2.4.2　主干管布置

喷灌系统主干管道的任务是为各个喷灌单元供水。对草坪喷灌系统主干管道布置的基本要求就是:供水安全可靠,工程经济合理。管网布置一般应遵循如下原则:

①必须按照草坪绿地规划布置管网,无论对于城市草坪绿地或生产性人工草地,喷灌系统主干管网的平面布局,应满足当前供水的需要,考虑将来可能的发展,使管网布局留有余地,随时可以扩展。

②主管道应尽可能通过喷灌单元比较集中的区域,即尽量缩短主管道与集中用水区的距离,以减小系统水头损失,并降低工程造价。

③城市草坪绿地主干道的基本布置形式为分支型,即从主管道分支为干管,从干管再分出支管。高尔夫球场喷灌系统的主干管网多采用环形管网,依此提高供水的可靠性,但主干管道闭合成环形管网的工程造价要比分支型主干管道布置高。

④城市草坪绿地喷灌主干管道一般按绿地规划进行布置,将主干管道布设在绿地内,尽量避免主管道穿越城市道路。

⑤主管道布置应均衡供水,保证各个喷灌区有足够的水量和水压。

⑥尽量缩短主管道布设距离,以降低管网造价,节省能源消耗。

城市草坪绿地的特点是地块小、比较分散、形状比较规则、植物组成多样。因此,在喷灌管道系统布置中,一般从水源或加压泵站开始,将水沿主管、干管、支管逐级分流,通过管道输送到每个喷灌小区。

7.2.4.3　控制闸阀的布置

城市草坪绿地喷灌系统管道上需要设置各类控制闸阀,包括单向阀(逆止阀)、隔离闸阀(检修阀)、自动进排气阀、泄水冲洗阀、快速取水阀等。

（1）单向阀

单向阀也称逆止阀。单向阀的作用是防止喷灌系统管道中的水倒流。单向阀一般装在水泵出口处。

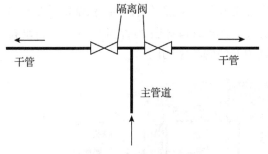

图 7-25 喷灌系统主干管道上隔离阀的安装位置示意图

（2）隔离阀

隔离阀起隔离作用，简单地说就是将喷灌系统中的两部分隔开，以便对一部分进行检修。隔离阀常常用普通直板阀、球阀，较大管径上采用蝶阀。在喷灌系统的主干管网中，只要从主管道上分流引水，分水干管首端就应设隔离阀，如图 7-25 所示。喷灌系统中的隔离阀尽量布置在分流节点处，以便将两个隔离阀放置在一个闸阀箱里，节省闸阀箱用量，也减少草坪上人工设施的数量。

（3）自动排气阀

由于管网中气体的存在，造成水压不稳。自动排气阀的作用就是当气体压力大于系统压力的时候，自动排气阀打开，气体排出。当气体压力低于系统压力时，自动排气阀就会关闭。在喷灌系统管网中，自动排气阀的安装位置在主、干管道的位置最高点或最末端，如果地面有起伏，安装在地下的主、干管道也随地形起伏，则主、干管上可能存在多个高点或相对高点，在这些位置一般都应设置自动排气阀。另外，水泵在抽水时可能吸入空气，在水泵出水管上也应安装自动排气阀。

（4）泄水阀

泄水阀的作用是放空管网中的水，如冬季管网放空需要通过泄水阀。泄水阀也用于管道系统的冲洗排水，当管网安装完成后需要进行管道内部冲洗，清洗的水通过泄水阀排出。泄水阀的位置在管网的最低点。对不能完全自流泄水的喷灌系统还应配备空气压缩机进行冬季防冻排空管道。

（5）快速取水阀

快速取水阀广泛应用于公园、庭院、道路、社区等各种绿化场所的机动取水用水。其特点是即插即用，即拔即止。接上软管后即可进行人工浇灌，也可用于冲洗路面、临时工程取水等。因此，在城市草坪绿地喷灌系统内适当布设一些快速取水器，可以使绿地浇灌更方便。城市草坪绿地上安装的快速取水阀要用闸阀箱保护起来（图 7-26），以免草坪养护时损坏取水阀。

【例题 11】

以例题 10 喷头布置为依据，试布置该绿地喷灌的管道系统。

图 7-26 城市草坪绿地上安装的快速取水阀及闸阀箱

根据图 7-21 的喷头布置，考虑水源位置和采用的加压方式，该宾馆庭院绿地喷灌管道系统布置如图 7-27 所示。图中，主管道从加压泵出来后分为两支，主管道埋设在绿地区域地下 80 cm，主管道没有穿越公共道路，仅穿越 4 处内部路面。所有喷灌单元均从主管道分流，尽可能将同类喷头安排在一个喷灌单元内，每个支管单元进口处设电磁阀。主管道上设有多处快速取水阀，实际安装中还可以根据需要增加。在两个主管道末端分别设有自动排气阀。整个管道系统设置了 23 个喷灌单元，23 个电磁阀管理 23 个喷灌单元。自动排气阀、电磁阀须放在闸阀箱内，快速取水阀可选用专门的小型闸阀箱。

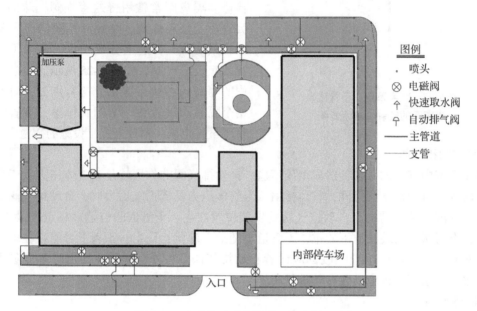

图 7-27　庭院绿地喷灌管道系统布置示意图

7.2.5　喷灌系统控制方式

随着现代控制技术的发展，城市草坪绿地喷灌系统越来越多地选用自动控制系统。对于小面积的草坪绿地，只需要一个时间控制阀就可以按预设程序自动开启或关闭阀门进行灌溉。实际就是一个将电磁阀与小型控制器集成到一个可编程序的电磁阀上，从而实现对一个电磁阀控制面积上的自动灌溉。

对于只有几个喷灌单元的小型绿地，即只有很少的支管及电磁阀，可选配小型壁挂式的控制器，使用 220 V 电源，输出 24 V 直流或交流电，可控制几个电磁阀进行自动灌溉。对于更大面积的草坪绿地，自动控制器可控制的站数（连接一个电磁阀为一站）从 4 站、24 站、48 站到 72 站都有相应的控制器，都可以进行循环模式编辑灌溉程序。

灌溉控制器与控制站或电磁阀的连接方式有多线控制方式和连接解码器的双线控制方式两类，多线控制方式就是把每个电磁阀的控制电缆线连接到控制器的一个控制站上，这样有多少电磁阀就会有多少根控制电线，这些控制线都要接入控制器。电磁阀上的另一根线为共用线（负极），可以与其他电磁阀共用。以例题 11 为例，喷灌系统共设有 23 个电磁阀，选用 24 站的控制器，采用多线控制方式，喷灌系统自动控制接线布置如图 7-28 所示，图中每个电磁阀都有一根控制线接入控制器，另一根线（相同颜色的电线）与所有电磁阀串联接入控制器。

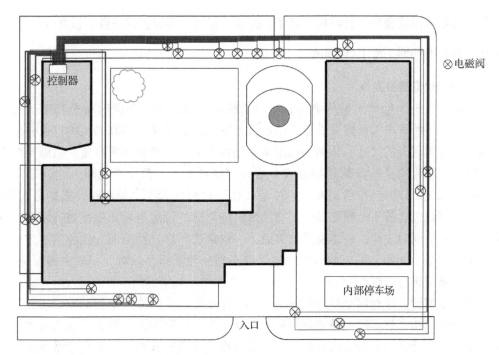

图 7-28　庭院绿地喷灌系统自动控制接线布置示意图

多线控制方式中，电磁阀通过控制信号线一一对应连接，控制可靠性高，缺点是控制的站点容量很大时，接入控制器的控制线缆数量较多。

将无线网络通信技术与灌溉控制系统结合，可实现城市草坪绿地灌溉的自动化、集约化和智能化管理。通过无线网络控制服务器，将田间分区控制器、电磁阀与电脑、智能手机联系起来，通过电脑或手机 APP 就可以实现对灌溉系统的远程控制。

7.3　草坪绿地喷灌系统设计

城市草坪绿地喷灌系统的设计就是在喷灌系统选型、喷灌系统规划的基础上，对喷灌系统的管网压力及运行进行具体的设计计算。

7.3.1　草坪绿地喷灌系统设计的内容

在综合分析草坪绿地建设目标、绿地特征、灌溉要求、资金来源的基础上，通过系统选型和喷头选型，在喷灌系统总体布置确定的条件下，进一步的设计工作包括以下内容：

①确定草坪绿地轮灌方式及工作制度。

②根据制定的喷灌工作制度，确定各级管道的总流量、管段流量及管径。

③确定各级管道及管段的长度、管道材料选型。

④进行管道水头损失计算。

⑤确定喷灌系统总流量和需要的总压力，选配加压水泵和动力机组。

⑥计算管道控制点的压力，验算管道系统压力变差是否满足设计要求。

⑦编制喷灌系统设备、材料用量清单，计算工程量，编制工程投资概预算。

7.3.2　草坪绿地喷灌工作制度

7.3.2.1　分组轮灌的必要性

一个喷灌系统中包含大量的喷头，喷灌系统运行时，不可能同时将全部喷头打开喷洒，因为要满足所有喷头就需要喷灌系统提供足够大的流量和足够高的压力，这样就会增大输水管道及其闸阀的尺寸，增加加压水泵的扬程和流量，增加工程投资。喷灌系统在规划布置时，对所有喷头按支管连接方式分成许多喷灌单元，每个喷灌单元包含若干个喷头。在喷灌系统工作时，按管道布置和喷灌工作顺序分成若干个轮灌组，进行分组轮灌，一个轮灌组可以包含若干个喷灌单元。喷灌系统按划分的轮灌组轮流依次进行喷洒，一个轮灌组内的喷头同时工作，一组喷洒结束后下一组接着开启进行喷灌，这种喷洒方式就叫分组轮灌。如果小面积、零星分布的绿地可以不划分轮灌组，但对面积较大的绿地喷灌，必须划分轮灌组进行分组轮灌。

草坪绿地实行分组轮灌是喷灌系统的基本工作制度。实际应用中我们可以看到，一些草坪绿地所属机构在管理绿地特别是绿地的灌溉工作中，管理人员缺乏对绿地喷灌设计的了解，不了解为什么要实行分组轮灌，在灌溉过程中随意打开阀门，使喷灌系统的运行状况完全超出设计规定的工作状态，结果导致工作压力不够，喷洒半径达不到设计位置，就会出现漏喷、干点问题，影响绿地植物的正常生长。为应对常出现的这些问题，加大了人工浇灌的工作量，不仅增加了人力成本，而且浪费水量。因此，分组轮灌在城市绿地喷灌管理中，必须充分了解喷灌系统设计时确定的轮灌组，并按设计规定的轮灌工作制度进行灌溉管理，才能达到绿地喷灌设计的目标。如果一个喷灌系统的所有喷头同时工作，就需要系统提供全部喷头所需要的流量和压力，这在大多数情况下几乎是不可能的，也是不经济的。为了使喷灌系统运行时需要的流量与水泵所能供给的流量相配合，就必须对喷灌系统实行分组轮灌。如果一次同时运行的喷头过多，就会使管道、闸阀、水泵及其连接管件的尺寸加大，总体增加喷灌系统的建设投资，同时，较大的水泵配套较大的电动机，造成能源消耗增加，运行管理费用增大。因此，为了降低喷灌系统建设投资和运行费用，也必须实行分组轮灌。一个比较大的城市草坪绿地往往是由多种植物组成的一个整体，不同植物按植物景观设计种植在不同的区域，各种植物的需水量不同，为了使不同植物获得需要的水分供给，喷灌系统就需要实行分组、分区域轮灌。分组轮灌不仅大大减小了喷灌系统的容量，降低了喷灌系统的造价，而且方便管理，减少了人力成本。

7.3.2.2　轮灌组的划分

将整个喷灌系统中的喷头按照分片、轮灌分组的原则进行编组的过程就叫划分轮灌组。喷头与支管的连接布置时，就要考虑喷头的编组问题。要求每个灌水单元内的喷头数量尽可能一致，这样按灌水单元进行编组时，每一组喷洒所需要的水量基本一致，有利于喷灌系统的平稳运行，也可以使管道的布置及管径大小基本相同。轮灌组的划分流程是：

（1）计算平均喷灌强度

根据整个喷灌面积上的喷头数量以及相应的喷头流量，应用总面积法确定喷洒面积上的平均喷灌强度。

$$I = \frac{1\,000 \sum q}{A} \tag{7.16}$$

式中　I——整个喷洒面积上的平均喷灌强度，mm/h；

　　　A——选定区域的总喷洒面积，m^2；

　　　$\sum q$——喷洒面积上全部喷头的总流量，m^3/h。

在一个草坪绿地喷灌系统中，可能有不同的植物种植区，因而选用了不同型号和流量的喷头，这时要根据不同喷头类型分区计算平均喷灌强度。

（2）计算一次喷洒时间

如果确定了草坪绿地的日蒸发蒸腾量，则喷洒面积上每天需要喷洒的时间为：

$$t = \frac{ET_a}{I} \tag{7.17}$$

式中　t——喷洒面积上每天需要的喷洒时间，h/d。如果每天只喷洒一次，就是一次工作时间，如果每天分早晚两次喷洒，则 t 为两次喷洒时间的总和；

　　　ET_a——草坪绿地的设计蒸发蒸腾量，mm/d。

设计蒸发蒸腾量一般选择平均蒸发蒸腾量值比较适当，如果以草坪绿地耗水高峰期的 ET_a 值计算，则大部分时间需水并不是高峰期，浪费水量；如果以最小的 ET_a 值计算，在耗水高峰期由于水分不足可能使草坪草出现萎蔫。

【例题 12】

一草坪绿地喷头选型后进行喷头布置，根据喷头流量及喷头布置，平均喷灌强度为 12~20 mm/h，草坪绿地耗水量按需水高峰期日耗水量的平均值 5 mm/d 计算，试计算一个喷灌单元一次喷洒所需要的时间。

根据式（7.17）

平均喷灌强度 $I = 12$ mm/h 时，$t = \dfrac{ET_a}{I} = \dfrac{5}{12} = 0.42$ h = 25 min

平均喷灌强度 $I = 20$ mm/h 时，$t = \dfrac{ET_a}{I} = \dfrac{5}{20} = 0.25$ h = 15 min

（3）确定喷灌系统日运行时间

一块草坪绿地的喷灌系统日工作时间往往因草坪的功能和用途而有所不同。运动场草坪一般不在白天进行喷灌，否则影响场地的使用。绿化草坪可以在白天喷灌。一般来说，草坪应当在清晨喷灌，这时既不影响草坪的使用，而且距使用还有一定时间，喷灌以后地面水分渗入土壤，草坪草截留水分经过一段时间的蒸发也将消失，留给人们的是清新的草坪。同时，清晨喷灌还可以淋洗露水，避免可能的有害微生物对草坪草造成危害。另外，清晨气温较低，风速小，此时喷灌可以减少喷洒水分飘逸蒸发损失，并保证喷洒均匀度。

因此，一个喷灌系统在有限的运行时间内将所有轮灌区喷洒一次，就要求在划分轮灌组时不能分组过多，否则按轮灌组排队，喷灌系统就需要较长的工作时间。但轮灌组划分过少，虽然喷灌系统运行时间减少，但要求的系统容量增大，即系统流量、压力增加，这样就会增加系统费用。喷灌系统日运行时间还必须与管理人员的作息及工作时间相一致，一般不应超过 8 h。

（4）计算轮灌组数（按运行时间计算）

根据轮灌组一次喷洒时间和喷灌系统一天总运行时间，就可以计算出全部喷灌单元应划分的轮灌组数，即：

$$N = \frac{T}{t} \tag{7.18}$$

式中　N——喷灌系统应划分的轮灌组数，取整数；

　　　T——喷灌系统日工作时间，h。

计算的轮灌组可能是一小数，应当取整。另外，计算的轮灌组数取决于一次喷洒时间、喷灌系统一天总运行时间、草坪绿地日设计蒸发蒸腾量等参数，这些参数并不是十分确定的值，同时，计算的轮灌组数与管理方便需要的轮灌组数可能不一致，因此，可以选择不同的喷灌系统日工作时间进行计算，并以计算的轮灌组数为参考，根据管理要求适当调整轮灌组数作为最后划分的轮灌组数。

例如，根据例题 12，如果一个轮灌组一次喷洒时间为 15 min，喷灌系统每日工作 4 h，则需要划分 16 个轮灌组。如果一个轮灌组一次喷洒时间为 25 min，喷灌系统每日工作 4 h，则需要划分 10 个轮灌组。同样的一次喷洒时间 15 min，如果喷灌系统每日工作 2 h，则需要划分 8 个轮灌组，一次喷洒时间 25 min，则需要划分 5 个轮灌组。

（5）确定轮灌组的喷头数

根据确定的轮灌组数，计算每组包含的喷头数量，即：

$$n_r = \frac{N_s}{N} \tag{7.19}$$

式中　n_r——为一个轮灌组包含的喷头数；

　　　N_s——喷灌系统包含的喷头数；

　　　N——轮灌组数。

7.3.2.3　轮灌组的编组

轮灌组数确定后，将哪些喷灌单元编为一组，需要考虑喷洒区域的分布情况、喷洒地块的大小、绿地植物的种类、管理是否方便等因素来确定。轮灌组的编组更多的可能取决于设计者考虑的重点或取决于设计者的经验。因此，轮灌编组可以有多个编组方案。在喷灌设计阶段应当列出划分轮灌组并进行编排的依据和特点，最好组织有草坪绿地喷灌管理经验的人员和喷灌系统的用户讨论确定哪种编组更适合本单位的绿地灌溉管理。

实际上，对一片草坪绿地进行喷灌设计，是将这片绿地作为一个整体，布设喷头、安排管网，组成一个喷灌系统。这个系统要灌溉这片绿地时，按划分的各轮灌组进行轮流灌溉。也就是说，一个喷灌系统包含若干个轮灌组，一个轮灌组包含若干个喷灌单元，喷灌系统运行时就以这种组织结构进行，如图 7-29 所示。

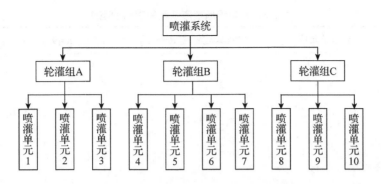

图 7-29 喷灌系统运行组织结构示意图

图 7-30 为上述案例的庭院绿地喷灌系统轮灌组划分，根据绿地空间分布、地块大小及绿地植物特征划分为 8 个轮灌组，每个轮灌组包含 2~4 个喷灌单元。每个轮灌组包含的喷灌单元数及喷头数见表 7-3 所列。按上述算例，如果每个轮灌组每次喷洒时间为 15 min，则喷灌系统日工作时间为：8×15 = 120 min = 2 h，即 2 小时就可以将全部庭院绿地喷洒一遍。

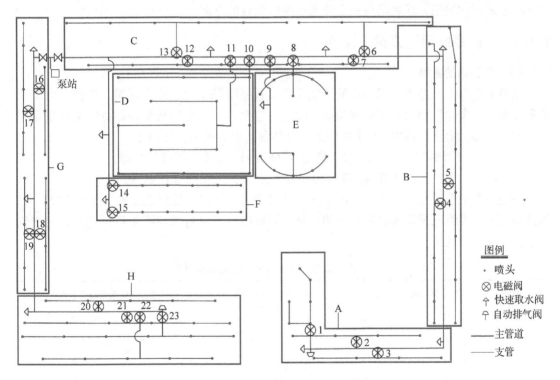

图 7-30 庭院绿地喷灌系统轮灌组划分示意图

由喷灌单元组合成轮灌组的方式很多，不同的组合方式，会影响管段和管网流量，影响管网水头损失的大小。所以，应合理对喷灌单元进行编组。一般应考虑两条原则，一是轮灌组要尽可能方便管理；二是轮灌组要尽可能平衡管网流量。事实上这两条原则是相互矛盾的，因为强调管理方便，就要求一个轮灌组所包含的喷灌单元相对集中，从而使管网

表 7-3 庭院绿地喷灌系统轮灌组的组成

轮灌组编号	喷灌单元号	喷灌单元数	$R=5.5$ m 喷头数	$R=9.6$ m 喷头数	喷头总数
A	1、2、3	3	14		14
B	4、5	2	16		16
C	6、7、12、13	4		18	18
D	10、11	2	4	9	13
E	8、9	2	12		12
F	14、15	2	12		12
G	16、17、18、19	4	16		16
H	20、21、22、23	4	22		22
合计		23	90	27	123

流量集中；要强调流量平衡，就要求一个轮灌组所包含的喷灌单元相对分散，从而使管网流量分散，管段流量小。因此，要根据具体喷灌系统的特点和控制方式，权衡方便管理与平衡流量之间的关系，最后确定一个轮灌组编排组合的方案。

7.3.3 喷灌系统管道流量与管径

7.3.3.1 轮灌组的流量

在喷头选择时已经确定了喷头的性能参数，包括喷洒半径、喷头流量、工作压力以及喷嘴规格。每个轮灌组的总流量就是这个轮灌组包含各种喷头的数量与相应喷头流量乘积的总和。例如，上述算例中，8 个轮灌组，有两种类型的喷头，分别是：

S 型喷头，喷洒半径 9.6 m，喷头流量 0.27 m³/h，工作压力 0.23 MPa。

M 型喷头，喷洒半径 5.5 m，喷头流量 0.2 m³/h，工作压力 0.21 MPa。

各轮灌组的总流量计算见表 7-4 所列。可以看出，不同轮灌组总流量相差比较大，如果选择最大轮灌组流量作为喷灌系统的流量，则有些较小流量的轮灌组可以合并为一个轮灌组，也可以单独运行。

表 7-4 庭院绿地喷灌系统轮灌组总流量计算

轮灌组编号	$R=5.5$ m 喷头数	喷头流量/(m³/h)	$R=9.6$ m 喷头数	喷头流量/(m³/h)	轮灌组总流量/(m³/h)
A	14	0.2			2.8
B	16	0.2			3.2
C			18	0.27	4.86
D	4	0.2	9	0.27	2.43
E	12	0.2			2.4
F	12	0.2			2.4
G	16	0.2			3.2
H	22	0.2			4.4
合计	90		27		

7.3.3.2　管段流量及管径确定

根据确定的轮灌组及其包含的喷灌单元，推算各级管道的管段流量。

（1）喷灌单元支管管段流量与管径

支管连接着喷头，根据选定的喷头流量和支管上的喷头连接方式，推算出各个喷头之间管段的流量以及支管进口的总流量，这也是这个喷灌单元的总流量。同一轮灌组内各个喷灌单元的流量合计就是轮灌组的流量。

根据各个管段的流量，根据流量–管径–流速关系，以管道流速不超过一定范围为控制条件初步拟定各个管段的直径。管段长度直接从管道布置图中量得，最后将确定的管段直径、管段流量和管段长度标注在计算简图上，如图 7-31 所示。

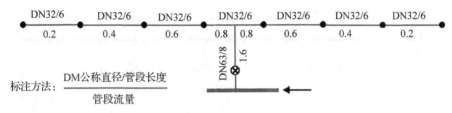

图 7-31　喷灌单元支管流量及管径计算

（2）主管道管段流量与管径

主管或干管连接的是喷灌单元支管，根据支管与主干管的连接方式，推算出主管或干管各个管段的流量。

由于喷灌系统实行分组轮灌制度，主管的总流量并不是所有轮灌组流量的总和，而是每次运行轮灌组的流量就是主管的总流量。因此，在确定主管道的直径时，从所有轮灌组中选择一个流量最大的轮灌组，以该轮灌组的流量作为主管道的流量，据此确定主管道的管径。例如，表 7-4 中流量最大轮灌组 C 的流量为 4.86 m³/h，其次是轮灌组 H 的流量 4.4 m³/h，以最大流量初步选定主管的管径，因为只要管道能满足最大流量时流速在适宜的范围内，则较小流量时管道流速就会更小。根据轮灌组在主管道上的位置不同，主管道不同管段可以采用不同的直径，但以水流方向管径逐步减小。

7.3.4　管道系统水头损失计算

进行水头损失计算前，首先要确定管道的公称压力和公称壁厚，以便根据拟定的管道直径确定管道的计算内径。根据城市绿地的面积和喷灌系统的大小，选出拟采用的喷灌管道材料的压力等级，一般如果预计喷灌系统的压力不会超过 1.0 MPa，就选用压力等级 1.0 MPa 或更小等级的聚氯乙烯给水管道。

7.3.4.1　支管水头损失

一个支管就是一个喷灌单元，支管上的阀门开启时，这个单元上的喷头全部开始喷洒。在一个喷灌系统中包含许多支管喷灌单元，在支管水头损失计算时，没有必要对全部的支管进行计算，只选取那些水头损失可能较大的支管进行计算。判断支管水头损失大小的依据主要是：

①支管喷灌单元上喷头数量较多，并且支管单元上喷头流量较大。

②支管喷灌单元上支管长度较长，或支管管径较小。

根据以上判断依据，选择几条支管，推算支管管段流量，确定管段直径，逐段计算并累加沿程水头损失，并在此基础上增大 10%～15% 的局部水头损失就是支管的总水头损失。

7.3.4.2　主管水头损失

主管水头损失计算要根据划分的轮灌组进行流量推算及损失计算。如图 7-32 所示，绿地小区布置了 5 个喷灌单元，划分为 2 个轮灌组，由于实行分组轮灌，则每次泵站启动只有一个轮灌组在工作。

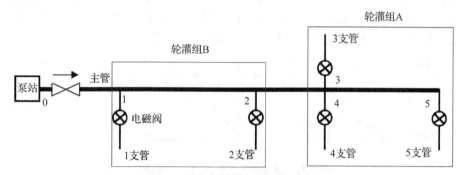

图 7-32　主管上的轮灌组示意图

在主管水头损失计算时应选取主管道最长的那个轮灌组进行计算，图中选取轮灌组 A。此时，从泵站(0 点)到节点 3 或 4 的管段流量为轮灌组 A 的总流量，从节点 4 到节点 5 的管段流量为支管 5 的总流量。据此，拟定主管各段的管径，逐段计算沿程水头损失及局部水头损失，并累加就是主管的总水头损失。如果轮灌组 B 的流量比 A 大很多，此时从泵站到节点 3 或 4 的管段的直径以轮灌组 B 的流量来确定，但水头损失计算仍以轮灌组 A 的流量计算。

根据喷灌系统 PVC 管道的沿程水头损失计算式：

$$h_f = 0.948 \times 10^5 \frac{Q^{1.77}}{d^{4.77}} L \tag{7.20}$$

式中　h_f——管段沿程水头损失，m；

　　　L——管段长度，m；

　　　Q——管段流量，m³/h；

　　　d——管段内径，mm。

例如，在图 7-32 算例中，轮灌组 A 工作时的主管沿程水头损失为：

$$h_{fz} = h_{f0-3} + h_{f3-5}$$

其中：

$$h_{f3-5} = 0.948 \times 10^5 \frac{Q_{3-5}^{1.77}}{d_{3-5}^{4.77}} L_{3-5}$$

$$h_{f0-3} = 0.948 \times 10^5 \frac{Q_{0-3}^{1.77}}{d_{0-3}^{4.77}} L_{0-3}$$

式中　h_{fz}——主管道沿程水头损失，m；

　　　h_{f3-5}——3-5 管段沿程水头损失，m；

h_{f0-3}——0-3 管段沿程水头损失，m；

L_{3-5}——3-5 管段长度，m；

L_{0-3}——0-3 管段长度，m；

Q_{3-5}——3-5 管段流量，m^3/h；

Q_{0-3}——0-3 管段流量，m^3/h；

d_{3-5}——3-5 管段内径，mm；

d_{0-3}——0-3 管段内径，mm。

7.3.5　喷灌系统工作压力计算

7.3.5.1　喷灌系统需要的工作压力

在计算各级管道水头损失的基础上需要确定喷灌系统需要多高的工作压力，即喷灌系统选配多高扬程的水泵。

（1）最不利管路

由于喷灌系统实行分组轮灌，每个轮灌组工作时管路的总水头损失并不相同，因为轮灌组在喷灌系统中所在的位置不同，因此管路长度不同。如果轮灌组大小不等，则轮灌组的流量也不同。最不利管路就是在喷灌系统各个轮灌组工作时，选择一个对喷灌系统工作压力要求最高的轮灌组，从喷灌系统泵站到这个轮灌组之间的管路就是最不利的管路。如图 7-33 所示，4 个干管组成 4 个轮灌组，每个轮灌组的喷灌单元数和喷头数均相同。当第4 轮灌组或第 3 轮灌组工作时，管路最长，管路水头损失最大，在计算喷灌系统需要的工作压力时，应选择这个管路进行计算，只要喷灌系统的工作压力能满足最不利管路上喷头的设计工作压力要求，则其他管路上的喷头工作压力都能满足要求，即实际工作压力只会高于喷头设计工作压力。

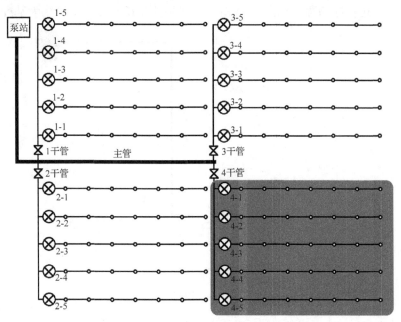

图 7-33　喷灌系统中最不利管路示意图

（2）喷灌系统需要的工作压力

喷灌系统需要的工作压力就是要保证轮灌组内各个喷头的工作压力不低于喷头设计工作压力，即：

$$H \geqslant H_d \tag{7.21}$$

式中　H——轮灌组内任一喷头的工作压力，m；

　　　H_d——喷头设计工作压力，m。

根据以上条件，计算轮灌组内支管单元的水头损失及支管进口需要的工作压力，再计算干管水头损失及干管进口需要的工作压力（即轮灌组进口的工作压力）。

支管进口需要的工作压力：

$$H_z = h_{wz} + H_d \tag{7.22}$$

干管进口需要的工作压力：

$$H_g = H_z + h_{wg} = h_{wg} + h_{wz} + H_d \tag{7.23}$$

主管进口需要的工作压力就是喷灌系统需要的总工作压力：

$$H_t = H_g + h_{wt} = h_{wg} + h_{wz} + h_{wt} + H_d \tag{7.24}$$

式中　H_z——支管进口的工作压力，m；

　　　H_g——干管进口的工作压力，m；

　　　H_t——喷灌系统需要的工作压力，m；

　　　h_{wz}——支管水头损失，m；

　　　h_{wg}——干管水头损失，m；

　　　h_{wt}——主管水头损失，m。

从上述计算得知，选配水泵需要的总工作压力为喷头的设计工作压力加上各级管道的水头损失，如果有地形高差，再计入因地形增加或减少的压力。这就是加压水泵应提供的压力或净压力，也称净扬程，如图 7-34 所示，水泵的净扬程为从泵轴线为基准线到水泵的

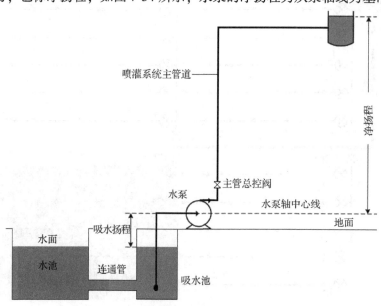

图 7-34　喷灌系统水泵扬程几何关系

提水高度，这就是水泵给喷灌系统提供的净压力。但是，水泵从吸水池抽水，从水池到水泵轴线存在一定的高度，这一高度称为吸水扬程，从吸水池到水泵有一段管道称为吸水管。水泵抽水时，水流通过吸水管进入水泵，经过增压后进入出水管，即喷灌系统主管道。因此，喷灌系统的水泵实际需要的压力是：

$$H = H_s + H_{sf} + H_t \qquad (7.25)$$

式中　H——喷灌系统实际需要的总压力或总扬程，m；

　　　H_s——水泵吸水管几何高度，m；

　　　H_{sf}——吸水管水头损失，m；

　　　H_t——喷灌系统需要的工作压力，m。

据此，我们就得到了喷灌系统选配水泵的两个重要指标参数，即：

①流量：各个轮灌组中的最大流量。

②扬程：喷灌系统实际需要的总压力或总扬程。

7.3.5.2　喷灌系统工作压力变化验算

由于各个喷头在喷灌系统内所处的位置不同，喷灌系统工作时每个喷头实际所得到的工作压力也不同，距离加压水泵的管线越短，所受到的压力就越高。根据喷灌均匀度的要求，喷灌系统内同时工作的喷头中，最高工作压力的喷头与最低工作压力的喷头之间的压力差应小于一定限值，喷头工作压力之间的变差要满足允许压力变差的要求，即：

$$\frac{H_{max} - H_{min}}{H_d} = \frac{\Delta H}{H_d} \leqslant 20\% \qquad (7.26)$$

式中　H_d——喷头设计工作压力，m；

　　　H_{max}——轮灌组内喷头的最高工作压力，m；

　　　H_{min}——轮灌组内喷头的最低工作压力，m；

　　　ΔH——轮灌组内喷头的最高压力与最低压力差，m。

在计算喷灌系统需要的工作压力时，计算顺序是从管道最末端喷头的设计工作压力为基础，加上连接喷头支管的水头损失，加上连接支管的干管水头损失，再加上主管道的水头损失就是喷灌系统主管道进口所需要的压力，据此压力选配加压水泵。

喷灌系统工作压力变化验算是在加压水泵选配以后，以水泵实有的净压力，即以水泵提供给喷灌系统主管道进口的实际压力为依据，验算各个轮灌组工作时，轮灌组内的最高压力和最低压力，根据式(7.26)计算是否满足要求，如果不能满足式(7.26)要求，则需要调整该轮灌组水头损失较大的管道直径重新计算，直到符合允许压力变差的要求。

一个轮灌组内的喷头是同时工作的。显然，距离轮灌组进口越近，喷头获得的工作压力就越高，距离进口越远，喷头获得的压力就越低，因为各级管路都会损失一部分压力，如图 7-35 所示，第 4 干管上的全部喷灌单元为同一个轮灌组，距离干管进口最近的喷头压力最大，距离干管最远的喷头压力最小。在计算轮灌组内的压力变差时，可以用轮灌组内最高压力点的压力与最低压力点的压力差。最高压力点位于轮灌组的进口端，即干管进口的压力为最高压力；最低压力点在距离干管进口最远的一个喷头，即轮灌组内距离干管进口最远的一个喷头。

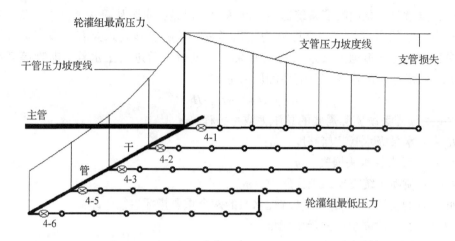

图7-35 轮灌组中最高压力点和最低压力点的位置示意图

一个轮灌组内的最高压力,即干管进口处的压力:

$$H_{max} = H_0 - h_{wt} \qquad (7.27)$$

式中 H_0——主管进口的压力,即水泵实际提供给主管道的工作压力,m;

H_{max}——干管进口处的工作压力,也是该轮灌组的最高压力,m;

h_{wt}——主管道水头损失,即从主管进口到该轮灌组干管连接处的总水头损失,m。

一个轮灌组内的最低压力,即距离轮灌组进口最远一个支管的末端的压力:

$$H_{min} = H_{max} - h_{wg} - h_{wz} \qquad (7.28)$$

式中 H_{min}——距离干管进口最远的支管末端的压力,也是该轮灌组的最低压力,m;

h_{wg}——干管水头损失,即从干管进口到该最远支管连接处的总水头损失,m;

h_{wz}——支管水头损失,即所选距离轮灌组进口最远支管的总水头损失,m。

【例题13】

选择的喷头参数为:喷洒半径14.3 m,喷头流量1.48 m³/h,喷灌工作压力41 m,15#喷嘴。根据图7-33的轮灌组布置喷头,喷头布置间距15 m,支管布置间距15 m。支管直径DN50,干管直径DN110,选用1.0 MPa PVC给水管材。假定干管进口处的压力水头为50 m。试画出该轮灌组干、支管的压力分布图,并确定最高压力点和最低压力点的位置及工作压力,验算轮灌组内的压力变差。

根据给出的条件和数据,计算该轮灌组干管各个管段的水头损失及工作压力,以此压力作为支管的进口压力,计算支管上各个喷头的工作压力,计算结果见表7-5所列。

根据计算数据绘制的轮灌组压力分布如图7-36所示。由图可见,干管进口端的压力为50 m,干管末端的压力为49.33 m,干管水头损失为0.67 m。支管水头损失为:

支管4-1水头损失:50−46.206 7≈3.79 m;

支管4-2水头损失:49.662 6−45.869 3≈3.79 m;

支管4-3水头损失:49.459 8−45.666 5≈3.79 m;

支管4-4水头损失:49.360 9−45.567 6≈3.79 m;

支管4-5水头损失:49.331 9−45.538 6≈3.79 m。

说明支管水头损失与支管进口的压力无关。

表 7-5　轮灌组喷头工作压力分布计算结果　　　　　　　　　　　　m

支管编号	干管	喷头 1	喷头 2	喷头 3	喷头 4	喷头 5	喷头 6	喷头 7
4-1	50.000 0	48.755 4	47.808 1	47.122 0	46.659 8	46.382 0	46.246 5	46.206 7
4-2	49.662 6	48.418 0	47.470 6	46.784 6	46.322 4	46.044 6	45.909 1	45.869 3
4-3	49.459 8	48.215 2	47.267 9	46.581 8	46.119 6	45.841 8	45.706 3	45.666 5
4-4	49.360 9	48.116 3	47.168 9	46.482 9	46.020 6	45.742 9	45.607 3	45.567 6
4-5	49.331 9	48.087 3	47.139 9	46.453 9	45.991 6	45.713 9	45.578 3	45.538 6

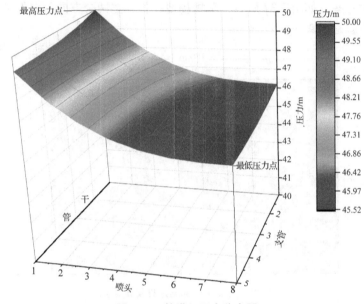

图 7-36　轮灌组压力分布图

由计算及压力分布图得出最高压力为 50 m，最低压力为 45.54 m。将数据代入式 (7.26) 得：

$$\frac{H_{max}-H_{min}}{H_d}=\frac{50-45.54}{41}=10.88\%$$

小于允许值 20%，轮灌组喷洒满足均匀度要求。

7.4　运动场草坪喷灌系统设计

以草坪为正式比赛场地的运动项目最常见的就是足球场，不同的国家也有比较流行的其他草坪运动场，如美式足球、英式橄榄球、马球、棒球、草地保龄球、草地网球、板球等都是在草坪上进行的运动。要保障草坪运动场始终具备良好的场地品质，草坪运动场地的灌溉系统是必不可少的。本节主要介绍草坪足球场的喷灌系统设计。

7.4.1　草坪足球场的规格

足球比赛场地有11人、7人、5人制场地等不同的规格，国际足联规定的场地边线最小长度90 m，最大120 m，端线宽度最小45 m，最大90 m。一般国际职业比赛的足球场地边线长度为100~110 m，宽度64~75 m。实际上各项职业赛事的组织者还会有一些更加严格的要求，如英超直接给出了105 m × 68 m的具体标准。足球场区域的边线以及场地内各区域的边线用白色线来标记，所有线的宽度为8 cm。在比赛场地内以距每个角25 cm为半径画一个1/4圆为角球弧。

需要指出的是，足球场地标准是规定了边线和端线的长度，而足球场草坪的长度和宽度都要比这个大一些，如图7-37所示，草坪场地在长、宽两个方向各向外延伸2 m，因此，草坪的标准规格就是109 m × 72 m。

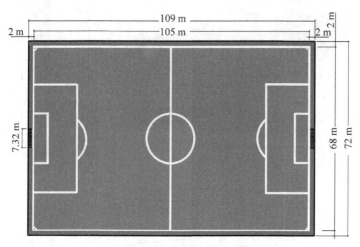

图7-37　国际比赛标准足球场地示意图

正规足球场的朝向一般都是南北朝向。因为地球自转的方向是自西向东，故太阳总是东升西落。如果足球场是东西走向，在上午比赛，则整个上午太阳都在偏东的方向，太阳光就会直射向东进攻的运动员；如果在下午比赛，则整个下午太阳都在偏西的方向，太阳光就会正对向西进攻的运动员，这两种情况都会影响比赛的公平性。因此，只有足球场是南北走向，太阳光才从运动员的侧面照射过来的，而且对双方运动员都是相同的。同样的道理，田径运动场也应该是南北走向，这样南北向的跑道就长些，东西向的跑道就短些，尽量避免运动员在东西方向上受太阳光的影响。

7.4.2　草坪足球场移动式喷灌

草坪足球场不同于一般草坪绿地，对其灌溉有一些特殊要求。

标准足球场一般配置在田径运动场中间，即足球场边线紧邻的就是跑道。足球场草坪需要灌溉，但不允许将灌溉水喷洒到田径场或跑道上。足球运动是一种比较剧烈的运动项目，如果场地上存在比较坚硬的物体有可能对运动员造成伤害。足球场草坪的喷灌应有较高的喷洒均匀度，因为不均匀的喷灌可能会造成草坪草生长的不均匀。

草坪足球场对灌溉的这些要求使得移动式喷灌技术具有一定的优势。目前用于草坪运动场灌溉的移动式喷灌主要是卷盘式喷灌机。这种喷灌机主要由水泵机组、聚乙烯管、卷盘、行走机构及车架、喷头车或洒水车、水轮机驱动装置、齿轮箱、自动调速装置、导向装置、安全装置等组成，如图 7-38 所示。

在运动场草坪喷灌中，由于场地形状规则，地面平坦，使用卷盘式喷灌机进行移动式喷灌是一种可选的灌溉方式。

图 7-38　卷盘式喷灌机的组成

在草坪足球场的喷灌中，选用卷盘式喷灌机进行喷灌，可选用 2 台喷灌机同时进行喷洒，如图 7-39 所示，也可以选用 1 台，但需要喷洒完一侧后移动喷灌机到另一侧，再将喷头车拖移到端线附近进行喷洒。由于足球场草坪长度仅 109 m，选配的聚乙烯管长度只要大于 110 m 就能满足需要。选配的喷头喷洒半径，如果是 68 m 宽的标准场地，选配喷洒半径 19 m 的喷头，两个喷洒区就能有一定的重合覆盖面积，此时喷头车的位置应移动到距离草坪边线为喷洒半径的位置。为卷盘式喷灌机提供压力水的取水栓设在场地一端。喷灌时，将喷灌机的喷头车拖移到场地另一端，从取水栓连接喷灌机的进水管，启动加压水泵开始喷洒。需要注意的是，喷头车的位置需要提前按设计要求定线，并将喷头车移动到设计位置，喷头车与喷灌机的连接管应处在同一直线方向，这样移动喷头车才能按所设定的线路移动。草坪足球场应用卷盘式喷灌机的优点是场地内不布设喷头，也不需要在场地内铺设供水管道，但喷灌机需要从场外提供水源和动力。

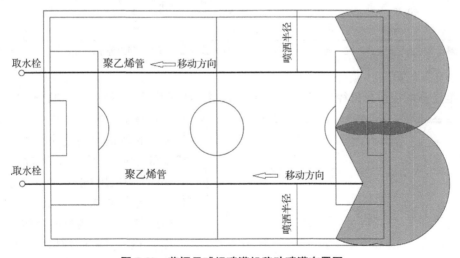

图 7-39　草坪足球场喷灌机移动喷灌布置图

7.4.3　草坪足球场固定式喷灌

要保持一个具有较高品质的草坪运动场地，没有灌溉系统几乎是不可能的。即使在自然降雨比较充沛的地区，也会存在短期的干旱，因此也需要灌溉系统。目前，草坪足球场多采用固定式喷灌系统。草坪足球场采用固定式喷灌系统的优点是灌溉方便，节水省工，灌溉系统自动化程度高，灌溉面积控制精准，不足之处就是要在场地内设置地埋式喷头，这对于足球运动可能有一定的影响，但新型的运动场专用喷头，将最大限度地减少喷头对运动的影响，使得固定式喷灌在草坪足球场灌溉中仍具有重要的应用。草坪足球场喷灌设计的目标，首先是精心选择和布置喷头，既不漏喷足球场草坪区域，也不将水喷洒到草坪区域之外；其次，要尽量减少场地内布置的喷头数量；第三，喷灌系统应针对内部喷头与边线喷头分别进行控制。

7.4.3.1　草坪足球场喷头选型与布置

（1）喷头选型

草坪足球场喷灌用的喷头一般选用地埋旋转式喷头，而且是考虑了运动场的特点进行专门喷嘴设计的，以便达到较大的喷洒半径、较小的喷头流量的喷头。草坪足球场喷灌的喷头选择一般考虑以下几点要求：

喷头应具有较大的喷洒半径，一般应有 15~25 m 的喷洒半径；喷头通过远、近喷嘴的配合具有较高的喷洒均匀度；喷头流量不宜过大；喷头应具备 90°到全圆的喷洒调节；喷头顶部具有橡胶保护层，以防止人身伤害并减少责任事故；喷头不允许在低压时溢水。

喷头选型时根据需要的喷头性能参数，选定喷头型号、工作压力、喷洒半径、喷头流量等。表 7-6 为一组运动场地喷头性能参数示例。

表 7-6　一组运动场地喷头性能参数示例

喷头型号	工作压力/MPa	喷洒半径/m	喷头流量/(m³/h)	喷灌强度■/(mm/h)	喷灌强度▲/(mm/h)
15#	0.35	17.4	3.0	19	23
	0.41	18.0	3.2	20	23
	0.48	18.0	3.5	22	25
	0.55	19.2	3.8	20	23

注：■表示喷头按正方形布置，间距等于射程；▲表示喷头按三角形布置，间距等于射程。

（2）喷头布置

标准足球场往往与田径场组合在一起，草坪足球场喷洒时不应喷洒到跑道上。因此，草坪足球场的喷头布置分为边线及底线喷头和场地内的喷头，边线及端线或底线的喷头采用 180°喷洒，场地 4 角的喷头采用 90°喷洒；场地内部的喷头采用全圆喷洒方式。图 7-40 为一标准草坪足球场喷头布置，其喷洒半径为 18 m。不同规格的场地可以选用不同的喷头。从图中可以看出，2 个端线各布置 3 个喷头，2 条边线各布置 4 个喷头，4 角布置 4 个喷头，场地内部布置了 12 个喷头，共有

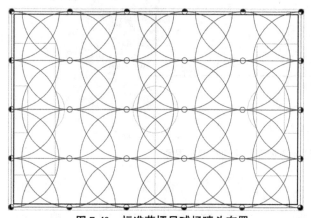

图 7-40　标准草坪足球场喷头布置

30 个地埋旋转式喷头，其中可调角度喷头 18 个，全圆喷头 12 个。

需要说明的是，场地草坪宽度 72 m，采用喷洒半径 18 m 布置正好均匀分布，但边线长度 109 m，喷头布置时应等分布置。

7.4.3.2　草坪足球场喷灌管道布置

根据场地喷头的布置，在与供水管道连接时需要注意以下几点：

①应将边线喷头的控制与内部喷头分开，因为可调角度喷洒的喷灌强度与全圆喷洒不同，应分别进行控制。

②每组控制阀控制的喷头数不宜过多，因为草坪足球场选用的喷头喷洒半径较大，流量也较大，喷头数过多会造成喷洒单元支管水头损失过大。

③喷灌系统主管道不宜穿过场地，而是沿草坪边线布置主管道，以便于施工安装。

④在主管道的末端应设置自动进排气阀，在必要位置设置快速取水阀，以便临时补充浇灌或冲洗场地用水。

⑤草坪足球场喷头与支管的连接应使用铰接的喷头连接管，以便在场地维护过程中能及时调整喷头在地面上的高度。

图 7-41 为一标准足球场喷灌系统管道布置示意图，图 7-42 为足球场喷头与支管的连接方式示意图。

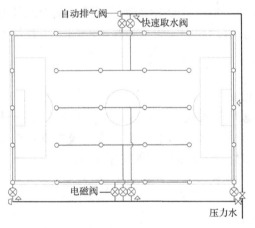

图 7-41　标准草坪足球场喷灌管网布置　　　　图 7-42　足球场喷头安装示意图

7.4.3.3　草坪足球场喷灌工作制度与水力计算

（1）喷灌工作制度

草坪足球场喷灌系统的工作制度主要是考虑管道系统布置和草坪足球场的灌溉要求做出的具体规定。例如，根据图 7-40 和图 7-41 标准足球场的喷头选型、喷头及管道布置情况，选用喷头的平均喷灌强度按 20 mm/h 计算，经分析确定足球场草坪草需水高峰期平均日耗水量 5 mm/d，则该草坪足球场的喷灌工作制度规定如下：

①喷洒时间：需水高峰期每天喷洒 1 次，每次喷洒 15 min。

②喷灌编组：足球场喷灌系统划分 3 个轮灌组分组轮流喷洒，第 1 组为足球场内部 3 个喷灌单元，共包含 12 个全圆喷洒喷头；第 2、3 组分别是一条边线喷头和一条端线喷头各 2 个喷灌单元，各包含 9 个可调角度喷洒喷头。

③运行程序：先中间，后边线进行喷洒。

以上工作制度划分为 3 个轮灌组运行一次需要 45 min。也可以将上述工作制度中的轮灌组划分调整为 2 个轮灌组，即内部 3 个喷灌单元 12 个全圆喷头；边线 4 个喷灌单元 18 个调角度喷头，运行一次需要 30 min。

草坪足球场喷灌采用多线自动控制系统，按上述轮灌组的划分在控制器上编制时间控制程序，即可按程序运行喷洒。

（2）管道直径的确定

根据喷灌工作制度，确定喷灌系统的总流量。例如，根据足球场的喷头及管道布置和喷灌工作制度，选取最大轮灌组的流量即为喷灌系统的设计流量。例如，选用喷洒半径 18 m，工作压力 0.41 MPa，喷头流量 3.2 m³/h，15#喷嘴的喷头，划分 2 个轮灌组时的最大流量：

喷灌系统管道分 3 级，即喷灌单元支管、干管和主管，管径确定如下：

①支管最大流量 5×3.2 m³/h＝16 m³/h，选用压力等级 1.0 MPa 的 DN63 给水用 PVC 管，管道壁厚 3 mm，全部支管采用同一管径。最大支管流量时的管道流速 1.74 m/s。

②干管最大流量 9×3.2 m³/h＝28.8 m³/h，选用压力等级 1.0 MPa 的 DN90 给水用 PVC 管，管道壁厚 4.3 mm，2 条干管采用同一管径。干管最大流量时的管道流速 1.54 m/s。

③主管最大流量按 2 个轮灌组，最大轮灌组 4 个喷灌单元 18 个喷头计算，最大流量为 57.6 m³/h，选用压力等级 1.0 MPa 的 DN110 给水用 PVC 管，管道壁厚 4.8 mm，干管最大流量时的管道流速 2.02 m/s。

（3）喷灌系统工作压力

根据喷头选型，喷头设计工作压力为 0.41 MPa，即 41 m。

喷灌单元支管水头损失分段累加计算并考虑局部损失。干管水头损失按最长干管计算。主管因水源位置未确定，管长不确定暂无法计算其水头损失。最后将 3 级管道的水头损失相加，再加上喷头设计工作压力水头 41 m 即为喷灌系统需要的工作压力。

（4）选配水泵的流量、压力指标

①泵站水泵总流量：57.6 m³/h。

②泵站系统净压力：喷灌系统需要的工作压力。

思考题

1. 城市草坪绿地喷头选择及布置应注意哪些问题？
2. 简述草坪喷灌规划设计的一般流程。
3. 草坪喷灌系统工作制度制定时需要考虑哪些因素？
4. 针对不同规格的足球场，为其设计一个固定式喷灌系统。

第 8 章

高尔夫球场喷灌系统简介

据资料记载，最初的具有现代意义的高尔夫球场出现在苏格兰海滨，这里有着与高尔夫运动非常吻合的自然地理特征，例如，地形虽有起伏但坡面变化柔和而平缓，地表虽有自然植被但植物长势低矮而密集，自然降水虽然时多时少但多以细雨滋润着砂质的土壤。随着高尔夫球运动的普及，对高尔夫球场的需求在增加，现在几乎找不到类似苏格兰海滨的天然适合高尔夫球运动的地形地貌，也没有凉爽的天气里一群羊经过草地就变成草坪的意境，更没有诗圣杜甫笔下的"好雨知时节，当春乃发生。随风潜入夜，润物细无声"的自然条件。这时候，专业的高尔夫球场设计师和建造师通过他们的创造和劳动，将高尔夫球运动的场地从海滨延伸到了内陆，从平地拓展到了山地。高尔夫球场这一大地艺术在加入了人类的创作之后几乎推广到了世界各地。在高尔夫球场向各地发展的过程中受到的最大制约因素来自自然，这就是土地和水。只要有大小适当的一块土地和可用于草坪灌溉的水源，以现有的技术能力和资金条件，就可以建造出一个高尔夫球运动的场地。

高尔夫球场的喷灌系统就是专门为球场草坪提供需要的水分而建设的球场基础设施，几乎所有的高尔夫球场，无论是气候干旱降水稀少的北方还是气候湿润降水充沛的南方，都需要配套喷灌系统，因为高尔夫球场的草坪是各类草坪中养护要求最高的，南方虽然降雨多但时间上的分配并不一定与草坪需水过程相吻合。因此，要管理养护好高尔夫球场的草坪，科学管理球场草坪用水，就需要了解球场的供水系统及其运行方式。要管好用好球场喷灌系统，就需要了解高尔夫球场喷灌系统的设计过程，掌握设计原则、依据和参数设定，如设计规定的工作制度和运行方式，这对于球场灌溉管理具有重要意义。高尔夫球场喷灌系统是最为复杂的喷灌系统中之一。本章简要介绍了设计球场喷灌系统中喷头的布置、管网及其控制装置的布置、球场喷灌系统设计的工作制度及其自动控制、管道系统水力计算以及水泵选型等内容。

8.1 高尔夫球场喷灌

8.1.1 高尔夫球场喷灌的重要性

8.1.1.1 高尔夫球场与喷灌

高尔夫球场是进行高尔夫球运动的场地。现代意义上的高尔夫球场普遍认为源自苏格兰海滨沙地，海风吹皱了的海滩，变成了绵延起伏的沙丘，高纬度的海洋性气候造就的绵绵细雨滋润着沙丘上碧绿的草地，在牧羊人的羊群过后留下的是一片低矮整齐的草坪，乐于运动的人们在这里挥杆享受着大自然的美景。这就是早期高尔夫球场所能体验到的场景，这时的高尔夫场地自然地恪守着崇高的自然伦理。

随着高尔夫运动的传播，承载着高尔夫运动的场地也已经从苏格兰的海滨沙地走向了地球上的各个角落，建造球场的土地从滨海到内陆，从低地到高原，从平原到山丘，从森林到沙漠，几乎涵盖了各种土地类型。高尔夫球场的传播过程始终伴随着人类对原始自然高尔夫运动场地的干预和改造过程。原来自然形成的蜿蜒起伏的草地，变成了模仿自然设计建造的草坪，原来自然生长的野草变成了人工培育的草种，原来依靠自然降水变成了依靠人工灌溉，原来草地靠羊啃食变成了各式现代化机械修剪，等等。

高尔夫球场之所以能在世界各地不同的气候条件和土地类型上得以兴建，最重要的就是三个方面的科技进步和工程能力，一是草坪草育种技术的进步，二是灌溉设备和设计技术的发展，三是各类草坪维护机械的研发及应用。一个高尔夫球场具备了完备的灌溉系统，只要灌溉水源和动力有保障，可以在任何气候条件和土地上兴建高尔夫球场。目前，找到完全依靠自然降水就能满足高尔夫球场草坪需水要求场地的可能微乎其微，但配置了完备灌溉系统就能兴建高尔夫球场的场地不可胜计。因此，灌溉系统就是高尔夫球场的标配，无论是降水稀少的北方地区，还是降水量多而年内分配不均匀的南方地区，兴建高尔夫球场就需要配置灌溉系统，管理高尔夫球场就包含灌溉系统和灌溉水的管理。

高尔夫球运动是一项草坪上的运动，一个 18 洞正规的能举办各类高尔夫赛事的球场占地面积在 80 hm² 以上，球场草坪区域分为果岭、球道、发球台、高草区四部分组成，这些草坪都需要定期修剪，适时灌溉。果岭、球道、发球台、高草区 4 部分组成的草坪面积一般占到球场总面积的 35% ~ 50%，也就是说需要配置灌溉系统的草坪面积近 30 ~ 40 hm²。球场内的其他功能区包括景观种植区、深草区(heavy rough)、沙坑边缘、河湖水岸地带、会所建筑等周边的绿地等，也需要提供灌溉保障。因此，高尔夫球场的灌溉系统是保障高尔夫运动的一项重要基础设施，球场灌溉系统的建设是球场建设投资的重要组成部分，球场灌溉系统设备及其灌溉运行是高尔夫球场用水管理的重要内容。

8.1.1.2 高尔夫球场喷灌的特点

高尔夫球场的喷灌与一般城市草坪绿地的喷灌相比具有以下特点：

(1)球场草坪灌溉需水量大

一个正规高尔夫球场中需要经常灌溉的草坪面积达到 30 ~ 40 hm²，由于高尔夫球运动对场地的特殊要求，球场草坪采用地埋式喷头的喷灌系统。虽然球场内的果岭、球道、发球台、高草区对喷灌的频率和需水量要求有所不同，但在干旱气候条件下都需要灌溉。假定草坪草的日耗水量 ET_a 为 5 mm/d，则 30 ~ 40 hm² 的草坪在用水高峰期一天的喷灌需水量就是 1 500 ~ 2 000 m³/d。由于草坪草根系浅，而且球场草坪土壤都是经过改良的砂性强的土壤，特别是按美国高尔夫球协会(USGA)果岭建造技术标准建成的果岭，透水性强，保水性差，这就需要高频率短周期的喷灌才能保证草坪草的正常生长。因此，高尔夫球场灌溉需水量较大，而且对灌溉保证程度要求也比较高。

(2)对灌溉的精细化要求高

高尔夫球场中果岭草坪、发球台草坪、球道草坪和高草区草坪具有不同的使用功能，这些区域选用的草种不同，草坪管理的精细化程度有别，对喷灌的要求自然也不同。一个 18 洞的场地一般有 20 个果岭(18 个果岭 + 1 个推杆练习果岭 + 1 个切杆练习果岭)，果岭净面积 1~1.4 hm²，不包括果岭区周围的草坪面积；发球台草坪面积与果岭面积基本相同；球道面积大约有 25 hm²，其余为高草区。这其中果岭喷灌的频率最高，在打球季节几乎每天要进行喷灌，喷灌的目的不仅仅是为草坪草提供生长所需要水分，还具有降尘增湿、消除凝露、调节果岭速度的作用。发球台和球道草坪喷灌频率略低于果岭，但仍然是球场中需要精细化管理的部分，对喷灌的要求不仅要适时、还需要精准适量的灌溉。

（3）喷灌系统自动化程度高

高尔夫球场喷灌系统与城市绿地灌溉系统相比，无论是喷灌设备，还是运行自动化程度都是最高的。有高尔夫球场专用的草坪喷头、带电磁阀的喷头，有球场专用喷头的可自由转向和伸缩的喷头连接管，有球场用的自动控制系统，有高尔夫球场专用泵站系统等等。有些情况下还增设了球场的降水、蒸发、气温、空气相对湿度、风力、风速和土壤相对湿度等灌溉决策参数的实时监测，使喷灌系统不仅自动化运行，而且加入了一定的决策支持系统，具有智能化灌溉的功能。高尔夫球场选用自动化甚至智能化喷灌系统的目的，首先，是由高尔夫球场草坪的使用功能决定的。高尔夫球场草坪是所有草坪中对管理养护要求比较高的一类运动草坪，球场草坪的品质会影响球场的运动功能，影响球场的运营收益。其次，球场草坪面积大，喷灌覆盖面也大，采用自动控制技术可以大大降低人力成本，还可以减少人工操作带来的随机性、误操作等问题，使喷灌系统严格按照设定的程序运行，可以节省灌溉用水量。

（4）喷灌系统操作灵活性强

尽管高尔夫球场采用了先进的自动化甚至智能化喷灌系统，但高尔夫球场的运动特点又要求球场的喷灌系统必须具备运行操作的灵活性。例如，某个球道上喷灌系统正在运行喷洒，但一组球员正好经过该球道，此时现场喷灌管理员就能及时关闭该球道上影响球员打球或通过的几组喷头，待球员通过球道，管理员又能及时打开这些关闭的喷头进行喷洒。这是高尔夫球场喷灌系统的特殊要求，既能按设定程序自动运行，又能随时人为中止和再运行。所以，即使自动化程度很高，球场喷灌系统运行过程中还需要现场管理人员实时监控和调整，使球场喷灌系统运行符合高尔夫球运动的要求。

8.1.2　高尔夫球场喷灌设计准备

8.1.2.1　球场总体规划

高尔夫球场喷灌系统的规划是在前期球场项目可研、总体规划、设计的基础上进行的。球场喷灌系统主要依据的规划包括：①高尔夫球场总体规划图及规划说明，其中主要了解球场总体规划定位、球场不同功能区的总体布局；了解球场的地形地貌、球道区分布、会所建筑、河湖水系、交通道路的规划布局；了解球场灌溉水源的类型、位置、可供水量、水质状况、取水方式以及电力保障等。②球场总体造型图，其中需要详细了解场地的地势起伏、高程变化、地面坡度等。③球场种植图，其中需要了解球场的自然景观和种植区域，明确喷灌系统应该控制的喷洒区域，包括果岭区、球道区、发球台、高草区的草种选择及空间布局，景观种植区的植物种类、种植方式及布局等。图 8-1 展示某球场草坪种植设计，图中明确了果岭、发球台、球道以及高草区的布局和各个部位的宽度尺寸。喷灌系统设计的主要依据就是种植设计图，从图中就能明确喷灌喷洒范围应当覆盖的区域。

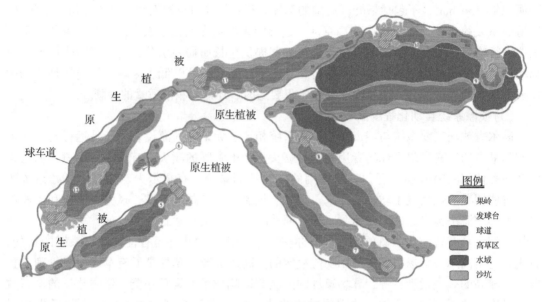

图 8-1　某球场草坪种植设计

8.1.2.2　球场用水量估算

（1）各功能区草坪面积

一般一个 18 洞球场的占地面积，因场地地形特点、球场设计定位、投资建设等条件，没有统一标准，并且差异很大。但根据各部分功能的要求，可以大致估算出各个功能区草坪的面积。表 8-1 举例说明了一个 18 洞球场不同功能区草坪面积的估算。

表 8-1　一个 18 洞球场草坪面积的估算

功能区类型	估算说明	面积/m²	占比/%
果岭	20 个果岭，平均 600 m²	12 000	4.22
发球台	与果岭面积相同	12 000	4.22
球道	平均宽度 25 m，球道总长 6 500 m	162 500	57.12
高草区	按球道面积的 40%估算	65 000	22.85
练习场	长 270 m × 宽 120 m	33 000	11.60
球场草坪面积合计		284 500	100

（2）各功能区草坪喷灌用水量

虽然不同草坪草种日耗水量有一定差别，草坪草的耗水量可以根据当地气象观测资料用理论公式计算出日耗水强度，但在球场喷灌系统设计时需要确定一个比较合理的设计耗水强度，并以此作为球场草坪喷灌用水量计算的依据。日耗水强度会随生长季节而变化，并且受到气象条件、草坪草种、草坪管理措施等多因素的影响。作为向草坪承担供水的喷灌系统，设计时需要一个固定的设计耗水强度值，一般选用草坪草耗水强度最高时段的日平均耗水量作为设计耗水强度。表 8-2 举例说明了一个标准 18 洞球场在需水高峰期日喷灌用水量的估算结果。表中结果只是球场各类草坪的日喷灌用水量，球场中还有景观树木、花草等等，在需水高峰期也需要浇水，因此，一个 18 洞球场在用水高峰期的每日平均灌溉用水量可达 1 500~2 000 m³/d，这就是喷灌系统设计应达到的供水能力。

表 8-2　一个标准 18 洞球场草坪日喷灌用水量估算

功能区类型	设计耗水强度/(mm/d)	面积/m²	灌溉需水量/(m³/d)
果岭	3	12 000	36
发球台	4	12 000	48
球道	5	162 500	813
高草区	6	65 000	390
练习场	5	33 000	165
合计		284 500	1 452

8.1.3　高尔夫球场喷灌系统选型

8.1.3.1　高尔夫球场喷灌系统的选型

高尔夫球场喷灌系统是由水源工程、加压设备、过滤装置、输配水管道系统、喷头以及自动控制系统等部分组成的一个整体。高尔夫球场一般都是地埋固定式喷灌系统，并采用自动控制。这种喷灌系统的特点是操作管理方便，实现自动化控制。

根据喷灌单元的控制方式分类：

（1）以电磁阀为控制单元的系统

以电磁阀为控制单元的系统是指一个喷灌单元设置一个电磁阀，通过控制这个电磁阀就可以控制这个喷灌单元上的全部喷头。一个喷灌单元一般包含 2~4 个喷头，这时电磁阀开启就会使这个单元的全部喷头都进行喷洒。

（2）以带电磁阀喷头为控制单元的系统

以带电磁阀喷头为控制单元的系统，因每个喷头都带有自己的电磁阀，一个喷头可以单独运行喷洒，也可以任意组合并用控制电缆线串联的两个或三个喷头进行喷洒。带电磁阀喷头因集成了喷头和电磁阀功能于一体，使喷洒区域的控制更加精准，但喷头价格会高于普通地埋式喷头，而且喷头安装过程中还要增加各个带阀喷头之间的控制电缆线。

根据自动控制的控制方式分类：

（1）多线控制系统

多线控制系统是传统的一种球场喷灌系统自动控制方式。一个分区控制器控制的每个电磁阀或带电磁阀喷头，都需要一根控制线与分区控制器连接。实际为两根电缆线，因控制线为 24 V 直流电，一正一负两根线，但负极电线可以在各个电磁阀之间串联共用。多线方式因每个电磁阀或带电磁阀喷头都与分区控制器相连，运行可靠，但控制线用量较多。

（2）双线控制系统

双线控制系统必须采用解码器控制。解码器与电磁阀或带阀喷头连接，一个解码器可控制 1 个或多个电磁阀或带阀喷头，控制电缆与解码器连接。从分区控制器到各个解码器只用一条控制电缆连接。这种方式只有一条控制电缆，但增加了很多解码器。这种方式的另一个优点是可以支持扩容。

（3）无线控制系统

无线控制系统是基于无线通信网络实现对喷灌系统的控制。无线控制系统为球场喷灌系统提供了便捷、精准的灌溉管理工具。

8.1.3.2　喷头选型

喷头选型就是针对高尔夫球场果岭、发球台、球道、高草区等不同功能区的草坪选择一款适宜的喷头，确定喷头的品牌、规格、型号，确定喷头的一个性能参数组合为设计工作参数。如喷头的工作压力、喷头流量、喷洒半径、喷灌强度以及喷洒形状等。即使同一系列的喷头，因喷嘴规格尺寸不同，也会有不同的流量、喷洒半径、工作压力及喷洒强度。因此，喷头选型就是要具体确定喷头的规格型号，并以此为依据，确定喷头的工作压力作为喷头设计工作压力。

高尔夫球场中，果岭草坪修剪高度低，养护标准高，喷头的喷洒强度不宜太大。同时，根据果岭喷头的布置方式，全圆喷洒选配全圆喷头，扇形喷洒选配可调喷洒角度的喷头。果岭喷头的喷洒半径也是喷头选型时的重要参数之一，果岭边缘布置的几个喷头必须对整个果岭面喷洒全覆盖，如果选择的喷头喷洒半径小，就会出现漏喷的干点。如果不能全覆盖，解决的办法一是需要调整果岭形状和尺寸，二是选择较大喷洒半径的喷头。

球道和高草区的喷头可以选择较大的喷洒半径和喷头流量，但是，如果球道及其周围高草区地面坡度较大，土壤透水性较弱，选用大流量喷头会造成对坡面的冲刷，易产生地表径流，对这些区域的草坪养护带来较大的挑战。因此，球道喷头选型可在果岭喷头选型的基础上，适当加大喷洒半径即可。发球台喷头可与果岭喷头一致，也可以采用球道喷头。总之，喷头选型型号不宜过多，相同型号的喷头在安装、维修等方面比较便利。

8.2　高尔夫球场喷头布置

高尔夫球场喷灌设计是从喷头布置开始的，当喷灌系统类型、球场中各部分喷头型号规格选定后，根据选定喷头的喷洒半径从图上将喷头布置在适当的位置上。球场各部分草坪的养护标准、设计草坪耗水量、地面坡度、形状等都有所不同，因此，球场的喷头布置就是针对球场各功能区分别安排确定喷头的位置。喷头布置主要针对果岭、发球台、球道和高草区进行，球场内其他需要喷灌的区域根据各球场的实际，可选择适宜的灌溉方式，选择与浇灌植物匹配的喷头类型及喷头布置，本节仅以高尔夫球场所共有的果岭、发球台、球道和高草区进行喷头布置。

8.2.1　果岭喷头布置

8.2.1.1　果岭的特点与喷灌

果岭喷头的布置一定要明确和理解果岭设计的内涵，包括果岭的大小、形状、周边沙坑及水域等障碍的配置、果岭面的起伏变化、果岭球员动线、养护机械动线等等，还要深刻理解果岭的景观美学设计内涵。果岭是高尔夫球场中最为精彩的部分，一个果岭及其周边的景观往往就是这个球场的名片，光滑、微地形起伏的果岭面与周围地形崎岖陡峭、错落有致、近乎直立的沙坑边壁，衬托出果岭作为一个球道上的视觉中心、作为球员运动目标的重要地位。果岭喷灌对于果岭及其周边景观的保养和维护具有重要作用，同时，果岭喷灌也有可能对打球带来一定影响。因此，高尔夫球场喷灌系统设计中果岭喷灌的合理设计对于球场管理是极为重要的。

实际上，果岭并不是一块简单的平面草坪，而是有一定起伏坡度的，果岭边缘有土丘，有沙坑，果岭处在这些高低起伏之间相对平坦的地面上，而且果岭无论是基层还是表面都有明确的边界。果岭边缘有一圈环绕果岭面的环形草坪，用于果岭剪草机修剪作业时的调头部位，待果岭修剪完成以后，剪草机沿果岭面调头部位环绕修剪一圈，使调头部位被扰乱的草纹经剪草机修剪、滚压就变得均匀、整齐。果岭环修剪高度介于果岭和果岭环之外的高草区之间，因此，也是果岭面向高草区的一个过渡带。果岭周围还有沙坑、水域、树林等打球障碍。此外，果岭与球道之间一般设有通道或动线，方便球员从球道进入果岭，再从果岭走向下一个球道的发球台。果岭设计还为养护机械进出预设了通道。

8.2.1.2　果岭喷头布置

（1）单喷头全圆喷洒

单喷头全圆喷洒就是在果岭周围每个喷头布置点位上设一个喷头，选用全圆喷洒方式，如图 8-2 所示。这种方式是比较传统的果岭喷头布置形式，其特点是果岭喷头用量少，一般一个果岭 4~6 个喷头；每个喷头喷洒的覆盖范围约有一半是果岭面以外的高草区、球道、沙坑等区域，这些区域选用的草种与果岭不同，甚至还有沙坑、水域等非植被地面，果岭面和这些区域的养护水平不同；一个果岭喷头同时向不同功能区喷洒，而且喷洒标准都是依据果岭喷灌要求，这样势必造成果岭区外围喷灌频率高、浪费水量，也对果岭区外围的草坪养护带来影响。

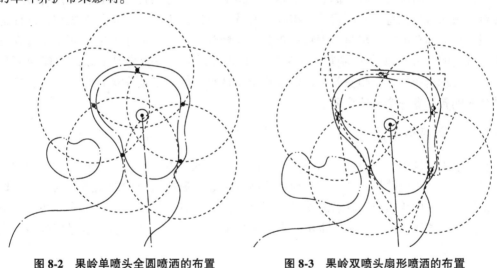

图 8-2　果岭单喷头全圆喷洒的布置　　　　图 8-3　果岭双喷头扇形喷洒的布置

（2）双喷头扇形喷洒

双喷头扇形喷洒就是在果岭周围每个喷头布置点位上设两个喷头，每个喷头都选用可调角度的扇形喷洒方式，也称双排喷头布置，如图 8-3 所示。在同一位置布置两个扇形喷洒的喷头，一个喷头喷洒果岭，一个喷头喷洒果岭外围的区域。由于果岭内外草坪的养护要求完全不同，果岭要求喷灌频率高，每次喷洒时间短，而果岭外围的高草区比果岭可以减少喷洒次数，每次喷洒时间适当延长。这就是双喷头扇形喷洒方式的优点，可以实现精准喷灌。

8.2.1.3　果岭喷头布置注意的问题

果岭喷头布置应注意以下问题：

①根据果岭面积的大小，一个果岭可布置4~6个喷头，最少也需要布置4个喷头。有经验的球场设计师，如果设计一个面积较大的果岭，为了使果岭边缘的喷头喷洒范围能覆盖大部分果岭面，常常将果岭形状设计成凹凸相间的圆滑曲线形状，喷头可以布置在凹形的边缘，这样就能保证喷洒覆盖大部分果岭面。

②喷头的位置不宜放在球道与果岭通道的中央，而应偏离通道布置在通道的两侧，因为球道与果岭之间的通道就是攻果岭的正常球门，喷头布置在两侧，可以减少喷头对攻球上果岭的干扰。

③果岭喷头一定要放置在果岭环的外侧，因为地埋弹出式喷头在喷水时压力水流对喷头周围的草有很大的冲刷作用，经常喷水会形成一个低洼点，这不利于果岭面的维护，也影响打球。

④由于果岭形状为不规则的曲线形状，要保证在果岭面上均匀喷洒，应尽可能将喷头布置得比较均匀。

8.2.2　发球台喷头布置

高尔夫球场中发球台的形状有长方形和近圆形等形状，发球台的总面积一般为400~600 m²，一个近圆形的发球台面积至少应有100 m²。发球台的特征和发球台的使用功能，发球台喷头布置应注意，不能将喷头布置在发球台边线以内，而是布置在发球台两侧边缘或边线以外的高草区内。尽量不把喷头布置在发球台击球方向的正前方，而是布置在发球台击球方向的后方，以减少喷头位置对球员视觉的影响。一般情况下如果发球台面积较小，每个发球台布置一个喷头就可以覆盖整个发球台，但为了使发球台喷洒均匀，应当在发球台两侧各布置一个或两个喷头。

8.2.3　球道喷头布置

在高尔夫球场中，球道（fairway）是主要的打球区域，也是球场中面积最大、养护要求高、景观最为优美的草坪。球道的喷灌也是高尔夫球场喷灌系统中面积最大的部分。球道具有蜿蜒流畅的曲线边界，跌宕起伏的表面地形，球道边界以外往往是高草区并向深草区或树林过渡，球道沙坑、水障碍也不时点缀在球道上，因此，球道喷头布置具有多样化的特点。

8.2.3.1　果岭前区喷头布置

从球道接近果岭的区域称为果岭前区（approach area），这里是许多球员选择的切球上果岭的区域，切球球痕多，草坪养护难度较大，如图8-4所示。这一区域的喷头布置既要避免对果岭交叉喷洒，避免果岭前区喷头将水喷洒到果岭面上，又不宜将喷头布置在切球区，以免对打球造成影响。

图 8-4　果岭前区的位置

8.2.3.2　球道喷头布置

球道喷头有多种布置方式，但最常见的就是等边三角形喷头布置方式，喷头间距控制在：

$$S = (1.0 \sim 1.2)R \tag{8.1}$$

式中　S——喷头间距，m；

　　　R——选用喷头的喷洒半径，m。

球道宽度如果比较窄，一般布置双排喷头就可满足球道喷灌要求，如图 8-5 所示。例如，球道选用喷头的喷洒半径 $R = 22$ m，喷洒覆盖比例选取 1.0，即喷头间距等于喷洒半径，则双排布置喷头可以控制的喷洒范围最大宽度达到 66 m。如果球道喷头为三排布置，喷洒宽度最大可达 88 m。三排布置实际上已经把球道两侧的高草区基本覆盖了。一般情况

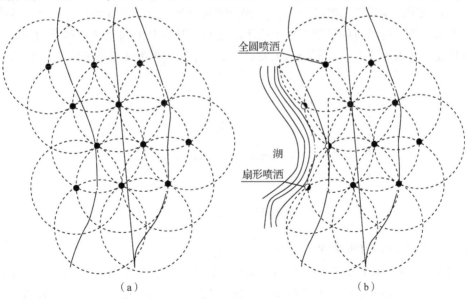

（a）　　　　　　　　　　　　　　　　（b）

图 8-5　球道喷头布置

（a）三排全圆喷洒；（b）双排全圆与扇形结合喷洒

下球道宽度均可用双排喷头进行完全覆盖，在球道两侧高草区较宽的情况下，如图 8-5(a)所示，可采用三排布置。采用双排喷头时，局部区域可增加一些喷头，如图 8-5(b)球道一侧紧邻湖岸，或大型沙坑等，这种情况下没有必要向水域沙坑喷洒，此时可以采用全圆喷洒与部分扇形喷洒相结合的喷头布置方式，以节省水量，并能保证球道喷洒的均匀性。

8.2.3.3 球道喷头布置应注意的问题

球道是高尔夫球场中喷头用量最多的部位。因此，在球道上布置喷头时应充分进行比较论证，力求选用最经济合理的喷头布置方式。在球道边缘有树林、灌木丛或孤立的大树时，喷头不应靠近树丛或树干，以避免树丛、树干阻挡喷洒水流影响喷洒覆盖度。如果球道边缘是水域、沙坑或其他不需要喷洒的地方，尽量使喷头的喷洒范围接近水域或沙坑边缘，而不要将喷头布置设在水域或沙坑边缘，以减少不必要的水量浪费。如果采用扇形喷洒，在水域或沙坑边缘可布置扇形喷头。

8.3 高尔夫球场喷灌管网布置

喷灌系统中的各级管道担负着向喷头供水的任务，各级管道按管径等级分为主管、干管、分干管、支管等，这些管道按一定的规则连接起来构成高尔夫球场的喷灌系统管网。

8.3.1 喷灌单元管道布置

喷灌单元是指在一个控制指令下这个单元上的喷头会同时工作或同时关闭，根据控制方式的不同有以电磁阀或手动阀控制的喷灌单元和以带阀喷头控制的喷灌单元两类。

8.3.1.1 电磁阀控制的喷灌单元

电磁阀或手动阀控制的喷灌单元，其管道的布置方式如图 8-6 所示，将多个喷头用支管串联起来，支管的进口处设置电磁阀或手动闸阀，开启电磁阀就能使单元内所有喷头工作。这种支管布置方式简单，便于施工安装，适合于大多数喷灌系统的喷头与支管的连接。

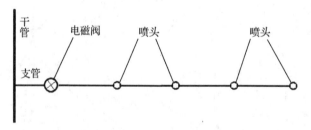

图 8-6 电磁阀控制的喷灌单元管道布置

8.3.1.2 带阀喷头组成的喷灌单元

喷头本身带有电磁阀，这样一个喷头就可以作为一个喷灌单元单独运行，也可以 2 个喷头组成一个喷灌单元。由于每个喷头可以独立运行与控制，带阀喷头与支管的连接方式可以是串联、并联、串并联组合的、或环形闭合的，并且在一个支管上连接的喷头数量也不受更多的限制，但同时运行的喷头数不宜超过 6 个，以图 8-7 为例，一个闭环内同时运

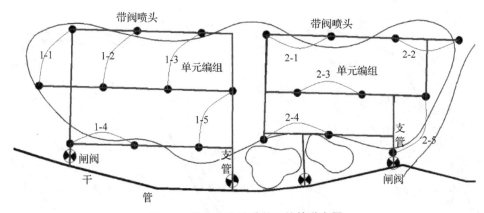

图 8-7　带阀喷头喷灌单元的管道布置

行的喷灌单元不超过 3 个。支管进水端需要设置一个常开阀，仅作为支管与喷头系统的隔离，用于检修支管上出故障的喷头。

8.3.2　支管的布置

8.3.2.1　果岭支管

　　果岭喷头的供水应从附近的干管或分干管上引水，根据选用喷头的类型可以采用不同的支管连接方式。如果采用电磁阀控制的喷灌单元，果岭喷头至少用 2 组支管供水，而不能把全部喷头串联起来。如果采用带阀喷头，如图 8-8 所示，图中果岭有 4 组双喷头布置，每个喷头都是带电磁阀的，这种情况可以用环形支管串联所有喷头。果岭喷灌单元可以是一个喷头单独工作，也可以两个喷头同时工作，主要取决于喷灌单元的控制线控制方式。从干管引水的一般要设两个进口，每个支管进口处设置手动闸阀。另外，为了保证果岭及其周围临时用水或人工补充浇水，在果岭喷头的支管上应设置快速取水阀，其位置应在支管手动阀之前，以保证果岭喷头维修时手动阀关闭的情况下可从快速取水阀人工洒水。

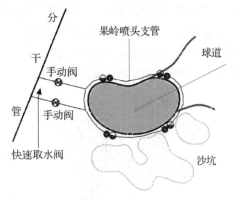

图 8-8　果岭带阀喷头支管连接方式

8.3.2.2　球道支管

　　球道喷头与支管的连接方式与喷头类型及性能有关。普通不带电磁阀的喷头，一条支管最多不超过 4 个喷头，带阀喷头可以多于 4 个。电磁阀喷灌单元球道喷头与支管的连接方式常采用枝状管网，如图 8-9 所示，这种方式管线直，管件用量少，施工安装方便。

　　带电磁阀喷头的支管可以做成环形管网，如图 8-10 所示，这种方式双向供水，减少了支管系统的水头损失，使管网内各个工作的喷头压力变化比较小，有利于喷灌均匀性的提高。由于实现了闭环管线，会增加一定的支管用量。

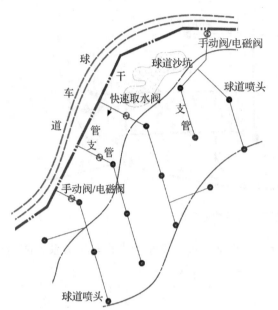

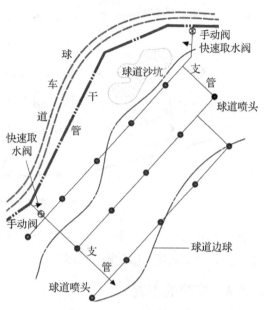

图 8-9　电磁阀控制的喷灌单元喷头与支管的连接方式——枝状管网

图 8-10　带阀喷头的喷灌单元喷头与支管的连接方式——环形管网

8.3.2.3　喷头与支管的连接

高尔夫球场草坪喷头与支管的连接(图 8-11),需要一个专用接头,即喷头连接管(swing joint),也称喷头提升/沉降管。这种连接管的两端分别采用了具有止水功能的铰接头,可以在一定角度内自由旋转。从支管三通接口处成 90°连接的接头可以上下旋转一定角度,这样就可以提升或沉降喷头,达到调节喷头位置高低的目的。

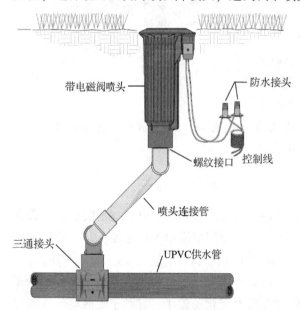

图 8-11　喷头与支管的连接

8.3.3　主、干管道的布置

高尔夫球场喷灌系统主、干管道布置一般应遵循如下原则:

①主、干管道的走向、位置应当与供水量大而集中的区域的走向相匹配,尽量使主、干管道到集中用水区的距离最短。

②高尔夫球场喷灌系统的主、干管道,宜布置成环形管网。

③干管布置尽可能与球道走向一致,以便于球道喷灌支管的连接,并可以缩短支管的布设长度。

④主、干管道尽量避免在高级路面或重要道路下布设,且管道在道路下的埋深应符合地下管线综合设计要求。

⑤主、干管线的转折角以弯头管件的规格为依据，不能小于 90°转折，尽可能扩大转折角，以便使管道平直顺畅，便于施工安装。

⑥主、干管线上必须布设必要的隔离阀、自动空气阀、排水阀、冲洗阀等控制设备，以保证管线运行安全且便于检修。

⑦在寒冷地区，主干管线应铺设在冻土层以下，或在冬季具备有效排空管道余水的设备，如排空阀、空气压缩机等。

8.4　球场喷灌系统运行与控制

8.4.1　轮灌组的划分

高尔夫球场喷灌系统覆盖的面积大，其中又有不同的功能区，如果岭、球道、发球台、高草区等不同的功能区域。球场喷灌系统的运行就是根据不同喷洒区域的灌溉要求，划分轮灌组进行分组轮灌。

8.4.1.1　一次喷洒时间

根据球场不同功能区草坪的设计耗水强度和选用喷头的喷灌强度，可以计算出每天需要喷洒的时间，即：

$$t = \frac{ET_a}{I} \tag{8.2}$$

式中　t——喷洒面积上每天需要的喷洒时间，h/d；

ET_a——草坪设计耗水强度，mm/d；

I——平均喷灌强度，mm/h。

计算时对球场不同功能区的草坪，选用平均耗水强度作为草坪设计耗水强度；用各功能区喷头组合的喷灌强度作为平均喷灌强度。计算结果作为每天喷洒时间的最大值用于草坪喷灌的管理，如果每天喷洒两次，则两次喷洒时间的总和不应超过计算值。

8.4.1.2　轮灌组数

轮灌组的划分主要考虑球场喷灌系统日运行时间。高尔夫球场喷灌系统日工作时间往往因球场的运动功能要求，一般分为两段：清晨和傍晚。实际上这两个时段也是进行喷灌最佳的时段。清晨喷灌，这时球场还未开场，完全按自动控制程序运行，不会因运动而临时人为中断。清晨喷灌，气温低、风速小，喷洒水分蒸发飘散损失小。同时，清晨喷灌还可以淋洗夜晚在草坪草枝叶上凝结的露水，为球员运动提供舒适和清新的场地。傍晚喷灌就是球场运营一天结束以后进行场地的喷灌和养护。由于球场运行的特点，将喷灌系统工作时间划分为两个时间段，两段时间的工作时长主要考虑球场喷灌系统运行管理人员的法定工作时间。一般情况下喷灌系统日工作时间不能超过 8 h。球场划分的轮灌组数为：

$$N = \frac{60T}{t} \tag{8.3}$$

式中　T——喷灌系统日运行时间，h/d；

t——每日喷洒时间，min/d；

N——喷灌系统运行轮灌组的数量(取整数),个。

例如,一次喷洒时间为 15 min,喷灌系统日工作时间为 8 h,则

$$N = \frac{60T}{t} = \frac{60 \times 8}{15} = 32 \text{ 个}$$

这就是说,每个轮灌组每天运行 15 min,32 个轮灌组轮灌一遍需要 8 h。

8.4.1.3　轮灌组数控制的喷头数

在球场喷头布置中已经确定了各个喷头的位置,全场选用的喷头总数就是确定的。如果全场选用了果岭喷头和球道喷头两类喷头,喷头总数除以轮灌组数即为每个轮灌组控制的喷头数。由于球场喷灌系统采用分组轮灌的运行方式,喷灌系统按轮灌组的编排顺序逐一轮流喷洒,因此,每个轮灌组控制的喷头数就是在同一时段运行喷头数的最大值,喷灌系统的设计流量就是基于此计算的。

例如,全场布置了 1 480 个喷头,划分了 32 个轮灌组,平均每个轮灌组控制的喷头数等于 46.25 个,取整为 46 个,少部分轮灌组控制 47 个喷头。

8.4.2　轮灌组流量计算

8.4.2.1　轮灌组的流量

在喷头选型时,已经确定了喷头的规格型号,确定了喷头的设计流量。在喷头布置时,根据设计的喷洒半径对球场各个功能区进行了喷头布置,确定了不同规格型号的喷头数量。由此,根据流量供需平衡的原则,一个轮灌组所有喷头的流量为:

$$Q = nq \tag{8.4}$$

式中　Q ——轮灌组总流量,m³/h;

　　　q ——喷头流量,m³/h;

　　　n——一个轮灌组控制的喷头数,个。

如果一个轮灌组内有两种规格的喷头,例如果岭喷头和球道喷头,则一个轮灌组的流量就是

$$Q = n_1 q_1 + n_2 q_2 \tag{8.5}$$

式中　Q ——轮灌组总流量,m³/h;

　　　q_1——果岭喷头流量,m³/h;

　　　n_1——一个轮灌组控制的果岭喷头数,个;

　　　q_2——球道喷头流量,m³/h;

　　　n_2——一个轮灌组控制的球道喷头数,个。

8.4.2.2　喷灌系统设计流量

轮灌组控制的喷头数确定后,轮灌组的总流量就是同一时段喷灌系统的总流量。在设计阶段,这个总流量就是喷灌系统的设计流量,如果没有其他用水需求的情况下,这个流量就是喷灌系统泵站水泵选型的流量。

例如,选用的球场喷头流量为 6 m³/h,一个轮灌组控制 47 个喷头,轮灌组的总流量就是 282 m³/h。

一个标准 18 洞球场在需水高峰期根据不同功能区草坪的日耗水强度和需要喷灌的草坪

面积，也可以估算出需水高峰期喷灌用水量。

例如，一个 18 洞球场根据草坪面积的大小在用水高峰期的喷灌用水量可达 1 500～2 000 m³/d。如果喷灌系统日工作时间为 6 h/d，则喷灌系统泵站的供水能力应达到 250～300 m³/h。如果喷灌系统日工作时间为 8 h/d，喷灌系统泵站的总流量应达到 187.5～225 m³/h。

一般一个 18 洞高尔夫球场的喷灌泵站由 3 台流量均为 100 m³/h 左右的水泵组成泵站机组，系统最大供水流量可达 300 m³/h。

8.4.3　编组与控制

8.4.3.1　喷灌单元编组

带电磁阀的喷头，每个喷头可以是一个喷灌单元，也可以 2～3 喷头组成一个喷灌单元。在划分轮灌组时需要将同一喷灌单元的喷头划分到同一个轮灌组内，即一个轮灌组包含若干喷灌单元，每个喷灌单元包含若干个喷头。

图 8-12 为采用带阀喷头的球场喷灌单元编组示意图，每个喷头为一个喷灌单元，图中球道部分的控制站为 10#，球道喷灌编号 45～58，加上 4 个果岭向外的喷头，共 18 个喷灌单元。果岭控制站为 G10#，每个喷头为一个喷灌单元，共 4 个喷头。

根据图中各个喷灌单元的分布，编制的轮灌组为：

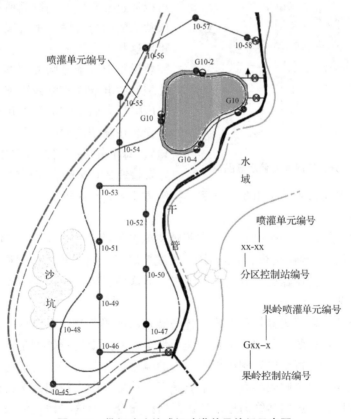

图 8-12　带阀喷头的球场喷灌单元编组示意图

①果岭 4 个喷头分 2 组，每组 2 个喷头，即 2 个喷灌单元同时喷洒；分别是 G10-2 和 G10-4 为一组，G10-1 和 G10-3 为一组；

②果岭向外喷洒的 4 个喷头分 2 组，每组 2 个喷头，编组顺序同上；

③球道部分 8 个喷头分 2 组，每组 4 个喷头，分别是 10-46、10-47、10-49、10-50 为一组，10-51、10-52、10-53、10-54 为一组；

④高草区部分 6 个喷头分 2 组，每组 3 个喷头，分别是 10-45、10-48、10-55 为一组，10-56、10-57、10-58 为一组。

根据编组计划，在对 10#分区控制站编程时，按顺序编写喷灌单元代码即可进行自动运行。

8.4.3.2 喷灌自动控制

高尔夫球场喷灌系统的自动控制，由中央控制器控制各个分区控制器以及喷灌泵站的启闭和流量、压力检测，通过通讯电缆将各个分区控制器连接起来，实现从中央控制器到各个分区控制器之间的通讯。

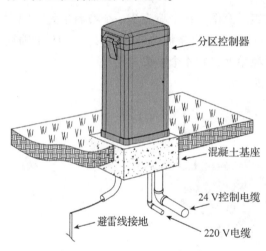

图 8-13　分区控制器安装示意图

分区控制器负责球场中一定区域上的电磁阀或带阀喷头的控制。分区控制器的容量，或控制模块决定了它的控制能力，分区控制器容量大，控制的电磁阀就多。分区控制器可以通过控制面板编制其所控制电磁阀或带阀喷头的运行程序，也可以随时人工中断或重启这些程序的运行。一个 18 洞的球场一般需要设置十多个分区控制器，数量过少就会使控制的电磁阀控制线距离太长，导致线路电压降过大而影响运行的可靠性。分区控制器安装在球道高草区以外的露天位置（图 8-13），每个分区控制器都要求做好避雷接地，并要接通 220 V 的工作用电。

分区控制器与带阀喷头或电磁阀之间的控制方式主要有两类：

（1）多线控制

多线控制方式，即每一个电磁阀或带阀喷头的控制线（一般为 24 V 直流）分别接入分区控制器，控制线的回路（负极）可以共用一根线串联各个电磁阀或带阀喷头接入分区控制器。由此可见，分区控制器处控制线根数很多，但这种控制方式运行可靠。

（2）双线控制

双线控制方式，即解码器控制方式。解码器是由解码芯片、过电压保护装置等组成的一个电子元器件，可以防水防蚀，可直接埋于地下。实际上解码器就是一个开关，按照指令开启或关闭电磁阀。每个电磁阀或带阀喷头的编号实际就是一个地址编码，解码器与其控制的电磁阀相连，每个解码器都有一个或是多个地址，中央控制系统或分区控制器根据编制好的运行程序，通过信号线向地址传送开启的命令，给这些地址传来一个数字信号激活地址，解码器的电流就通向电磁阀，这个电磁阀即可开启或关闭。

8.5　球场喷灌水力计算及水泵选型

8.5.1　喷灌系统的流量和压力

8.5.1.1　喷灌系统总流量

前已述及，经过喷头选型，确定了果岭、球道等不同功能区喷头的规格型号，并确定了喷头相应的设计参数，包括喷洒半径、喷头流量、工作压力以及喷洒强度等指标。同时，通过轮灌组的划分，确定了喷灌系统日工作时间、轮灌组数、每个轮灌组内喷头数、每个轮灌组一次喷洒的时间等。喷灌系统总流量等于一个轮灌组内所有喷头流量的总和。

喷灌系统的总流量就是泵站系统选择水泵的总流量。应选取喷头数最多的一个轮灌组计算喷灌系统总流量。如果选择的球道喷头和果岭喷头流量差别不大，可以用较大的球道喷头流量和轮灌组喷头总数估算喷灌系统最大流量。

8.5.1.2　喷灌系统水头损失

（1）电磁阀控制的喷灌单元

高尔夫球场喷灌系统中电磁阀控制的喷灌单元支管的连接方式，主要有三种，分别是串联支管单元、并联支管单元及环形支管单元，串联支管单元水力计算简图如图 8-14 所示，并联支管单元水力计算简图如图 8-15 所示。考虑到球场喷灌单元支管与电磁阀的配套，支管一般选用 DN63 规格的 PVC 供水管，与之配套的闸阀为 D50。因此，在支管管径确定的条件下，无论哪种喷灌单元支管连接方式，在这个单元支管上同时工作的喷头数不宜过多，否则会导致支管水头损失增大。

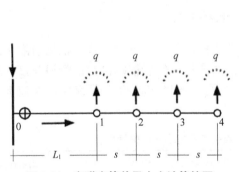

图 8-14　串联支管单元水力计算简图

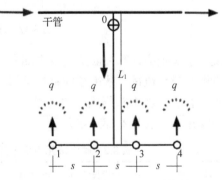

图 8-15　并联支管单元水力计算简图

（2）带阀喷头组成的支管环形管网

球场喷灌系统中环形支管单元必须是带阀喷头所组成，一个带阀喷头可以单独喷洒，在喷头编组时可以作为一个喷灌单元。但由多个带阀喷头组成的支管环形管网内，同时喷洒的喷头数不宜超过 6 个，如图 8-16 所示，同时打开 4 个喷头喷洒。如果一个支管环形管网内同时喷洒的喷头数量过多，就会增大支管的水头损失，造成环形支管单元内的压力差增大。

喷灌单元支管的沿程水头损失计算公式用《喷灌工程技术标准》（GB/T 50085—2007）水

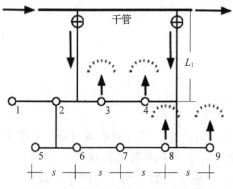

图 8-16　环形支管单元水力计算简图

头损失计算公式，局部水头损失按沿程损失的 10%~15%估算。

高尔夫球场喷灌系统中有众多的喷灌单元支管，在支管水力计算时可选取一个典型的支管单元进行计算，没有必要对全部的支管单元进行计算。一个有经验的设计者在进行管网布置时就会将喷灌单元的布置尽可能模式化，即各单元的大小、布置样式尽量相同或相似，这为后期的水力计算选取典型单元创造了条件。

【例题 14】

一电磁阀控制的球道喷灌单元，安装 6 个喷头，喷头选型参数为：喷洒半径 22 m，喷头流量 6.1m³/h，喷头工作压力 0.55 MPa，喷灌单元支管布置为串联喷头，支管选用 DN63 mm 压力等级 1.0 MPa PVC 管，壁厚 3 mm。喷灌单元支管布置如图 8-17 所示，支管进口到第一个喷头的管段长度 $L_1 = 44$ m，喷头间距 22 m。

分别计算支管单元上布置 6 个喷头、5 个喷头和 4 个喷头时管段的沿程水头损失、支管总水头损失，并分析喷灌单元喷头数量对支管水头损失的影响。

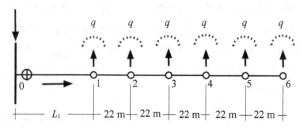

图 8-17　喷灌单元支管布置

支管水头损失计算一般从支管末端向进口端逐段进行，计算时，首先根据喷灌单元支管布置图和喷头流量，从末端向首端推算各管段的流量，然后根据已知的管段长度、管道内径计算管段沿程水头损失，再将管段沿程水头损失逐段相加得到支管的总沿程水头损失。计算过程见表 8-3~表 8-5 所列。

表 8-3　喷灌单元串联支管 6 个喷头工作的水头损失计算表

管段	喷头流量/(m³/h)	管段长度/m	管段流量/(m³/h)	管道内径/mm	管段沿程损失/m	累计沿程损失/m
5-6	6.1	22	6.1	57	0.22	0.22
4-5	6.1	22	12.2	57	0.74	0.95
3-4	6.1	22	18.3	57	1.51	2.46
2-3	6.1	22	24.4	57	2.51	4.97
1-2	6.1	22	30.5	57	3.72	8.69
0-1	6.1	44	36.6	57	10.28	18.97

表 8-4　喷灌单元串联支管 5 个喷头工作的水头损失计算表

管段	喷头流量/(m³/h)	管段长度/m	管段流量/(m³/h)	管道内径/mm	管段沿程损失/m	累计沿程损失/m
4—5	6.1	22	6.1	57	0.22	0.22
3—4	6.1	22	12.2	57	0.74	0.95
2—3	6.1	22	18.3	57	1.51	2.46
1—2	6.1	22	24.4	57	2.51	4.97
0—1	6.1	44	30.5	57	7.45	12.41

表 8-5　喷灌单元串联支管 4 个喷头工作的水头损失计算表

管段	喷头流量/(m³/h)	管段长度/m	管段流量/(m³/h)	管道内径/mm	管段沿程损失/m	累计沿程损失/m
3—4	6.1	22	6.1	57	0.22	0.22
2—3	6.1	22	12.2	57	0.74	0.95
1—2	6.1	22	18.3	57	1.51	2.46
0—1	6.1	44	24.4	57	5.02	7.48

计算结果分析：

表 8-3 计算的 6 个喷头的支管总沿程损失 18.97 m，如果考虑局部损失占沿程损失的 10%，则支管总水头损失为 20.87 m。选定喷头的工作压力 0.55 MPa，即 55 m 水头。支管总水头损失占喷头工作压力的比例达到 38%。表 8-4 为 5 个喷头的支管总沿程损失 12.41 m，考虑局部损失，支管总水头损失为 13.65 m，支管总水头损失占喷头工作压力的比例 25%。表 8-5 为 4 个喷头的支管总沿程损失 7.48 m，考虑局部损失后支管总水头损失为 8.23 m，支管总水头损失占喷头工作压力的比例 15%。

上例表明，如果支管单元中支管水头损失在喷头压力中的占比过大就会造成支管单元上各个喷头喷洒水量不均匀。因此，一般情况下，无论是哪种支管连接方式，一个支管单元内同时工作的喷头数不宜超过 4 个，在特定条件下不多于 6 个。

（3）主、干管水头损失估算

高尔夫球场喷灌系统主、干管网大多布置成环形管网，这是借鉴市政供水管网的布置方式。环形管网的优点是供水安全，当管路某处发生故障时，环形管网停水的范围小，缺点是管线长，建设投资较高。树枝形管网线路较短，投资低，但供水安全性较差。

干管内径对水头损失的影响很大，在确定主、干管道各段的直径时，就应考虑管道水头损失的大小。表 8-6 是根据《喷灌工程技术规范》（GB/T 50085—2007）计算了 4 种用于喷灌系统主、干管道在不同流量时的管道流速及单位管长水头损失。表中管道流速过高的部分未显示，因为喷灌系统主、干管道的平均流速小于 2.0 m/s 以内属于经济流速的范围。

常用的高尔夫球场喷头，其平均流量按 6 m³/h 考虑，从表 8-6 中可以看出：

①DN110 管道适宜输送的流量应小于 45 m³/h，相当于在向 7~8 个喷头输送流量，此时的管内流速 1.58 m/s，单位管长的沿程损失 0.022 6 m/m。

②DN160 管道适宜输送的流量应小于 90 m³/h，相当于在向 15 个喷头输送流量，此时的管内流速 1.46 m/s，单位管长的沿程损失 0.012 3 m/m。

③DN200 管道适宜输送的流量应小于 150 m³/h，相当于在向 25 个喷头输送流量，此时

表 8-6　1.0 MPa PVC 给水管道流速及单位管长水头损失速查表

公称外径/mm		110		160		200		250
内径/mm		100.4		147.6		184.6		230.8
壁厚/mm		4.8		6.2		7.7		9.6
流量 /(m³/h)	流速 /(m/s)	单位管长水头损失/(m/m)	流速 /(m/s)	单位管长水头损失/(m/m)	流速 /(m/s)	单位管长水头损失/(m/m)	流速 /(m/s)	单位管长水头损失/(m/m)
30	1.05	0.011 0	0.49	0.001 8	0.31	0.000 6	0.20	0.000 2
60	2.11	0.037 7	0.97	0.006 0	0.62	0.002 1	0.40	0.000 7
90			1.46	0.012 3	0.93	0.004 2	0.60	0.001 5
120			1.95	0.020 4	1.25	0.007 0	0.80	0.002 4
150					1.56	0.010 4	1.00	0.003 6
180					1.87	0.014 4	1.20	0.005 0
210					2.18	0.018 9	1.40	0.006 5
240							1.59	0.008 3
270							1.79	0.010 2
300							1.99	0.012 3

的管内流速 1.56 m/s，单位管长的沿程损失 0.010 4 m/m。

④DN250 管道适宜输送的流量应小于 240 m³/h，相当于在向 40 个喷头输送流量，此时的管内流速 1.59 m/s，单位管长的沿程损失 0.008 3 m/m。

据此，我们可以根据选取的典型轮灌组同时工作的喷头分布，推算各主、干管管段流量，再推算出主、干管道的流量，根据流量参考表 8-6 选定各干管和主管的管径。再根据各个管道的铺设长度，用单位管长水头损失确定该管段的沿程水头损失。选择最大水头损失的干管与主管水头损失相加，考虑局部水头损失扩大 1.1 的系数，即为主干管道的沿程水头损失。

从上述推算过程我们可以看出，球场喷灌系统一个轮灌组内包含的喷头数不超过 40 个为宜，这样喷灌系统的主管道直径就可以控制在 DN250 以内。

（4）喷灌系统管路总水头损失

高尔夫球场喷灌系统管路的总水头损失就是主、干管水头损失和单元支管水头损失两部分之和。

8.5.1.3　喷灌系统总压力

（1）喷头设计工作压力

喷头工作压力的变化就会带来喷洒半径的变化和流量的变化。因此，选择喷头实际就是要选定喷头的工作压力以及该压力下的喷洒半径和喷头流量。选定的喷头工作压力就作为喷头设计工作压力。

（2）地形高差增加或减少的压力

高尔夫球场喷灌系统从水源泵站到球场内各个用水点之间因地形高差会增加或减少用水点处喷头的实际工作压力，只要喷头所在点位高于水源泵站进水池水平面，其管路总体为上坡；喷头所在点位低于水源泵站进水池水平面，其管路总体为下坡。因地形高差而增加或减少的压力，数值等于两点之间的高差。

（3）喷灌系统总压力

喷灌系统需要的总压力 H 为

$$H = H_d + \Delta H_W \pm \Delta Z \tag{8.6}$$

式中　H_d——喷头设计工作压力，m；

　　　ΔH_W——喷灌系统管路总水头损失，m；

　　　ΔZ——地形增加或减少的压力，m，上坡管线为正，下坡管线为负。

一般高尔夫球场水源泵站位于球场的最低处，相对于各个轮灌组喷头的位置均为上坡，因此，应考虑因地形高差增加而减少的压力。

8.5.2　喷灌水泵选型

8.5.2.1　水泵选型依据

通过喷灌系统工作制度的制定和管道系统水力计算，确定了喷灌系统总流量和总工作压力，据此就可以选择符合总流量和总压力要求的水泵及其机组。

（1）喷灌系统总流量和水泵流量

高尔夫球场喷灌系统一般由若干台水泵联合工作以满足喷灌系统总流量的要求。因此，选配的水泵流量加起来应大于等于喷灌系统总流量。

（2）喷灌系统总压力与水泵扬程

水泵扬程是指水泵能够提水的高度。在一般情况下，离心水泵的扬程以泵轴线为界分为两部分，一部分是在泵轴线以下，从进水池水面到水泵轴线之间的高度，称为吸水扬程；另一部分是在泵轴线以上水泵提供的压力水头，即水泵的压水高度，称为压水扬程。各台水泵联合工作的总扬程应大于等于喷灌系统总压力水头。

8.5.2.2　水泵的类型

选择水泵的原则主要是，使所选泵的形式和性能符合系统总流量和总压力的要求。同时，机械性能可靠、噪声低、振动小。经济上也要综合考虑设备费、运转费、维修费和管理费的总成本最低。一般高尔夫球场喷灌用水泵，大多选用立式多级长轴离心泵。

立式长轴多级潜水泵结构如图 8-18 所示，这种水泵主要由电动机、潜水泵、联结电动机和潜水泵的泵轴、泵管等组成。水泵潜在水中，通过长轴将电动机的动力传递给水泵泵轴，带动离心泵的叶轮旋转，通过离心力将水压入出水管。水泵的长轴在泵管中心，水泵的吸水口设有滤网。这种水泵由于泵管直径有限，要想获得一定的扬程就需要增加

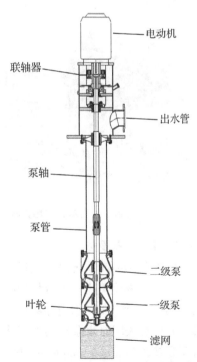

图 8-18　立式长轴多级潜水泵结构示意图

泵的级数。多级泵相当于水泵的串联，串联情况下泵的流量不会增加，但逐级加压使泵的扬程增加。

这种泵在高尔夫球场喷灌中使用比较多，其特点是可靠性好，寿命长，效率高，维护费用低。这种泵的使用条件是泵体潜入水中，电动机在水面以上。

8.5.2.3　水泵的组合

高尔夫球场喷灌系统的总流量，要用一台水泵来满足系统总流量几乎是不可能的。球场喷灌系统采用多台水泵组合的形式。选择水泵时，几台单泵的流量相加应当等于或略大于喷灌系统的总流量，据此就可以确定选用水泵的台数。例如，喷灌系统总流量为 290 m³/h，可选择 3 台单泵流量 100 m³/h 的水泵，3 台泵组成一个泵站机组。球场泵站内单台水泵实施并联，即单台水泵的出水口并入一个总出口形成并联运行，并联水泵组的流量就是各个单泵流量之和，但水泵扬程保持单泵的扬程。

由于高尔夫球场喷灌系统流量较大，喷头启闭频繁，一般选用 3 台大泵并配 1 台小泵并联运行。3 台大泵平时非满负荷运行时可以有 1 台备用，小泵可供临时用水时使用。一般大泵效率高于小泵，也可以只选 3 台大泵。

8.5.3　球场喷灌泵站

8.5.3.1　集成式泵站

高尔夫球场喷灌泵站往往选用集成式泵站，这种泵站采用潜水式水泵，即水泵潜入水中，电动机置于地面，采用长轴联结电机与水泵，并且将选定的水泵集成为一个整体，图8-19 为高尔夫球场集成式泵站。

图 8-19　高尔夫球场集成式泵站

集成式泵站一般结构紧凑，泵站占地面积小；电机选型与水泵配套，机泵运行效率高；采用变频控制技术，运行比较节能；设备连接紧密，自动化程度高，可远程控制。集成式泵站设备集成在泵站机座上，泵站建设只需按要求建好集水井及机座基础，安装集成式泵站比较容易。集成式泵站的安装剖面和平面布置如图 8-20 和图 8-21所示。

8.5.3.2　泵站控制设备

高尔夫球场喷灌系统完全实现了自动控制，但实际运行中喷头的启闭仍然具有很多的随机性，有时需要关闭一定数量的喷头，有时需要开启一些喷头，这就导致系统流量和压力的波动，所以，在高尔夫球场喷灌系统中，常常采用变频调速控制器，以适应喷灌系统中喷头开启和关闭时水泵压力的变化。

变频技术(variable frequency drive，VFD)是通过改变电机工作电源的频率，来控制电动机转速的控制设备。在应用中，如果临时开启了一组喷头，喷灌系统需要增大流量，此

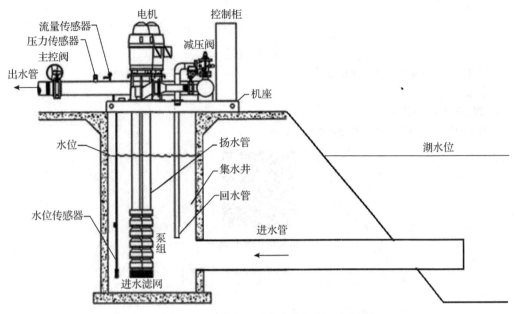

图 8-20　集成式泵站的安装剖面示意图

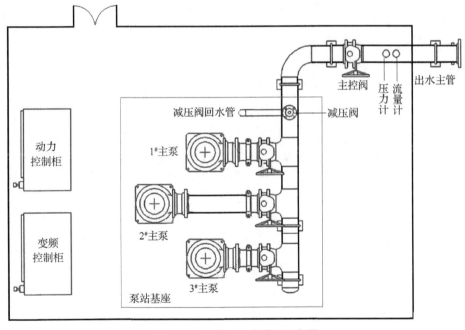

图 8-21　集成式泵站的平面布置

时通过变频器将电源频率调高，促使水泵电机转速增大，最终使水泵流量增加；如果突然关闭若干喷头使系统流量减少，变频器将电源频率调低，减小电机转速，促使水泵流量减小。因此，变频器在球场喷灌系统的稳定运行中发挥了重要作用。目前，高尔夫球场喷灌系统泵站控制设备中变频器是必须配套的设备。

思考题

1. 果岭上配置双喷头有什么优缺点？
2. 什么是喷灌单元？
3. 如何确定干管的直径？
4. 高尔夫球场泵站为什么要采用多水泵组合？

高尔夫球场喷灌概览

第 9 章

地下滴灌技术在草地中的应用

滴灌技术是当今最为节水高效的灌溉技术。节水是因为滴灌将水以水滴的方式滴到植物根区的土壤中，滴灌水量小，仅仅湿润植物根区的土壤，根区以外的土壤保持干燥，是一种局部灌溉。高效是因为滴灌给植物供水是以最接近植物需水过程的方式供水，不仅满足了植物生理过程对水分的需求，而且提高了产量，改善了品质。滴灌根据其灌水方式的不同分为地面滴灌和地下滴灌技术两类，地面滴灌是将滴灌灌水器及供水管道铺设在地表，将灌水器配置到植物根区附近的灌水方式，这种方式给人直观的印象就是地面上管道很多，有可能影响地面上的田间管理、耕作收获等作业；地下滴灌是将滴灌灌水器及供水管道都埋入地表以下一定深度，将灌水器配置到植物根区土壤中，滴灌水通过灌水器以滴渗的方式进入土壤，这种方式由于将滴灌管道及灌水器埋入土壤，不影响地面上的田间管理及收获活动，但需要将滴灌管道及灌水器埋入地下，会增加滴灌安装费用。如果出现滴灌管道漏水、灌水器堵塞等情况不容易发现。总之，滴灌节水是最主要的优点，在水资源比较匮乏的地区滴灌技术的优势就比较明显，至于采用地面滴灌或者地下滴灌，主要取决于所灌溉的植物种类最适合哪种方式以及所灌溉植物的经济收益与灌溉成本之间的权衡。

无论是以草产量为目标的人工草地，或是以运动或景观为目标的草坪，都需通过灌溉系统为植物生长提供适当的水量，这样才能获得预期的产量或理想的使用功能。草地植物多年生、密植的特点，采用地下滴灌技术将水分直接渗透在植物根系土壤中，有利于草地植物对水分和营养的吸收，保持草地植物的健康生长，同时地下滴灌减少了地面水分损失，提高了水分利用效率，达到节水的目标，并且有利于减少杂草。在干旱、水资源缺乏地区推广草地地下滴灌技术是现代草业及生态城市草坪的必然选择。因此，本章重点论述滴灌技术的组成、设备材料、滴灌系统规划设计方法、滴灌系统管道水力计算以及地下滴灌在草地中的应用。

9.1 滴灌及地下滴灌技术

9.1.1 滴灌技术简介

滴灌技术由于滴水流量小，几乎等于植物蒸散消耗的速度，从而最大限度地减少了水分的损失，几乎没有地表径流，深层土壤的渗漏、土壤蒸发损失也很小。滴灌（图 9-1）不仅可以给植物输送水分，还可以将肥料与水混合用滴灌方式直接供到植物根部，使肥料的利用率大大提高。滴灌系统中最关键的滴水装置称为灌水器或滴头（emitter），将滴头放置在靠近植物根区的地方，以水滴的形式给植物供水。因此，滴灌实质上是一种低流速、低

图 9-1　滴灌

压力、滴灌时间长、滴灌频率高的灌水方式。根据滴灌在田间的湿润方式又称局部灌溉、微灌等。国际灌溉和排水委员会（ICID）推荐使用微灌一词，而美国农业工程师协会（ASAE）推荐使用滴灌。

与地面灌溉和喷灌相比，滴灌是一种新的灌溉方式。在 20 世纪 40 年代早期，一位以色列的工程师观察到，在漏水的水龙头附近有一棵大树，它比该地区的其他树木生长得又快又好。这一观察使他想到了灌溉系统的概念，即使用非常少量的水，也能浇活一棵大树。最终，他设计出了一种低压小流量的灌溉系统并获得了专利。20 世纪 60 年代初，滴灌技术在以色列的内格夫（Negev）沙漠地区取得了巨大成功。后来它被引进到美国，立即得到广泛的应用。1969 年，现代滴灌系统开始在以色列以外的地区进行商业销售。这些装置广泛安装在美国、澳大利亚、墨西哥、以色列以及加拿大、法国、伊朗、希腊等地。中国在 1975 年引进滴灌技术，从设备制造到应用都得到了迅速发展。

9.1.2　滴灌系统的组成

典型滴灌系统的组成与布置如图 9-2 所示。与喷灌系统相似，滴灌一般由灌水器（滴头）、管道、首部和水源组成。

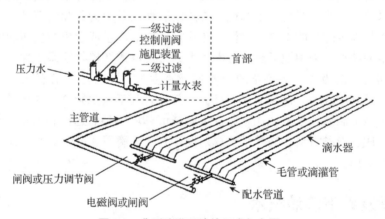

图 9-2　典型滴灌系统的组成与布置

9.1.2.1　灌水器

灌水器就是将水从管道系统最末一级管道中分配到植物根区土壤的装置，在地面滴灌中称为滴头，在地下滴灌中称为渗头或地下滴灌的滴头。滴头将水以水滴形式滴到植物根区土壤表面或根区土壤中，如果在地表滴水，则称为地面滴灌。根据滴灌管道上滴头布置密度以及滴水对地面湿润形状的不同，常常分为点源滴灌和线源滴灌。点源滴灌的特点是滴头间距较大，滴头以点状分布，以一个滴头为水源向土壤供水并向周围浸润扩散；线源滴灌的特点是滴头间距较小，甚至整个灌水管道就是一个渗水管，水连续地沿管道滴出或渗出，这样水源以线性分布，地面或土壤浸润状况以带状扩散。点源滴灌适应于乔木或点状种植的灌木、盆栽植物，而线源滴灌适合于带状种植的绿篱、绿地等。如果将滴水的滴头及其灌水管道均置于地下或土壤中，滴头在土壤中滴水或渗水，则称为地下滴灌，其滴灌方式也有点源和线源之分。

9.1.2.2　管道

滴灌系统中的管道一般分为三级，最末级的灌水管道称为毛管，其作用是将压力水输送并分配到该毛管上的所有灌水器。向毛管供水的管道称为支管，一条支管可以同时向多条毛管供水并将水量以及水压尽可能均匀地分配给每条毛管。因此，有时也称支管为配水管，一般在配水管上安装控制闸阀以便于分区轮灌。当支管闸阀打开时，这条支管上所有毛管以及灌水器将同时工作，这种由一个闸阀控制的小区称为灌水单元，以灌水单元为基本单位划分轮灌组和编排轮灌组，一个轮灌组至少包含一个灌水单元。向支管供水的管道就是干管或主管，如果灌溉系统较大，干管还可以分为总干管、分干管等。管道级别不同，不仅所起作用不同，而且管径也不同。各级管道通过各种相应的管件、阀门等设备连接成一个整体组成一个管网系统。管网是现代压力灌溉系统的基本组成部分和骨架，一个压力灌溉系统的规划设计以及施工安装在很大程度上就是管网的规划设计与施工安装，性能良好的管网是灌溉系统正常运行的保证。在滴灌系统中，管网主要使用 PVC 管和 PE 管。在灌溉管网中，根据需要还应安装一些必要的安全装置，如进排气阀、压力调节阀、泄水阀等。

9.1.2.3　首部

首部的作用是从水源取水，并对水进行加压、水质处理、肥料注入和系统控制。一般包括动力设备、水泵、过滤器、施肥器、泄压阀、逆止阀、水表、压力表，以及控制设备(如自动灌溉控制器、变频控制装置)等。首部设备的多少，可视系统类型、水源条件及用户要求有所增减(图 9-3)。

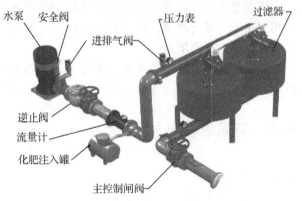

图 9-3　滴灌系统首部

9.1.3　滴灌系统的类型

滴灌系统包括地上滴灌、地下滴灌两类。在选择滴灌系统的类型时，要根据植物种类、植物配置以及土壤、地形、水源、气象条件、景观要求等，选择适宜的灌溉系统，进而选择这种灌溉系统内的各个组成部分。如果滴头放置在地面，水就滴在植物根区的地表土壤上，这就是地面滴灌，如果滴头埋置在土壤中，则水通过滴头渗透到滴头周围的土壤中，这就是地下滴灌。

地下滴灌除首部设备外，所有输水、配水、灌水管道、灌水器以及其他连接件等全部铺设在地表以下。地下滴灌的灌水器一般为特殊结构的渗水型灌水器，它应有外部防堵塞功能，能在管道内出现负压时防止将外界土壤颗粒吸入灌水器，能防止植物根系伸入灌水器的滴孔。地下滴灌由于全部灌水设备埋入地下，无法检查管道及灌水器的灌水情况，不便于检查、检修。灌水器埋入地下，水从土壤中直接到植物根部，减少了水分在地面上的损失。管道埋入地下可以避免地面自然及人为因素的破坏，延长管道的使用寿命，但管道埋入地下的一次性投资较高。

地面滴灌系统的灌水毛管需要布置在地表面，如果滴灌的植物行较多，则地面铺设的管道也多，影响绿地维护管理，并且管道铺设在地面，容易老化、损坏，从而影响灌水效果。地下滴灌可以消除这些问题，将灌水毛管和滴头全部埋入地面以下，地面不存在任何管道。但随着滴灌系统运行时间的延长，滴头堵塞问题比较突出，而且地下滴头堵塞以后不容易及时发现，影响植物的正常生长。同时，植物根系在吸水过程中具有趋水特性，根系总是趋向滴头所在的水源点，运行时间越久，滴头的出水孔就越易被植物根系扎入而堵塞。

滴灌系统比较适合于乔灌木等园林树木的灌溉，如城市园林绿篱、高速公路中间隔离带等。地下滴灌只能采用固定式，适合于多年生植物。

地面滴灌和地下滴灌，除灌水方式不同外，输水都采用管道，主要是 PVC 和 PE 管道输送，都需要在系统的首部设置水源过滤装置，一般至少包括一级网过滤器或砂石过滤器，水源可以用地下水、地表水或中水，虽然需要的压力没有喷灌系统高，但都需要一定的加压装置。

9.1.4　滴灌技术的优缺点

滴灌最大的优点就是省水，比地面灌溉节水 50% 以上，比喷灌节水 30% 以上。此外，还可以水肥一体化灌溉，肥料利用率高；地面局部保持干燥，从而抑制杂草生长；滴灌需要的运行压力比喷灌低。

滴灌的主要缺点是如果水过滤不当，可能会导致堵塞。滴灌管放置在地面上易老化，放置在地下容易被鼠类咬断。此外，初始成本可能较高。

9.2　滴灌设备与材料

9.2.1　滴头

滴头也称灌水器，能使压力水流变成滴状或细流状的一种灌水器。滴头是滴灌中的最关键部件，滴灌是利用塑料管道将水通过直径 10～20 mm 毛管上的孔口或滴头送到植物根部进行局部灌溉的灌溉方式。它是目前干旱缺水地区最有效的一种节水灌溉方式，水的利用率可达 95%。滴灌较喷灌具有更高的节水效果，同时可以结合施肥，提高肥效一倍以上。可适用于乔灌木、花卉、苗圃、草坪、多年生草地等灌溉，其不足之处是滴头易堵塞，需对水源进行严格的过滤处理。

灌水器是滴灌系统的核心部件，是将管道系统中的水分配到植物根部的配水设备，它的好坏直接影响到滴灌系统的性能。由于灌水器是滴灌系统中用量最大的一类设备，它的安装成本和价格对滴灌系统的造价影响很大。

9.2.1.1　对灌水器的基本要求

滴灌系统对灌水器的基本要求是：

（1）出流量要小

灌水器出流量的大小取决于工作压力的大小、过水断面积的大小和出流受阻的情况。滴灌灌水器的工作压力一般为 5 ~ 15 m 水头，过水流道断面积或流道孔径一般为 0.3 ~ 2.5 mm，出流量在 3 ~ 200 L/h。

（2）出流量要均匀

尽管灌水器的出流量随工作压力而变化，但是要求灌水器有一定的压力调节能力，或出流量对工作压力的敏感性尽量小一些，使得压力变化引起的流量变化小，保持比较均匀的出流量。

（3）抗堵塞性能好

灌溉水源中总会含有一定的污物和杂质。由于灌水器出水孔径小，要求灌水器在设计和制造时重点关注如何在保持较小流量和均匀出水的情况下，提高灌水器的抗堵塞性能。

（4）制造工艺精良

由于滴灌灌水器绝大部分用塑料制造，因此，对注塑工艺要求较高。因为灌水器的出流量受制造精度的影响很大，如果制造变差很大，每个灌水器的过水断面大小差别就会很大，造成出流量不均匀，灌水质量差。

（5）结构简单

因为灌水器是安装在滴灌系统最末一级管道即毛管上的灌水部件，在满足以上条件的同时，结构应当越简单越好，这样便于制造和安装，并且造价也低。

（6）价格低廉

灌水器在滴灌系统中的用量很大，其费用一般要占整个系统投资的 25% ~ 30%。另外，在移动式滴灌中，灌水器要随同毛管一起移动，为了延长使用时间，在降低造价的同时还应保证灌水器的经久耐用。

实际上要同时满足以上要求是不可能的。因此，在选用灌水器时应根据具体情况，只满足主要的技术要求就可以了。

9.2.1.2　滴灌灌水器的类型

由于灌水器的种类繁多，要列举出各种类型的灌水器几乎是不可能的。灌水器的分类方法很多，主要有按灌水器的结构分类、按出流道的水力性能分类、按灌水器对压力的调节性能分类、按灌水器的自净冲洗功能分类等。这些分类方法都是从灌水器一定的侧面入手来划分灌水器的类型。

（1）管外式滴头

管外式滴头或灌水器就是安装在滴灌管或毛管外的一种灌水器，是在滴灌系统安装阶段用专用工具按设计间距人工安装到滴灌毛管上，这类灌水器结构简单，种类多样，与滴灌毛管作为两类材料和器件分别生产和销售，使用时需要安装到毛管上，如图 9-4 所示。管外式滴头有单孔口，也有多孔口的，即一个进水口，多个出水口。管外式灌水器的工作原理就是利用灌水器内部结构将流入灌水器内有一定压力的水能消散压力，这样水才能在孔口滴出，而不是从孔口喷射出来。

（2）管内式滴头

管内式滴头也称管式滴头，其特点是与滴灌毛管一起同时注塑成型，是在塑料管道注

图 9-4　安装在滴灌毛管上的管外式滴头

塑机上将管内式灌水器按设定的间距规格内镶于滴灌管中并经高温粘合为一体，并在灌水器出水孔的管壁上打上孔眼，灌水器与滴灌毛管成为一个整体进行生产和销售，因此也称内镶式滴灌管（图 9-5）。内镶式滴头如图 9-6 所示。

图 9-5　内镶式滴灌管

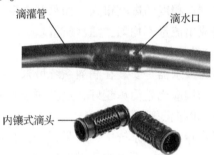

图 9-6　内镶式滴头

　　内镶式灌水器的工作原理是，当管内水进入灌水器入口后，通过蜿蜒曲折的或迷宫式的流道，延长了水流的流程，从而达到消散压力的作用，到达灌水器的出水孔时水流就以水滴的方式滴出。如果直接在管上扎个孔，水有压力就会以射流的方式流出，这与管内滴头的出流方式完全不同。由于内镶式滴灌管将输水与滴灌集成为一个整体，内镶式滴头的出流量及滴头间距均为滴灌管的技术规格，因此，在选用时直接按需要的滴孔间距和滴头流量选用产品，安装施工简便，只需铺设滴灌管。

图 9-7　管内式滴头的内部结构

　　内镶式灌水器的内部结构设计主要是为了消除水压力，使水从管式滴头的一侧流进，经消能后从另一侧滴出。管内式滴头的内部结构有螺旋式、迷宫式等多种，如图 9-7 所示。

　　（3）滴灌带

　　与喷灌相比，滴灌需要的压力更低，制造滴灌管时可以采用更薄的壁厚，使管道材料做到更省，从而降低了田间管道材料的使用成本。滴灌带的管壁厚度通常小于 1 mm，常用密耳（mil）来表示，1 mil = 0.025 mm。例如，14 mil 的滴灌带壁厚为 0.35 mm。由于壁薄，产品为扁平的带状，当安装在滴灌系统中并施加压力后，滴灌带在水压力作用下膨胀，压力消除后，滴灌带又缩扁，因此称为滴灌带。

由于滴灌带的壁厚很薄，滴灌管中采用的内镶式灌水器已不能适应滴灌带的要求，因此对滴灌带的内镶式滴头做了更多的创新型设计，将原有的管式灌水器变为薄片，上面刻有延长水流流程的流道，起到消能的作用。采用聚乙烯材料，在制造薄壁管的同时将灌水器贴片压注在管壁上，并在灌水器的出水孔位置上打上滴水孔，一次成型，成卷销售。滴灌带及内镶式滴头贴片如图 9-8 所示。

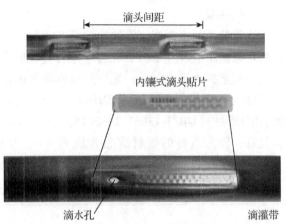

图 9-8　滴灌带及内镶式滴头贴片

滴灌带承受的压力有限，只能在较低水压力条件下工作。滴灌带的生产有不同的滴头间距规格和滴头流量，或单位长度的流量，使用时应根据需要的滴水间距选配相应规格的滴灌带。内镶式滴灌带常用的规格为直径 16 mm，壁厚 0.2 mm、0.3 mm、0.4 mm、0.6 mm 等几种，内镶式灌水器贴片间距有 20 cm、30 cm 等，也可以定制。滴灌带的进口工作压力要求 0.1~0.2 MPa，壁厚较厚可承受较高的压力。滴灌带每延米的流量 2.0~3.5 L/(h·m)。铺设长度一般不超过 150~200 m。

滴灌管和滴灌带上的内镶式灌水器，都具有消能和压力补偿性能，这样可以使滴灌管或滴灌带铺设长度加大，灌水均匀度提高，可以抵抗滴孔堵塞。

9.2.2　滴灌管道

9.2.2.1　滴灌管

滴灌管也称毛管，是滴灌系统中最末一级管道，将支管中的水分流输送到滴头。毛管上按一定间距装有管外式滴头，或者管内的内镶式滴头。管内式滴头内镶在毛管内壁，实际上毛管与滴头是一个整体，管壁很薄的毛管就是滴灌带，其内壁镶贴的是内镶式滴头贴片。因此，在实践中为了区别，将安装管外式滴头的管道称毛管，内镶式滴头与毛管成为一个整体的称为滴灌管或滴灌带。毛管的公称直径规格有 16 mm、20 mm、25 mm 几种，承压等级及壁厚应符合国家标准《给水用聚乙烯（PE）管材》（GB/T 136632—2018）。在滴灌中，一般应达到 0.63 MPa 压力等级，与此相应的公称壁厚 2.3mm。图 9-9 为滴灌用聚乙烯管材。

图 9-9　滴灌用聚乙烯管材

9.2.2.2　支管

支管的任务就是向毛管供水，在支管布置较长的情况下，还必须在支管上分出几个灌水单元，每个灌水单元上的毛管连接配水管，支管向配水管供水。支管及配水管一般选用便于与毛管连接的聚乙烯管材。一般公称直径 32 mm、40 mm、50 mm、63 mm 的给水用聚乙烯管材均可作为支管。

9.2.2.3 主管

主管就是从水源到支管的连接管道，其任务是将一定压力的水输送到各个支管。主管材料可以使用 PVC 管或 PE 软管。主管直径取决于滴灌系统控制的灌溉面积和系统布置方式，一般至少大于 63 mm。无论是地面滴灌还是地下滴灌，主管道一般都要埋入地下，埋设深度至少 50 cm。滴灌系统选用的主管、支管等管材规格须符合国家标准《给水用聚乙烯(PE)管材》(GB/T 13663.2—2018，表 9-1)。管材颜色为黑色或蓝色，较小直径的成品有盘管，较大直径的管材成品长度有 6 m、9 m、12 m 几种。公称直径规格有 63 mm、75 mm、90 mm、110 mm、125 mm、140 mm、160 mm、200 mm 等多种。

表 9-1 给水用聚乙烯(PE)管材部分规格

公称外径/mm	公称壁厚/mm					
	PE100 级公称压力/MPa					
	2	1.6	1.25	1	0.8	0.6
16	2.3					
20	2.3	2.3				
25	3	2.3	2.3			
32	3.6	3	2.4	2.3		
40	4.5	3.7	3	2.4	2.3	
50	5.6	4.6	3.7	3	2.4	2.3
63	7.1	5.8	4.7	3.8	3	2.5
75	8.4	6.8	5.6	4.5	3.6	2.9
90	10.1	8.2	6.7	5.4	4.3	3.5
110	12.3	10	8.1	6.6	5.3	4.2

9.2.2.4 管件

与滴灌用聚乙烯管材配套的各类管道连接件也是具有滴灌特色的一类材料，主要体现在较小管径的管道连接件，如毛管、滴灌管、滴灌带等的连接管件。这些管件的特点是采用承插式连接，便于田间安装，也便于损坏后的维修。主要管件如图 9-10 所示，有支管连

承插式接头　　　直通　　　外螺纹接头

弯头

三通　　　折管固定环

图 9-10 滴灌用聚乙烯管材配套的主要管件

接毛管的承插式接头、延长或毛管出现漏水时用的直通、与阀门连接的螺纹接头、三通、弯头以及毛管末端弯折堵头的折管固定环等。

9.2.3 水源过滤设备

滴灌的水源可能是河、湖、水库中取水，也可能直接抽取地下水。滴灌灌水器流道细小，如果水中杂质进入有可能堵塞滴头，造成滴头损坏。因此，滴灌系统必须设置过滤装置。水源及可能产生的杂质不同，选用的过滤设备也不同。一般根据水中杂质的不同需要设置多级过滤设施。滴灌系统中的水源过滤设备主要包括：水砂分离器、网式过滤器、砂石过滤器、叠片式过滤器等。

9.2.3.1 水砂分离器

水砂分离器是利用高速旋转水流产生的离心力，将砂粒和其他较重的杂质从水体中分离出来。水砂分离器由进口、出口、漩涡室、分离室、储砂室和排污口等部分组成，其工作原理是当压力水流由进口沿切线方向进入漩涡室后使水流做旋转运动，而水中的砂粒在重力作用下沿壁面向下沉淀，如图 9-11 所示。它内部没有滤网，也没有可拆卸的部件，保养维护很方便。其底部的积砂室必须频繁冲洗，以防沉积的泥沙再次被带入系统。针对有机物或比水轻的杂质，水砂分离器的分离效果很差。对大于200 目的杂质，水砂分离器虽可分离出 95%，但它并不能分离出水体中的所有杂质，因此它只适宜用于滴灌系统水质的初级过滤，一般用在含砂量大的地下水和地表水的初级处理中。使用旋流式水砂分离器的主要优点是能连续过滤高含砂量的灌溉水，但是，水砂分离器不能消除灌溉水中相对密度小于 1 的有机污物。因此，同沉砂池一样，水砂分离器如果用于滴灌系统，只能作为初级过滤设备。

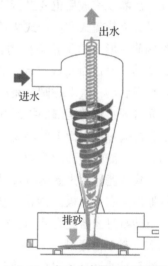

出水

进水

排砂

图 9-11 水砂分离器工作原理图

9.2.3.2 网式过滤器

网式过滤器主要用于处理水体中的无机杂质(砂粒或水垢等)最有效，虽然也能过滤少量的藻类，但当藻类过多时，筛网多被堵死，不能滤去微生物或胶体。

网式过滤器是一种结构简单、过滤效果比较好的过滤设备。网式过滤器的主要零部件有筛网、外壳、压盖、密封垫圈、冲洗闸阀和进出水管接头等。网式过滤器结构及工作原理如图 9-12 所示，当水流穿过滤网时，大于滤网目数的杂质将被拦截下来，随着滤网上黏附的杂质不断增多，滤网前后的压差也越来越大，如果压差过大，网孔受压扩张将使一些杂质"挤"过滤网进入灌溉系统，甚至使滤网破裂，因此必须采取适当的管理措施，确保滤网前后的压差保持在允许范围内。

网式过滤器在过滤过程中，随着堵塞网眼数量的增加，过滤器的水头损失也增加。所以，网式过滤器的筛网应经常清洗，一般规定过滤器的水头损失超过 2 m 时就应清洗，同

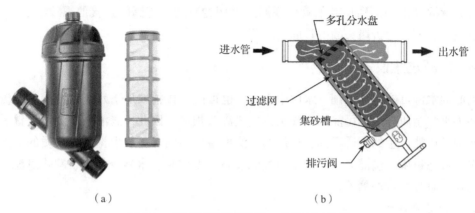

图 9-12 网式过滤器结构及工作原理示意图
(a)网式过滤器结构；(b)网式过滤器工作原理

时在一次灌溉完成后也要进行清洗。网式过滤器的清洗分人工清洗和自动清洗两类，自动清洗又分为贯流式和反冲式两种。自动清洗的网式过滤器可通过在冲洗口处安装电磁阀，用滤网前后形成的压差来控制自动冲洗，当压差达到预设值时，控制器将信号传给电磁阀，使其打开从而完成自动冲洗。另一种方法是用定时控制器实现自动冲洗，设置每隔一定时间启动一次电磁阀，完成一次冲洗过程。贯流式过滤器的清洗原理是，当需要清洗时，先打开过滤器尾部的排污闸阀，再打开进水闸阀使水流以 3~6 m/s 的速度从筛网面上流过，冲去过滤网面上的污物。反冲式过滤器的清洗原理是使通过过滤网的水流与原流向反向，把滤网外面的污物从内侧冲洗。

网式过滤器的过滤网有效过水面积不应小于 2.5 倍的出水管断面积。网式过滤器能够有效地清除水中的极细砂粒和少量的藻类，但是当污物较多时，筛网容易被堵死，因此，需要与砂石过滤器配合使用，或采用两级或多级过滤。

9.2.3.3 砂石过滤器

砂石过滤器是利用级配砂石作为过滤介质的过滤器，主要用来过滤含量多而且极细的砂粒和有机物，它具有较强地截获污物的能力。砂石过滤器是微灌系统中用来清除灌溉水中污物的理想设备。在所有过滤器中，用砂石过滤器处理水中有机杂质和无机杂质最为有效，这种过滤器滤出和存留杂质的能力很强，并可不间断供水。只要水中有机物含量超过 10 mg/L 时，无论无机物含量有多少，均应选用砂石过滤器。如果在砂石过滤器之后再安装一个或一组网式过滤器，效果更好，而且能拦截由于反冲洗可能流入管网中的砂粒。

砂石过滤器主要由进水口、出水口、过滤罐体、砂床和排污孔等部分组成，其结构及工作原理如图 9-13 所示。过滤罐通常为圆柱形罐，罐直径按过滤能力而定，一般为 0.6~1.2 m，罐内滤料厚 25~50 cm。它允许在滤料表面淤积几厘米厚的杂质。砂石过滤器通常为双罐或多罐联合运行，以便用一组罐中过滤后的水来反冲其他罐中的杂质，过流量越大需要并联运行的过滤罐也越多。

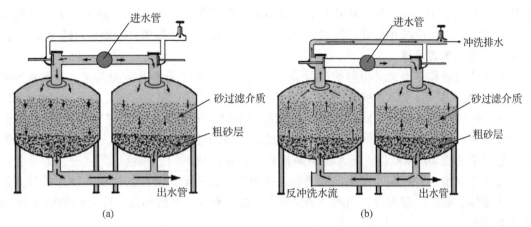

图 9-13　砂石过滤器的结构及工作原理示意图

(a)过滤过程；(b)冲洗过程

砂石过滤器的过滤与反冲洗过程是：反冲洗时，关闭其中一个过滤罐上的进水阀门，同时打开该罐的反冲洗排水管，这时从另一过滤罐正常过滤后的压力水通过集水管进入待冲洗的罐内，水流反向流过砂床时，使砂床膨胀向上，砂粒之间的间距增大，被截留在孔隙之间的各种污物被水冲动并带出砂床，经过反冲洗排水管排出罐外。

在反冲洗时，如果反冲洗水流过大，则会把过滤砂冲出罐外，这时可以调节排污管上的排污阀，使冲洗水流中见不到过滤砂流出即可。如果在反冲洗时流量不足，则可以通过关闭装在灌溉供水管上的阀门减少向管网的供水流量而提高反冲洗流量。每次冲洗时一定要冲到排出的污水变清为止。

砂石过滤器用的砂砾滤料的选择主要取决于滴灌系统类型及灌水器对灌溉水质的要求。如果砂太粗，过滤不充分会引起灌水器的堵塞；砂过细又会引起过滤器冲洗次数过多，给管理带来不便。过滤用砂的材质、粒径和清洁程度是决定砂过滤器质量好坏的关键指标，在选择时一定要根据设计要求确定。

砂石滤料用平均有效粒径和均匀系数两个指标来分类，平均有效粒径是指某种砂石滤料中小于这种粒径的砂样占总砂样的10%。例如，某种滤料的有效粒径为0.8 mm，其意义是指其中有10%砂样粒径小于0.8 mm；均匀系数用于描述砂石滤料的粒径变化情况，以60%砂样通过筛孔的粒径与10%砂样通过筛孔的粒径的比值来表示(即d60/d10)，若此比值等于1，说明该滤料由同一粒径组成。用于滴灌系统的砂石过滤器，滤料的均匀系数在1.5左右为宜。带有棱面的滤料比圆滑的滤料过滤效果好，棱面越多则表面积越大，吸附杂质的能力越强，因此在滴灌系统中，宜选用石英或花岗岩碎砂。

通过砂石过滤器的流量大小由砂床表面积和设计流量比决定。设计流量比是单位砂床面积(m^2)通过的流量，以$(m^3/s)/m^2$表示，砂石过滤器的流量比一般在$0.01 \sim 0.02(m^3/s)/m^2$。对于一般灌溉水质的水源，可选用流量比为$0.017(m^3/s)/m^2$的砂石过滤器，如果灌溉水中含有较多的浮悬固体颗粒，就应该选用流量比较低的砂石过滤器。此外，在选择砂石过滤器时，还要考虑到灌溉水质随季节变化的状况，并按最坏水质条件来选定砂石过滤器。选择砂石过滤器的原则是，不仅要考虑过水流量，还要保证反冲流量。如果水质太差，如悬移质含量大于 50 mg/L 时，应增加过滤罐数量，即增加过流面积的办法来保证过滤流量和反冲流量，同时应减小过滤器压差计上的预设值，提高反冲频率，以保证系统正常运行。

9.2.3.4　叠片式过滤器

叠片式过滤器是由大量很薄的聚丙烯(PP)材料制成的圆形叠片重叠起来，并锁紧形成一个圆柱形滤芯，每个圆形叠片有两个面，一面分布着许多"S"形滤槽，另一面为大量的同心圆环形滤槽。如果叠片式过滤器的过滤能力不同，则其叠片上的"S"形和环形滤槽的尺寸也不同，与网式过滤器一样，叠片式过滤器的过滤能力也以目数表示，一般这种过滤器的过滤能力在 40~400 目，通常将不同目数的叠片做成不同的颜色以便区分。由于叠片上的滤槽是三维的，厂商除了提出滤槽的表面积外，还会给出滤槽的体积。叠片式过滤器主要由罐体、叠片、进水口、出水口和排污口组成，叠片式过滤器及工作原理如图 9-14 和图 9-15 所示。

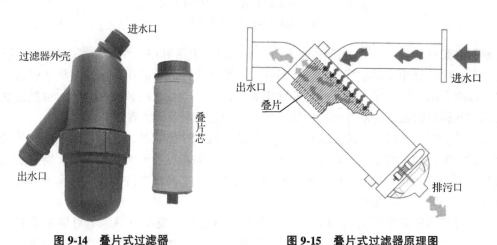

图 9-14　叠片式过滤器　　　　图 9-15　叠片式过滤器原理图

叠片式过滤器具有以下优点：

①在同体积的过滤设备中，叠片式过滤器具有较大的过滤表面积。

②叠片式过滤器水流阻力小，因而水头损失小。

③叠片间隙中杂质的滞留空间大，反冲洗频率低。

④反冲洗时不需要打开罐体，只需要转动或摇动几下罐体，就可以冲洗排污。

叠片式过滤器正常工作时，叠片是被锁紧的，当要手动冲洗时，可将滤芯拆下并松开压紧螺母，用水冲洗即可。此种过滤器也分手动或自动冲洗，在过流量相同时，它比网式过滤器存留杂质的能力强，因而冲洗次数相对较少，冲洗的耗水量也较小。但是，自动冲洗时叠片必须能自行松散，因受水体中有机物和化学杂质的影响，有些叠片往往被粘在一起，不易彻底冲洗干净。叠片式过滤器单位滤槽表面积过流量范围为 1.2~19.4 (L/h)/cm^2，过流量的大小受水质、目数、水中有机物含量和允许压差等因素的影响。为了减少冲洗频率，单位滤槽表面积过流量通常维持在 2.4 (L/h)/cm^2，只要将叠片式过滤器装在某条支管上，测出过流量后就可反算出它的滤槽表面积。

尽管有各种类型的过滤器，但在应用实践中往往把不同的过滤器联合运用，这样即实现了分级过滤，也充分发挥了不同过滤器的性能，如图 9-16 所示。

图 9-16　水砂分离器和叠片式过滤器的联合运用

9.2.4　控制阀

滴灌系统中所使用的各类控制阀基本与喷灌系统相同,包括控制闸阀、电磁阀、隔离阀等。滴灌系统中自动进排气阀也是必须安装的。由于滴灌系统输水管道直径比喷灌管道小,甚至一些在喷灌系统中不常见的控制阀,在滴灌系统中使用较多。例如,滴灌管用的球阀如图 9-17 所示,这种阀不仅尺寸小,最重要的是考虑了与滴灌毛管或滴灌带的连接以及 PE 支管的承插式连接,用专用打孔工具现场安装十分方便。

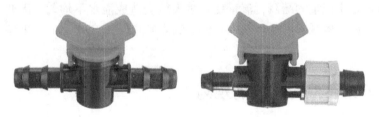

图 9-17　滴灌管用的球阀

9.2.5　施肥装置

滴灌系统的优点之一就是容易实现水、肥(水、药)一体化,就是将液体肥料或可溶性肥料先制成液体,按一定流量注入滴灌系统中,肥料随着灌溉水被输送到植物根区土壤。滴灌施肥需要的设备就是施肥装置,一般是在滴灌系统的首部将肥料注入管道。

施肥装置包括肥料罐和注入设备。肥料罐的作用是容纳一定量的液态肥料,或在肥料罐中将固体肥料溶解成液体肥料。常用的注入设备有文丘利压差注入器以及活塞泵等。滴灌施肥装置如图 9-18 所示。

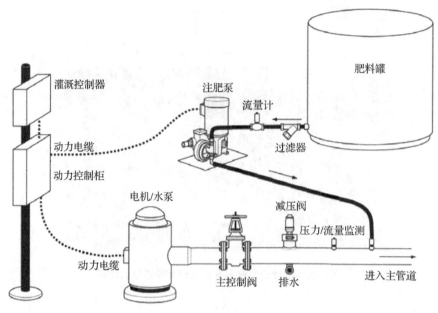

图 9-18   滴灌施肥装置示意图

9.2.6   压力调节器

滴灌系统中，压力调节器的作用是在一定的工作压力范围内，如果压力调节器进口端的管道压力有较大变化时，通过压力调节器就能保持出口端的管道压力基本稳定。在滴灌系统中，管道的压力因受外界条件的变化会产生波动，压力的波动造成滴头流量的变化。滴灌系统本来就是小流量的灌溉，流量变化过大就会造成灌水不均匀，因此，在滴灌系统中往往采用压力调节器缓解因各种条件导致的滴灌管道压力变化，依此来保证满意的滴灌均匀度。

9.3   滴灌及地下滴灌系统的规划

9.3.1   规划原则及水量平衡计算

草地或草坪上计划采用滴灌或地下滴灌技术，首先要做好总体规划，这样才能取得预期的效果。一个好的开端就是成功的一半。总体规划就是对待建设的草地灌溉区做出一个全面、合理的规划安排，才能使后期的施工安装、运行管理有一个目标和基础。地下滴灌技术（subsurface drip irrigation，SDI）是目前最为节水的灌溉技术，但在草地、草坪中的应用仍处于研究与推广阶段，而且还存在一次性投资多、地下管道铺设安装难度大、运行管理存在一定困难等问题，不同的投资建设主体可能有不同的认识，因此，在草地上选用地下滴灌技术就更应做好前期的可行性研究、总体规划设计工作，避免后期可能发生的问题。

9.3.1.1   规划原则

规划草地地下滴灌系统应当遵循的原则是：

（1）因地制宜原则

因地制宜就是要根据当地的自然条件、经济条件和社会人文背景，分析人工草地采用地下滴灌技术的利弊得失，把可能存在的优点和不足分析透彻，如若确定采用地下滴灌的形式，就需要对滴灌项目区做好系统规划，包括施工安装及运行管理方式等，不可盲目套用或照搬国外和外地经验。

（2）节水灌溉原则

在水资源严重匮乏的地区发展人工草地，面临的首要问题就是解决灌溉水资源短缺问题。节水灌溉是发展草产业必然选择。在干旱、水资源缺乏的地区发展人工草地，应将节水灌溉作为基本原则在总体规划中得以贯彻。

（3）经济高效原则

人工草地中采用地下滴灌技术可能会增加建设投资，为此应以经济高效为原则选配技术和总体规划，使高产优质有市场的草地产品与高效节水技术结合起来，发展滴灌系统水肥精准调控、节水高效的技术优势，使草产品的产量、品质、使用功能都得到保证。

（4）示范推广原则

我国人工草地采用地下滴灌技术的试验研究、应用目前还处于探索、试用、推广阶段，但在水资源比较紧缺的地区，无论是高产优质牧草的生产，还是城市绿地草坪的建设，地下滴灌技术的应用优势是不言而喻的。因此，人工草地采用地下滴灌技术也要体现示范推广的原则。

9.3.1.2　基本资料

人工草地滴灌系统规划应收集必要的基础资料：

（1）地形资料

在规划阶段，应具备人工草地建设规划区域的地形图、影像资料等。地形图的比例尺一般要求 1∶1 000~1∶2 000。

（2）气象资料

气象资料包括多年平均降水量及各月的分配；最大、最小降水量；蒸发量、平均气温、无霜期、年平均积温、最大冻土深度等。

（3）水文资料

水文资料包括为人工草地供水的水源类型、供水量、水质等资料，如果缺乏这些资料，必要时应做一些现场观测、取样测试。

（4）土壤资料

实地勘察和了解场地土壤情况，收集或取样测试土壤容重、土壤田间持水量、土壤含盐量等指标。

（5）草种及种植

规划前也需要调查了解场地拟种植的牧草品种、草坪草品种，生长特性、种植技术、田间管理、收获技术及草产品田间运输要求，了解拟发展草地植物的需水特性。

（6）滴灌产品及社会经济资料

包括可供选择的滴灌产品样本、性能、安装要求及价格等资料，以及当地劳动力、人文环境、企业经营管理水平、草地产品的主要销售方式、价格、产值等。

9.3.1.3　灌溉用水量计算

人工草地或草坪采用地下滴灌技术的最大技术优势就是多次少量的灌溉。植物生长每天都需要水分，滴灌就以每天植物的耗水量来确定灌溉的供水量，而不是传统的以土壤田间持水量的上限来控制的方法。

（1）草地植物滴灌用水量

根据草地植物的日耗水强度和计划的灌溉面积可计算出滴灌系统日灌溉用水量，即：

$$W_{\mathrm{d}} = \frac{ET_{\mathrm{a}} \times A}{\eta_{\mathrm{w}}} \tag{9.1}$$

式中　W_{d}——滴灌系统日灌溉用水量，m^3/d；

　　　　ET_{a}——植物日耗水强度，mm/d；缺少资料时可参考：紫花苜蓿日耗水强度 $5\sim7$ mm/d；冷季型草坪草日耗水强度 $3\sim6$ mm/d；暖季型草坪草耗水强度 $2.5\sim5$ mm/d；

　　　　A——滴灌面积，m^2。草地植物种植密度高，可以认为滴灌面积与草地植物种植面积相同，但园林树木滴灌时，只计算滴灌湿润的面积；

　　　　η_{w}——滴灌水的利用系数，$\eta_{\mathrm{w}} = 0.90\sim1.0$，地下滴灌可以认为利用系数最高。

规划阶段只要确定了草地灌溉的面积，利用草地植物耗水量资料就可以确定灌溉草地上的灌溉用水量。草地植物耗水量以植物生长季耗水量高峰期的日平均耗水量来计算，这样可以计算出高峰期日平均灌溉用水量，全生育期可以划分为几个生长阶段，用每个生长阶段的日平均耗水量计算出该阶段的日平均灌溉用水量。汇总各个阶段的生长天数及日平均灌溉用水量，就得到全生育期的灌溉用水量。

（2）以供水能力确定灌溉面积

现实中人工草地或城市草坪大多数情况下都是利用一定水源发展滴灌，即以水定地。如水源为地下水，水井井泵供水量是确定的，或城市草坪水源为城市中水管网供水，供水流量确定。在这种情况下，在规划草地地下滴灌系统时，需要确定一定供水量条件下可发展的灌溉面积。即：

$$A = 1\ 000\ \frac{\eta_{\mathrm{w}} Q_s t_{\mathrm{d}}}{ET_{\mathrm{a}}} \tag{9.2}$$

式中　A——可发展的草地滴灌面积，m^2；

　　　　Q_s——水源可供流量，m^3/h；

　　　　t_{d}——水源每日供水的时数，h/d；

　　　　其余符号同前。

以水源供水能力决定可灌溉面积时，草地植物的耗水量以需水高峰期日平均耗水量来计算，水源的供水流量也应选择与需水高峰期同期的供水流量进行计算。只要满足高峰期的植物耗水量，其他生育期也能满足。因此，以水定地是以最不利的情况来确定适宜发展的草地灌溉面积，由此确定的灌溉面积就有较高的灌溉水源保证。

9.3.2　草地地下滴灌系统布置

人工草地或城市草坪均为密植的多年生草本植物，此类地块上布置地下滴灌系统，可以与草地建植过程同时将滴灌管布置并铺设到草地植物根区土壤，一次性铺设，多年使用，可以充分发挥滴灌节水的效能，同时还不干扰地面草地上的运动、休闲活动以及草地收获、田间作业等。规划设计草地滴灌系统首先要对系统的每个组成部分进行合理的安排与布置。

9.3.2.1 系统首部的位置确定

滴灌系统由水源、首部、输配水管道系统组成。首部包括动力、水泵、施肥、过滤等装置以及各种控制量测仪表。滴灌系统的首部一般要与水源安排到一起，水源经过水泵加压，进入过滤器，经过过滤的水进入系统主管道。一般在水源附近将动力、水泵及过滤器、施肥装置集中布置在一起，如果机电设备不具备防雨功能，就需要将这些设备集中到一个机房里，如果设备具备防雨功能也可以露天设置。首部包含的设备大多需要电力，如肥料注入泵、过滤器自动反冲洗控制器及电磁阀、数字式的流量及压力检测仪表也需要弱电保障，因此，将首部设备集中布置在一起便于操作和管理。图9-19为滴灌系统首部布置的工艺流程图，实际使用时可以参考。

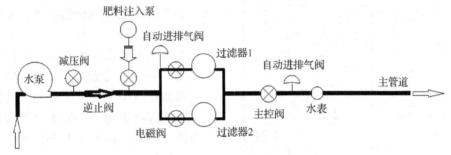

图 9-19　滴灌系统首部布置示意图

9.3.2.2 干、支管道的布置

输水管道系统由主管或干管、支管和毛管三级管道组成，支管较长的情况下还需要在支管上布设配水管，将支管控制的灌溉区分成若干灌溉小区，每个灌溉小区作为一个独立运行的单元，实现灌溉小区的分组轮灌。

主管从首部开始，如果灌溉面积较大可以采用主管和干管两级管道。主、干管的任务是输送经过首部水泵加压并过滤后的水，因此应采用具有一定压力等级的供水管道，而且主干管道埋入地下，一般选用给水用的 PVC 管，采用的管径需要通过系统水力计算确定。主管道的布置走向应照顾到整个灌溉区域。支管是在主管上的分支，一般支管垂直于主管布置，支管布置间距取决于配水管的长度，如图 9-20 所示，支管上布置配水管，一个配水管控制的所有滴灌管

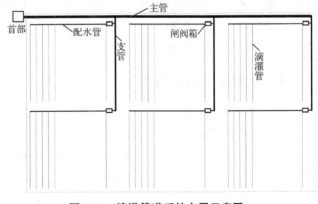

图 9-20　滴灌管道系统布置示意图

组成一个灌水小区，或灌水单元，配水管进口端配置控制阀（手动或电磁阀），一个控制阀控制一个灌水小区。支管上配水管的间距取决于滴灌管的布置长度。滴灌管或滴灌带的最大铺设长度，主要取决于滴灌管或滴灌带的最大承压能力。因为，滴灌管为沿程出流的管道，管道长度越长，水头损失就越大，为了保持一定的滴灌管沿程滴头出流量的均匀度，滴灌管进口端就需要保持较高的工作压力，以抵消滴灌管的水头损失。滴灌管或滴灌带的承压能力决定了最大铺设长度，一般情况下滴灌管可以铺设 100 m 甚至更长一些。支管材料可以采用 PVC 给水管道，也可以采用 PE 管道。

9.3.2.3 灌水单元及滴灌毛管的布置

如果支管布置较长，可以将垂直于支管的滴灌管分成若干个灌水小区或灌水单元，如图 9-21 所示。配水管的作用就是从支管接入向灌水单元的各个滴灌管供水。划分成若干个灌水单元后，通过分单元实行轮灌可以有效减小支管流量。

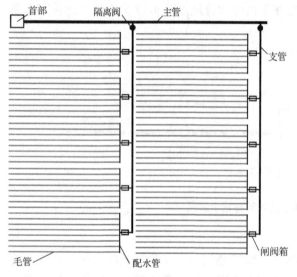

图 9-21 地下滴灌系统灌水单元布置示意图

一个配水管所控制的灌水单元，直接在支管上连接毛管。每行作物布置一条毛管，毛管顺作物行方向布置，灌水器按一定间距安装在毛管上。毛管的布置长度直接影响灌水的均匀度和工程费用，毛管长度越大，支管间距越大，支管数量越少，较小管径控制的面积增大，工程投资越少，但灌水均匀度也会越低。因此，布置的毛管长度应控制在允许的最大长度以内，而允许的最大毛管长度应满足设计均匀度的要求。

草地地下滴灌的毛管的布置形式，如果草地植物为条播种植，则滴灌管与播种方式一致按行布置，如果草地植物为撒播，则按一定间距布置滴灌毛管。

根据许多田间试验结果，草地地下滴灌毛管的布置间距主要受土壤渗透性能的控制。砂性土纵向渗透性强，毛管布置间距不宜过大；黏性土渗透性较弱，毛管布置间距可以适当加大，一般情况下地下滴灌的滴灌管布置间距 40~60 cm，地下滴灌毛管的埋设深度一般应当在主要吸收根区，埋深 10~20 cm 为宜。

9.3.3 草地地下滴灌制度

9.3.3.1 滴头灌水强度

由于草地为密植的多年生植物，采用地下滴灌时所有滴头滴水湿润的面积应连成一片，如图 9-22 所示，一个滴头承担的湿润面积为滴头间距与滴灌管间距的乘积。假设一个滴头的流量为 q，在一个滴头控制的滴灌面积上的灌水强度为：

$$I_d = \frac{q}{a_{bl}}$$

(9.3)

式中 I_d——滴头滴灌强度，mm/h；

q——滴头流量，L/h；

a_{bl}——一个滴头的湿润面积，m²，即滴灌管行距×滴头间距。

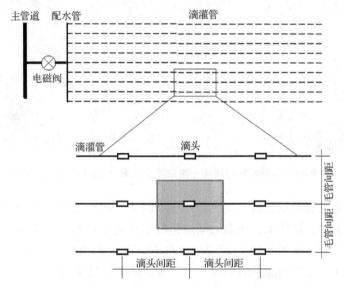

图 9-22 草地地下滴灌中一个滴头湿润的理想面积示意图

9.3.3.2 一次滴灌水量

根据草地植物的日耗水量，每个滴头每天的滴水时间为：

$$t_e = \frac{ET_a}{I_d} \qquad (9.4)$$

式中 ET_a——草地植物耗水量，mm/d；

t_e——一个滴头每日灌水的时数，h/d；

其余符号同前。

利用 Hydrus-2D 软件模拟的苜蓿地下滴灌条件下不同毛管间距和埋深的土壤体积含水率分布，其中苜蓿地土壤为砂壤土，滴灌毛管埋深 5 cm，灌水后 5 h 不同毛管间距的土壤剖面含水率分布如图 9-23 所示。可以看出，毛管间距越小，毛管间土壤体积含水量越大，湿润土层越浅。

【例题 15】

苜蓿地下滴灌中，滴头流量 q 为 3.2 L/h，毛管上滴头间距 30 cm，假设毛管布置间距分别是 30 cm、60 cm、90 cm，苜蓿日耗水量 ET_a 按 6 mm/d 计算灌水强度和日灌水时间。

用式(9.3)和式(9.4)计算，结果见表 9-2 所列。

表 9-2 苜蓿地下滴灌中不同毛管间距完全湿润地面时的滴头灌水时间

毛管间距/cm	湿润面积/m²	滴头灌水强度/(mm/d)	滴头灌水时间/(min/d)
30	0.09	35.6	10
60	0.18	17.8	20
90	0.27	11.9	30

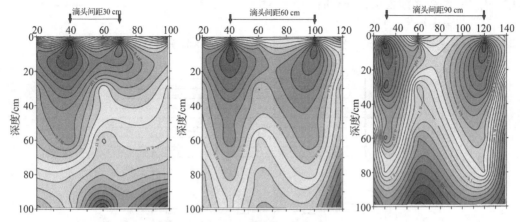

图 9-23 不同毛管间距的土壤剖面含水率分布(刘洪波, 2018)

　　表中数据说明仅仅满足苜蓿日耗水量, 在不同毛管间距及滴头流量条件下一天的滴灌时间。但是, 滴头是点源供水, 滴灌时间过短就不能完全湿润一个滴头的控制面积, 就会出现水分分布不均匀, 从图 9-23 可以看出, 需要滴灌一定时间后两个毛管之间的土壤含水量才能接近。因此, 每次滴灌的时间应大于计算的滴头日灌水时间。

　　在一次灌水时需要湿润一定的土层深度, 一次灌水量会超过植物日耗水量, 这部分水量储存在根层土壤中。我们知道, 土壤中的水分并不能全部被植物根系所吸收利用, 最大有效含水量就是田间持水量与凋萎系数的差值。实际滴灌时允许的土壤有效水亏缺量与植物种类及生长阶段有关, 一般情况下按有效水量亏缺 1/3~2/3 来制定灌水计划, 对水分敏感的草地植物取小值, 对水分不太敏感的植物取较大的值。例如, 紫花苜蓿灌溉时土壤有效水亏缺量 65%, 草坪植物为 50%。因此, 草地滴灌的一次灌水量按土壤湿润深度和土壤有效水亏缺量来计算, 即:

$$H_d = \beta \times W_a \times z \times p \tag{9.5}$$

式中　H_d——草地植物一次滴灌水量, mm;

　　　　W_a——土壤最大有效含水率, %;

　　　　β——允许的土壤有效水亏缺百分比, %;

　　　　p——滴灌土壤湿润比, %, 草地地下滴灌 90%;

　　　　z——计划湿润层深度, mm。

9.3.3.3 灌水周期及一次滴灌延续时间

　　灌水周期是指在设计一次灌水量和植物日耗水量的条件下, 两次灌水之间的最长时间间隔, 即:

$$T_e = \frac{H_d}{ET_a} \tag{9.6}$$

式中　T_e——草地植物灌水周期, d;

　　　　ET_a——草地植物日耗水量, mm/d。

　　一次滴灌延续时间为:

$$t = \frac{H_d a_{bl}}{q\eta} \tag{9.7}$$

式中 t——一次滴灌延续时间，h；

q——滴头流量，L/h；

a_{bl}——一个滴头的湿润面积，m²；

η——滴灌水利用系数，$\eta = 0.9 \sim 0.95$；

其余符号同前。

9.3.4 草地地下滴灌工作制度

9.3.4.1 分组轮灌

滴灌系统运行的工作制度通常分为续灌、轮灌和随机供水三种情况。续灌是对系统内的全部控制面积同时供水，即整个系统同时灌水。特点是灌水及时，运行时间短，便于管理操作，但只能用于灌溉面积较小的情况。轮灌就是灌溉期间上级管道对多条下级管道轮流配水的灌水方式，例如，主管道对所属的各个支管轮流配水；支管对所属的各个灌水单元或小区实行轮流配水。面积较大的滴灌系统普遍实行轮灌运行。随机供水的运行方式适合一个系统中包含多个种植单位或农户的情况。

滴灌系统中如果支管较短，支管上的毛管数量较少，可以实行以支管分组进行轮灌。如果一条支管较长，支管上以配水管划分出若干个灌水单元或灌水小区，则以灌水单元实行分组轮灌。一个滴灌系统划分轮灌组的数目如下：

$$N \leqslant \frac{cT_e}{t} \tag{9.8}$$

式中 N——轮灌组数，个；

c——滴灌系统一天最多的运行时数，h，一般不超过 20 h/d；

t——一次滴灌延续时间，h；

T_e——滴灌灌水周期，d。

9.3.4.2 轮灌组的划分

草地滴灌中由于滴灌管铺设密度高，一般从支管上分水进入配水管，一个配水管上的滴灌管作为一个灌水单元，以灌水单元实行分组轮灌。

【例题 16】

一紫花苜蓿地下滴灌区，控制面积 30 hm²。苜蓿田间滴灌毛管采用 PE 滴灌管，直径 16 mm，滴头间距为 30 cm，滴头流量为 3 L/h。毛管埋设于地下 30 cm。毛管铺设为 1 管 4 行苜蓿，机播苜蓿行间距 20 cm，毛管间距为 80 cm，毛管铺设长度 100 m。苜蓿地土壤为壤土，土壤最大有效含水率为 10%，允许的土壤有效水亏缺 65%，设计滴灌湿润土壤厚度为 30 cm，滴灌土壤湿润比为 90%，设计苜蓿日耗水量 $ET_a = 6.5$ mm/d。滴灌系统一天运行 8.5 h。试确定滴灌灌溉制度及运行参数，划分轮灌组。

（1）紫花苜蓿一次滴灌水量

$H_d = \beta \times W_a \times z \times p = 0.65 \times 0.1 \times 300 \times 90\% = 17.55$ mm

（2）滴灌灌水周期

$$T_e = \frac{H_d}{ET_a} = \frac{17.55}{6.5} = 2.7 \text{ d}$$

（3）一次滴灌延续时间

$$t = \frac{H_d a_{bl}}{q\eta} = \frac{17.55 \times 0.8 \times 0.3}{3 \times 0.9} = 1.56 \text{ h}$$

（4）划分的轮灌组数

$$N \leqslant \frac{cT_e}{t} = \frac{8.5 \times 2.7}{1.56} = 14.7 \text{ 个}$$，取整数为 15 个轮灌组。

（5）每个轮灌组的灌水单元数

毛管长度 100 m，毛管间距 0.8 m，一个灌水单元 8 条毛管，一个灌水单元的灌溉面积为：640 m²。紫花苜蓿地下滴灌区面积 30 hm²，共有 469 个灌水单元，按 15 个轮灌组分配，每个轮灌组的灌水单元数 31.25 个，最后确定 11 个轮灌组每组控制 31 个灌水单元，合计 341 个灌水单元；另外，4 个轮灌组每组控制 32 个灌水单元，合计 128 个灌水单元，总计 341 + 128 = 469 个灌水单元。

轮灌组数确定后对整个滴灌系统的轮灌组做出一个合理的安排，如图 9-24 所示。可以间隔编排分组，也可以集中编排分组，原则是尽可能方便操作管理，同时尽可能减小主、干管道流量过于集中的问题。

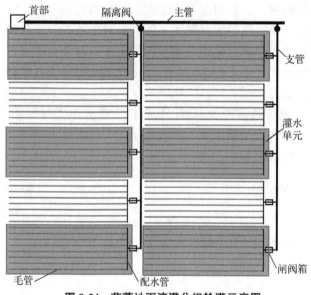

图 9-24　苜蓿地下滴灌分组轮灌示意图

9.3.5　滴灌灌水均匀度

9.3.5.1　滴灌均匀度

滴灌均匀度的大小是在滴灌系统安装、运行以后，在田间实际测量滴头的出流量，用均匀度公式计算的灌水均匀程度，这是衡量滴灌系统灌水质量的一个指标。滴灌灌水均匀度公式：

$$U = \left(1 - \frac{\Delta \bar{q}}{\bar{q}}\right) \times 100\% \tag{9.9}$$

式中　U——滴灌灌水均匀度，%；

$\bar{q}$——所测量滴头平均流量，L/h；

$\Delta \bar{q}$——滴头流量与平均流量的标准差，L/h。

$$\bar{q} = \frac{1}{n} \sum_{i=1}^{n} q_i \qquad (9.10)$$

$$\Delta \bar{q} = \sqrt{\frac{1}{n-1} \sum_{i=1}^{n} (q_i - \bar{q})^2} \qquad (9.11)$$

式中　q_i——田间测量的滴头流量，L/h；

　　　　n——田间所测滴头的数量。

如果评价一条毛管的灌水均匀度，n 为一条毛管上测量滴头的个数；如果评价一条支管控制范围内的灌水均匀度，n 为支管小区内所测量的滴头数量。

9.3.5.2　滴灌均匀度的控制

在一个灌水单元上，水流从配水管进入，毛管再通过滴头流出，由于水头损失的存在，一般在平地上管道进口处压力最高，而在配水管末端毛管的最末端压力最低。

根据滴头流量与工作压力的关系，最高压力处与最低压力处滴头的流量比为：

$$\frac{q_s}{q_e} = \frac{kH_s^x}{kH_e^x} = \left(\frac{H_s}{H_e}\right)^x \qquad (9.12)$$

式中　q_s——支管进口处压力最高点的灌水器流量，L/h；

　　　　q_e——支管末端毛管的最末端灌水器流量，L/h；

　　　　H_s——支管进口最高处压力，m；

　　　　H_e——支管末端毛管的最末端压力，m；

　　　　k——流量参数；

　　　　x——流态指数。

地下滴灌系统中一个灌水小区或灌水单元作为一个轮灌组的基本单位，为了保证滴灌有满意的均匀度，在一个灌水单元上滴头流量的变化应小于20%，即：

$$q_v = \frac{q_{max} - q_{min}}{q_d} \leqslant 0.2 \qquad (9.13)$$

式中　q_v——灌水单元上滴头流量变化值；

　　　　q_{max}——灌水单元上滴头流量最大值，L/h；

　　　　q_{min}——灌水单元上滴头流量最小值，L/h；

　　　　q_d——设计滴头流量，L/h。

根据式(9.13)，通过控制管道压力的变化幅度就能达到控制流量变化的目的，从而达到设计滴灌均匀度要求。

9.4　滴灌系统水力计算

9.4.1　滴灌管道水头损失计算

9.4.1.1　PE 管的沿程水头损失计算

草地地下滴灌系统中，干、支管多采用硬 PVC 管，部分支管、配水管及毛管采用 PE 软管，管道沿程水头损失应分别计算。

滴灌系统中的配水管、毛管等 PE 管段的沿程水头损失按下式计算：

$$h_f = 0.505 \frac{Q^{1.75}}{d^{4.75}} l \tag{9.14}$$

式中　h_f——PE 管段沿程水头损失，m；

　　　l——管段长度，m；

　　　Q——管段流量，L/h；

　　　d——PE 管内径，mm。

滴灌系统中毛管以一定的管段长度安装滴头，形成沿程出流的管道，配水管以一定间距安装一条毛管，管道水流与毛管类似，也是沿程出流的管道。上式中的管段长度就是指两个滴头之间的长度，或两条毛管之间的长度。

以毛管为例，假定毛管上安装有 n 个滴头，每个滴头的流量 q 相同，滴头之间的管段长度 l 相同，则毛管的进口流量为：

$$Q_m = n \times q \tag{9.15}$$

式中　n——一个毛管上的滴头数，个；

　　　q——毛管上滴头的流量，L/h；

　　　Q_m——毛管流量，L/h。

两个滴头之间毛管管段上的流量为：

$$Q_{mi} = q(n-i+1) \tag{9.16}$$

式中　Q_{mi}——毛管上第 i 个滴头前毛管内的流量，L/h，$i=1, 2, \cdots, n$ 从毛管进口端第
　　　　　一个滴头算起，当 $i=1$ 时，即为毛管进口流量。

由此，毛管沿程水头损失也可按下式计算：

$$\begin{aligned}
h_{fm} &= 0.505 \frac{l}{d_m^{4.75}} \sum_{i=1}^{n} Q_{mi}^{1.75} \\
&= 0.505 \frac{l q^{1.75}}{d_m^{4.75}} \sum_{i=1}^{n} (n-i+1)^{1.75}
\end{aligned} \tag{9.17}$$

式中　d_m——毛管内径，mm；

　　　l——毛管滴头间距，m；

　　　h_{fm}——毛管沿程水头损失，m；

　　　其余符号同前。

通过分管段计算，可以得到各个管段的沿程水头损失及其各管段沿程水头损失的总值。毛管的局部水头损失可按沿程水头损失的 10%~20% 估算。管段总沿程水头损失也可以采用多口系数法计算，即：

$$h_{fm} = 0.505 K \frac{L_m}{d_m^{4.75}} Q_m^{4.75} \tag{9.18}$$

式中　L_m——毛管长度，m；

　　　Q_m——毛管进口流量，L/h；

　　　K——多口系数(表 9-3)；

　　　其余符号同前。

表 9-3　多口系数

毛管上的滴头数/个	多口系数				
	X = 1.5	X = 1	X = 0.75	X = 0.5	X = 0.25
5	0.517 6	0.469 4	0.441 4	0.410 4	0.375 7
6	0.493 2	0.451 0	0.427 1	0.401 0	0.372 5
7	0.475 5	0.438 0	0.417 2	0.394 7	0.370 5
8	0.462 0	0.428 4	0.409 9	0.390 2	0.369 2
9	0.451 4	0.421 0	0.404 4	0.386 9	0.368 3
10	0.442 9	0.415 1	0.400 0	0.384 3	0.367 6
11	0.435 9	0.410 3	0.396 5	0.382 2	0.367 1
12	0.430 1	0.406 3	0.393 6	0.380 5	0.366 7
13	0.425 1	0.403 0	0.391 2	0.379 0	0.366 4
14	0.420 8	0.400 1	0.389 1	0.377 8	0.366 1
15	0.417 0	0.397 6	0.387 4	0.376 8	0.365 9
16	0.413 8	0.395 5	0.385 8	0.375 9	0.365 7
17	0.410 9	0.393 5	0.384 5	0.375 1	0.365 5
18	0.408 3	0.391 9	0.383 3	0.374 4	0.365 4
19	0.406 0	0.390 4	0.382 2	0.373 8	0.365 3
20	0.403 9	0.389 0	0.381 2	0.373 3	0.365 2
30	0.390 6	0.380 5	0.375 2	0.369 9	0.364 5
40	0.383 9	0.376 2	0.372 3	0.368 3	0.364 3
50	0.379 9	0.373 7	0.370 5	0.367 3	0.364 1
60	0.377 2	0.372 0	0.369 3	0.366 7	0.364 0
80	0.373 8	0.369 9	0.367 9	0.365 9	0.363 9
100	0.371 8	0.368 7	0.367 0	0.365 4	0.363 8
150	0.369 1	0.367 0	0.365 9	0.364 8	0.363 8
200	0.367 7	0.366 1	0.365 3	0.364 5	0.363 7

说明：X 表示从毛管进口到第一个滴头的间距与毛管上标准滴头间距的比值。

9.4.1.2　干、支管的沿程水头损失计算

地下滴灌系统的干、支管多采用硬聚氯乙烯管，沿程水头损失按下式计算：

$$h_f = 0.464 \frac{LQ^{1.77}}{d^{4.77}} \tag{9.19}$$

式中　h_f——干、支管沿程水头损失，m；

　　　L——干、支管长度，m；

　　　Q——干、支管进口流量，L/h；

　　　d——干、支管内径，mm。

支管和干管的局部水头损失可按沿程水头损失的 10%~20%估算。

9.4.2　滴灌管道压力计算

9.4.2.1　灌水单元压力分布

滴灌灌水单元包含若干条毛管和配水管，选择一条毛管计算毛管压力分布，如图 9-25 所示。

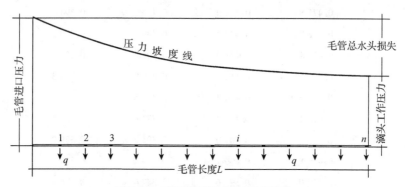

图 9-25　滴灌毛管压力分布示意图

从毛管进口压力中逐段减去毛管各段的水头损失就是毛管的压力坡度线，也是毛管的压力分布线。

一般情况下毛管末端的压力最低，因此，要保证滴灌灌水均匀度，毛管最末端滴头的工作压力作为设计工作压力 H_{md}，其值就是毛管上滴头的额定工作压力。因此，毛管进口段的压力为：

$$H_{m0} = H_{md} + h_{fm} \tag{9.20}$$

式中　H_{m0}——毛管进口端的工作压力，m；

　　　H_{md}——滴头设计工作压力，m；

　　　h_{fm}——毛管水头损失，m。

同理，可以将配水管看作沿程出流的毛管，以毛管进口端的工作压力作为配水管末端的工作压力，加上配水管水头损失即为配水管进口端要求的工作压力。滴灌灌水单元的压力分布如图 9-26 所示，可以看出，配水管末端毛管的最末一个滴头工作压力最小，在设计

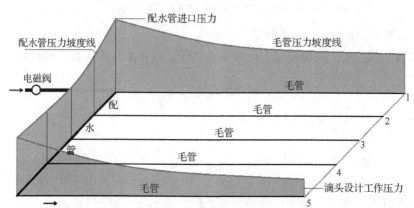

图 9-26　滴灌灌水单元的压力分布示意图

中以这个滴头的额定工作压力作为滴灌系统的设计工作压力，逐级推算到主管到进口端，就是滴灌系统需要的工作压力。

配水管进口端的压力：

$$H_{p0} = H_{m0} + h_{fp} = H_{md} + h_{fp} + h_{fm} \tag{9.21}$$

式中　H_{p0}——配水管进口端的压力，m；

　　　h_{fp}——配水管水头损失，m；

　　　其余符号同前。

9.4.2.2　干、支管道工作压力计算

干、支管道的压力计算依据轮灌组的划分和编排，如图 9-27 所示，轮灌组的划分和编排直接影响支管和干管的流量，管段流量不同，水头损失就会不同，从而导致管道工作压力变化。

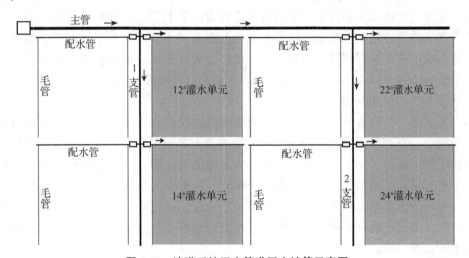

图 9-27　滴灌系统干支管道压力计算示意图

每个灌水单元的总流量就是单元内滴灌管上所有滴头的流量总和，即滴头数与滴头设计出流量的乘积。支管各管段的流量依据支管上灌水单元的编排，将各灌水单元总流量逐段相加即为各管段的流量。干管管段流量依据干管上支管的分布及支管流量，将各支管流量分段相加即为干管管段流量。轮灌组的划分和编排不同，支管以及干管的管段流量也不同，实际计算时应根据轮灌组划分及编排方案分别计算干、支管道各个管段的流量。

根据支管各个管段的流量、管道直径和管段长度，可确定各个管段的水头损失，将各个管段水头损失累加就是支管的总水头损失。支管进口端的工作压力：

$$H_{z0} = H_{p0} + h_z \tag{9.22}$$

式中　H_{z0}——支管进口端的压力，m；

　　　H_{p0}——支管上最末一个配水管的进口压力，m；

　　　h_z——支管水头损失，m。

根据干管或主管各个管段的流量、管道直径和管段长度，可确定干管各个管段的水头损失，将各个管段水头损失累加就是干管的总水头损失，因此，干管进口端的工作压力为：

$$H = H_{z0} + h_w \pm \Delta z \tag{9.23}$$

式中　H——滴灌系统主管进口压力，m；

　　　H_{z0}——主管上最末一条支管进口端的压力，m；

　　　h_w——主管总水头损失，m；

　　　Δz——滴灌系统主管道进口端至最远一条支管进口之间的地面高差，m。主管道为下坡布置(顺水流方向)，取负号；主管道为上坡布置，取正号。

9.5　草地地下滴灌技术

9.5.1　地下滴灌在草坪上的应用

9.5.1.1　草坪应用地下滴灌的优点

地下滴灌是在低压力条件下，水通过埋入地表以下毛管上的滴头缓慢渗入植物根际土壤，再借助毛细管作用扩散到整个植物根系层的灌水技术。由于地下滴灌将包括滴头、毛管以及输水支、干管全部埋置在地表以下，可以大大减少对地面其他活动的干扰，使草坪绿地表面整洁美观，减少了人为的损坏，避免了太阳对滴灌塑料产品的辐射，防止老化，延长了滴灌系统的使用寿命。

地下滴灌是一种高效节水灌溉技术。灌溉水通过滴头在土壤中的渗透，使灌溉对土壤结构的影响小，有利于保持植物根系土壤疏松通透；灌溉时水直接进入根系活动层，地面基本保持干燥，减少了土壤蒸发损失，到达节水灌溉的要求；地下滴灌能一次性实现对植物灌溉、施肥或施药过程，特别是水肥药一体化，从而大大节省人力，提高了水肥药的利用效率。在冷季型草坪上经常发生的蛴螬等地下害虫，通过地下滴灌施药可以得到较好的防治；同时，容易实现自动化灌溉。因此，在城市草坪中应用地下滴灌技术，是城市绿地低耗节水的重要举措。

地下滴灌最主要的问题是不容易发现系统的故障，滴头易受堵塞，在草坪中应用的初期建设成本较高。地下滴灌毛管埋在地下一定深度，在草坪建植初期，在播种以后还需要其他灌水方法以保证出苗。

9.5.1.2　地下滴灌在草坪上的铺设

(1)草坪滴灌管埋设间距与深度

草坪是一种密植、浅根系并且修剪低矮的多年生植物，地下滴灌毛管间距主要取决于土壤。土壤质地比较黏重，毛管间距可以宽一些，对砂质土壤质地毛管间距可以窄一些。根据我们在砂壤土中的试验结果，建议草坪地下滴灌毛管的布置间距最小为 30 cm。不同土壤质地草坪地下滴灌毛管间距的参考值为：砂性土 30 cm，砂壤土 45 cm，黏性土 50 cm。

草坪地下滴灌毛管的铺设深度取决于草坪建植方式和草坪使用功能。运动场草坪地下滴灌管的铺设深度 10~15 cm。采用铺植草皮建植的绿地草坪，地下滴灌管铺设深度 10 cm。

(2)地下滴灌管的铺设方式

开沟铺设。在坪床上按照毛管设计间距开挖 10~15 cm 的沟，将毛管铺在沟内，然后将管沟用开沟时两侧堆起的土就地填平，图 9-28 就是开沟铺设毛管的情况，可以一条毛管

（a）　　　　　　　　　　　　　　　（b）

图 9-28　草坪地下滴灌毛管的开沟铺设与平地铺设示意图

（a）地面开沟铺管；（b）铺管后试水湿润的地面

一沟，也可以一个条带即宽沟铺设几条毛管。

与草皮卷同时铺设。如果地下滴灌系统用于铺草皮方式建植的草坪，可以在铺草皮的同时将滴灌毛管铺设下去，即先整理好坪床，再按设计间距用弯钩铁丝将毛管固定在坪床表面，在铺好的滴灌管周围铺一层粗砂将滴灌管固定，最后在滴灌管上铺好草皮，这种铺设方式毛管埋得较浅，便于施工（图 9-29）。

图 9-29　铺草皮前将地下滴灌的毛管铺设并固定

已建草坪上铺管。对于已经建成的草坪，要铺设地下滴灌毛管，可以用直板铁锹在草坪上垂直切出一条深 10~15 cm，宽约 4 cm 的小沟，然后将毛管压入沟内，再覆砂滚压，滴灌毛管就埋入了草坪，如图 9-30 所示。

9.5.2　地下滴灌在苜蓿灌溉中的应用

9.5.2.1　苜蓿应用地下滴灌的意义

我国苜蓿最适宜的种植区地处干旱、半干旱地区，这里气候干旱，降水稀少，水资源紧缺。干燥的气候条件最适合生产苜蓿干草，并且干草

图 9-30　在已建植草坪上铺设地下滴灌管

品质好，但缺水是制约苜蓿种植的关键限制性因素。因此，发展高效节水的苜蓿种植，提高水分利用效率是必然选择。

圆形喷灌机是一种广为流行的苜蓿灌溉方法，与地面灌溉相比，圆形喷灌机灌溉效率高、灌水均匀，特别适宜密植的紫花苜蓿，但使用圆形喷灌机喷灌苜蓿地杂草难以控制，同时喷洒水使叶片潮湿病菌容易侵染，并且在水分到达植物根部之前的水分蒸发和飘散损失较大。另外，长期用圆形喷灌机喷灌，可能会导致紫花苜蓿根系密集在浅层土壤，使苜蓿对干旱胁迫更加敏感。地下滴灌直接将水分和养分分散到作物的根部，可以精确控制苜蓿根区环境，使土壤水分均匀，透气性好，有利于植物水分、养分的吸收，提高了水分利用效率，苜蓿根区以外保持较低的水分，限制了杂草的生长，从而改善了干草品质。研究表明，与地面灌溉相比，苜蓿地下滴灌的水分利用效率可以提高20%，可以在少用40%灌溉水的情况下提高约20%的苜蓿产量(Godoy-Avila et al，2003)。与喷灌相比，一个设计优良的地下滴灌系统可以在少用22%灌溉水的情况下提高约7%的苜蓿产量(Alam et al，2002)。

9.5.2.2 苜蓿地下滴灌耗水量试验

地下滴灌条件下紫花苜蓿的耗水量，我们在位于甘肃武威的绿洲农业生态系统国家野外科学观测研究站进行了两年试验观测。该站多年平均降水量164 mm，主要集中在7月、8月，年蒸发量1 131.5~1 508.7 mm，属典型的内陆干旱气候。试验地土壤质地为砂质壤土，土壤容重为1.48 g/cm³，田间持水量0.26 cm³/cm³。试验的苜蓿品种为紫花苜蓿皇冠，秋眠级3.7级。铺设的地下滴灌管为滴灌带，内径16 mm，滴头流量3.0 L/h，滴头间距30 cm，滴灌带铺设间距90 cm，埋深20~30 cm。紫花苜蓿人工条播，行距22.5 cm，一条滴灌带控制4行苜蓿。

不同地下滴灌灌水量及耗水量和干草产量见表9-4~表9-6所列。以灌水量占净水面蒸发量的百分比为灌水处理，净水面蒸发量通过E601蒸发皿观测得到。试验结果可以看出，在地下滴灌条件下，紫花苜蓿的耗水强度及各茬次的耗水量都比较低，而且在灌水量占水面蒸发量55%以上的处理组，全年3次刈割的干草产量都在10 t/hm² 以上。

表9-4　干旱地区紫花苜蓿地下滴灌灌水量

处理	灌水量/mm			
	第1茬	第2茬	第3茬	全年
A1(100%)	147.92	197.80	108.29	454.02
A2(85%)	122.85	172.93	92.98	388.75
A3(70%)	103.58	139.18	73.64	316.39
A4(55%)	83.87	107.62	60.26	251.75
A5(40%)	62.36	81.10	43.93	187.39
A6(25%)	42.73	49.67	27.92	120.32
A7(10%)	20.62	20.85	10.78	52.25

说明：表中灌水处理中的百分数是指灌水量占净水面蒸发量的百分比，净水面蒸发量通过E601蒸发皿观测得到。下表同。

表 9-5　干旱地区不同地下滴灌灌水量条件下紫花苜蓿耗水量

处理	第 1 茬		第 2 茬		第 3 茬		全生长季	
	耗水量 /mm	耗水强度 /(mm/d)	耗水量 /mm	耗水强度 /(mm/d)	耗水量 /mm	耗水强度 /(mm/d)	耗水量 /mm	耗水强度 /(mm/d)
A1	177.76	4.23	168.1	4.94	152.13	3.9	498	4.33
A2	173.36	4.13	155.62	4.58	140.55	3.6	469.53	4.08
A3	165.34	3.94	124.54	3.66	122.61	3.14	412.48	3.59
A4	144.4	3.44	104.15	3.06	98.07	2.51	346.62	3.01
A5	124.74	2.97	84.86	2.5	79.24	2.03	288.84	2.51
A6	120.16	2.86	49.6	1.46	65.24	1.67	235.01	2.04
A7	93.06	2.22	28.16	0.83	39.63	1.02	160.85	1.4

表 9-6　干旱地区不同地下滴灌灌水量条件下紫花苜蓿干草产量

处理	第 1 茬 $Y(kg/hm^2)$	第 2 茬 $Y(kg/hm^2)$	第 3 茬 $Y(kg/hm^2)$	全年 $Y(kg/hm^2)$
A1(100%)	5 029.90	3 987.58	3 207.30	12 224.78
A2(85%)	4 954.97	3 725.27	3 241.06	11 951.40
A3(70%)	4 735.72	3 453.74	3 042.03	11 231.49
A4(55%)	4 682.61	3 024.05	2 736.04	10 442.70
A5(40%)	4 416.15	2 858.76	2 496.87	9 661.37
A6(25%)	4 051.24	1 971.80	2 239.49	8 215.42
A7(10%)	3 275.01	1 251.55	1 602.96	6 129.52

9.5.2.3　苜蓿地下滴灌应用实践

我们以一处紫花苜蓿地下滴灌试验地块的管道系统布置为例，说明苜蓿地下滴灌系统的规划实践。该试验地位于甘肃省永昌县的紫花苜蓿规模化种植基地，试验地块选在一处地下水机井附近，地下水动水位为 20 m 时，出流量 Q 为 40 m^3/h，井水水质良好，含砂量小于 5 g/L。为开展苜蓿地下滴灌试验，机井选配了 200 QJ 型潜水泵作为滴灌系统加压水泵，该水泵性能为：扬程 40 m，流量 60 m^3/h，电机功率 8 kW。紫花苜蓿地下滴灌系统的管道布置如图 9-31 所示。

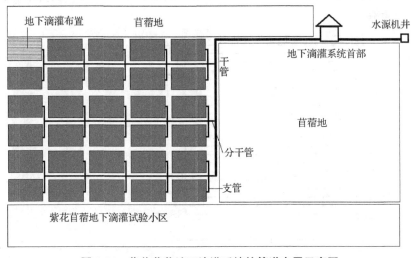

图 9-31　紫花苜蓿地下滴灌系统的管道布置示意图

（1）地下滴灌的首部组成

滴灌系统首部包括 1 个离心式过滤器和 2 组网式手动过滤器，过滤器的过流能力为流量 60 m³/h，管径 DN80。施肥装置采用 100 L 压差式施肥罐。滴灌系统首部组成及安装如图 9-32 所示。

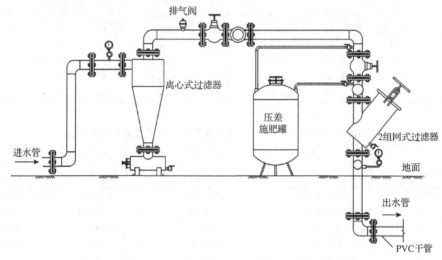

图 9-32　滴灌系统首部组成及安装示意图

（2）地下滴灌管道选型与布置

滴灌系统输配水管道分为干管、分干管、支管、配水管和地下滴灌管，其中干管采用 DN110UPVC 管材，分干管采用 DN75 UPVC 管材，压力等级 0.63 MPa，干管和分干管埋深 1.5 m；支管采用 DN63 PE 管材，配水管为 DN32 PE 管材，1.00 MPa，埋深 1.0 m。

地下滴灌管选用地埋内镶贴片滴灌管，规格采用 DN16，滴孔间距 30 cm，滴头流量 2.0 L/h。

地下滴灌试验小区管道布置如图 9-33 所示。在支管向滴灌单元小区的进水管道上安装控制闸阀和计量水表，以便调节控制水量。在地下滴灌管末端装有冲洗排水管，每年进行一次滴灌管的冲洗。

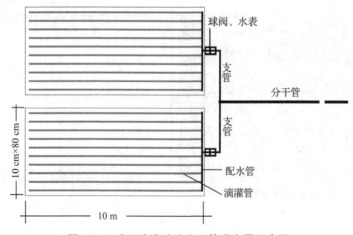

图 9-33　地下滴灌试验小区管道布置示意图

（3）地下滴灌管道安装

苜蓿田间地下滴灌管的铺设深度 20 cm 左右比较适宜，埋设过深，在苜蓿播种时可能需要喷灌等其他灌水方式配合。苜蓿田间滴灌管的铺设已有成套的机械，实现开沟、下管、掩埋、切断一体化作业。图 9-34 为地下滴灌系统支管、配水管与地下滴灌管的连接示意图。图 9-35 为配水管与地下滴灌管的安装实例。

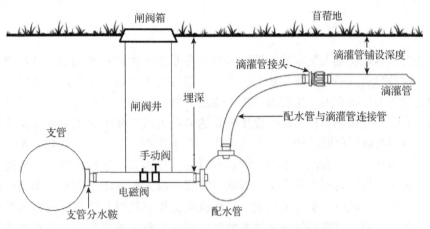

图 9-34　地下滴灌系统支管、配水管与滴灌管的连接示意图

（a）　　　　　　　　　　　　　　（b）

图 9-35　配水管与地下滴灌管的安装实例

（a）配水管与地下滴灌管的连接；（b）苜蓿地下滴灌管

思考题

1. 滴灌及地下滴灌技术的特点是什么？
2. 滴灌系统由哪些部分组成？简述各组成部分的作用。
3. 地下滴灌在草坪上如何应用？
4. 草地灌溉中应用地下滴灌技术的主要控制参数有哪些？

第 10 章

大型喷灌机在草地灌溉中的应用

　　无论是天然草地还是人工草地，草地植物大多是多年生的草本植物，其特点是植株生长密度高，植被冠层近乎完全覆盖地面，有单一草种的主要以牧草生产为主的人工草地和几种草种混播的人工牧草地，也有以打草为主的天然打草场。这些特点决定了草地灌溉最适合选用大型的、机械化和自动化程度比较高的喷灌方式。随着我国草原保护修复和草牧业的发展，发展有灌溉保障的稳产高产优质人工草地生产，对于保障牧草供给，提高草原牧区草地生产力和草地生态保育能力，增强草原牧区抵御自然灾害的能力，促进草原牧区农牧民生活水平的提高具有重要意义。因此，需要了解大型喷灌机在草地灌溉中的使用情况，喷灌机的种类、规格、型号及性能，喷灌机的工作原理以及喷灌机在草地灌溉中的规划设计方法等。目前大型喷灌机械在草地灌溉中应用比较多的主要有：圆形喷灌机或中心支轴式喷灌机、平移式喷灌机以及卷盘式喷灌机等。

　　本章将主要介绍在草地灌溉中应用较多的圆形喷灌机的组成与性能、工作原理，阐述在草地灌溉中应用大型喷灌机的规划设计过程，以及采用大型喷灌机进行草地喷灌的灌溉管理等问题。

10.1　大型喷灌机与草地灌溉

10.1.1　大型喷灌机

　　草地植物生产中，草地植物种植密度高、同种类植物高低比较均匀整齐，而且草地植物生产往往在面积很大，因此在灌溉中采用喷灌机的情况很多。与前面讲的固定式喷灌、半固定式喷灌不同，喷灌机是一个整体可移动的机械，把灌溉水进行加压，通过管道或机具设备输送到喷头并喷射到空中，散成细小水滴，均匀地洒落到地面，灌溉草地植物。所以，喷灌机是将增压、输水、喷洒、行走等功能集成于一体的可移动的灌溉专用机械。喷灌机种类很多，从单台机控制的灌溉面积的大小，可以分为大型喷灌机和中小型喷灌机。

　　大型喷灌机最主要的特点是单机控制面积大，能自行移动，在草地灌溉中应用大型喷灌机可以有效提高灌溉效率，减少灌溉用工，降低劳动强度，解决单位面积灌溉投资高的问题。此外，大型喷灌机还具有自动化程度高，可以水肥一体化喷灌，特别适合草地植物的灌溉。目前，草地灌溉中采用的大型喷灌机主要有两类：一类是时针式喷灌机或圆形喷灌机，另一类是平移式喷灌机。

10.1.1.1　圆形喷灌机

　　圆形喷灌机也称中心支轴式喷灌机(center pivot sprinkler irrigation system)，或时针式喷

灌机。因喷洒灌溉的区域形状为圆形，称其为圆形喷灌机；又因喷灌机围绕着一个中心支轴旋转，称其为中心支轴式喷灌机；还因喷灌机运行时，在喷洒的地面上形成一个类似圆形的钟表盘，喷灌机就像这个钟表盘上的一个指针，随时间做圆周运动，因此也称时针式喷灌机，如图 10-1 所示。

圆形喷灌机是由多个可行走的塔架连接形成多个跨体组成的，每一跨由两个塔架组成，每个塔架上配置一台电动机驱动塔架轮按一定的速度行走（图 10-2）。喷灌机绕中心轴旋转时，各塔架行走速度要协同，最外圈塔架行走速度要快，内圈塔架速度较慢，这样才能保证喷灌机像钟表的指针一样绕中心轴转动。由于圆形喷灌机是绕中心支轴进行圆形喷洒作业，相较于方形地块喷洒覆盖范围总是无法顾及地块的 4 角，使方形地块大约 21% 的面积喷不到水。最早的圆形喷灌机被认为是 1940 年美国科罗拉多州的一位农民发明的，他自己还为这个发明申请了专利。起初这种机械设备在灌溉中的应用并不是很理想，后来他与别人合作改进了设计，从而提高了这种喷灌机的运行效率。再到后来他把自己的专利授权给了一家机械制造公司，通过工程技术人员的不断改进和技术创新，将之前的液压动力系统转换为电力驱动，使这种喷灌机结构更牢靠，运行也更可靠。

图 10-1　圆形喷灌机喷洒形成的喷灌圈

图 10-2　圆形喷灌机在工作

10.1.1.2　平移式喷灌机

平移式喷灌机同圆形喷灌机一样，也是由多个甚至十几个塔架通过供水管道连接成的一个整体，供水管道上安装下垂式的喷头，一边行走一边喷洒。但它的运动方式和圆形喷灌机不同，圆形喷灌机是转动，而平移式喷灌机是横向平移（图 10-3）。在喷灌机平移过程中，喷灌机的进水端要有水源供应，因此，平移式喷灌机最主要的特点是喷灌的地块为长方形，喷灌地块的宽度就是喷灌机的长度，喷灌地块的长度就是喷灌机能够平移的最大距离。其次，平移式喷灌机要求喷洒的地块要平坦，设备安装前需要进行土地平整，一般坡度不能超过 5%。此外，还需要在长方形地块的长边修建一条供水渠道，喷灌机增压水泵的吸水管要伸入供水渠，与喷灌机一起移动，这样才能实现喷洒。平移式喷灌机的供电一般采用拖拽电缆供电。

图 10-3　平移式喷灌机在工作

与圆形喷灌机相比，平移式喷灌机喷灌的土地利用率很高，没有喷洒死角，有效解决了圆形喷灌机覆盖不了4个死角的问题。当灌溉地块的长宽比超过2:1时，平移式喷灌机的亩投资更有优势，一套平移式喷灌机可以运行数千米，因此，设备投资成本会更低。另外，平移式喷灌机也可以配置施肥施药系统，实现水、肥、药一体化喷洒。

平移式喷灌机在行走过程中需要精准地按线路往复运动，这就需要设置地面导向装置，否则机器移动过程中会发生偏移。目前有设置地埋导向跟踪装置的电动平移式喷灌机，也有采用沿渠地面固定钢索导向的电动平移式喷灌机。平移式喷灌机的缺点主要是，喷洒时整机只能沿垂直支管方向作直线移动，而不能沿纵向移动，相邻塔架间也不能转动。为此，平移式喷灌机在运行中必须有导向设备。另外，平移式喷灌机取水的中心塔架是在不断移动的，因而取水点的位置也在不断变化，一般采用的方法是明渠取水和拖移的软管供水。

10.1.2　大型喷灌机在草地灌溉中的应用概况

10.1.2.1　大型喷灌机应用的经验

应用大型喷灌机灌溉农作物或草地最显著的优点就是这种喷灌机自动化程度高，单机控制面积大，对土地平整要求低，可以节省大量的劳动力，特别适合平原区规模化的作物生产和草产品生产及植被生态恢复，适合农场化的企业管理。因此，过去在一些欧美发达国家，大型喷灌机技术研发起步早，实际应用多。采用大型喷灌机的灌溉面积占整个灌溉面积的比例相对都比较高。但是，大规模、集中连片发展大型喷灌机进行农田灌溉，一方面带来了规模效应，提高了灌溉效率，降低了设备投资及管理成本，但同时蕴藏着潜在的问题，特别是集中连片大面积抽取地下水进行灌溉，造成区域生态环境问题。

美国自20世纪60年代以来，在美国的高平原地区（The High Plains）使用大型喷灌机（主要是圆形喷灌机）进行集约化农业生产，抽取作为世界上最大的蓄水层之一的高平原蓄水层的地下水进行灌溉（Steward et al, 2013）。美国的高平原地区从北到南涵盖包括内布拉斯加、堪萨斯、得克萨斯等8个州，自然气候类型与我国半干旱地区类似，降水稀少，年降水量250~510 mm，海拔较高，气温变化剧烈，日温差超过22℃，最高气温超过40℃。高平原地区的地下蓄水层提供了该地区几乎所有的生活用水、工业用水和农业用水。高平原地区主要的农作物包括紫花苜蓿、玉米、棉花等几乎全部采用圆形喷灌机进行灌溉。地下含水层中蕴藏的地下水是成百上千年积累的结果，如果大规模集中开采这类地下水，就会造成入不敷出，当灌溉开采率超过补给率时，就会造成区域地下水位下降，进而对区域生态系统带来负面影响。因为大型喷灌机自动化程度高，对灌溉劳动力的需求很低，因此美国高平原地区的种植业几乎都采用了喷洒覆盖面积大的圆形喷灌机，灌溉水源完全依赖地下水。经过几十年的灌溉和开采，已经导致该地区地下水位普遍下降。2013年8月29日《中国科学报》援引《美国国家科学院院刊》（PNAS, 2013）上的一项研究显示，如果照目前的灌溉趋势持续下去，美国堪萨斯州高平原蓄水层中近70%的水将会在50年内耗尽。数据显示，高平原含水层提供了美国30%的灌溉用地下水，其中堪萨斯州的高平原蓄水层占据了重要份额。堪萨斯州立大学土木工程系的一项研究指出，1960年，这个蓄水层中只有3%的水得到了利用，而到2010年，有30%的水已经被耗尽，另外39%预计将到

2060 年消失。该研究报告指出，一旦水量耗尽，这个蓄水层可能需要平均 500~1 300 年才能再次完全充满。2013 年 5 月 19 日美国的《纽约时报》刊登了一篇题为"水井干涸，肥沃的平原变沙地"的文章，文章对美国高地平原大量采用圆形喷灌机抽取地下水喷灌提出了尖锐批评，声称大量的圆形喷灌机是造成美国高平原含水层持续下降的罪魁祸首。

从这些经验教训中我们可以清醒地看到，无论是农田还是草地，发展灌溉就需要水资源。美国高平原地下水位的下降并非圆形喷灌机造成的，而是人类过度的开发地下水，缺乏对区域水资源的科学规划和合理利用造成的。因此，我们在发展草地灌溉时，应当在充分了解当地水资源状况，对发展人工草地做出科学合理、生态可持续的发展规划，进而采用与之相适应的灌溉技术。

10.1.2.2　大型喷灌机在我国草地中的应用

大型喷灌机作为一种机械化高效节水灌溉设备，具有节水、省工、增产、适应性强等特点。这种喷灌机可在多种气候、地形及土壤结构情况下使用。例如，采用圆形喷灌机进行灌溉，其灌溉用水量要比地表灌溉减少 25%~50%，节省人工近 75%。圆形喷灌机和平移式喷灌机都是大型的喷灌机械化装置，其结构紧凑，运动性能好，喷洒水量分布均匀，特别适合规模化、管理先进的草地生产、农牧场等的作物灌溉。我国大型喷灌机发展应用始于 1976 年，已经历 4 个阶段（严海军，2020）。其中，1976—1978 年为起步阶段，1979—1986 年为引进和关键部件攻关阶段，1987—1997 年为完善提高、稳妥推广阶段，1998 年至今为技术创新和产业化阶段。2009 年以前，国内大型喷灌机市场需求量相对较小。从 2010 年开始，市场需求呈快速增长趋势。截至 2021 年，我国圆形和平移式喷灌机总保有量大约 1.8 万台，灌溉面积约 900 万亩，约占喷灌面积的 14%。大型喷灌机灌溉面积中，圆形喷灌机约占 90%。灌溉作物主要是苜蓿、马铃薯、玉米、小麦、燕麦等。灌溉水主要取自于地下水或地表水，单井、多井汇合。

由于大型喷灌机自动化程度高，运行维护成本低，非常适应规模化、机械化、集约化、标准化的现代农业发展需求，所以这种产品逐渐在我国得到了推广应用。在草地灌溉中，主要以生产苜蓿、燕麦等优质牧草为代表的大型喷灌机的应用，遍及内蒙古、新疆、甘肃、宁夏、河北、山东、安徽等省（自治区），浙江省宁波市在沿海滩涂采用圆形喷灌机种植苜蓿，改良盐碱地等。例如，内蒙古自治区赤峰市阿鲁科尔沁旗草产业基地的圆形喷灌机，喷灌后形成的绿色圆圈从卫星视图就可以看到清晰的轮廓。这里曾经是沙化和退化的科尔沁沙地的一部分。历史上科尔沁曾是水草丰美的疏林草原，是半干旱温性地带森林草原与干旱草原的过渡带，由于气候变化及人类活动的干扰，疏林草原生态系统受到严重破坏，造成草原沙化。目前的科尔沁沙地是中国四大沙地中面积最大的一个沙地，总面积达 4.2 万 km²。阿鲁科尔沁旗优质牧草基地就是在沙化草地上建立和发展起来的高产优质牧草生产基地，是由几十家大型企业组织开发的草地生产规模化、田间作业机械化、牧草产品商品化的现代草业生产基地，目前草业基地面积达到 70 万亩，年产商品草 65 万 t，是全国集中连片种植紫花苜蓿面积最大的地区和国家紫花苜蓿种植标准化示范区。该基地地处西拉木伦河以北和乌力吉木伦河以南之间的沙化草原上，从图 10-4 中可以看出，圆形喷灌圈以外几乎是没有植被的沙地，喷灌圈覆盖的地方一片绿色，生机盎然。

由于我国草牧业的发展，大型喷灌机在我国草地灌溉中独树一帜，发展迅速。尤其是

图 10-4 内蒙古自治区阿鲁科尔沁旗草业基地上的喷灌圈

在规模化的优质牧草生产中，大型喷灌机的使用越来越多。在人工草地的灌溉、草原生态恢复区以及草原区打草场中使用大型喷灌机也在增加。因此，作为一个草业科技或管理工作者，有必要了解我国草地灌溉中经常使用的喷灌机械性能，掌握这种喷灌机械的使用方法和灌溉管理技术，为草牧业的发展起到促进作用。无论是人工草地还是天然草地，草地植物具有生长密度高，长势较为均匀整齐的特点，如果要发展草地灌溉，大型喷灌机是较为理想的选择。适合大型喷灌机的主要是人工草地、天然草地打草场的喷灌，也可以加速退化草地的生态恢复，在恢复初期施加喷灌条件，使得草地在较短的时期得以恢复。同时，作为草地生产和管理的技术人员，还需要掌握一定的技术来评估采用的大型喷灌机是否适合当地的地形、水源、草种等情况，采取适宜的方法来调整草地生产与灌溉技术的配合与衔接等问题。从国内外的应用实践来看，采用大型喷灌机，最显著的效果就是节省人力，同时节水、增产效果也比较显著，但大型喷灌机的应用也受到水资源及场地条件的限制，至少是在喷灌机控制面积范围内不能有各类地面障碍物。了解这些有助于我们做好大型喷灌机应用于草地灌溉的可行性研究及总体的规划设计，以便更好地运用这种大型喷灌机械，保证在草地灌溉中能有效运行，提高工作效率。

10.1.2.3 大型喷灌机的优缺点

在草地灌溉中，大型喷灌机喷灌与地面固定式喷灌一样，首先是节水。喷灌可以控制灌水量和喷灌强度，地面上不会产生过多的积水和地表流失，土壤中也不会产生深层渗漏，从而可以节省灌溉用水量。与地面灌溉相比一般可节省 30%～50% 的水量。在透水性强、保水能力差的砂性土地上可省水 70% 以上。其次是增产。喷灌是模拟自然降水最好的方式，喷灌时使土壤水分保持在植物正常生长的适宜范围，对土壤不产生机械破坏作用，保持土壤团粒结构，还能调节小气候，可有效调节土壤的水、气、热、养分和微生物状况，并能冲洗掉茎叶上的灰尘，有利于植物呼吸和光合作用的进行。喷灌的这些效应给草地植物创造了良好的生长环境，从而达到增产的效果。除以上两条外，大型喷灌机用于草地灌溉还具有以下优点：

①单机控制面积大，劳动生产率高，单位面积上的设备投资和运行费用低。

②喷洒质量高，能实现低压喷洒，降低能耗。

③喷灌机整机结构紧凑，系统成套性好，自动化程度高。

④综合利用水平高，不仅能喷水，还能喷洒化肥、农药等。

⑤新技术、新材料、新工艺集成度高，增加机组可靠性和智慧化管理。

⑥对土地平整要求低，降低了土地整理成本。

⑦使用寿命长，一般都会使用 20 年左右，维护成本低。

虽然在草地灌溉中大型喷灌机特别是圆形喷灌机的应用很多，但大型喷灌机也有一些应用中的缺点或不足，深刻认识这些问题有助于我们在实践中克服和解决问题，使大型喷灌机在草地灌溉中发挥最大效能。大型喷灌机在使用过程中的问题，主要有以下几方面：

①我国优质牧草生态适宜生产区大多地处干旱半干旱地区，这里空气干燥，蒸发强烈，生产的干草品质好。大型喷灌机草地喷灌时水流由喷头喷射到空中，分散成细小的水滴，像降水一样降落到植物冠层。草地植物生长密集的冠层会截留部分量，部分水滴穿透冠层到达根区土壤。从草地植物冠层顶部喷洒水分到植物根系吸收利用，中间要经历水汽飘散损失、草地植物冠层截留损失，干旱环境会增加这两部分的水分损失，因此降低了喷洒水分的利用效率。

②圆形喷灌机由于喷洒范围是圆形，对方形地块，如果不加装地角尾枪喷洒系统，漏喷面积达到 21%，土地利用率不高；如果要加装地角尾枪喷洒系统，又会使系统造价提高。这是圆形喷灌机最为明显的一个缺点。虽然在喷灌机无法喷洒覆盖的区域可以建田间储草棚、道路、管理房、植树等方式利用一部分，在圆形喷灌机草地灌溉规划设计时尽可能优化布置使漏喷面积减少，但喷灌圈很多的情况下，这些三角地面积仍然很多。

③大型喷灌机与其他喷灌一样，喷洒时受风力的影响比较大，风不仅影响喷洒的均匀度，而且还会使喷洒的水滴飘移、增加了水汽飘散和空中蒸发损失。研究表明，当风速在 5.5~7.9 m/s(4 级风以上)时，能吹散喷洒的水滴，此时喷洒均匀性大大降低，飘移损失也会增大。在空气相对湿度较低的情况下喷灌，蒸发损失也会加大。据美国得克萨斯州的试验，当风速小于 4.5 m/s 时(3 级风)，蒸发飘移损失小于 10%；当风速增至 9 m/s(5 级风)时，损失达 30%。我国在一些地区的实测表明，在空气相对湿度为 30%~62%、风速 0.24~6.39 m/s 的情况下，喷洒水分的损失量为 7%~28%。

④喷灌都需要给水加压，大型喷灌机需要自行运动，这都需要一定的动力，需要消耗一定的能源。尽管已经研发并应用了利用太阳能光伏为动力的大型喷灌机，但这会增加初期建设投资。

10.2　大型喷灌机结构与性能

10.2.1　大型喷灌机的结构及组成

10.2.1.1　大型喷灌机的结构

大型喷灌机是一种通过轮式塔架支撑起来的高架顶喷式喷灌装置，两个轮式塔架支撑的一段称为一跨，无论是圆形喷灌机还是平移式喷灌机，通常都是由多跨组成，每一跨的长度因设备生产厂商而不同，一般为 40~60 m。草地喷灌中，一台喷灌机实际的跨数是在草地灌溉规划设计时确定的，主要根据地块形状和面积而定，最常见的是 6~8 跨。每一跨连接两个支撑塔架的是由供水管道和型钢及钢筋组成的桁架，供水管道构成桁架的上弦杆。在供水管道(一般采用镀锌钢管)上按一定间距配置悬挂式的顶喷喷头。

圆形喷灌机和平移式喷灌机在结构方面的最主要区别在于，圆形喷灌机第一跨起始点(即喷灌机的进水端)支撑塔架为中心支轴，喷灌机所有轮式塔架都绕着中心支轴做圆周运动，而平移式喷灌机第一跨起始点的支撑塔架，除支撑第一跨做线性运动外，该塔架上还装有加压水泵（包括吸水管）、控制器及导向装置。另外，圆形喷灌机的末端塔架往往延伸悬挂一定长度的供水管，称为悬臂，悬臂末端还可以安装一个摇臂式的尾喷头或尾喷枪，尾喷头可以增加对圆形喷灌四角的部分覆盖。圆形喷灌机结构如图 10-5 所示。

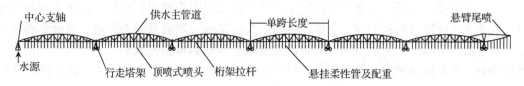

图 10-5　圆形喷灌机结构示意图

　　圆形喷灌机是世界上最流行和公认的喷灌技术之一，可以通过一个按钮来启动这个庞大的喷灌机进行喷灌作业，可以控制几百甚至上千亩地的灌溉面积，其超高的自动化程度和较低的灌溉成本使其具有明显的优势。

10.2.1.2　圆形喷灌机中心支轴

　　圆形喷灌机的中心支轴是喷灌机进行圆周运动的中心轴，圆形喷灌机以中心支轴为起点，中心支轴由钢支架固定在混凝土地基上，以抵抗喷灌机旋转时的扭转力。支架中间是供水管道的入口，并通过立管连接到供水主管道上，通过中心支轴的主供水管道，将有压

图 10-6　中心支轴结构

力的灌溉水源输送到各跨的喷头上。固定的中心支轴通过带密封垫圈的联轴器与主供水管的旋转接头连接。在中心支轴的顶部设有集电环，其作用是通过摩擦滑环导体向喷灌机塔架上的电机连续供电。喷灌机的控制器固定在中心支轴支架上，通过控制器将交流电源分配给塔架，用于驱动行走电机并实现控制。

　　中心支轴的主要作用就是支撑和固定圆形喷灌机的中心点，同时轴的含义是指其他转动的机件绕着它转动或随着它转动，因此，支轴是喷灌机做圆周运动的中心轴，是连接喷灌机的固定部分和运动部分的中心节点，也是控制喷灌机运行的中枢。中心支轴结构如图 10-6 所示。

10.2.1.3　大型喷灌机管道桁架

　　大型喷灌机结构中有一个名词为桁架，这是一种由杆件在彼此两端通过焊接、铆接或螺栓连接而成的支撑结构，一般为具有三角形单元的平面或空间结构，桁架的优点是杆件主要承受拉力或压力，可以充分利用钢材的强度，在跨度较大时可节省材料，减轻结构重量，增大整体的刚度。大型喷灌机的供水管道桁架以每跨为一个基本单元，不同制造厂商有不同的桁架长度规格，一般桁架的长度有 32 m、54 m、56 m、60 m 等规格可选。供水管道是桁架的重要组成部分，常见的桁架供水管公称内径为 150 mm。供水管道呈弓形构成桁架的上弦杆，桁架下弦杆承受拉力采用钢筋拉杆结构，用角钢和拉筋构成的空间拱架支承结构增强桁架的整体性并提高了桁架的支撑强度，这种结构能够有效地分解和吸收因地形起伏

造成的跨体扭曲压力(图 10-7)。在桁架的两端，使用铰接式管接头，以保持两跨之间供水管的可靠连接，并具备因地面起伏造成跨间位移的灵活性。

图 10-7　桁架及支撑塔架

10.2.1.4　轮式塔架

大型喷灌机的轮式塔架由行走车轮和支撑塔架组成。整个喷灌机以两个轮式塔架支撑一段管道桁架为单元，形成喷灌机的一个跨体，喷灌时单元或跨体与轮式塔架为一个整体进行运动。轮式支撑塔架为空间三角形结构，三角形底边两个角装配了两个行走车轮，三角形底边轮轴上安装有驱动车轮行走的电机。三角形结构的另外两个边支撑着管道桁架。支撑塔架结构如图 10-7 所示。

喷灌机在每个轮式塔架上都配置了一个电动驱动装置，用于驱动车轮行走。驱动装置包括一个三相交流电动机(一般电机功率 1 kW 左右)及其齿轮传动变速箱。电动机驱动的好处是速度快，可靠性高，而且能前后运行。此外，每个驱动装置还设置一个同步控制传感器，用于控制转速，使喷灌机整体在运移时始终保持一条直线。驱动装置采用有过流过载保护的三相异步电动机，驱动电机通过蜗轮蜗杆减速器，带动行走轮移动。驱动电机外壳经特殊涂层处理，能适应长时间露天工作环境，可防太阳辐射，耐风蚀雨淋，具有较好的使用寿命。驱动电机的定子和转子可单独拆卸更换，维修时无须更换整个机体。

驱动电机输出的动力足以使喷灌机有较强的爬坡能力。地面坡度如果用百分比来表示，如 20%，就是说在 100 m 的水平长度上，两端高度差为 20 m。喷灌机的大小以及驱动电机功率的不同是影响喷灌机爬坡能力的关键。圆形喷灌机做圆周运动时可以有一定的坡度，即塔架可以上坡运动，但坡度不宜超过 15%。平移式喷灌机必须配套供水渠道，供水渠道的纵向坡度不能太大，因此，渠道的纵向坡度就决定了喷灌机爬坡的坡度。此外，喷灌机整体从进水端到末端有几百米的长度，在喷灌机长度方向上地面也会有一定的坡度，从喷灌机结构设计要求，喷灌机的纵向整体坡度不超过 2%，局部最大坡度不应超过 4%。

10.2.1.5　喷洒系统

大型喷灌机的喷洒系统是由安装在供水主管上的悬挂式支管及喷头组成。悬挂式支管按喷头间距从供水主管(一般采用镀锌钢管)的上部引出,经由称为鹅颈管(gooseneck pipe)的弯管弯曲向下,再连接一段柔性的胶管,胶管末端连接顶喷式喷头,为了保证胶管下垂顺直,往往在胶管末端加装一段钢管或配重,圆形喷灌机的喷洒装置如图10-8所示。大型喷灌机的喷头连接组件如图10-9所示。

图10-8 圆形喷灌机的喷洒装置

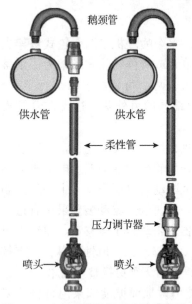

图10-9 大型喷灌机的喷头连接组件

由于喷灌机的喷头按一定间距悬挂在主管上,一般都是在植物冠层顶部向下喷洒,因此称为顶喷式喷头。这类喷头可分为旋转喷盘式喷头和固定喷盘式喷头等类型(图10-10)。

固定喷盘式喷头就是压力水经过喷嘴中心孔喷射到喷盘上,经过喷盘上的导流槽将射流折射分散出去,形成折射的喷盘是固定的,类似散射式喷头。固定喷盘式喷头的喷洒直径4~12 m,在不易产生地表径流的土壤上,如砂质壤土、轻质土壤上效果很好。固定喷盘式喷头的设计工作压力为0.04~0.2 MPa。

旋转喷盘式喷头的折射喷盘可以在射流的作用下旋转,将折射水流旋转分散进行喷洒。由于旋转喷盘式喷头水流不仅通过折射,而且造成折射水流的旋转,使得喷洒的水滴更加分散,喷灌强度较低,喷洒均匀性好,适应比较黏重的土壤类型或地面坡度较大的草地喷灌。旋转喷盘式喷头的喷洒直径为12~20 m,比固定喷盘喷头的喷洒直径要大。旋转喷盘式喷头的设计工作压力为0.06~0.2 MPa。

大型喷灌机的喷头一般都是从主管道上分水,悬挂在主管上,喷头放置的高度可以根据灌溉作物的不同进行调整,可以根据作物的生长高度调节喷头距离植物冠层的高度。在苜蓿生产中每个生长季可以刈割多次,播种或返青期,植株高度低,喷头就可以降低高度喷洒,以减少喷洒水量的飘移蒸发损失;当苜蓿生长到一定高度后,再调节喷头高度。

圆形喷灌机沿半径方向各点的位移是不同的,因此要求各点处的喷头流量也不同,另

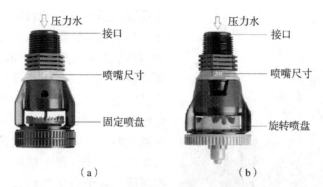

图 10-10　圆形喷灌机的喷头类型

(a)固定喷盘式喷头；(b)旋转喷盘式喷头

外，从中心轴到主供水管道末端沿线按一定间距挂满了喷头，主供水管的水压力会沿半径方向逐渐降低，为此，在很多情况下为了保证沿线喷洒均匀，在每个喷头的进口处设置一个压力调节器，如图 10-11 所示。

图 10-11　压力调节器及其内部结构

10.2.1.6　控制系统

大型喷灌机的控制系统由控制箱、集电环、塔架盒、电缆等组成，控制系统可实现对喷灌机的正反向运行、行走速度调整、运行过程监测、安全保护、故障报警等功能。

控制箱安装在喷灌机的中心塔架上，喷灌机的运行、监测、报警等功能都经由控制箱接收信号和发送指令。喷灌机运行的动力电源经控制器由集电环向各个塔架盒供电，塔架盒再向驱动电机供电。控制器通过发送供电指令保证各个塔架车之间的同步，并可以使喷灌机做反向运动。控制器通过时间计时器来调整塔架车的行走、停止时间比例，以达到调节喷灌机行走速度、控制灌水量的目的。控制器内有针对电流、电压等的监测，当指标超过设定值时就会发出报警信号。

集电环是圆形喷灌机特有的供电装置。集电环安装在中心支座上，其内部装有相互绝缘的铜环以及与铜环滑动接触的碳刷，铜环固定，碳刷随喷灌机转动，铜环与从控制器接出的电缆相接，碳刷与塔架上的电缆相接，这样在喷灌机做圆周运动时即可保证中心轴与塔架上的电缆之间的连接可靠和畅通。

塔架盒是安装在各个塔架顶部的一个对齐装置(alignment guidance)，内部装有同步控

图 10-12　塔架盒

制角度调节装置、运行微动开关、安全微动开关和交流接触器(图 10-12)。当一个塔架车两侧桁架之间的角度≥1°时，运行微动开关的常开触点闭合，通过交流接触器接通驱动电动机的电源，该塔架车开始行走。塔架车两侧的桁架之间成直线时，运行微动开关的常开触点断开，驱动电动机的电源被切断，塔架车停止行走。每个塔架车都装有一个对齐控制器，各个塔架车均按此调节并运行，从而保证了喷灌机的同步和直线移动。

10.2.2　大型喷灌机的工作原理

10.2.2.1　大型喷灌机的运动原理

　　大型喷灌机是一类在移动中进行喷灌的机械，其工作原理包括它是如何运动的，在运动过程中是如何喷洒的，喷洒的水量分布能否满足灌溉的要求。

　　圆形喷灌机以中心支轴为中心做圆周运动，喷洒形状为圆形，圆形的半径就是喷灌机的长度，它由若干跨组合而成。圆形喷灌机以中心轴为中心做圆周运动时，由于各跨之间的连接是具有一定柔性的铰接，以便适应地形起伏的变化。这就是说喷灌机整机并不完全是一个刚性的整体，而是每一跨之间可以扭曲一定的角度。例如，一个圆形喷灌机由 3 跨组成，喷灌机转动时，先从最末端的一跨塔架车在电动机驱动下开始旋转，当末端第一跨旋转与相邻的第二跨形成一定角度时，第二跨开始运动，依次直到中心支轴的一跨(图 10-13)。两个塔架之间安装的对齐装置就是控制两跨运动时的这个角度，当两跨之间的夹角增大到一定程度时，塔架盒中的继

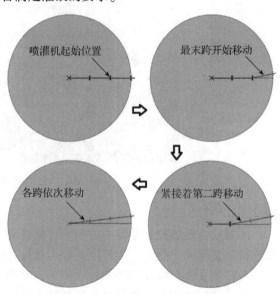

图 10-13　圆形喷灌机的运行过程

电器动作，打开相邻跨的驱动电动机开始行走，进而与之相邻的另一跨之间也形成一个角度，依次往复直到距离中心轴最近的第一跨也开始行走，最后各跨形成一个直线到达一个新的位置。此后，最末端一跨再开启运动，如此往复。

　　与圆形喷灌机相比，平移式喷灌机的运动就比较简单，只做前进或后退的往复运动，各个塔架运动的速度保持一致(图 10-14)。平移式喷灌机喷洒时整机沿垂直支管方向做直线移动，相邻塔架间也不能转动。为保证平移式喷灌机往返运动始终是一条直线，平移式喷灌机必须有导向设备。另外，平移式喷灌机取水的中心塔架也与喷灌机整体一起运动，

因而取水点的位置也在不断变化，一般采用的方法是明渠取水和拖移的软管供水。

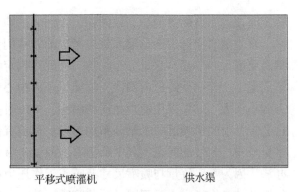

10.2.2.2　大型喷灌机喷洒水量分布

圆形喷灌机的水量分布取决于两方面，一是喷灌机转动的速度，二是喷水装置。由于喷灌机是绕着中心轴做圆周运动，这就要求喷灌机的水量分布沿径向要以一定数量递增，因为沿径向每增加一定长度，喷灌的面积就会逐渐增加，

图 10-14　平移式喷灌机的运行过程

所以，喷灌机必须按每增加一定长度增加一定的水量。

假设圆形喷灌机的半径为 R，其上安装有若干个喷头，喷头的喷洒半径为 d，并且喷头间距与喷洒半径相等，如图 10-15 所示。则距离中心轴 r_i 的一个喷头，在 t 时段内喷灌机旋转了 φ 角度时喷洒的面积就是：

$$A_i = \varphi(r_i+d)^2 - \varphi(r_i-d)^2 = 4d\varphi r_i = 2s\varphi r_i \tag{10.1}$$

式中　A_i——喷灌机上距中心轴 r_i 处的一个喷头在喷灌机旋转 φ 角度时喷洒的面积；

　　　d——喷头间距，$s=2d$；

　　　r_i——距离中心轴第 i 个喷头到中心轴的距离，$i=1, 2, \cdots, n$；

　　　φ——喷灌机在 t 时段旋转的角度，即喷灌机的角速度。

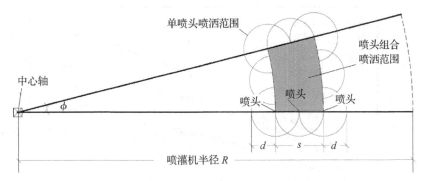

图 10-15　圆形喷灌机喷洒覆盖面积沿半径方向的变化

从式(10.1)可以看出，圆形喷灌机在运行时，在一定时段内，喷灌机上每个喷头所喷洒的面积与该喷头距中心轴的距离 r_i 成正比。也就是说，喷头位置距离中心轴越远，在相同时段内，这个喷头所喷洒的面积就越大。

我们知道，喷灌强度的定义就是单位时间喷洒在单位面积上的水量(mm/h)，也就是单位时间内喷洒在灌溉面积上的水深。喷洒过程中水量的分布并不是均匀的，所以一般有点喷灌强度和平均喷灌强度的概念。点喷灌强度指单位时间内喷洒在某一点的水深。平均喷灌强度指喷洒范围内各点喷灌强度的平均值。喷灌机上的喷头沿供水管道均匀布置，在管道长度方向为多个喷头组合喷洒，因此，喷洒水量的分布是多喷头组合喷洒的结果，此时的喷灌强度就是组合喷灌强度。图 10-15 中的阴影部分就是 3 个喷头组合喷洒时经过一定时段的组合喷洒面积，该面积上喷洒的平均水深就是平均喷灌强度。

草地灌溉中选用圆形喷灌机应考虑的技术问题之一就是正确选择喷头的间距、喷头类型及喷嘴尺寸。喷洒水量分布的均匀程度是判定喷灌质量的重要指标。圆形喷灌机由于做圆周运动，外圈始终比内圈快，喷灌机距离中心轴越远的桁架，其覆盖面积比距离中心轴近的桁架大，如果采用流量相同的喷头，单位时间内外圈喷洒水的深度就小于内圈，显然这会降低喷灌机喷洒的水量分布均匀度。目前有许多方法可以解决圆形喷灌机沿半径方向水量分布均匀性的问题，其中最为普遍的就是沿着喷灌机半径方向采用变喷头喷嘴尺寸的办法。因为喷头流量与喷嘴尺寸及喷头工作压力有关，沿喷灌机半径方向根据喷头所在的位置及其工作压力选配不同尺寸的喷嘴，就能达到提高喷洒均匀度的目的。

在圆形喷灌机上，距离中心轴近的内圈覆盖面积小，喷头流量就应小一些，要求喷头的喷嘴尺寸要小一些。相反，距离中心轴远的外圈覆盖面积大，喷头流量就应大一些，因此要求喷头的喷嘴尺寸要大。因此，喷头喷嘴尺寸沿喷灌机半径方向的变化理论上应当是一条喷嘴直径随喷灌机半径连续增加的曲线。但是，作为喷头零部件的喷嘴，是按照一定的尺寸规格设计制造的，喷灌机上配置喷头只能按制造厂商提供的规格选用。因此，喷灌机实际配置喷头时，喷嘴直径随喷灌机半径的增加呈阶梯式的折线增加。图 10-16 是用理论公式计算的三种喷头布置间距(1.5 m、3.0 m、4.5 m)时，喷嘴直径沿喷灌机半径方向的变化过程。其中，最小喷嘴直径是按实际喷嘴产品确定的，虚线为理论计算的直径，折线就是根据厂商提供的现有的喷嘴规格确定的。

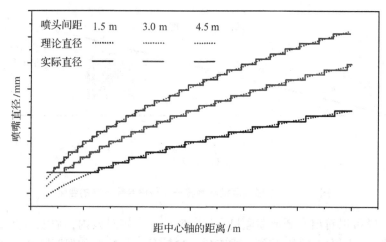

图 10-16 不同喷头间距喷嘴直径沿喷灌机半径方向的变化

10.2.2.3 大型喷灌机喷头流量分布

大型喷灌机上的喷头一般按相等的间距均匀布置在供水管道上。圆形喷灌机的喷头布置，要求喷头喷嘴直径与喷灌机的半径成正比，半径越大，喷嘴直径也越大。较大的喷嘴直径意味着较大的喷头出流量，即圆形喷灌机的喷头流量分布是：距离中心轴越远，喷头流量就越大，如图 10-17 所示。

圆形喷灌机系统的总流量：

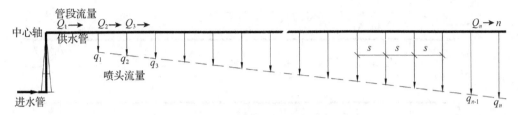

图 10-17 圆形喷灌机喷头流量分布图

$$Q_0 = q_1 + q_2 + \cdots + q_{n-1} + q_n = \sum_{i=1}^{n} q_i \qquad (10.2)$$

式中　Q_0——圆形喷灌机系统的总流量，m^3/h；

　　q_1，q_2，$\cdots$，q_n——分别为距离中心轴第 1 个喷头、第 2 个喷头及第 n 个喷头的流量，m^3/h。

喷灌机主供水管的管段流量为：

中心轴到第 1 个喷头之间的管段流量为 Q_1，就是喷灌机的进口总流量，根据图 10-17 的关系得到：

$$Q_1 = Q_0 = \sum_{i=1}^{n} q_i \qquad (10.3)$$

第 1 个喷头到第 2 个喷头之间的管段流量为 Q_2，依次为 Q_3，$\cdots$，Q_j，$\cdots$，Q_n：

$$Q_2 = Q_1 - q_1 \qquad (10.4)$$

$$Q_3 = Q_1 - (q_1 + q_2) \qquad (10.5)$$

$$\cdots\cdots$$

$$Q_j = Q_1 - \sum_{i=1}^{j-1} q_i \qquad (10.6)$$

$$\cdots\cdots$$

$$Q_n = Q_1 - \sum_{i=1}^{n-1} q_i \qquad (10.7)$$

以上就是喷灌机主供水管的管段流量。管段流量可用于计算喷灌机主供水管的水头损失及压力分布。

平移式喷灌机的末端与进口端都具有相同的覆盖面积，因此，采用相同的喷头喷嘴直径，喷头流量沿供水管分布相同(图 10-18)。

平移式喷灌机因喷头规格型号相同，喷头流量 q 也相同，总进口流量及管段流量分别是：

$$Q_0 = q_1 + q_2 + \cdots + q_{n-1} + q_n = nq \qquad (10.8)$$

任一喷头 j 前的主供水管段流量为：

$$Q_j = Q_0 - (j-1)q \qquad (10.9)$$

式中　j——平移式喷灌机上的喷头数；

　　q——喷头流量；

　　其余符号同前。

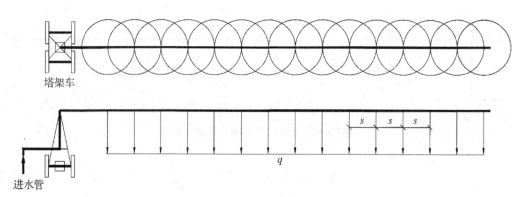

图 10-18 平移式喷灌机喷头流量分布图

10.2.2.4 大型喷灌机主管道水头损失及压力分布

(1)喷灌机主管道水头损失计算

根据我国《喷灌工程技术规范》(GB/T 50085—2007)规定,管道的沿程水头损失的公式为:

$$h_f = f \frac{L Q_0^m}{d^b} \tag{10.10}$$

式中　h_f——喷灌机供水管的沿程水头损失,m;

f——喷灌机供水管道摩阻系数,与摩阻损失有关,钢管:$f = 6.25 \times 10^5$;

L——供水管管长,m;

Q_0——供水管总流量,m^3/h;

d——供水管内径,mm;

m——流量指数,与摩阻损失有关,钢管:$m = 1.9$;

b——管径指数,与摩阻损失有关,钢管:$b = 5.1$。

用上式计算喷灌机主供水管沿程水头损失时,主供水管内径一般沿程不变,用管段流量和喷头间距计算每一段的水头损失,再累加起来就是供水管的总沿程损失,从进口总压力水头中逐段减去水头损失,就得到主供水管的压力分布曲线。

从中心轴到第 1 个喷头之间的管段,其管段长度一般大于喷头间距,因此,第 1 管段的沿程水头损失为:

$$h_{f1} = 6.25 \times 10^5 \frac{L_1 Q_1^{1.9}}{d^{5.1}} \tag{10.11}$$

式中　h_{f1}——主供水管第 1 个喷头前管段的沿程水头损失,m;

L_1——主供水管第 1 个喷头前管段的长度,m;

Q_1——主供水管第 1 个喷头前管段的流量,m^3/h;

其余符号同前。

任一喷头 j 前主供水管段的沿程水头损失为(假定喷头间距相等):

$$h_{fj} = 6.25 \times 10^5 \frac{s Q_j^{1.9}}{d^{5.1}} \tag{10.12}$$

式中　h_{fj}——任一喷头 j 前主供水管段的沿程水头损失，m；

　　　s——主供水管上喷头的间距，m；

　　　其余符号同前。

喷灌机主管道总沿程水头损失为：

$$H_f = h_{f1} + \sum_{j=2}^{n} h_{fj} \tag{10.13}$$

式中　H_f——喷灌机主供水管段的总沿程水头损失，m；

　　　其余符号同前。

喷灌机主管道总水头损失为：

$$H_w = H_f + H_j \tag{10.14}$$

式中　H_j——喷灌机主供水管段局部水头损失，m，H_j 可按总沿程水头损失的 10%～15% 估算。

（2）喷灌机主供水管道压力分布

设定喷灌机主管道进口端的工作压力为 H_0，则从 H_0 中逐段减去管段水头损失，就得到喷灌机供水管的压力分布曲线，如图 10-19 所示。实际情况是，喷灌机主管道进口端的工作压力是由主管道末端喷头需要的工作压力决定的，喷头需要的工作压力就是喷头为了达到额定喷头流量要求的工作压力，这一压力是由喷头技术性能参数提供的。因此，大型喷灌机设计中的水力计算，就是要根据主管道最末端喷头的工作压力推算主管道进口端的工作压力，以此为基础，选配喷灌机加压水泵需要的压力。

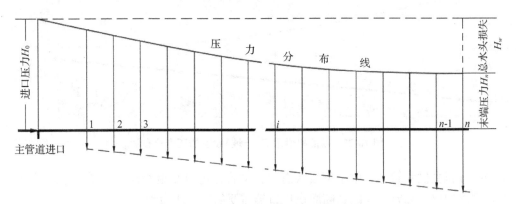

图 10-19　喷灌机供水管的压力分布曲线

根据大型喷灌机末端喷头的工作压力，喷灌机主管道进口端需要的压力为：

$$H_0 = H_n + H_w \tag{10.15}$$

如果局部水头损失按沿程损失的 15% 估算，则

$$H_0 = H_n + 1.15\left(h_{f1} + \sum_{j=2}^{n} h_{fj}\right) \tag{10.16}$$

式中　H_0——喷灌机主供水管段的进口压力，m；

　　　H_n——喷灌机主供水管最末端喷头的工作压力，m；

　　　其余符号同前。

从喷灌机主供水管道的流量和压力计算中，我们就可以在草地喷灌设计中计算出一台喷灌机需要的供水能力及加压需求。

以上是大型喷灌机水平放置时的工作压力计算式，如果喷灌机在运行中存在主供水管呈下坡(顺水流方向)或上坡的情况，还应当考虑主管道有坡度时因地形高差增加(下坡)或减少(上坡)的压力。喷灌机供水管呈下坡或上坡运行时管道的压力分布如图 10-20 和图 10-21 所示。

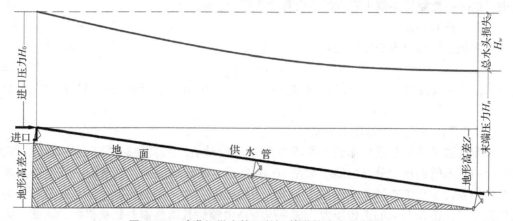

图 10-20　喷灌机供水管(下坡)管道的压力分布图

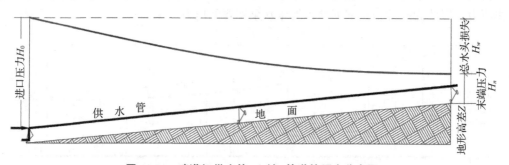

图 10-21　喷灌机供水管(上坡)管道的压力分布图

当喷灌机主供水管运行中呈下坡状态时，主管道进口端地势高，管道末端地势低，进口与末端之间存在高差，此时，喷灌机进口端需要的工作压力为：

$$H_0 = H_n + H_w - Z \tag{10.17}$$

当喷灌机主供水管运行中呈上坡状态时，主管道进口端地势低，管道末端地势高，管道末端与进口之间存在高差，此时，喷灌机进口端需要的工作压力为：

$$H_0 = H_n + H_w + Z \tag{10.18}$$

式中　Z——喷灌机主供水管进口端与末端之间的高差，m；

其余符号同前。

从以上可以看出，主管道末端的实际压力受地形高差影响很大，特别是喷灌机主管道呈上坡运行时，末端的喷头实际压力就会因地形高差而下降，从而影响喷灌机在上坡区间运行时的喷洒水量及均匀度。例如，一台选定的圆形喷灌机，其配套加压水泵提供的主管道进口压力是确定的，如果地面具有一定的坡度，喷灌机在旋转过程中，有时会出现主管道呈下坡的运行，有时会出现主管道呈上坡的运行，此时，喷灌机主管道末端喷头的实际工作压力就是：

$$H_{sn}=H_0-H_w+Z \quad 下坡运行 \tag{10.19}$$

$$H_{sn}=H_0-H_w-Z \quad 上坡运行 \tag{10.20}$$

式中　H_{sn}——喷灌机主供水管末端喷头的实际工作压力，m；

其余符号同前。

由上式可见，我们在规划设计圆形喷灌机喷灌区时，如果地面存在坡度，需要校核上坡运行时末端喷头的工作压力，如果喷头实际工作压力低于额定值很多，就会影响喷头流量和喷洒均匀度。

10.2.3　大型喷灌机的性能

10.2.3.1　大型喷灌机的结构性能

喷灌机的结构性能是指喷灌机的组成、结构及其性能。在草地灌溉中选择圆形或平移式喷灌机进行灌溉，首先需要了解喷灌机的结构性能，主要有以下几方面：

（1）喷灌机长度及控制面积

喷灌机长度也称机组长度，由基本配置的跨数、单跨长度、悬臂长度组成。有些喷灌机可以单独选择配置末端喷枪。从中心轴到机组末端的长度就是喷灌机的长度，圆形喷灌机就是控制半径，其面积就是喷灌机的喷洒覆盖面积。如果选择配置了末端悬臂及喷枪，需要加上末端悬臂及喷枪所控制的喷洒面积。

（2）喷灌机结构

大型喷灌机分圆形和平移式两类，除运移方式不同外，其机械结构基本相同，主要由中心塔架、桁架结构和行走塔架组成。通过中心塔架及组成桁架结构的供水管道的材料性能、规格尺寸是喷灌机的重要结构性能参数。另外，桁架的跨体高度及通过高度，反映了喷灌机主体的结构尺寸，也是选择喷灌机时考虑地面作物生长条件、田间机械作业能否从桁架下通过的重要参数。主供水管道是喷灌机桁架的重要组成部分，其结构尺寸和强度不仅与喷灌机的水力性能有关，而且影响到喷灌机的整体机动性能，其结构尺寸主要包括供水管的公称直径、管壁厚度、结构材料及长度。喷灌机的塔架结构还包括支撑塔架的高度、行走车轮的大小规格等。

（3）喷头类型及性能参数

圆形喷灌机上采用的喷头均为悬挂顶喷式喷头，即喷头以一定的间距悬挂在喷灌机桁架主管道上，从植物冠层顶部向下喷洒。如上所述有固定喷盘式的喷头，即倒置的散射式喷头，还有旋转喷盘式的喷头，或称其为散射旋转式喷头。喷头的主要技术参数包括喷洒直径、喷头流量、喷头工作压力和喷灌强度。一般固定式的散射喷头工作压力低一些，而散射旋转式喷头的工作压力高一些。

10.2.3.2　大型喷灌机的运行性能

（1）总供水流量

大型喷灌机的总供水流量是指通过喷灌机主供水管道进口的流量，该流量与喷灌机配置的跨数及每跨上配置的喷头数及喷头流量有关，在喷灌机性能参数中一般给出最大供水流量，或给出最小和最大供水流量的范围，因为最大供水流量受主管道管径的控制。总供水流量反映了喷灌机的供水能力，也是对喷灌机选择供水水泵的主要参数。

（2）最大供水压力

大型喷灌机最末端的喷头，或末端喷枪的工作压力是确定最大供水压力的基础，一般喷灌机的性能参数给出喷灌机末端要求的最低工作压力。例如，有一种国产圆形喷灌机的末端工作压力为 0.15 MPa，这就是喷灌机最低的工作压力。喷灌机主管道进口端应提供的最大工作压力需根据喷灌机的主供水管长度、主管内径、喷头间距、喷头流量进行水力计算确定。

（3）最大旋转/运行速度

圆形喷灌机绕着中心轴做旋转运动，最大旋转速度用转动一周或一圈需要的时间来表示，即小时/周（h/r）。最大旋转速度与喷灌机的长度有关，也与喷灌机行走塔架驱动轮的运行速度有关。最大旋转速度是重要的喷灌机运行参数，影响喷灌水的管理。平移式喷灌机最大运行速度就是喷灌机各个塔架车平移的最高速度，与喷灌机运行动力及速度配置有关，也与喷洒水量要求有关。

（4）喷灌强度

喷灌机的喷灌强度就是单位时间内喷洒到地面上的水深（mm/h）。

（5）喷洒均匀度

喷灌机喷洒到地面上的水量的分布均匀性，一般应达到85%以上。

（6）爬坡能力

爬坡能力反映了喷灌机在坡地上的运行性能，一般能适应地面坡度为20%以内的地形变化。

（7）驱动电机功率及整机最大功率

驱动电机功率及整机最大功率即喷灌机塔架行走驱动电机的功率及整机的总功率，不包括水泵电机的功率。一个塔架安装一台驱动电机，驱动电机的数量与塔架数量即跨数有关，因此，整机最大功率给出一个范围，单个驱动电机功率一般 0.75～1 kW。

随着智能化灌溉的发展，针对大型喷灌机也在开发应用田间无线遥控系统，结合田间气象数据、土壤水分数据以及植物生长信息的自动获取，基于各种无线通信网络的云平台及其相应的喷灌管理软件的开发，为草地灌溉的智能化决策提供了可能，也为大型喷灌机在草地灌溉中实现节水、节肥、增产、降耗的智能化管理提供了的工具。

10.2.3.3 大型喷灌机的主要性能参数

（1）圆形喷灌机灌溉面积

$$A = \frac{\pi}{10\ 000}(L+L_n)^2 \tag{10.21}$$

式中　A——圆形喷灌机的灌溉面积，hm^2；

　　　L——圆形喷灌机整跨长度，$L=N \times l$，其中 N 为跨数，l 为单跨长度，m；

　　　L_n——末端悬臂长度，m。

以图 10-22 为例，喷灌机为 7 跨，每跨长度 54.5 m，喷灌机整机长度 381.5 m，则喷灌机灌溉面积用式(10.21)计算得到 45.7 hm²。

图 10-22(b)给出了以每跨 54.5 m 为例计算的不同跨数所控制的灌溉面积(假定无末端悬臂)。

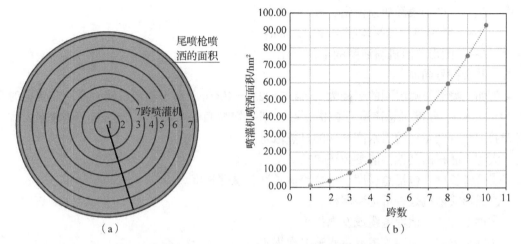

图 10-22　圆形喷灌机喷洒面积及不同跨数控制的喷灌面积(跨长 54.5 m 为例)

(a)圆形喷灌机喷洒示意图；(b)圆形喷灌机不同跨数的喷洒面积

(2)圆形喷灌机旋转一圈需要的时间

喷灌机绕中心轴转动时，在 t 时间内转动的角度为 φ，根据角速度与线速度的关系：

$$\omega = \frac{\varphi}{t} \qquad (10.22)$$

$$V_t = \frac{L\varphi}{t} \qquad (10.23)$$

式中　φ——喷灌机在 t 时内转动的角度，rad；

　　　ω——喷灌机转动的角速度，rad/s；

　　　V_t——最末端一个塔架的行走速度，m/min；

　　　其余符号同前。

喷灌机转一圈所需的时间 T_r，即：

$$T_r = \frac{2\pi L}{V_t} \qquad (10.24)$$

如果喷灌机转动一圈所需的时间 T_r 按小时计算，则

$$T_r = \frac{0.105 \times L}{V_t} \qquad (10.25)$$

式中　T_r——圆形喷灌机转一圈所需要的时间，h；

　　　L——圆形喷灌机整跨长度，m；

　　　V_t——最末端一个塔架的行走速度，m/min。

例如，喷灌机为 7 跨，每跨长度 54.5 m，喷灌机整跨长度 7×54.5 = 381.5 m，最末端一个塔架的行走速度 V_t = 3 m/min，则喷灌机转一圈所需时间 13.35 h。

（3）圆形喷灌机喷洒到地面的平均水深

$$D = \frac{1\ 000 \times Q_0 \times T_r}{\pi L^2} \tag{10.26}$$

式中　Q_0——圆形喷灌机总流量，m^3/h；

　　　D——喷灌机喷洒平均灌水深度，mm；

　　　L——圆形喷灌机喷灌圈的半径，m；

　　　其余符号同前。

例如，喷灌机喷灌圈的半径为 $7 \times 54.5 + 22.5 = 404$ m，圆形喷灌机转一圈所需要的时间 T_r 为 13.35 h，喷灌机总流量为 240 m^3/h，则平均喷洒的水深为 6.25 mm。此数据大致相当于我国北方紫花苜蓿需水高峰期的日蒸散量。

大型喷灌机的其他性能参数还包括：

①设备长度：包括总长度、单位跨体长度、悬臂长度。

②圆形喷灌机是否可选装尾枪。

③供电方式：地埋电缆或发电机组。

④供水方式：地埋管道或蓄水池二次提水。

⑤跨体参数：管道直径、喷头间距、通过高度。

⑥喷灌机性能指标：工作压力、流量、喷洒面积、旋转周期、平均喷灌强度。

10.3　草地大型喷灌机灌溉规划

近年来在草地喷灌中采用大型喷灌机的应用案例越来越多，这是因为大型喷灌机工作效率高，节省人力，适合规模化的草地生产。大型喷灌机一般是指圆形喷灌机和平移式喷灌机两种，这两种喷灌机都是由专门的厂家进行生产，采用标准的设备部件，喷灌机配套的设备及整机性能参数在出厂时就已经确定。草地灌溉中计划采用大型喷灌机，主要任务就是根据拟灌溉草地的地形、地块特征、水源条件和拟灌溉的草地植物种类，选择喷灌机及其性能参数，规划设计草地喷灌区喷灌机的布置方式，确定喷灌机的数量和每台喷灌机的布置方式及位置，计算喷灌机的控制面积及总的灌溉面积，确定喷灌机的供水方式并计算喷灌机的供水流量及相应的供水管道尺寸，拟定喷灌工作制度，核定喷灌强度、喷洒均匀度、单位面积灌溉用水流量及用水总量等。

10.3.1　需要收集的资料

在人工草地上计划采用大型喷灌机，首要任务就是要做好大型喷灌机如何有效地用于草地灌溉的总体规划，其次做好与总体规划相一致的工程设计。这些工作需要有充分的基础资料的准备，包括人工草地种植区划、草地生产工艺流程、草地种植区域自然条件、生产条件、社会经济条件、相关市场以及草地灌溉试验等方面的资料等。

10.3.1.1　草地种植区划及种植区地形图

草地种植区划就是根据草地生产区域的自然条件和区域特点，明确拟发展人工草地生产的必要性和目的，确定发展草地生产的原则、发展的规模、种植的主要草种、草地生产组织及草产品生产模式、草地生产的关键措施以及草地种植区的规划布置等。实际上，一个企业或组织要进行一定规模的草地生产，首先要征用或租赁一定面积的一块土地，这块地上种植哪些草种、在哪里种、如何种等需要一个明确而具体的区划，这个区划是配置草地灌溉设备的基础。草地的种植区划一定与土地界线保持一致，尽可能选用一种或两种类型的草种，同一种草种的种植区要尽可能集中连片。

草地种植区划一般是一张种植区的平面图，主要展示草地种植区不同区域的土地利用及种植布局。做好大型喷灌机在草地中的应用规划，还需要草地种植区的地形图，特别是草地种植区地面有起伏的情况，需要根据地面高程的变化来安排布置喷灌机的位置及运行方式。因此，有一定规模的草地种植，就应在发展草地种植前测设满足设计要求的现状地形图。

草地种植规划用的地形图，一般较大比例尺的地形图一般为 1∶1 000、1∶2 000、1∶5 000。当草地种植区面积较大时也可以采用 1∶10 000 比例尺的地形图。草地种植区中局部供水工程、草产品生产、加工、储藏及管理用房等设施的规划设计，应采用 1∶500 等较大比例尺的地形图。

草地种植规划实测的地形图，各要素应尽量齐全，包括测量控制点、坐标网格、图例、比例尺、指向标等。此外，在地形图中需要标出草地种植区域的边界线及行政边界线、种植区内及周边地面高程或等高线、区内外各级道路、沟渠、管线、电线杆、塔位置、通信等线路、居民点、房屋及结构、林带树木、地块形状、地埂、陡坎、水系、植被、地貌、土质等信息，并标注地名、村名等注记。

10.3.1.2 草地种植区气象、土壤、植物及水源等资料

①人工草地种植区最近的气象站点气象资料：包括多年平均降水量及其在年内的分配、多年平均蒸发量、气温、相对湿度、日照时数、冻土层深度、年平均风速、草地植物生长季节主风向、风速等。

②土壤资料：包括喷灌区域内的土壤类型、质地、土壤厚度、土壤容重、田间持水量、适宜土壤含水量上下限、土壤渗透速度、土壤盐分含量、pH 值及肥力状况等。

③水源资料：灌溉水源指可以用于草地灌溉的水资源数量和水质状况，一般分地面水和地下水两种。水资源的开发利用受各级水行政主管部门的管理和监督。人工草地开发用水，需要经过规划管理和水资源论证，要取得用水许可。用水实行总量控制、节约用水和有偿使用原则，同时要接受水资源管理部门的动态监测。因此，草地灌溉规划设计之前需要充分了解有关水源状况、使用条件等相关规定。

10.3.1.3 基础设施、设备材料等资料

在对当地水土资源充分调查了解的基础上，还应调查和收集与草地生产相关的基础设施建设等资料。一个具有一定规模和商品化草地生产建设项目，在正式施工前，施工现场应达到水通、电通、道路通和场地平整等条件，这就是在许多建设项目中的"三通一平"。三通一平一般由建设方负责或承担费用，但在实际中也可以通过协商由土地经营承包方负责建设。

此外，还应收集草地灌溉设备、材料、价格等信息，特别是喷灌机设备的安装、运行、管理等方面的技术文件、要求、规定等。例如，收集与选用喷灌机设备有关的技术

资料：

①喷灌机进水管的接口形式和尺寸。

②喷灌机动力电源的电压、容量。

③喷灌机桁架长度、整机长度，包括末端悬臂长度等。

④喷灌机桁架管道的规格尺寸、材质及末端悬臂管道的尺寸、尾喷头规格。

⑤桁架管道上喷头安装管的间距、规格尺寸、接口形式。

⑥喷头连接管的尺寸、材质、喷头型号及技术参数。

⑦喷灌机动力电气控制及自动控制系统功能及参数。

⑧喷灌机水源配套要求。

10.3.2　草地大型喷灌机的规划布置

10.3.2.1　圆形喷灌机的规划布置

圆形喷灌机的规划布置主要受到地形条件的制约，如地块的形状、地块的坡度、地块内现有的无法拆除或移动的障碍物(公路、输电线路、房屋、树林或孤立的大树等)。一般来说，拟发展草地生产的地块，首先要进行必要的田间整理工作，包括光滑平整种植区地面、移除田间内可能阻碍喷灌机运行的地面输电线路、房屋、乔灌树木、田间原有的灌溉排水沟渠、地埂、陡坎等。光滑平整就是把种植区地面整理成符合喷灌机行走所要求的地表光滑度，地面坡度应小于喷灌机最大爬坡坡度，消除地面凹凸不平坑坑洼洼等问题，一方面便于机械行走，也便于草地植物播种、刈割、晾晒、打捆等作业。

草地生产所必需的田间道路、输水管道、渠道、低压输电线路、田间储草棚、管理用房等，首先考虑喷灌机在田间的规划布置，各种草地生产服务设施的规划比较灵活，结合实际配置必要的生产服务设施。

当采用多台圆形喷灌机时，喷灌机在田间的布置方式有：

(1)正方形布置

圆形喷灌机半径为 R，4 台半径相同的圆形喷灌机以喷灌圈的中心点组成一个正方形，正方形的边长就是 $2R$。这种布置方式的喷洒覆盖区为 4 个喷灌圈的面积，无法喷洒的区域称为漏喷区域，图 10-23 中阴影部分为漏喷面积。

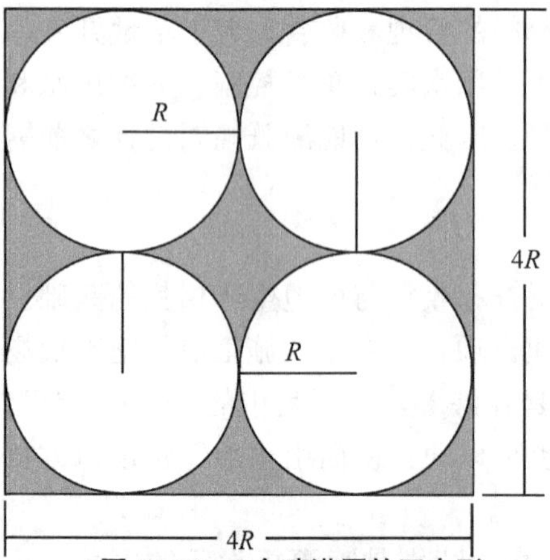

以 4 个喷灌圈的正方形布置为例，4 个喷灌圈喷洒覆盖的面积为：

$$A_p = 4 \times \pi R^2 \qquad (10.27)$$

漏喷的面积根据图中几何关系为：

$$A_n = 4R \times 4R - 4\pi R^2 = 3.44R^2 \qquad (10.28)$$

式中　A_p——4 台相同半径圆形喷灌机喷洒的面积，m^2；

A_n——4 台相同半径圆形喷灌机正方形布置时的漏喷面积，m^2。

可以看出，圆形喷灌机正方形布置时，漏喷的

图 10-23　4 个喷灌圈的正方形布置及喷洒覆盖面积

面积站占地面积的 21.5%，喷灌圈控制的面积占土地面积的 78.5%。

（2）三角形布置

4 台半径为 R 的圆形喷灌机以喷灌圈的中心点组成一个正三角形，三角形的边长就是 $2R$。这种布置方式的喷洒覆盖区为 4 个喷灌圈的面积，无法喷洒的漏喷区域为图中阴影部分的面积（图 10-24）。

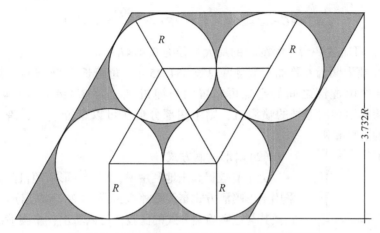

图 10-24　4 个喷灌圈的三角布置及喷洒覆盖面积

根据几何关系，当圆形喷灌机为三角形布置时，两行喷灌机中心轴之间的距离 w，即行间距为：

$$w = 2R \times \sin 60° = 1.732R \tag{10.29}$$

两行喷灌机喷洒覆盖区最大宽度 W 为：

$$W = 2R + 1.732R = 3.732R \tag{10.30}$$

与正方形布置的喷洒覆盖区域宽度相比，三角形布置的宽度 3.732R 小于正方形的 $4R$，因此，三角形布置更紧凑，漏喷占总面积的比例小于正方形布置。

10.3.2.2　减小圆形喷灌机漏喷面积的规划布置

（1）大小喷灌机组合布置

圆形喷灌机规划布置中总会有部分土地无法喷洒，为了尽可能减少圆形喷灌机漏喷的面积，特别是采用正方形布置时漏喷面积较大的问题，可以采用大小喷灌机组合的方式，如图 10-25 所示，在 4 台相同半径的喷灌机中部漏喷的面积上可以布置一台半径较小跨数较少的喷灌机。为此，需要计算出如果 4 台圆形喷灌机半径为 R，正方形中央部分布置一个喷灌圈，该喷灌圈的最大半径是多少。

根据图 10-25 中 4 个喷灌圈的布置，如果要在中央布置一台喷灌机，从图中的几何关系，1/4 圆弧上的弓高为 AB：

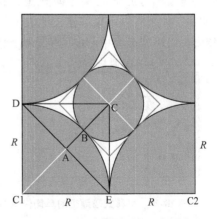

图 10-25　4 个喷灌圈正方形布置中央漏喷区几何参数及小喷灌机布置示意图

$$AB = 2R \times \sin^2 \frac{90°}{4} \tag{10.31}$$

AC 就是正方形对角线长度的一半，即：

$$AC = R \times \sin 45° \tag{10.32}$$

由此得到 4 个喷灌圈之间布置一台喷灌机的最大半径是：

$$BC = AC - AB = R \times \sin 45° - 2R \times \sin^2 \frac{90°}{4} = 0.414R \tag{10.33}$$

也就是说，可布置一台小喷灌机的最大半径为 0.414R。

例如，4 个喷灌圈为 6 跨加末端悬臂总长 354.25 m，每跨长度 56.5 m，悬臂部分长度 15.25 m，则 4 个喷灌圈之间的空地可布置的喷灌机半径为 0.414×R = 0.414×354.25 = 146.7 m。如果选用相同型号的喷灌机，则中间部分最多可以布置一个 3 跨，每跨 45 m，悬臂 11.7 m 的小喷灌机。

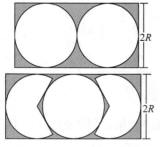

图 10-26 圆形喷灌机的扇形喷洒与全圆喷洒的比较

（2）扇形喷洒方式

为了有效提高土地利用率，减少圆形喷灌机的漏喷面积，可采用扇形喷洒方式布置喷灌机，图 10-26 就是扇形喷洒的布置方式及其与全圆喷洒方式的比较，可以看出，全圆喷洒只需要 2 台喷灌机，而采用扇形喷洒，虽然喷洒覆盖面积略有增加，但需要增加 1 台喷灌机，而漏喷面积也比全圆喷洒减少很多。

10.3.2.3 平移式喷灌机的规划布置

平移式喷灌机的规划布置除地形条件外主要考虑平移式喷灌机的行走模式、供水方式和导向机构的类型。

如果选用的平移式喷灌机其中心塔架车只有两个车轮行走，这种平移式喷灌机属小型平移机，一般不超过 5 跨，总长度不超过 300 m。如果选用的平移式喷灌机的中心塔架车是 4 个车轮行走，这种平移机的总长度可以大于 300 m。

如果是采用渠道供水的平移式喷灌机，渠道可以修建在地块一边，沿渠道修建平移机中心塔架车行走车道及导向轨道，这种布置方式就是单侧供水单侧喷灌，一般不超过 500 m。如果将供水渠修建在地块中间，平移式喷灌机的中心塔架车上只安装一套抽水加压装置，以塔架车为中心向两侧布置就是中心供水两侧喷灌的布置（图 10-27、图 10-28）。

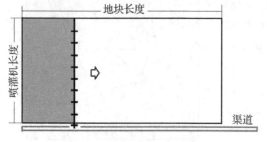

图 10-27 平移式喷灌机的单侧供水布置

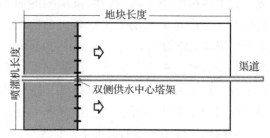

图 10-28 平移式喷灌机的双侧供水布置

此外，平移式喷灌机需要设置导向装置或机构，否则喷灌机在移动过程中容易走偏，造成设备损坏。在平移式喷灌机的布置中也需要考虑导向功能，目前导向机构多为钢丝绳导向、型钢轨道导向以及卫星定位系统导向等。

10.3.3　大型喷灌机的供水方式

10.3.3.1　水源及供水方式

水分是草地初级生产力最主要的限制因子，发展人工草地更是需要水资源作保障。大型喷灌机灌溉用水一般为地下水和地表水两类，水源类型不同，供水方式也有差别。

（1）地下水供水

草地地下水供水就是以地下水为灌溉水源向喷灌机供水。发展草地灌溉前需要计算当地地下水可开采量，是指在规划的草地种植区域内开采地下水，不仅要从开采技术、经济上合理可行，而且要考虑开采不造成地下水位下降、不对周边生态环境带来影响。地下水可开采量的计算方法很多，常用的水量均衡法就是研究一定区域在一定时段内的地下水补给量、储存量和消耗量之间的数量转化关系，通过平衡计算确定地下水的允许开采量。

采用地下水供水时，如果机井出水量能满足喷灌机流量需求，一眼机井配一台圆形喷灌机，机井可以布置在喷灌圈以外的空地，也可以在圆形喷灌机中心轴附近，此时，可以将中心轴最近的喷头卸掉，留出不喷洒的干圈作为机电设备安装场地，如图 10-29 所示。

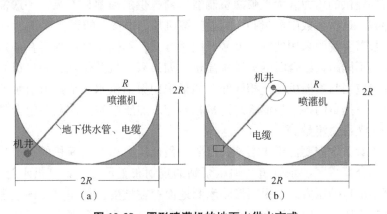

图 10-29　圆形喷灌机的地下水供水方式

（a）地下水井在喷灌圈外；（b）地下水井在喷灌圈中心

（2）地表水供水

地表水就是河流、湖泊、水库中的水，它是人类生活用水的重要来源之一，也是灌溉水资源的主要组成部分。地表水供水是指以河流、水库为水源的草地灌溉供水方式。利用地表水进行草地灌溉，需要修建必要的引水、蓄水或提水等不同取水方式的灌溉系统。

以水库、河流为水源或从草地种植区附近的其他水源以渠道引水至喷灌区，在距离喷灌机中心塔架较近的非种植区设置集水池，建设加压泵站。一般来说渠道供水水量大，可建一座泵站配套多台水泵同时向多个喷灌机供水，这种供水方式水泵配置效率高，设备投资低，灌溉运行集中管理，节省人工，便于实现无人值守的自动化运行。在正方形的喷灌圈布置中，泵站和集水池可建在几个喷灌圈的漏喷区，在三角形的喷灌圈布置中，泵站和集水池可建在距离供水渠道较近的漏喷区内，如图 10-30 所示。

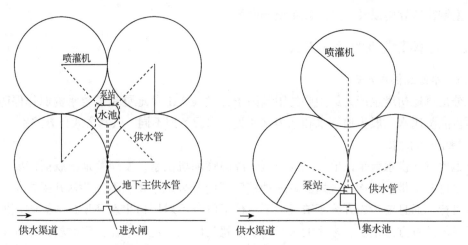

图 10-30　圆形喷灌机的渠道供水及加压泵站

10.3.3.2　供水流量及供水压力

　　无论是地下水供水还是地表水供水，草地灌溉规划时需要确定每个机井水泵或加压泵站的流量及需要提供的压力。大型喷灌机制造厂商提供的喷灌机产品，一般需要提供比较详尽的技术参数。这些参数中流量和压力是喷灌机规划中参考的重要参数之一。

　　喷灌机参数需要说明采用的喷头型号及配置方式，不同型号的喷头在额定工作压力时的流量，并说明不同跨数组合时的喷灌机流量。如果采用机井供水，一口机井供一台喷灌机，单井出水量应当与喷灌机流量相匹配。如果采用渠道供水，从渠道引水的一条总供水管的流量应与其所担负的各个喷灌机总流量相匹配。加压泵站选配水泵组合的流量应满足所担负的各个喷灌机总流量。

　　大型喷灌机参数中需要提供末端喷头需要的最低压力以及喷灌机的进口压力。根据这些压力参数，结合喷灌区供水管道及加压泵站的规划布置尺寸，计算供水管的水头损失，进一步确定泵站出口的压力。如果圆形喷灌圈地面存在坡度，还需要校核喷灌机在上坡运行时最末端的喷头压力，应保证在最不利工作状态下喷灌机末端喷头的工作压力符合最低压力要求。

10.4　大型喷灌机草地灌溉管理

10.4.1　苜蓿喷灌试验

　　本章第一节已介绍我国紫花苜蓿灌溉应用圆形喷灌机的地区主要集中在内蒙古地区，本节将主要以我们在内蒙古鄂尔多斯市鄂托克旗开展的圆形喷灌机紫花苜蓿灌溉试验为例，介绍苜蓿喷灌制度的建立与相应技术参数的确定过程。灌溉试验于 2014—2015 年进行，试验地于内蒙古鄂尔多斯市鄂托克旗，地处 38°56′N，106°49′E，海拔约 1 350 m，属于典型的温带大陆性季风气候。该地区紫花苜蓿一年刈割 3 茬，主要生长阶段为 4~9 月，试验期间日平均气温为 16.66℃，日均风速 2.22 m/s。试验地土壤质地为砂壤土，0~30 cm

土层土壤干容重为 1.3 g/cm³, 0~30 cm 土层田
间持水量为 0.26 cm³/cm³。

　　试验地供试品种为中苜 1 号,苜蓿播种方式
为条播,行距 30 cm,试验期间为苜蓿建植第 5~
6 年。试验区灌溉水源均为地下水,试验地选用
圆形喷灌机实现灌溉,该喷灌机共有两跨,每跨
长 54.9 m,悬臂长度 25.1 m(图 10-31),圆形喷
灌机入机流量为 50 m³/h,喷灌机有效控制面积
7.96 hm²。

图 10-31　紫花苜蓿喷灌试验

10.4.2　喷灌制度的建立

　　喷灌制度应根据当地紫花苜蓿耗水规律,确定包括相应的灌水定额、灌溉定额与灌溉
周期。根据我们的田间试验结果可知,当地紫花苜蓿刈割 3 茬的年耗水量为 508 mm,日耗
水量变化规律如图 10-32 所示,其中最大日耗水量为 7.7 mm/d。试验中,当紫花苜蓿各生
育时期的计划湿润层(0~40 cm)平均土壤含水量低至 60%~65%的田间持水量时开始灌溉,
灌水定额为上次灌水之日至当前时段内的苜蓿日耗水量之和减去有效降水量的差值,灌水
周期即为两次灌水时间的间隔天数。试验地各茬紫花苜蓿耗水量与灌水量见表 10-1 所列。
此外,按照当地经验,冬灌水于每年 10 月底或 11 月初灌溉,灌水定额为 50 mm。紫花苜
蓿全年灌溉定额为各次灌水定额与冬灌水定额之和。上述所确定的灌水定额为净灌水定
额,考虑到风速对喷灌水造成蒸发飘移的损失不可忽视,需将净灌水定额除以田间喷灌水
利用系数(η_p)换算成毛灌水定额,作为圆形喷灌机实现执行的灌水定额。通常,风速低于
3.4 m/s 时,$\eta_p = 0.8 \sim 0.9$;风速为 3.4~5.4 m/s 时,$\eta_p = 0.7 \sim 0.8$,若风速超过 5.4 m/s
时,应停止灌溉等待合适天气。

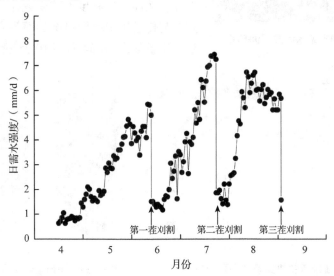

图 10-32　紫花苜蓿日耗水量变化规律(李茂娜, 2016)

表 10-1　试验地各茬紫花苜蓿耗水量、有效降水量与灌水量　　　mm

茬次	2014 年			2015 年		
	耗水量	有效降水量	灌水量	耗水量	有效降水量	灌水量
第 1 茬	130.0	23.6	106.4	133.0	14.7	118.3
第 2 茬	151.0	23.2	127.8	197.0	43.5	153.5
第 3 茬	200.0	37.8	162.2	205.0	38.8	166.2
总计	481.0	84.6	396.4	535.0	97.0	438.0

10.4.3　喷灌技术参数的确定

10.4.3.1　喷灌强度

　　圆形喷灌机的机组围绕中心支轴转动，距离中心点越远，则喷头的运动速度越快，为了保持纵向方向的喷灌水深尽量一致，机组的纵向平均喷灌强度将沿机组主输水管路方向呈线性规律上升，这也意味着机组末端设计喷灌强度往往较大，容易超过土壤入渗率，产生地表积水或径流，造成水资源浪费。

　　在《喷灌工程技术规范》(GB/T 50085—2007)中，考虑到要减少地面径流，保证设计喷灌强度不大于土壤的允许喷灌强度，规定了各类土壤的允许喷灌强度。

　　通常，经过合理的机组设计与喷头选型后，机组设计喷灌强度一般可满足要求。若受机组过长等特殊情况限制，需考虑采用一些措施来减少地表径流，如安装延伸支架系统(图 10-33)以扩大喷头喷洒范围，降低单位时间内的喷灌水深，即减小喷灌强度，从而一定程度上减少或控制地表径流。这种方式与传统圆形喷灌机组的喷头安装方式及喷洒效果的比较如图 10-34 和图 10-35 所示。

图 10-33　延伸支架系统的田间应用

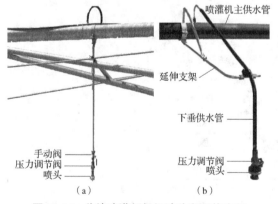

图 10-34　传统喷灌机机组喷头和延伸支架系统的喷头安装结构

(a)传统喷灌机组喷头垂管；(b)延伸支架机组喷头供水管

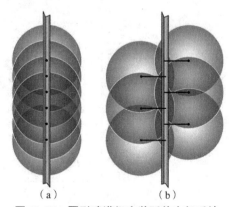

图 10-35　圆形喷灌机安装延伸支架系统及其应用对比

(a)传统喷灌机喷洒效果；(b)延伸支架机组喷洒效果

这种方法也常用于解决各跨喷灌机轮胎附近的径流积水问题。值得注意的是，实际生产过程中，在每茬收获期间，农户为了充分利用田地晾晒苜蓿，每茬苜蓿刈割至下次苜蓿再生期间的灌水间隔时间往往会较长，这就造成此次灌水定额较大。若灌水定额超过土壤允许喷灌强度，则需将此次灌水定额拆分，让圆形喷灌机行走多圈完成此次灌溉。

10. 4. 3. 2 喷灌均匀性

喷灌均匀性是评价灌溉质量好坏程度的重要指标。若喷灌均匀性过低，则会出现径向喷灌水深分布不均，引起灌溉控制面积内紫花苜蓿的灌水不足或过量，灌水不足会限制作物生长，而过多则会产生地表积水或径流，增加病虫害爆发风险，最终不利于苜蓿的生长、产量形成与水分利用效率。

例如，我们通过对试验地圆形喷灌机进行喷灌均匀性测试可知，机组第一跨与尾枪的均匀性相对较低，尤其是尾枪控制面积内的平均喷灌水深是其余控制区内平均喷灌水深的 1.7 倍(图 10-36)，并导致整机机组的喷灌均匀系数较低，仅为 64%。然而，造成试验地尾枪控制区内灌水超高且均匀性较差的原因是尾枪选型不合理致使流量过大(图 10-37)。

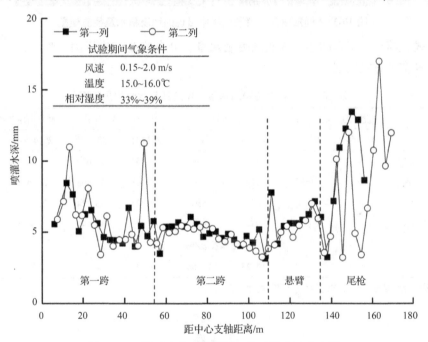

图 10-36　圆形喷灌机试验机组的喷灌水深分布图

通过进一步比较各跨灌水量、年产量与水分利用效率(表 10-2)可知，较低的喷灌均匀系数致使实际灌水量较设计值偏差较大，导致各跨紫花苜蓿的产量分布不均，并大幅降低了水分利用效率。不过，由于苜蓿冠层根系与土壤孔隙对灌水的再分布作用，相较于各跨实际灌水量的变异系数，产量与水分利用的变异系数相对较小，又因为喷灌系统田间设备的投资与喷灌均匀系数密切相关，提高设计均匀系数会增大系统投资，因此实际生产中喷灌均匀系数也不需过高追求。因此，根据现行规范要求，圆形喷灌机的设计喷灌均匀系数不应低于 0.80。影响机组喷灌均匀性的有多种因素，包括灌水部件性能、机组运行速度、喷头间距、喷头安装高度以及环境因素等方面。设计喷灌均匀系数可通过设置合理的喷头

图 10-37 圆形喷灌机喷洒过程中出现的地表积水及径流现象

的组合方式、喷头的组合间距、喷头的喷洒水量、分布喷头工作压力、喷灌机行走速度与运行时间等多种方式实现。

表 10-2 试验地各跨灌水量、年产量与水分利用效率

跨数	C_u/%	设计灌水量[a]/mm		实际灌水量/mm		年产量/(kg/hm²)		水分利用效率/(kg/m³)	
		2014 年	2015 年	2014 年	2015 年	2014 年	2015 年	2014 年	2015 年
第一跨	83			487	539	13 032	13 032	2.20	2.19
第二跨	89	414	465	414	466	12 408	12 408	2.34	2.34
悬臂	85			479	550	13 224	13 224	2.11	2.16
尾枪	63			554	630	13 999	13 999	2.06	2.08
				变异系数/%					
整机	64			10.25	10.64	4.31	4.31	4.89	4.30

注：a 设计灌水量根据喷灌均匀性（C_u）最高的第二跨制定。

思考题

1. 草地灌溉选用大型喷灌机有哪些优缺点？
2. 圆形喷灌机的喷洒均匀度是如何保证的？
3. 简述采用圆形喷灌机的草地灌溉区规划设计步骤。
4. 草地采用大型喷灌机灌溉，其灌溉水管理应注意哪些问题？

大型喷灌机在草地灌溉中的应用

第 11 章

草坪及草地排水

草坪及草地排水是指将草坪或草地中过多的地面水、土壤水排除，以改善土壤的水、肥、气、热关系，为草地植物的生长创造一个良好的生态环境。在自然条件下，有时候因暴雨使地面积水过多形成草坪或草地涝灾，有时候因土壤排水不畅和地面入渗水分过多造成草坪或草地土壤渍害，有时候草地土壤或灌溉水中盐分含量高使草坪或草地土壤积累盐分造成盐碱化。因此，草坪及草地的排水与草地灌溉具有同等重要性，有些地区甚至排水的重要性远大于草地灌溉。运动场草坪、高尔夫球场草坪等高端草坪，没有排水就无法保证草坪应有的质量。在干旱半干旱地区的冲积扇平原、河流三角洲沼泽低地等边缘地带，发展人工草地的关键在于改善排水条件。近年来我国新发展的以苜蓿为主的人工草地生产基地，大多是在此类边缘地带上建立起来的，这类地区土壤含盐量高，甚至灌溉水就是含盐量较高的咸水或微咸水。对此类地区而言，没有排水就没有持续、稳定、高产、高效的草产业。无论是草坪还是草地，完善的灌溉系统还需要有效的排水系统作支撑，只有灌溉没有排水就会导致土壤渍水，即使地下水位埋深较大也会发生土壤渍水问题。土壤盐碱含量高的地区，只有灌溉没有排水就会导致土壤盐碱化问题。排水也是防止草地退化、改良盐碱地、提高草地生产力和草地生态功能的重要手段。

本章首先阐述了草坪及草地排水的重要性及意义，介绍了常用的土壤排水材料以及草坪及草地中的具体做法，在此基础上重点讲述了草坪排水的类型及排水系统的规划设计内容与方法，最后基于我国盐碱地面积广大、盐碱化危害严重的实际，阐述了发展草地治理盐碱地的一些研究及案例，讲述了在盐碱地等边缘土地上发展草地生产的排水洗盐降低土壤盐分，再种植耐盐碱草地植物的一般原理及技术方法。

11.1 草坪及草地排水概述

11.1.1 草坪及草地排水的类型

11.1.1.1 排水的概念

排水就是通过人为干预，控制地表或土壤中水的流向，以便排除地表或土壤中多余的水量。草地排水与农田排水一样，是改善草地生态和草地生产条件的重要措施，通过排水措施，将草坪地表和根区土壤多余的地表水和地下水排除，为草坪草的生长创造良好的土壤环境，保证草坪运动功能及景观质量。

在盐碱化和沼泽化比较严重的地区进行草地生态修复、草地生产等，需要控制地下水位，治理盐碱化和沼泽化，以促进草地生态恢复和改善草地生产条件。控制地下水位最主要的措施就是排水。不同地区，由于自然条件和草地生态修复及草地生产条件不同，排水的任务也不同。在湿润和半湿润地区，由于降水过多或过于集中，往往容易形成涝渍，无论灌溉与否，均需及时排除地表水和土壤水以控制地下水位。在土壤含盐量大或地下水矿化度高的地区，则需通过排水促进土壤盐碱淋溶，以降低土壤含盐量达到治理土壤盐碱化的目的。在干旱和半干旱地区，自然降水稀少，气候干旱，蒸发强烈，无论是作物生产还是草地种植，灌溉时表层土壤盐分被淋溶到土壤深处，灌溉结束后强烈的蒸发又使土壤盐分随水运移到地表，水分蒸发而盐分滞留在地表，如此反复引起土壤次生盐碱化。如果草地具有良好的排水系统，将灌溉或降水淋溶的水盐及时排除，就能保持土壤水盐动态平衡。

11.1.1.2　排水的类型

不同行业都有具体的排水问题，也有不同的排水分类。以运动、景观为主要功能的草坪，排水分为两类：

(1)草坪地表排水

草坪地表排水就是排除草坪地面因降水或灌溉形成的地表径流和积水。一般情况下，运动场草坪、高尔夫球场果岭、沙坑、发球台等重要部位的草坪，当暴雨发生或降水持续时间较长，草坪土壤的渗透速度小于降水强度，都有可能形成草坪地面径流或积水。在草坪地面形成的径流，会沿着草坪坡度方向形成漫流，汇集更多的水流形成冲沟。从而对草坪地面形成冲刷，地表土壤及组成物质被破坏、剥蚀、搬运和沉积，这就是草坪水土流失。

草坪地面发生的水土流失，包含水的损失和土壤侵蚀，其大小取决于土壤特性、地面坡度、草坪草密度、高度等植被情况以及降水特征，其中降水强度是最重要的自然因素，暴雨对土壤的分离、破坏作用最大，同时，还增加地面径流的冲刷和搬运能力。一次暴雨在坡度起伏的高尔夫球场草坪上引起的侵蚀破坏，往往需要覆砂、滚压等多种养护措施才能修复。

草坪植被对地面的覆盖是减少草坪水土流失的关键因素，地面坡度与坡长既影响径流速度，也影响渗透量和径流量。不同类型的降水形成不同的地表径流，大雨和暴雨形成较大的地表径流，短时间的小雨形成小的地表径流或不形成地表径流。当草坪地面坡度很陡时，地面径流速度快，如果坡面植物覆盖良好，地表径流就会减小。草坪土壤渗透性差，地表径流就大，因此，通过打孔等措施增加土壤透水性就可以显著减小地表径流。减少地面径流或积水最直接的措施就是排水。草坪地表排水的设施包括通过地面造型缩短坡长、减小坡度，设置边沟、截水沟、排水沟、地下水管、集水井、渗沟、渗井、检查井等。

(2)草坪土壤排水

草坪土壤排水排除草坪草根区土壤中多余的水。研究表明，土壤水有不同的水分状态，当土壤中的水分过多，超过土壤的最大持水能力时，超过田间持水量的水就会在土壤孔隙中自由流动，这部分流动的水就是重力水。草坪土壤排水主要排除土壤中流动的重力水。

在一些重要的草坪，如足球场草坪、高尔夫球场中的果岭等，当草坪土壤水分过多时，最重要的影响就是对草坪场地使用功能的影响。例如，足球比赛中遇到大雨，场地土壤透水性差，排水不畅就会产生积水，裁判的判断标准是看球是否漂浮在草皮上，如果漂浮则终止比赛，否则可以继续比赛。如果在雨中比赛，越下越大，球漂浮在草皮之上，主裁判也可终止比赛。高尔夫球场果岭如果土壤排水不良，果岭面就会变软，球容易在果岭面上砸出小坑，并影响果岭速度。沙坑排水不畅会造成沙坑底部积水，影响打球功能。其次，草坪土壤排水不良影响土壤的通气状况，进而影响根系呼吸，最终影响草坪草的正常生长。

11.1.2 草坪及草地排水的过程

11.1.2.1 影响排水的因素

水分是土壤的重要组成部分之一。土壤是由空气、水分、有机物、矿物质和土壤生物组成的混合物。空气和水分存在于固体颗粒间的孔隙中。孔隙的体积占整个体积的 50% ~ 55%，通常空气主要存在于大的孔隙中，如土壤中大的裂缝、植物根部穿过的孔、地下昆虫经过的孔道，以及土粒与土粒之间，结构与结构之间的较大孔隙。而较小的孔隙如毛管孔隙则被水分所充填。土壤孔隙中的空气和水分的体积变化很大，在干旱季节水分可降至百分之几，而在淹水状态下，水分可将空气全部排出，孔隙全部为水分所占据，如在降水和灌溉后，一部分大的孔隙(非毛管孔隙)也能在一定时间里被水充填。因此，土壤中空气和水分呈相互消长现象，水分多时空气所占的容积就相对减少。因此，研究土壤的排水状况，必须了解土壤空气和土壤水分的关系。

在草坪管理中，有时会发现即使草坪下层土壤很干燥，雨水也很难及时渗透到表层以下，而是充塞在草坪表层土壤中，导致场地积水。究其原因，还是土壤中空气和水分的运动不协调所致。我们不妨做一个小试验，准备一个空的窄口瓶子，将水快速倾注到瓶子里，这时会发现，虽然瓶子是空的，但水却无法进入瓶子里。原因很简单，瓶子里充满了空气，将水快速倒进瓶子时，水封住了瓶子中空气逸出的唯一通道，空气无法逸出，水也无法进入。要解决这一问题，必须使瓶子中的空气在水进入之前逸出，以为水腾出空间。同样，在高强度的降水时，地表面迅速下渗的水分阻碍了空气向上逸出的通路，使水分无法继续下渗，便导致了地表积水。这样看来，土壤排水就变成了空气运动和水的运动的问题。

如果土壤中的孔隙大小一致，则水分与空气对孔隙的争夺会更激烈。大小在一定范围内的孔隙，水分能在毛管引力的作用下最终下渗到极小的孔隙中。而在大的孔隙中，空气会合成大的气泡，致使逸出更为困难。除非这些大孔隙能形成一个持续的通路通到地表层，如蚯蚓的活动、腐烂的根等形成的通道。但这种结构在土壤表层受到干扰或重物碾压时就会被破坏。

因此，只有当土壤中具有大的孔隙，且位于排水良好的砂质坪床之下，空气才有可能随着排掉的水一起被清除掉。轻度的降水，在结构良好的土壤中可以被有效吸收进土壤的小孔隙中，而留下颗粒间的大孔隙以使空气逸出。然而，在紧实的土壤中，所有的孔隙都极小，表层下渗的水分会很快形成一个平面，大孔隙中的空气则被水分封住无法逸出，出现虽然土壤下层干燥，但水分却不下渗的现象。

可以用土壤的导水率来表示水分在土壤中的下渗运动。不同质地由于孔隙状况不同，其导水率也有很大的差异。孔隙越大则导水率也越大，表 11-1 为土壤饱和导水率的分级。表 11-2 为粒径大小与导水率的关系。

表 11-1　土壤饱和导水率的分级

级别	很慢	慢	稍慢	中等	稍快	快	很快
饱和导水率/(cm/h)	<0.125	0.125~0.5	0.5~2.0	2.0~6.25	6.25~12.5	12.5~25.0	>25.0

表 11-2　土粒大小与导水率的关系

土粒直径/mm	导水率/(cm/h)	土粒直径/mm	导水率/(cm/h)
>2	1 618	0.25~0.1	37.0
2~1	1 295	0.1~0.05	2.4
1~0.5	923	0.05~0.01	0.90
0.5~0.25	236		

　　如果降水或灌溉产生的水量已超过地表土壤的导水率时，则土壤表层达到饱和甚至表层有水层出现，此时水流方向主要以垂直向下运动为主。当土壤下层有不透水层而上层水已经达到饱和时，水分会发生向上和侧向流动。

　　在灌溉和降水时，水分不断进入土壤，水分在土壤中的运动实际就是通过毛管和非毛管孔隙向下渗透。水分渗入土壤的量决定于土壤的入渗能力和供水的速度，入渗能力则取决于土壤的相对湿度大小和土壤质地。如土壤相对湿度较小，则入渗快，质地粗则非毛管孔隙所占比例大，利于重力水的下渗。水分入渗速度或渗水量在稳定供水条件下，入渗速度总是随时间的推移而减慢，如果下渗的水有足够的排水条件，则入渗速度或渗漏量将达到稳定数值。水分的入渗速度除上述的影响因素外，还受不少因素的影响，如土壤遇水膨胀，阻塞了孔隙通道，水流下渗过快使空气被封闭在孔隙中不能排除，也堵塞了通道。

　　土壤质地层次上的变异对于水分入渗也有很明显的影响，如土壤上砂下黏或上黏下砂质地层次，或有砂黏夹层出现。如土壤上砂下黏，由于上层孔隙较粗，使水分入渗速率最初较高，但到达黏层时，入渗速率受到黏层的制约，甚至形成使土层水分达到饱和的隔水层或不透水层，下渗速度急剧下降，甚至长时期形成浅层地下水层。

　　影响水分在土壤中渗透性的另一个重要因素是土壤粒径的分布。从排水角度，粒径为 0.15~2.0 mm 砂粒，其渗透性最高。如果将细砂、粉粒和黏土掺入到这种砂土中，其透水性可能从 38~50 cm/h 下降到 0.25 cm/h。显然，粒径的分布对于水的渗透性有极大的影响。如果草坪表土层以黏土为主，则水分渗透的速度要比以砂为主的低得多。

11.1.2.2　增强土壤排水的措施

　　加快土壤排水的措施，一是增强土壤本身的渗透性，二是在土壤中设置流畅的排水通道，即增设土壤渗透排水管(沟)。增强土壤渗透性的一个有效方法是向土壤中加入土壤改良剂。土壤改良剂的作用除了改善土壤的排水性能外，还可以促进草坪草根系的生长发育，使草坪更好地抵抗土壤紧实带来的不利影响。土壤改良剂可以分为有机土壤改良剂和无机土壤改良剂两种。

　　(1)有机土壤改良剂

　　草坪上用得最广泛的有机土壤改良剂是泥炭、堆肥或有机肥，甚至是锯木屑等。质地较细的有机土壤改良剂适用于改良质地较粗的原土壤，而粗质地的改良剂则较适合于改良质地细的土壤。泥炭土是有机土壤改良剂中用得最多的。泥炭土在细质土壤中可降低土壤的黏性，增加土壤的渗透性，并能分散土粒。在粗质土壤中，则可提高土壤保水、保肥的能力，而在已定植的草坪上，则能改良土壤的回弹力。

充分腐熟的有机肥也是常用的有机土壤改良剂。有机肥施入坪床土壤中，不仅增加土壤肥力，也能有效地改良土壤，增加渗透性。

（2）无机土壤改良剂

砂是草坪上应用最多的无机土壤改良剂。如果原土比较黏重，其中加入足够数量的砂时，砂粒能分散到土壤中的各个部分，土壤剖面中就会形成孔隙，这些孔隙使得空气和水分能顺利进入土壤中。为了减轻土壤紧实度，加入的砂的粒径要较均匀，以 0.55~1 mm 的粗砂为宜。中砂和细砂（粒径为 0.1~0.5 mm）改良土壤的效果不及粗砂，因其粒径小，难以形成有效的孔隙。在草坪养护实践中，草坪打孔后用粗砂来填充孔隙，为水分的渗透提供垂直通道。

11.1.3　草坪及草地排水的作用

植物根系在土壤中不仅需要水分，而且需要空气，如果土壤中的水分超过田间持水量，说明土壤空隙全部被水充满，从而减少了土壤中的空气而影响植物生长。如果地形条件、地下水位或弱渗透性土壤等因素限制土壤中过多的水分在重力作用下的自然排泄，用人工的方法排除土壤中多余的水分就显得十分必要。草坪的地表水排水系统只是排除降水期间或雨后积蓄在地面上还没有渗入土壤中的水，排除这些地面积水有助于减少地表水向土壤中入渗。但是，降水和入渗几乎是同时发生的两个物理过程，入渗过程就是地表水进入土壤空隙成为土壤水的过程。降水在没有产生地面积水时就已经发生了入渗，随着地面积水的增多，水层深度不断增加，由此加速了水分进入土壤的速度。因此，要保证草坪能在降水发生的短期内恢复使用，不仅需要排除地面积水，也需要排除土壤中过多的水分。

并不是所有草坪都需要土壤排水系统，只有那些不增设排水系统会影响草坪功能，或地势低洼、土壤排水不良而严重影响草的正常生长的草坪或草地，有些土壤表层或在一定时期内容易出现水分饱和。例如，当降水量较大时，足球场以及高尔夫球场草坪等，地表排水只排除地表积水，而渗入草坪根系层中的水较多导致草坪过软，从而影响运动、比赛，因此不仅需要地表水排水系统，也必须建立良好的土壤排水系统。

及时排除草坪根系层土壤中饱和的土壤水分，可以增加草坪地面的硬度或承载力，使草坪即使在降水期间或雨后很短的时间内就可以恢复使用，不影响人工、机械进入草坪进行管理维护作业，不必担心在泥泞的地面上留下车辙和脚印；在冬季有冻土的地区，排水良好的坪床可以避免冻胀产生的地面裂缝等问题；可以促进草坪植物根系向深层延伸，有利于改善土壤供氧状况，增强植物的抗旱性，提高水分利用效率，在酸性土壤中，排水还可以减轻一些金属离子的毒性；排水良好的坪床可以减轻建坪初期真菌对幼苗的侵袭；早春时节排水良好的草坪地面增温快，返青早；对于有盐碱问题的地区，良好的排水可以避免盐分在地表的积累，降水或灌溉可以淋洗坪床土壤中的过多盐分进入排水管排除，减轻了盐分对植物的危害。

当然，草地排水系统也会带来一定的问题，主要表现在：良好的排水系统不可避免会增大土壤养分的淋溶流失，特别是氮、磷元素，不仅造成植物营养缺乏，增加施肥成本，而且影响了排放水的水质，有些被淋洗的没有进入排水系统中的氮素，渗透到地下含水层，污染地下水质。排水导致土壤有机质的流失，导致草坪土壤紧实度增加，使坪面下沉、根系层密实从而影响植物生长。

11.2 草坪及草地排水材料

11.2.1 地表排水管材

草坪上应用地表水排水设施的对象主要是高尔夫球场，草坪足球场也需要地表水排水，由于足球场为标准化的场地，其排水设施也采用标准规范的环跑道内圈具有进水格栅的沟槽式排水。高尔夫球场中的地表水排水要根据球场的地形和暴雨分析结果进行合理的规划设计，其中就需要选用技术上可行、经济上合理的排水管道材料。

高尔夫球场排水用的排水管与一般市政用的排水管类型相同，目前，较小口径的排水管大多采用 PVC 排水管、高密度聚乙烯（HDPE）排水管等，较大口径的多采用双壁波纹排水管、钢筋混凝土排水管、玻璃钢排水管等。管道规格有 160 mm 以上系列配套。管道接口分为：平口、企口、承插口、双插口、钢承口，等等。近年来，在草坪及园林绿地排水中使用较多的 HDPE 双壁波纹排水管（图 11-1），采用一次性挤出成型工艺制造，具有环状波纹外壁和平滑的内壁，结构性能优异，造价相对经济，在市政建设、园林绿地及高尔夫球场排水中得到广泛应用。这种管道耐压抗冲击，内壁平滑水流摩阻小，埋设施工简单，管道连接方便，自身重量轻，工程费用低，耐酸碱腐蚀，使用寿命长。

图 11-1 HDPE 双壁波纹排水管

11.2.2 土壤排水管材

11.2.2.1 多孔排水管材

在土壤排水中运用的管材为多孔排水管，也称渗水管或透水管，通常管壁有波纹、在波纹的谷底开孔的 PVC 或 PE 管，称为多孔塑料波纹管（图 11-2~图 11-4）。管道侧壁的细孔就是为了地下水能进入管道的渗水孔。这种管道具有一定的柔软性，按一定间距和坡度埋设在需要排水的草坪根系层底部。也有其他类型的管道材料，如各种纤维制成的透水管，管道横断面有圆形、扁长方形等。实际上各种材料的管道，只要能满足土壤水分能进入渗水管而又不堵塞管道、埋入地下经久耐用均可作为地下或土壤排水管材。由于塑料工业的发展，目前作为地下排水管最多的就是多孔塑料波纹管渗水管。它铺设容易，连接方便，经久耐用，价格较低，排水效果良好。

图 11-2　多孔波纹渗水管上的渗水孔

图 11-3　多孔波纹排水管

　　塑料波纹管在制造中有不同管径的多种规格，较小管径的波纹管以较长的卷材作为成品，在使用中可以按照铺设长度任意截取，较大管径的管道以 6 m 为定尺进行生产，以便于运输和安装，在铺设时需要相应的管道接头。

　　管壁上的开孔，一般沿管壁圆周均匀分布并将孔开在波纹的谷底。每米管长上的开孔总面积不小于 2 120 mm²。如果开孔形状为 2 mm×10 mm 的矩形长孔，则每米管长上的开孔总数至少为 106 个。如果孔口数过少就会影响排水效果。为防止泥沙随水流进入管道造成管道淤积堵塞，孔口形状一般是矩形的扁长孔。例如，如果一个孔口的面积为 20 mm²，采用长 10 mm 的矩形孔时，其宽度只有 2 mm，而如果采用圆形孔时，其直径为 5 mm。显然圆形孔更容易进入泥沙。

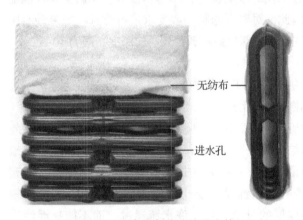

图 11-4　扁平多孔波纹排水管

　　图 11-4 是一种双壁扁平多孔波纹排水管，是一种用 HDPE 制成的扁平排水管道材料，这种排水管具有较强的抗外压结构性能和排水性能。一般管道横断面立式置入土壤排水层，有些情况下如草坪根系层空间受限制，也可以平置使用。

11.2.2.2　多孔管排水过程

　　多孔波纹渗水管或透水管在铺设时，管壁的透水孔沿管壁圆周均匀分布，渗水管外围的土壤水通过渗透作用从管壁四周的透水孔进入管内（图 11-5），因管内空间大，而且铺设时有一定的坡度，使水流在重力作用下向低处自由流动。

　　多孔波纹渗水管是土壤排水中应用最为广泛的排水材料，其管壁上的细孔既能渗透水分，又能减少土壤颗粒进入。但是，埋设这种排水管需要一定密度才能达到面上的排水效果，且开挖管沟、铺设管道、外包反滤料以阻止土壤颗粒进入管道等工序复杂，材料使用量大，因此，这种排

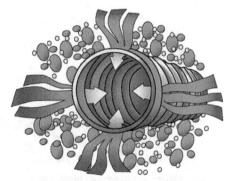

图 11-5　渗水管排水原理示意图

水的投资较高。

11.2.3 渗滤材料

11.2.3.1 反滤层及反滤料

由于多孔波纹渗水管要埋入地下，如果管道与土壤直接接触，土壤中较细的颗粒很容易随水进入管道，因此在实践中，在多孔波纹管周围铺设一层砂砾石将渗水管包裹在其中可以有效防止土壤颗粒进入管道。包裹渗水管的这层砂砾石称为反滤层，或反滤料，其实就是包裹滤料，其作用原理就是，因砂砾石具有较大的空隙，可为土壤水从土壤层进入渗水管提供渗透通道；反滤层将土壤层与渗水排水管道分开，使水从土壤层进入管道时有一个过渡，由于反滤料空隙大，水流通过时流速很小，使其携带的泥沙停留在包裹滤料的空隙中不直接进入管道；反滤料可以使土壤更稳定；级配良好的反滤料也给这种柔性的塑料管提供支撑，使得塑料波纹管在回填管沟的过程中不容易被压扁、压裂。

作为包裹材料的砂砾石滤料，要求颗粒粒径的级配良好、无植物根茎、无黏土和其他随时间变化而减小滤料导水性的有害物质。因此，对砂石滤料一般要求进行筛选，如果砂石中黏土、粉砂较多，还需要进行水洗。塑料波纹管周围包裹砂砾石滤料的深度一般为 10 cm。

11.2.3.2 无纺布包裹

有些情况下在波纹管外壁包裹一层无纺布或土工布作为包裹滤料，其作用是防止土壤中的细砂粒通过渗水孔进入排水管道，如图 11-6 所示。

有时在土工防砂布外层管沟内填充砂砾石(或碎石)，砾石外层填粗砂，这样在管道外层就形成了一个砂石反滤层，它与土工布结合可以弥补砂石级配不良的问题，从而有效地阻止土壤根系层中的土壤颗粒进入排水管道。还有一种方式是在波纹排水管周围直接填充砾石及粗砂，在粗砂层与土壤根系层相接的部位铺设一层土工防砂布，因土工布网目较细，使土壤水经过细、中、粗 3 种反滤结构层的过滤，只允许水流通过，而不能让泥沙进入管道，如图 11-7 所示。图 11-8 为两种包裹无纺布的施工断面图，其中图 11-8(a)为渗水管包裹无纺布，周围填砂砾石滤料；图 11-8(b)为在管沟内衬无纺布，将砂砾石滤料及波纹排水管包裹在其中。

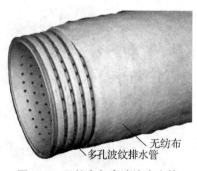

图 11-6 无纺布包裹波纹渗水管

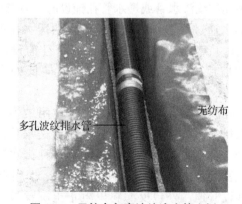

图 11-7 无纺布包裹波纹渗水管实例

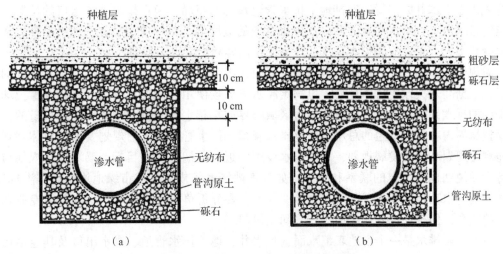

图 11-8　两种包裹无纺布的施工断面图
(a)渗水管包裹无纺布；(b)管沟内衬无纺布

11.2.3.3　渗水管与不透水管的连接

只有在土壤排水区铺设渗水管，将渗水管的水引入排水管排入地势低洼的地面水体中。即土壤排水总是与地表排水联合使用的，将土壤水排入集水井，即收集各个土壤排水管输入的渗透水，再利用不透水的排水管排入容泄区。波纹渗水管与无孔排水管的连接如图 11-9 所示，波纹渗水管与冲洗口及雨水井的连接如图 11-10 所示。

图 11-9　波纹渗水管与无孔排水管的连接　　**图 11-10　波纹渗水管与冲洗口及雨水井的连接**

11.3　草坪地表排水规划

11.3.1　草坪地表排水系统规划

11.3.1.1　草坪地表排水规划内容

一块草坪如果要做地表排水，首先要做好草坪排水规划。草坪排水规划，就是要根据草坪的服务功能和草坪的地形、面积和质量要求，确定草坪地表排水系统的布置方案，确定地表雨水集水井的位置、安排地下排水管道系统的布局、确定排水系统出口的位置及其相应的排水出口、集水井地面标高及排水管道的坡度等。草坪使用功能、地形条件、面积规模变化很大，草坪地表排水系统的规划工作内容和深度也不相同。

对规模较大的草坪，如高尔夫球场，地表排水系统规划要在地区层次的排水规划的指导下，依据高尔夫球场总体规划，以满足高尔夫球场使用功能要求为目标，既要重视球场范围内的排水系统规划，还要考虑周边区域跨界或穿越水流的排水规划，在排水量的计算中要根据界内和界外产生的总水流计算排水规模，排水管道系统的规划要根据总体规划中土地利用规划和分期发展规划，考虑排水设施的近、远期的规划目标。草坪排水规划与其他各专项规划也有一定的联系和交叉，如草坪灌溉系统规划、城市绿地规划、防洪规划、环境规划、水功能区及人工湿地规划等。因此，要分析草坪地表排水规划与其他专业规划之间的联系，使排水规划与其他规划之间相协调。

草坪地表排水是一个由地表汇水面、集水井、地下排水管道、排水出口及其连接构筑物组成的一个系统。地表排水系统规划的主要任务包括：①合理确定雨水集水井的位置。②合理划定排水汇水区的范围。③确定排水管线的位置、走向、排水范围，并确定排水主干管线的进出口标高等。

11.3.1.2 草坪地表整形与汇水区的构建

草坪是由人工建植、人工养护的草地，其目的主要是为了绿化、美化人们的生活环境，为人们提供休闲、娱乐、运动的场地。草坪可以建成平平整整的一块草地，也可以是地面坡度起伏变化的草地。小面积的草坪，如庭院、广场、足球场草坪等，由于这类草坪面积相对比较小，而且地面比较平整，一般在建植草坪时，对降水产生的地表水主要从四周设置的集水井或集水沟槽来排除，如草坪足球场四周的集水排水沟，不仅把运动场跑道上的雨水径流汇集到集水排水沟，也把草坪地表雨水汇集到排水沟排除，一般不会在草坪区域内设置雨水集水井。

对于面积比较大，且地形有起伏的草坪，如近 30 hm^2 的高尔夫球场球道区草坪面积(包括高草区)、大型公园、滑雪场(冬季雪道上滑雪，夏季雪道上仍要建植草坪)以及大型公共建筑等户外建植大面积草坪的场地，对降水形成的地表径流需要做专门的研究，以提出切实可行的排除地表径流的措施。其中首要任务就是在场地设计中，基于形式服从功能的原则，以快捷、适用、安全、经济可行的排水为目标，对原地表形态加以适度的整形，构建出大小适度、布局合理的汇水面，使降水径流按规划设计的方向得以汇集，并通过排水管线排入容泄区。这项工作在场地规划、园林景观设计中称为竖向设计，在高尔夫球场设计中称为地形设计(grading design)。

地形设计是高尔夫球场设计的重要内容，虽然在地形设计中没有特别提及排水的内容，但地形设计的核心目标就是排水，即通过地表整形和汇水面的构建营造出场地流畅的排水系统，从而为场地的正常运行和养护管理提供坚实的基础设施条件。高尔夫球场地形设计的过程中，试图体现的思想，一是美学，二是功能。高尔夫球场之美主要体现在视野开阔、绿茵如毯般的草坪及其蜿蜒起伏、连续流畅的球道，辅以连绵的山丘、宽阔的水面、多姿多彩的树木花草，这些细节设计彰显高尔夫球场的自然之美。作为打球功能的体现，主要是通过地面起伏的变化，营造丰富多样的坡面、坡向和坡度的草坪状态，当打球者的球落在这样的落球区时，既考验了球员应对不同地面状态的球技，也增加了打球的乐趣。无论是体现球场美学，还是突出打球功能，都是地形设计的杰作。而在地形设计中，山丘起伏的高低、地面坡度的陡缓、坡面长度的长短，无不以排水要求为原则，也就是说，地形设计首要考虑的就是排水，即如何分散坡面上降水形成的径流。如何尽可能缩短径流的流程长度，以减少径流汇集造成的地面水流侵蚀和冲刷。

在有坡度的草坪上若发生降水或暴雨时，降落在草坪上的雨水在降水发生的初期会全部渗入土壤，随着降水历时的延长，土壤入渗速度逐渐下降，若降水强度大于下渗速度时，雨水除按下渗能力入渗外，超出下渗能力的部分便形成地面径流。有坡度的草坪地面水流易汇集，虽然茂密的草坪草有助于减缓地面水流的速度，但只要有坡度，水流就会沿坡面向低洼处汇集，这就是坡面汇流，如图 11-11 所示。以分隔相邻两个汇水面的山脊线就是分水线，以分水线闭合围成的面积就是汇水区的面积。

草坪地表整形设计的目的就是尽可能减少因降水和径流对草坪土壤造成的水力侵蚀。为此，草坪地表地形设计中充分理解、运用分散和汇集原理，将地面凸起，使坡面水流分散流向；将地面凹陷，使地面水流汇聚流向。图11-12(a)为原状地形剖面，坡面水流沿坡长持续流动，越往下汇集的水量就越多，水力侵蚀的动力就越大，虽然坡面上有草坪覆盖，但只要有足够的降水及其产生的坡面径流就会引起水力侵蚀，造成草坪地表土壤冲刷、形成侵蚀

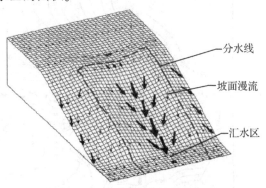

图 11-11 坡面汇流、汇水区及分水线示意图

细沟，再逐渐扩大变成冲沟。在低洼处则由上游冲刷带来的泥土形成沉积或淤积；图 11-12(b)为经过地表的整形设计改造后的地形剖面，可以发现坡面上的凸起地形使坡长减少，坡面上水流的方向发生改变，使原来一面坡径流变成分散的多面坡面径流，从而减小了水力侵蚀的动力，减少了坡面径流的水量。通过地面整形及微地形改造，形成了一个小的汇水区，在其最低点设置雨水集水井，将小汇水区中汇集的地表径流通过地下管道排除。

草坪地表排水与一般市政建设中的雨洪排水最主要的区别是，市政道路、铺装地面决定了雨水井的位置，但草坪地表排水需要进行地表整形设计或地形设计，虽然地形设计的

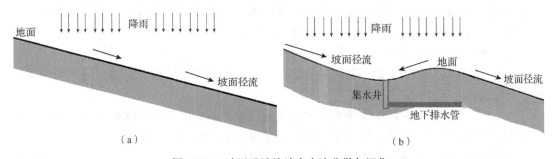

图 11-12 地形设计使地表水流分散与汇集

(a)造型前的长坡径流；(b)造型后缩短了径流长度

主要目的是地表排水，但设计的地形效果最直接的评判依据就是地表形态美学，通过设计地形，再以草坪覆盖地表，就会营造出一种赏心悦目的视觉效果。因此，草坪地形设计的直接效果就是地面景观美学的表达，隐含的效果才是排水。高尔夫球场地形之所以重要，就是因为高尔夫球场最能吸引人们眼球的不是球场宽窄长短的数字，也不是球场的排水系统，而是人们一到球场首先感受到的蜿蜒流畅、平缓起伏、富有生机的绿色草坪景观。

在进行草坪地形设计时，首先要有草坪或场地的总体设计方案，在此基础上，深入分析各个控制点的高程，明确控制范围内的原地形以及试图表达的设计地形。然后根据场地内排水组织的要求，设计地形坡向，确定分水线、汇水区及水流方向，要求能够迅速排除地面雨水，如图 11-13 所示。

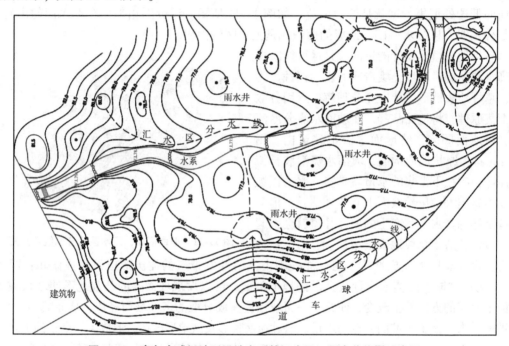

图 11-13　高尔夫球场地形设计出现的汇水区、雨水井位置示意图

高尔夫球场地形设计的表示方法主要是等高线法，用等高线表示设计地面的地形情况，用等高线在二维平面上表达地面点的高低变化，原地面标高与设计标高清楚明了，能完整表达任何一块场地的高程情况。高尔夫球场的球道用设计等高线来表示设计地形，果岭、沙坑用更精细的等高距 10~20 cm 来表达地面微起伏。

草坪地形设计应注意的几个问题是：

①尽可能保证场地内外地面高程的自然衔接，注意整形区域与非扰动区域地面等高线的平滑连接。

②地形设计应尽可能减少整形的土方量或挖、填方就地平衡。根据原始地形图和设计等高线计算的土方量，若填、挖方不平衡就会造成弃土或增加土方运距，增加工程费用。

③草坪上地表汇水区面积不宜太大，否则汇集的径流多，容易产生冲刷。但汇水区的面积过小可能增加集水井的数量，并增加了排水管的数量，从而加大了工程费用。

④汇水区的流程不宜太长，汇水区的最大流程就是从汇水区分水线到汇水区最低点之间的距离。

⑤草坪坡面整形以尽量将地表水分散为原则，分散后需要组织地表水流的方向，以就近的集水井、容泄区排放为原则。

⑥草坪坡面的坡度主要取决于草坪的使用功能。从排水性考虑，坡度小水流平缓，坡度大水流急，易冲刷。

11.3.1.3 排水管线规划

通过地表整形及汇水区的构建，草坪地表雨水汇集体系已基本建立，从设计的汇水面上降水产生的径流通过坡面汇集到雨水集水井。雨水井位置确定后，将雨水井收集的水用管道输送到地势较低的集水井，最终用排水管道排入就近的容泄区或受纳水体，人工湖或河流水系。地表水排水管线的规划主要包括排水管线的布置、走向、集水井地面高程和排水管进出口高程的确定以及排水总出口的选择等。

在进行管道布置时应注意以下几点原则：

①雨水井的位置主要根据场地地形设计确定，而排水管的走向、布置长度、连接雨水井的数量等，需要考虑管道坡度、雨水井中管道的衔接以及布置检查井等方面的要求。

②排水管段坡度在地形满足的情况下应尽量大一些。

③连接两个雨水井的管段长度不宜太长，否则在管段中间需要布置检查井。

④排水管段不宜通过雨水井完全串联在一起，避免因增大下游管段的流量而增大管道尺寸。

⑤如果对排水出口的数量和位置没有严格要求，就应当尽量分散、分片布置管道，将较大的管道系统变成较小的管道系统，使管道流量不产生集中。

⑥在排水管道系统的起始段，即上游段，一般收集的水量小，越向下游，汇集的水量增多，因此，应采用分段变径的管道系统。

⑦对上游管段如果按设计流量进行计算，往往求得的管径很小，而管径较小的管道容易发生淤塞，而且难于疏通。调查表明，在同等条件下，管径为 150 mm 的管道堵塞次数是管径 200 mm 管道的 2 倍。基于这一原因，对排水管网的最小管径就有一定限制。

地表排水并不是将暴雨全部都通过排水系统排出，降水的部分水量渗入土壤，部分水量在草坪表面低洼地上蓄积或称为填洼，这部分水量通过下渗和蒸发而消耗。只有地面上产生地面径流的部分水量需要排水系统排走。因此，在确定排水管道尺寸时应考虑地表入渗对排水量的减小效应。

地表排水系统是包括各级管道、雨水井、检查井和汇水区的一个系统，排水系统的规划事实上在进行地形设计时就已经确定，特别是在高尔夫球场地形设计中，具体的雨水井位置就是设计地形中的低洼点，排水系统的规划仅仅是将各个雨水井按就近和坡度最大原则，用管线连接起来，排入附近的水体，如图 11-14 所示。就近原则就是排水管进水口到出水口或容泄区的距离最短，使工程造价降低；坡度最大原则就是排水管进水口到出水口之间的坡度较大，这样可以加快排水速度，在排水流量相同的情况下陡坡所要求的排水管径要小于平坡，这也使工程造价降低。从图 11-14 中可以看出，高尔夫球场地形设计是在原地形的基础上，使地面微地形起伏更富有变化，地面跌宕起伏而流畅，这无疑使地面在草坪的衬托下景观更优美，同时地面高低、坡向的变化使打球充满了各种乐趣和挑战，例如，地形高低使击球面临上坡球还是下坡球的选择，坡向使球员必须面对高站位还是低站位的挑战。这是球场设计师地形设计中想表达的一部分内容，更重要的地形设计内容或者说地形设计的更重要的功能就是地表排水。设计的原则是形式服从功能，地形设计的最主要功能就是排水。

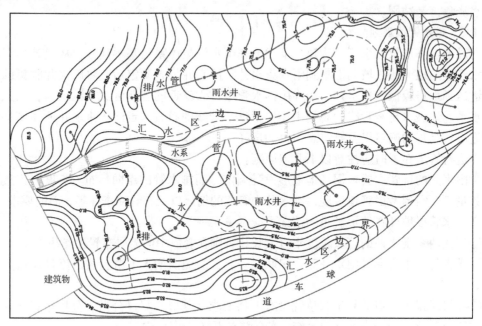

图 11-14 高尔夫球场排水系统示意图（局部）

各个雨水集水井通过排水管道连接成一个树状管网，包括雨水集水井、排水管道、检查井（如果一条排水管线过长，需要在中间适当位置设置检查井）、排水出口构筑物等组成一个地表雨水排水系统。高尔夫球场、面积较大的草坪等就有许多相对独立的排水子系统组成整体的排水系统。草坪雨水排水系统的规划设计，就是在确定边界的草坪上规划布置各个排水子系统，分别针对一个子系统，划分各个雨水集水井的汇水线，确定汇水面积，计算各级管道的排水流量，确定各级管道的铺设坡度，或管道进口端和出口端的设计高程，最后确定各级管道横断面的尺寸。

11.3.2 草坪雨水排水系统设计

11.3.2.1 草坪地表排水总体要求

草坪地表排水系统属于室外排水的范畴，设计应遵守国家标准《室外排水设计标准》（GB 50014—2021）的规定。对应 GB 50014—2021 的规定，草坪绿地的排水系统设计，应与水资源、城镇供水、水污染防治、环境卫生、城市防洪、交通、绿地系统、河湖水系等专项规划和设计相协调。草坪绿地的雨水排水应采用分流制排水体制，即严格禁止将生活污水排入草坪绿地雨水排水系统。草坪绿地雨水排水首先要从源头减排着手，采取有利于雨水就地入渗、调蓄或收集利用的措施，以降低雨水总径流量和峰值流量，控制径流污染。对于地表雨水排水管道设计，应确保在设计重现期下管道排放的雨水对受纳水体水位的影响。

11.3.2.2　设计重现期

一次降雨量是指在一定时间内降落到地面的水层深度，单位用毫米表示。单位时间内的降雨量称降雨强度，单位用 mm/h 或 mm/min。降雨强度用雨量等级来划分。根据国家防汛办公室《防汛手册》规定，凡 24 h 的累计降水量超过 50 mm 定为暴雨。其中，小雨是指日降水量在 10 mm 以下；中雨为 10~24.9 mm；大雨为 25~49.9 mm；暴雨降水量为 50~99.9 mm；大暴雨为 100~250 mm；特大暴雨降水量在 250 mm 以上。或参照《降水量等级》(GB/T 28592—2012)进行划分。一次降水过程从降水开始至降水结束所经历的时间就是降水历时，一般以 min、h 表示，也称次降水历时。草坪地表排水主要针对大到暴雨等级的降水，中雨及以下对草坪植物是非常重要且有益的，草坪许多管理措施就是为了更多地吸纳和保持降雨，防止雨水流出草坪以外。

某一大小的暴雨出现的可能性，通过对以往降水观测资料的统计分析计算其发生的频率，频率的倒数就是重现期。降水资料收集的年限 n，在 n 年内等于和大于特定数值暴雨强度的暴雨发生的次数为 m，则该暴雨发生的频率 P_n，即：

$$P_n = \frac{m}{n+1} \times 100\% \tag{11.1}$$

因观测资料的年限总是有限的，故式(11.1)分母+1。按上式求得的暴雨强度的频率，只能反映一定时期内的观测结果，故称为经验频率。在排水系统设计中往往用重现期来表示某个量值的暴雨平均多少年出现一次，即多少年一遇，这就是重现期。频率与重现期(T)是互为倒数的关系，即：

$$T = \frac{1}{P_n} \tag{11.2}$$

式中　m——暴雨强度出现次数；

$\quad\quad$ n——观测资料的年限，年；

$\quad\quad$ P_n——暴雨发生频率，%；

$\quad\quad$ T——暴雨重现期，年。

水文现象的重现期具有统计平均概念，不能简单地把它看成多少年一定出现一次。如百年一遇的暴雨并不是指某地大于等于这个暴雨量正好一百年出现一次，事实上也许一百年中这样的值出现好多次，也许一次也不会出现，只有在很长时期内平均而论是百年一次。

草坪地表排水管道的设计流量是确定管道断面尺寸的依据，设计流量的大小要根据雨水排水管道设计重现期确定。表 11-3 是 GB 50014—2021 规定的城市室外排水管道设计重现期，表中关于城市类型都有具体的人口规模指标。草坪地表排水设计可以参照选用。高尔夫球场或草坪绿地，应根据规划排水区域的性质和重要性，结合汇水地区的特点酌情选定上限。设计重现期体现的是排水标准，对于重要地区或影响比较大的项目区，排水标准应当高一些，同时随着地区社会经济的发展，一些区域短期积水可能引起比较大的损失或严重后果，重现期宜采用 3~5 年，其他地区可采用 1~3 年。

表 11-3 雨水管渠设计重现期 年

城镇类型	城区类型			
	中心城区	非中心城区	中心城区的重要地区	中心城区地下通道和下沉式广场等
超大城市和特大城市	3~5	2~3	5~10	30~50
大城市	2~3	2~3	5~10	20~30
中等城市和小城市	2~3	2~3	3~3	10~20

11.3.2.3 设计排水流量

与设计重现期对应的暴雨就是设计暴雨，或设计暴雨强度。GB 50014—2021 规定采用推理公式法计算雨水排水管道的设计流量：

$$Q_s = q\psi F \tag{11.3}$$

式中 Q_s——排水设计流量，L/s；

q——设计暴雨强度，L/(s·hm²)；

ψ——综合径流系数；

F——汇水面积，hm²。

径流系数是一定汇水面积内总径流量与降水量的比值。径流系数说明在降水量中有多少水变成了径流，它综合反映了汇水区域内自然地理要素对径流的影响。径流系数的取值在规范中有规定，公园或绿地的径流系数一般取 0.10~0.20，或直接取 0.15，各种屋面、混凝土或沥青路面取值 0.85~0.95。如果汇水面内有不同类型的地面，平均径流系数按地面种类加权平均计算。

设计暴雨强度的通用公式为：

$$q = \frac{167A_1(1+C\lg P)}{(t+b)^n} \tag{11.4}$$

式中 q——设计暴雨强度，L/(s·hm²)；

t——降水历时，min；

P——设计重现期，年；

A_1、C、n、b——参数，根据 GB 50014—2021 规定的暴雨强度公式编制方法计算确定，可参照住房和城乡建设部和国家气象局发布的《城市暴雨强度公式编制和设计暴雨雨型确定技术导则》编制设计暴雨强度公式及其参数。

具有 20 年以上自计雨量记录的地区，排水设计暴雨强度公式应采用年最大值法。

设计降雨历时是指连续降雨的时段，可以是整个降雨经历的时间，也可以指降雨过程中的某个连续时段。

雨水管道的设计降雨历时 t，由地面集水时间 t_1 和雨水在管段中流行的时间 t_2 组成。

$$t = t_1 + t_2 \tag{11.5}$$

式中 t——设计降雨历时，min；

t_1——地面集水时间，min，视距离、地形坡度和地面植被情况而定，一般采用 5~15 min；

t_2——雨水在管道内流行的时间，min。

地面集水时间 t_1 受汇水区面积大小、地形陡缓、地面的排水方式、土壤的干湿程度及地表覆盖情况等因素的影响。在实际应用中，要准确地计算 t_1 是比较困难的，所以通常取经验数值，$t_1 = 5~15$ min。在设计工作中，按经验在地形较陡、建筑密度较大或铺装场地较多及雨水口分布较密的地区，$t_1 = 5~8$ min；而在地势平坦、建筑稀疏、汇水区面积较大，雨水口分布较疏的地区，t_1 值可取 10~15 min。

雨水在管内流行的时间 t_2 可按下式计算：

$$t_2 = \frac{L}{60v} \tag{11.6}$$

式中　t_2——雨水在管道内流行的时间，min；

　　　L——排水管段的长度，m；

　　　v——各管段满流时的水流速度，m/s。

排水管设计流量是确定排水管断面尺寸和排水管上各种构筑物规模的依据，也是地表排水系统设计的重要任务。估算排水流量的水文模型很多，但大多数都有适用条件，并存在这样那样的问题，有些因过于简化而计算精度不高，有些需要汇水面特征以及降水原始资料等。设计排水流量与特定的暴雨重现期相联系，同时也要在排水系统建设成本与因排水系统容量不足无法及时排水而造成的损失之间进行权衡，如果不因排水系统而造成严重的损失，则选择较低的重现期，如果可能带来较大的损失，应选择较高的重现期。GB 50014—2021 规定的排水设计流量计算方法为推理公式法。

11.3.2.4　排水管道尺寸

雨水排水管设计排水流量是确定排水管道断面尺寸的主要控制因子，在大多数情况下管道内的水流并不完全充满管道，只有在大于等于设计排水流量的情况下才能充满管道。设计标准规定，雨水排水管按满流计算管道的断面尺寸(图 11-15)。

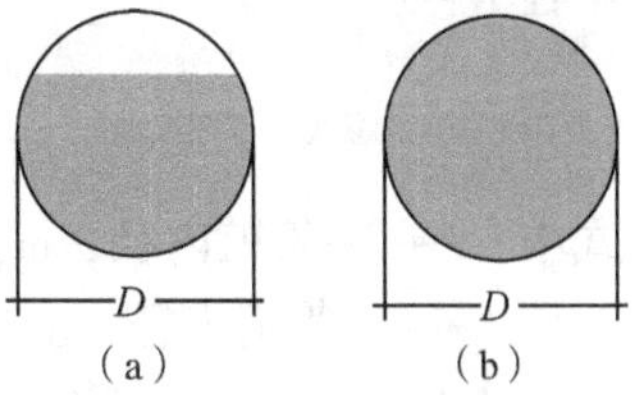

排水管道的流量与横断面面积及管道水流速度的关系是：

$$Q = Av \tag{11.7}$$

式中　Q——排水管的设计流量，m^3/s；

　　　A——排水管的断面积，m^2；

　　　v——排水管流速，m/s。

图 11-15　雨水排水管的流动状态
(a)非满管流动；(b)满管流动

雨水排水管道的最大水流速度一般不应超过 5 m/s；雨水排水管道的最小流速一般不应小于 0.75 m/s，否则，管道内因流速过小使水流中的泥沙沉淀，并淤积在雨水井底部甚至管道底部，最终导致排水系统失效。因草坪绿地地表排水本身就有大量的地表枯枝落叶，再加上水流冲刷侵蚀裹挟的泥土，使草坪雨水排水水体中的杂质及泥沙含量就比较高，如果排水设计流速太小很容易造成排水管淤积，直至堵塞，这在草坪建植初期最容易发生，此时草坪根系浅，固土性能差，新建草坪表层土壤比较疏松，如遇暴雨造成排水管淤积堵塞是一种常见的现象。

排水管道的流速(v)计算公式为:

$$v = \frac{1}{n} R^{\frac{2}{3}} I^{\frac{1}{2}}$$ (11.8)

式中 R——水力半径,m;

    I——水力坡降;

    n——管道内壁粗糙系数,与管道材料有关,见表 11-4 所列。

表 11-4 排水管道的粗糙系数

管道类型	粗糙系数		
	最小值	设计值	最大值
混凝土管	0.010	0.014	0.017
金属波纹管	0.021	0.025	0.025 5
陶瓷污水管	0.010	0.014	0.017
黏土或混凝土排水瓦管	0.010	0.010 8	0.020
光滑塑料管		0.011	
波纹塑料管		0.016	
有涂层的铸铁管	0.011	0.013	0.014
无涂层的铸铁管	0.012	0.014	0.015

水力坡度又称比降,常用百分比表示,是指单位管道长度的压力水头降低值。在排水管计算时,即为计算管段中水面坡降与管段长度之比。水力坡度恒为正值,是无量纲参数。

水力半径的定义是,过水断面面积与湿润边界周长之比。对于满管排水的管道,水力半径为:

$$R = \frac{\pi r^2}{D\pi} = \frac{D}{4}$$ (11.9)

式中 D——管道内径,m;

    r——管道半径,m。

整理式(11.7)~式(11.9)得到:

$$Q = Av = \frac{\pi}{4^{\frac{5}{3}}} \times \frac{1}{n} D^{\frac{8}{3}}\sqrt{I} = \frac{0.311\ 7}{n} D^{\frac{8}{3}}\sqrt{I}$$ (11.10)

当已知排水管道的设计流量、选用的管道材料以及管道铺设的纵坡时,排水管道横断面的内径尺寸为:

$$D = \left(\frac{nQ}{0.311\ 7\sqrt{I}} \right)^{\frac{3}{8}}$$ (11.11)

根据上式计算的管道直径要根据标准的管道直径规格选用,一般情况下遵循就高不就低的原则,选用接近计算管径较大的管道直径。有时因设计流量较小计算得到的排水管直径小,但在实践中一般规定选用的排水管直径不得小于规定值。GB 50014—2021 规定,雨水排水管道的最小直径不得于 300 mm，相应采用塑料排水管的最小设计坡度不小于 0.002；雨水井连接管最小直径不得小于 200 mm，相应采用塑料排水管的最小设计坡度不小于 0.01。

11.3.2.5　排水管纵断面设计

草坪上雨水井的位置及排水管线走向在规划中已经确定，管道纵断面设计主要确定排水管线的坡度、排水管的埋深及排水管管底标高、各个管段的长度及采用的管径。草坪雨水排水管应保证一定的流速，以便使进入排水管的草屑、泥砂、枯枝落叶等杂质随水排出。同时，草坪排水管应按设计标准以最小管径要求选用排水连接管的直径，一般内径 $D \geq 200$ mm，相应的管道坡度采用 1/100，最小不能低于 2/1 000。高尔夫球场草坪地表排水的施工图设计需要绘制主干排水管道的纵断面设计示例如图 11-16 所示。

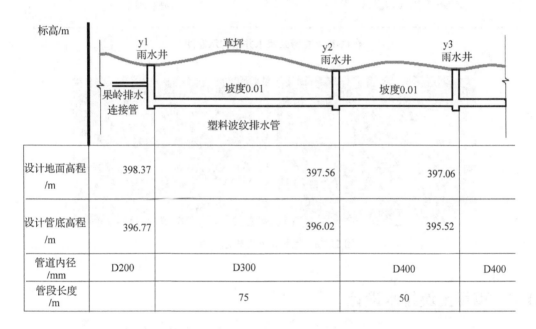

图 11-16　高尔夫球场雨水排水管道的纵断面设计示例

排水管道系统通过管道上的雨水井或检查井分为管段，每一管段都有一个进口端和出口端。在雨水井或检查井内，若干管段的进出口相汇合，在雨水井或检查井内水位衔接的原则是出口管段的管底标高不能高于进口管段的管底标高。

在排水管总出口，排水管中心标高一般应高于河流或湖面最高水位，以防止外水倒灌。若地形条件不能满足自流排水的要求，必要时还需要建立排水泵站进行强排。

地表雨水进入排水管道的入口就是雨水井，草坪及高尔夫球场中常见的立管式雨水井结构如图 11-17 所示。雨水井底标高适当降低，距排水管进口有一定距离，以此作为沉砂池，使雨水中掺杂的砂石沉淀于池底，防止进入管道，定期从雨水口人工清除。

地表雨水进水口安装拦污格栅，避免地面杂质随水流进入雨水井而堵塞管道（图 11-18）。同时，球场草坪的进水格栅的网格尺寸应能防止球落入雨水井。

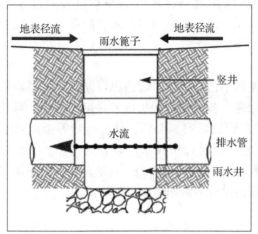
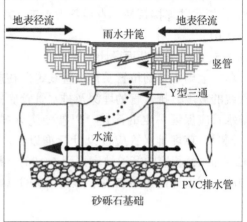

图 11-17 立管式雨水井结构示意图

图 11-18 草坪雨水井进水格栅

11.4 草坪土壤排水设计

11.4.1 草坪土壤排水系统规划

一般情况下土壤排水是指将土壤饱和层中的水排除，以降低地下水位。如果根系层土壤水分达到饱和状态，水就会充满土壤中的孔隙，造成土壤通气性减弱，土壤缺氧，进而抑制植物生长。对草坪而言，土壤饱和层中的水不能及时排除，会影响草坪的运动性能。在干旱地区，为防止土壤盐渍化也需要及时降低土壤饱和层的水位，以减少因土壤水分蒸发使土壤溶液中的盐分被水分带到根系层甚至地表，加剧土壤盐渍化。

11.4.1.1 土壤渗水排水管的布置

土壤排水系统的作用就是在降水过程或雨后一定的时间内，将草坪根系层中滞留的以及地面降水或积水不断入渗的多于田间持水量的饱和土壤水分迅速排除。土壤排水系统的有效性取决于管道铺设的密度、深度、坡度和布局以及反滤层的结构。其中，管道的密度是一个重要因素。土壤中水的运动是比较缓慢的，土壤中的自由水在重力作用下由高处向低处流动，多孔排水管道安装在根系层土壤底部，并且在管道内部有水流易于流动的自由空间，因此土壤层的水总是向排水管流动。但如果排水管间距很大，即管道密度低，水流运动的路程长，从最高点的水向最低点的管道运动时需要很长的时间，而许多运动场草坪对排水时间有比较严格的要求，在一定的时间内排除土壤中的积水或在一定的时间内将地下水位降低到规定的深度，需要根据土壤水的运动特征来确定排水管的间距，或排水管道的密度。

管道铺设条件影响排水的因素主要包括排水管铺设深度、排水管上的开孔尺寸、排水管上作用的水头、排水管断面尺寸、排水管铺设间距以及管道周围的包裹滤料性质等。其中排水管上作用的水头就是促成水流运动的势能，它与渗透路径的比值就是水力坡度，水力坡度越大，渗流速度就越快，反之亦然。

土壤排水系统运行的持久性则受土壤类型、排水体（即排水管道和反滤层材料）、铺设方式以及铺设坡度的综合影响。因为有些土壤，其中粉砂和黏土含量较高，运行时间越久，这些细颗粒土壤就会慢慢渗透到排水管中，如果安装坡度平缓，最终会淤积在管道中。因此在安装排水管道前，必须先调查土壤条件并考虑到土壤对排水系统持久性的影响，尽可能地延长其使用寿命。

土壤排水系统的布置方式主要有鱼骨型、平行格栅型等形式。鱼骨型的排水管铺设方式主要适合于不全面采取土壤排水措施，只在局部区域进行土壤排水的情况。如果地形不规则（如高尔夫球场中的果岭以及沙坑排水等），排水系统的布置如图 11-19 所示。这种布置方式完全依照自然地形，主排水管道布置的总体方向是从高到低，主排水管周边用等间距的渗水管将土壤水排入主排水管中。规则地形的土壤排水系统的布置如图 11-20 所示。

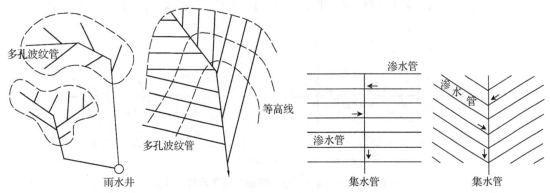

图 11-19　不规则地形草坪土壤排水系统的布置　　**图 11-20　规则地形的土壤排水系统的布置**

鱼骨型的渗水管道布置时，渗水管从主排水管两侧与主排水管倾斜连接，一般选用通用管道 45°三通接头，尽量避免 90°安装。这种布置方式适合于中间低洼周边较高的地形或两侧坡向中间汇水的地形。主排水管应布置在地形的较低处，作用是汇聚各个渗水管的排水，主排水管直径一般等于或大于渗水管管径。另外，为了便于检修，在主排水管的最高处应预设检查孔或冲洗口，必要时用压力水冲洗地下排水管道，以防堵塞。

11. 4. 1. 2　渗水排水管的间距和埋深

饱和的土壤水向多孔的排水管流动是一个比较复杂的过程。当降水发生时，入渗强度逐渐增大，土壤水向排水管中的流动也逐渐增多；当降水停止后，土壤水分在重力作用下还将继续向下运动，进入排水管的水量逐渐减少。因此，土壤水进入排水管的运动是一个随时间变化的过程，属于非恒定流运动范畴，同时，水流不仅垂直向下进入排水管，还以管道横断面圆心为中心径向进入排水管。

为了确定不同土壤及地下水条件下的排水管的合理埋设深度和间距，研究者们提出了不同的计算原理和公式，有些是经验性的，有的是有一定理论基础的，但因为土壤排水的情况比较复杂，受到的影响因素多，变化又比较大，因此，在排水管间距及埋深公式的推导中都做了一定的简化，具有一定的适用条件。一个最为广泛采用的公式就是胡古特（Hooghoudt）公式。这一公式是在土壤导水率已知、排水管的间距和埋深已知的条件下，为了估算在一定的降水或灌溉水量的条件下地下水位会升高多少而提出的。在推导过程中把田间实际情况做了充分的简化，没有土壤的分层性以及草地土壤的蒸发蒸腾量。在公式推导中依据的简图如图 11-21 所示，做出的基本假定有：

①土壤是均匀的，具有固定的导水率。

②排水管是平行布置的，并且排水管间距是相等的。

③土壤饱和层中任一点的水力坡度等于该点上面地下水位的水力坡度。

④在排水管的下方一定深度有一相对不透水层。

⑤地面补给的水量（降水或灌溉）是稳定的。

⑥在两个平行排水管之间形成的地下水位线是一个半椭圆形。

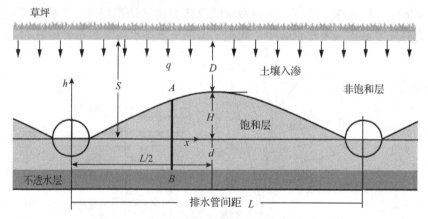

图 11-21　土壤渗水排水管间距与地下水位的关系

d. 排水管中心至不透水层的距离；*H.* 排水管中心至最高水位的距离；*L.* 排水管的间距

在图 11-21 中，满足以上各项假定，并以两个排水管之间最高地下水位为分水线，土壤入渗水使饱和土壤中的水，以分水线为界分别向两侧地下排水管流动，因此可以认为排水管两侧的水流是对称的。取一单位长度排水管为研究对象，在横断面上以排水管中心建立 h-x 坐标系，在 x 轴上确定一点 x，从水位线到不透水层之间连接一条线形成纵断面 A-B，应用水流连续性原理，土壤中渗透的水流通过单位长度 1×宽度为 $0.5L$-x 水平面积的垂直向下的流量应等于通过纵断面单位长度 1×宽度为 AB 面积的水平流量，即流入地下排水管的流量应等于入渗通量与入渗水通过面积的乘积，即从距离排水管 x 点到分水线之间的距离与单位管长的乘积。则单位时间内通过这个面的水量为：

$$Q = q\left(\frac{L}{2} - x\right) \tag{11.12}$$

式中 Q——饱和土壤水平流量；

$\qquad q$——入渗通量；

$\qquad L$——排水管间距；

$\qquad x$——排水管至分水线 x 轴上点 x 的距离。

另外，达西（Darcy）定律描述饱和土中水的渗流速度与水力坡降之间的线性关系。根据土壤渗水排水管的排水特点，应用达西线性渗流定律也可以得到饱和土壤水平流量 Q，即：

$$Q = Kh\frac{dh}{dx} \tag{11.13}$$

式中 K——土壤导水率，也称渗透系数，cm/s，土壤导水率综合反映了水在土壤中流动
$\qquad\quad$时所产生的阻碍作用；

$\qquad h$——从不透水层任一点以上到地下水位的高度；

$\qquad \dfrac{dh}{dx}$——地下水位在水平方向的变化梯度。

将式（11.12）和式（11.13）联立得到：

$$Kh\frac{dh}{dx} = q\left(\frac{L}{2} - x\right) \tag{11.14}$$

分离变量：

$$Khdh = \frac{1}{2}qLdx - qxdx \tag{11.15}$$

从不透水层任一点以上到地下水位高度 h 的变化范围，假定在 $x=0$（即排水管中心点）处，$h=d$。在 $x=L/2$ 处，地下水位高度 $h=H+d$。积分上式就得到胡古特公式：

$$L^2 = \frac{4KH}{q}(2d+H) \tag{11.16}$$

式中 H——排水管中心到最高地下水位的高差；

$\qquad$其余符号同前。

这就是被广泛用来确定将地下水位维持在某一水平时所需要的排水管间距和深度的计算公式，式中符号如图 11-21 所示。应用这一公式之前应确定土壤的导水率 K、降水或灌溉的入渗通量 q 以及排水管中心距不透水层的深度 d。两条排水管之间允许的最高水位差 $H=S-D$，其中 S 为排水管埋深，D 为地面到允许最高地下水位之间的高差。

胡古特公式的严重缺点在于假定在地下一定深度存在一个不透水层，同时，没有考虑地下水位以上非饱和土壤中的水流流量。因此，在草地排水设计实践中，对于以运动为主要功能的草坪，要求对一定的暴雨能快速将草坪土壤中渗入的水排除，如高尔夫球场的果岭、发球台、草坪足球场、网球场等，按式（11.16）计算可能得到的排水管间距过大，因此，根据实践经验，这类草坪的土壤排水管间距一般为 3~4 m。

由于草坪根系层是经过处理的具有较好透水性的土壤，而根系层底部是原状土层或经过一定人工或机械压实具有一定的密实度，与根系层相比，基层具有相对不透水性。如果地下排水管的位置低于相对不透水层顶面，在饱和水分下渗时水流很容易向排水管汇集，将排水管淹没在饱和水层中，由于排水管内存在自由水面，使水流进入排水管。因此，草坪地下排水管铺设深度取决于坪床厚度，一般排水管中心距地表为 50~60 cm。为了使草坪地下水排水系统流畅，排水管的铺设必须有一定的坡度，以保证水在重力作用下能自由流动。一般情况下排水管坡度为 0.5%~1.5%。

对于以治理盐碱为目的的天然草地或人工草地的土壤排水管间距，可以根据胡古特公式计算，也可以参照一些工程经验选用。

11.4.2　高尔夫球场草坪土壤排水

11.4.2.1　球场草坪土壤排水的任务

高尔夫球场对草坪土壤排水的要求是比较高的，其中最重要的必须设置土壤排水系统的区域有果岭、沙坑、部分发球台及球道中地势低洼容易积水的区域。球场中利用多孔管道将多余的渗入到土壤中的水排出，就是高尔夫球场土壤排水设计的主要任务。

高尔夫球场草坪土壤中的水是如何产生的呢？降水或喷灌发生时，草坪地面的水渗入土壤，并通过土壤剖面向下渗透，直至到达水分饱和带，此时土壤水可以重力流动，即形成地下水。如果没有土壤排水系统，在降水较多而蒸散量较低的时期，地下水位在土壤剖面中就会上升。当地下水位接近地表时，过多的土壤水分就会影响球场的可打性，当行人和车辆通过草坪时就会留下脚印和车辙。这就如同你手中捏一把土，如果这土是湿的，那么不需要太多的压力就可以把它挤压成一块；如果土相当干燥，它就能抵抗你所能施加的最大压力。这就是运动场草坪土壤抗压强度与含水率的关系。干燥时，这些土有明显的强度来抵抗变形，而当含水量较高时，这些土就容易变形。因此，当土壤含水量较高时，果岭面上就容易形成小白球的撞击坑，人的脚踩过草坪就会留下脚印，草坪机械经过时就会形成车辙。这些现象说明土壤含水量过高，土壤存在渍水问题。

如果土壤中埋设了渗水排水管道，饱和带中的地下水就会进入排水管，通过排水系统将这些水输送到一个出口，从而保持土壤饱和带地下水位维持在土壤表面以下的合理深度。一般情况下，土壤的自然排水能力是比较弱的，尤其是在地下水位较高的区域，或与周边水域接壤的区域，都有可能使地下水位维持在一个较高的水平。高尔夫球场中有些区域因为排水不良，地下水甚至在球道等有坡面的部位溢出产生渗水，或因没有排水出口而汇集于洼地。因此，要保持球场的景观，提高球场的运动性能，就需要做好球场的土壤排水系统。

11.4.2.2　球场土壤排水系统设计

高尔夫球土壤排水系统的设计包括排水管布置、确定排水管铺设间距和深度、排水管周围的过滤材料及使用方式、排水管道结构组成、管道尺寸及铺设坡度等。

（1）果岭、沙坑地下排水系统的布置

高尔夫球场对排水要求最高的区域为果岭及沙坑。图 11-22 为果岭区排水系统布置。果岭区排水系统的特点是，地表排水与地下排水相结合，地表排水的输水管道也作为地下

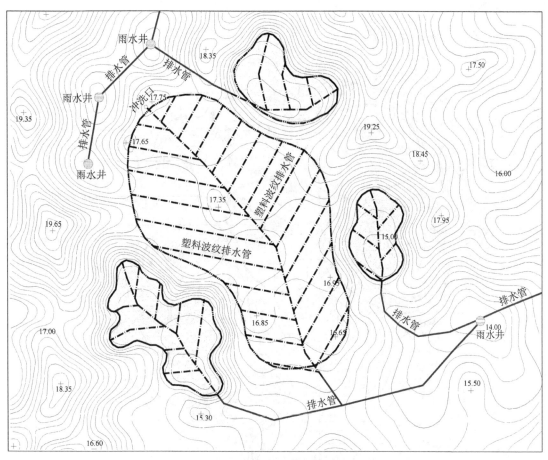

图 11-22 果岭区排水系统布置示意图

土壤排水系统的输水管道，地表水的入口雨水井往往也是地下土壤排水的出口或集水井。果岭土壤排水管的布置多采用鱼骨型、梳子型等形式。果岭基层渗水排水管的布置间距一般为 3~4 m。

　　果岭地下排水系统的布置要根据果岭表面形状的起伏变化。在高尔夫球场中，果岭及其周围的地形起伏变化是最为丰富的，一方面体现了球场的景观美学价值；另一方面也增加了高尔夫运动的乐趣和竞技比赛的难度。果岭地下排水管的布置应当考虑地面地形起伏的变化。总的原则是渗水排水管、排水主管应有尽可能大的坡度，一般垂直于果岭地表等高线布置；管线尽可能直，并且不允许穿过沙坑底部，也尽可能避免与地面排水管线交叉。因此，在果岭地下排水布置中，根据果岭面的起伏变化，可以有多条排水主管，有多个排水出口，如图 11-23 所示。果岭边缘到集水井的排水管，其作用是将果岭地下渗水排水管中的水输送到集水井，没有渗水排水的功能，因此，采用一般雨水排水管。有些果岭周围地形高于果岭面，为了拦截果岭外的土壤水渗流到果岭基层，可以沿果岭边缘布设一环形渗水排水管。为了果岭及沙坑渗水排水管持续有效，可以将渗水排水管的起始端弯出果岭边缘地面，管端口用可开启的管堵封闭，必要时可打开管堵用压力水冲洗渗水排水管中的淤积物。

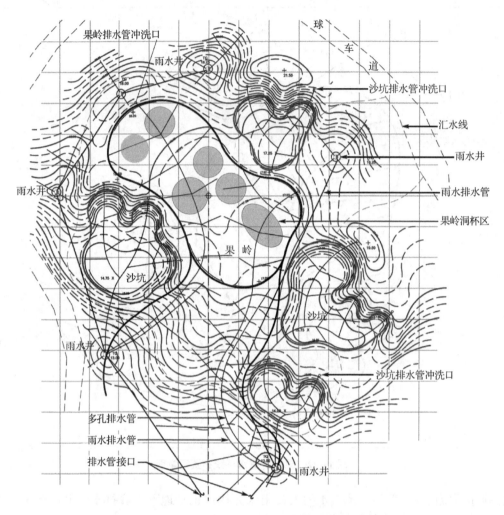

图 11-23　果岭、沙坑地下排水管的布置与地面起伏的关系

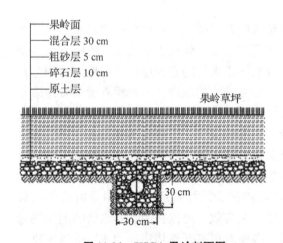

图 11-24　USGA 果岭剖面图

（2）果岭地下排水的做法

美国高尔夫球协会（USGA）有一个果岭委员会，多年来开展了高尔夫球场果岭的研究，特别提出了果岭从地下排水到果岭土壤基质层的标准做法，这就是 USGA 果岭剖面，如图 11-24 所示。其中，最底层的砾石层及排水管沟组成了果岭地下排水体，砾石层以上为粗砂层，主要对渗透水进行过滤，阻止渗流把根系混合层中的泥沙带入砾石层及排水管。粗砂层以上是由混合基质组成的种植土壤。一般排水基层由两层粒径级配适当的砾石（或碎石）和粗砂组成，砾石粒径

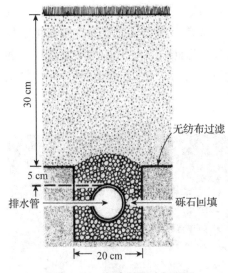

图 11-25　全砂型果岭剖面图

5~10 mm，铺设深度 10 cm，粗砂粒径小于 2 mm，铺设深度 5 cm。混合层一般为中砂、细砂、有机肥、泥炭土组成，铺设深度 30 cm。如果砾石层与粗砂层颗粒级配不良，可能影响过滤效果，也可以在排水管包裹一层无纺布，也可以将无纺布铺设在排水管沟，再回填砾石、铺设排水管，然后将砾石回填满管沟，将无纺布两端折叠覆盖管沟顶部，最后铺设砾石层。这些做法的根本目的就是防止细颗粒泥沙进入排水管。

为了增强果岭土壤排水效果，还有一种也比较普遍的果岭剖面做法，即全砂型果岭，如图 11-25 所示。其中最主要的特点就是种植层基质主要是中砂、细砂组成，种植层以下就是排水管，排水管沟用无纺布包裹。

全砂根系层的排水效果应好于 USGA 混合根系层。果岭土壤既要有良好的排水效果，也要有良好的保水能力，这两方面只有根据球场所在的实际权衡取舍。从全砂型果岭剖面中取出的土柱如图 11-26 所示。

果岭表面是具有缓慢坡度、有起有伏的流畅曲面，在整个果岭面上如果要求果岭各个结构层深度相同，必须将果岭基础地面修整成具有缓慢坡度、有起有伏的流畅曲面，这样在建造果岭的过程中，各个结构层的填铺深度在各点上均相同，施工起来比较容易，最后形成的果岭面也与基础地形相吻合。因此，果岭基础地面上各排水层也是随基础地面的起伏而变化的，并非一个平面，如图 11-27 所示。

图 11-26　全砂型果岭剖面根系土柱

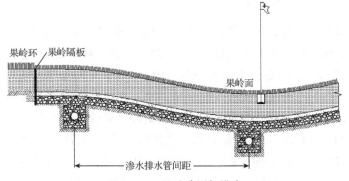

图 11-27　果岭造型与排水

（3）沙坑排水的做法

沙坑地下排水层剖面如图 11-28 所示。沙坑地下排水体与果岭相比较为简单，因为沙坑剖面结构层只有沙坑砂层，一般为中、粗粒径的河砂或加工筛选的石英砂，铺设深度10~15 cm。如果沙坑底面为原状土，随着时间的延长，常常由于人员反复的踩踏或耙沙机耙平作业过程中的碾压，沙坑砂与底面原状土容易混合，为此，有些球场在沙坑基础底面上铺设一层土工织物制成的沙坑垫，其上再铺装沙坑砂，以增加沙坑砂的耐久性，如图11-29所示。

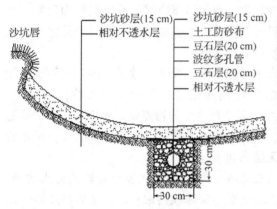

图 11-28　沙坑地下排水层剖面图　　　　图 11-29　铺装沙坑垫的沙坑排水做法示意图

在沙坑中沿最低部位设置排水系统的集水管，在集水管两侧根据距离长短布置排水管并成小于90°与集水管连接，排水管间距2~3 m。通过沙坑底部的集水管也采用多孔的波纹管，管径与排水管相同或略大均可。管沟的填筑材料和方法与果岭排水管沟相同，但在沙坑砂与管沟砾石接触面上应铺一层防砂布或沙坑垫，以防沙坑砂中的细粒成分随水流进入排水管道。

有些情况下，球道地势低洼，而球道一侧或两旁地势向球道倾斜，此时地处低洼、坡前部位的球道也需要铺设土壤排水管道。

11.4.3　足球场草坪土壤排水

足球场地规格标准多样，但必须是矩形，长度：90~120 m，宽度：45~90 m。国际比赛的标准场地，长度：100~110 m，宽度：64~75 m。世界杯比赛场地：长度105 m，宽度68 m。足球场的排水标准应达到：降雨强度>10 mm/h，草坪地表应无积水；日降水量>100 mm 时，应在12 h 内将地表积水排除干净；地下水位若超过1.5 m 应通过排水把地下水位降至1.5 m 以下。因此对于足球场地，必须设置可靠的地下排水系统。

草坪足球场的地下排水系统主要采用多孔波纹塑料排水管，可以采用圆形渗水排水管，也可以采用扁平矩形渗水排水管。场地中渗水排水管的布置方式主要有两种，沿场地横向按一定间距布置渗水排水管，如图11-30所示。渗水管间距一般2~4 m，一般将场地地基以场地纵向中线为界，以0.5%~1%的坡度向两侧倾斜，形成双坡向排水。排水管出口置于场地两侧的集水排水沟内。

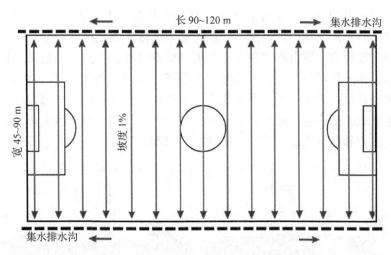

图 11-30　足球场草坪土壤排水系统的布置

足球场地排水体的剖面做法如图 11-31 所示，渗水排水管的管径一般选择公称直径为 110 mm 的多孔双壁波纹排水管，排水管沟断面尺寸 30 cm×30 cm，施工时按 0.5%～1% 的纵坡开挖管沟，铺设土工无纺布，回填 10 cm 厚砾石铺装排水管道，再回填砾石，用无纺布覆盖管沟，最后铺装基底砾石层及种植层。

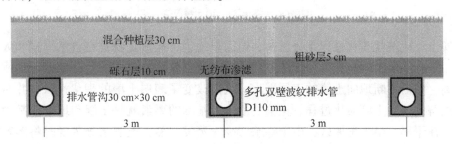

图 11-31　足球场地排水体的剖面做法示意图

11.5　草地盐渍化治理与排水

11.5.1　草地盐渍化问题

11.5.1.1　草地退化与盐渍化

草地退化是当今世界草原区一个具有普遍性的生态环境问题。草地退化往往是在自然因素和人为因素的作用下，草地植物群落组成发生变化，原来的建群种和优势种逐渐减少或衰变为次要成分，而原来次要的植物逐渐增加，甚至毒、杂草占据主要成分，非原生入侵种变成优势种。草地土壤性质变差，土壤活性下降，最终导致草地植物生产力下降，草地放牧承载力减少，甚至完全不宜放牧。

草地盐渍化（grassland salinization）也称盐碱化，是指草地土壤底层的盐分或地下水中的盐分随毛管水上升到地表，水分蒸发后，易溶性盐分积累在表层土壤中的现象和过程。草地盐渍化是导致草地退化的原因之一。在一些地势低洼的地区，盐渍化往往是限制草地植物生产力的主要因素。按自然地理条件及土壤形成过程，我国草地盐渍化区域主要分布在东北半湿润、半干旱草甸草原区；黄淮海半湿润、半干旱农作区及草甸草原区；甘肃、新疆自治区荒漠草原盐渍区；青藏高原高寒荒漠草原盐渍区；以及滨海湿润、半湿润海浸盐渍区等 8 个区域，盐渍化区域面积约有几十亿亩。图 11-32 为草地土壤盐分在土壤蒸发强烈时的积盐过程和遇雨或灌溉时的洗盐(脱盐)过程。

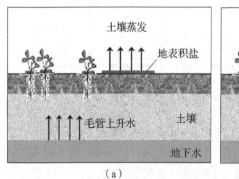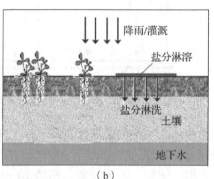

图 11-32   土壤积盐和脱盐过程示意图

(a)土壤积盐；(b)土壤脱盐

事实上，土壤盐渍化过程十分复杂，但简单地说，盐渍化就是在自然因素和人类活动综合作用下，土壤中的盐分再分配的过程。这个过程就是土壤中的盐分离子增加或者可溶性盐分离，然后不断地向土壤的表层聚集，从而改变了表层土壤的理化性状，并对植物生长造成危害的一种土壤演化过程。土壤盐渍化最基本的要素就是土壤和地下水都含有一定的盐分。在干旱、半干旱地区，由于降水稀少，蒸发强烈，土壤水分蒸发时将溶解在水中的盐分随毛管水上升而聚集在土壤表层，水分蒸发而盐分在地表积聚，这就是土壤积盐过程。如果遇到降雨或灌溉，地表积聚的盐分溶解在水中，随水渗入土壤，或随水流向下游，或采用人工排水的办法排除，这就是土壤脱盐过程。土壤盐渍化不仅限制了植物生产，也制约着盐渍化地区的生态修复、植树种草及土地资源的综合利用。

土壤盐渍化分为原生盐渍化和次生盐渍化两类。其中，不受人为影响，自然发生的土壤盐渍化为原生盐渍化，由于人类活动引发的土壤盐渍化称为次生盐渍化。原生盐渍化是指在各种影响土壤发育的自然因素综合影响下发生的土壤盐渍化过程。这里所指的自然因素包括地质地貌、水文气象、土壤、植被等因素，如果这些因素有利于汇集径流、聚集盐分，有利于可溶性盐分沿毛细管水上升到土壤表层积累，而不利于土壤母质中盐分的淋失，原生盐渍化就容易发生。在北方天然草原区中的一些低地草甸中发生的盐渍化问题，基本都属于原生盐渍化。人类活动引发的次生盐渍化问题主要是针对人工草地的过量灌水，或自然排水不畅，缺乏人工排水措施，从而引起地下水位上升所产生的盐渍化问题。

11.5.1.2   草地盐渍化治理的意义

中国盐渍化区域分布范围广、面积大、类型多，主要分布在干旱、半干旱和半湿润地区。一方面，种草恢复植被是治理和改良盐碱地的主要措施；另一方面，盐碱地也是发展人工草地的重要土地资源。

由于盐渍化土壤中较高的盐分含量，发展草地首先需要将土壤中较高的盐分含量降低，这样才能利于大部分草类植物或牧草的正常生长。近年来我国苜蓿种植发展较快，种植区域主要分布在西北、华北、山东、河南等地区，这里既是苜蓿的生态适宜栽培区，也是我国最主要的盐碱地分布区域，包括西北内陆盐碱区(包括新疆、青海柴达木盆地、甘肃河西走廊、内蒙古西部内陆区域)、黄河中上游半干旱盐碱区(包括青海、甘肃东部、宁夏、内蒙古河套地区)、黄淮海平原盐碱区(包括黄河下游、海河平原、京津冀鲁豫地区)、东北半干旱半湿润盐碱区(包括松嫩平原、辽西盆地、三江平原和呼伦贝尔等地)以及滨海盐碱区等。

中国盐碱地分布在包括西北、东北、华北及滨海地区在内的 17 个省(自治区)，含盐碱荒地及影响种植的盐碱地总面积超过 5 亿亩。在这大面积的盐碱地上不仅生长着许多耐盐碱草类植物，这些植物所具有的生态保护、治理盐碱、饲用、药用以及工业用途等多方面的潜在价值有待深入挖掘，而且这大面积的盐碱地就是我国重要的潜在草牧业发展基地，是一种重要的土地资源，其改良与利用对于我国草地农业可持续发展、推进盐碱地资源的产业化开发与生态保护具有重要意义。

11.5.2　盐渍土及盐渍化的成因

11.5.2.1　盐渍土的概念

盐渍土也称盐碱土，是一系列受土体中盐、碱成分作用的、包括各种盐土和碱土以及其他不同程度盐化和碱化的各种类型土壤的统称。在形成盐渍土的过程中，土壤盐碱化(盐渍化)过程起主导或显著的作用，各种类型盐碱土的共同特性就是土壤中含有显著的盐、碱成分，并具有特殊的物理化学性质，使大多数植物的生长受到不同程度的抑制，甚至不能生存。

只有当土壤含盐量、碱化度达到一定量时才称为盐土和碱土。当表层(一般深度为 30 cm)土壤中的水溶性盐类的累积量超过 1~2 g/kg(干土重)的土壤就是盐土。碱土通常以表层土壤的碱化度来衡量，即交换性钠离子占阳离子交换量的百分比称为碱化度，当土壤的碱化度超过 5%时就是碱土，当土壤碱化度 5%~10%为轻度碱化土，10%~15%为中度碱化土，15%~20%为强碱化土。实际盐碱土中既有盐也有碱，包含各种盐土和碱土以及其他不同程度盐化和碱化的土壤。综合起来就是，当土壤表层中水溶性盐类的累积量超过 1~2 g/kg 或者土壤表层的碱化度超过 5%时，土壤就属于盐碱土。

土壤中可溶性盐类，主要有 8 大离子，其中包括 4 种阳离子：Ca^{2+}、Mg^{2+}、K^+、Na^+；4 种阴离子：CO_3^{2-}、HCO_3^-、SO_4^{2-}、Cl^-。土壤全盐量为 8 大离子之和。在对盐碱土进行测试分析时，一般要分析土壤中的包括 pH、全盐量、4 种阴离子和 4 种阳离子的测定。根据可溶性盐分的阴、阳离子含量，确定盐分类型和含量，据此判断土壤的盐渍化状况和盐分动态，作为盐碱土分类分级和利用改良的依据。表 11-5 为土壤盐渍化的分级标准。

表 11-5 土壤盐渍化的分级标准

土壤盐渍化程度	土壤含盐量(干土重)/%	氯化物含量(Cl⁻)/%	硫酸盐含量(SO_4^{2-})/%	植物生长情况
非盐渍土	<0.3	<0.02	<0.1	正常
弱盐渍土	0.3~0.5	0.02~0.04	0.1~0.3	不良
中盐渍土	0.5~1.0	0.04~0.1	0.3~0.4	困难
强盐渍土	1.0~2.0	0.1~0.2	0.4~0.6	死亡
盐土	>2.0	>0.2	>0.6	死亡

表 11-5 中,土壤含盐量是指可以直接通过水溶出或溶解的土壤中盐的含量,指土中所含盐分的质量占干土质量的百分数,是土壤中可溶的盐分总量。土壤含盐量超过 1%植物就很难生长。

土壤含盐量的多少可以用每千克干土中可溶盐分总量的克数表示,也可以用电导率表示。电导率的标准单位是 S/m 或 dS/m。

11.5.2.2 土壤盐渍化的成因

草地盐渍化形成的根本原因是土壤母质及地下水中含有一定的盐分,这些盐分在适当的条件下运移到土壤表层。影响草地土壤盐分运移的主要因素有:

(1)地形

地形条件对土壤盐渍化的形成具有很大的影响。地势低洼,地表水和地下水容易向低洼处运动,地表和土壤中积聚的可溶性盐分随水从高处向低处移动,并在低洼地带积聚。所以,盐碱土主要分布在内陆盆地、洼地以及排水不畅的平原地区。从微地形来看,土壤积盐情况与大地形正好相反,盐分往往积聚在地面局部的凸出部位。例如,垄沟种植时垄上就容易积盐,而沟底较为湿润盐分不易聚集。

(2)地下水位

地下水的水位越浅,地下水越容易通过毛细管作用上升到地表。一般接近地下水面土壤的毛细管全部充满水分的高度大约为 30 cm 以上,所以地下水位越浅,土壤的蒸发能力也越强,即使地下水矿化度较低也会发生土壤表层盐碱的积累。所以,地下水越浅,蒸发作用越强,越易引起地表积盐。

(3)降水量

降水量越大,对土壤盐分的淋溶就越多。因此,多雨季节是土壤的脱盐期,干旱少雨季节是土壤的积盐期,一般情况下春季的积盐就会严重一些。在我国北方干旱半干旱草原地区,土壤蒸发量几倍于降水量,土壤盐分随水分的蒸发向上运动比较强烈,使盐分积累在土壤表层的机会远大于降水淋溶的时间,如此过程长期反复进行,就会造成土壤盐渍化。

(4)地下水矿化度

地下水矿化度是指单位体积地下水中可溶性盐类的质量,常用单位为 g/L 或 mg/L。它是水质评价中常用的一个重要指标,其数值等于 1 L 水加热到 105~110℃时,使水全部蒸发剩下的残渣质量。地下水矿化度对土壤盐碱化也有一定的影响,地下水矿化度越高,地下水向土壤中补给的盐分就越多,含盐地下水越容易通过毛细管作用上升到地表,水分蒸发后,盐分留在地表土壤中的数量也越多。

（5）土壤渗透性

土壤渗透性也就是土壤的透水性，表示土壤对地表水的渗透能力，受土壤质地、结构、孔隙、相对湿度等因素的影响。地表水向土壤渗透是有一定速度的，而当渗透水流接近地下水时，渗透速度就会逐渐变缓，此时水流携带的微细颗粒也会在土壤孔隙中沉积下来，天长日久地积累就会形成质地细腻的不透水层。不透水层的形成极大地改变了土壤中盐碱成分的运动性质，使原来双向运动的盐碱成分变成垂直向下的运动很微弱，而垂直向上的运动强烈，促使地面土壤积盐越来越多。在土壤不透水层中，水分含量高而空气含量低，土壤处于还原态，对植物产生毒害作用的物质极易积累，不透水层中的植物根易腐烂而死亡，使植物很难吸收营养物质，严重影响植物的生长发育。

（6）人为活动

人为活动主要通过改变自然条件来影响土壤盐碱化程度。例如，地势低洼区域的人工草地，如果灌溉过量，在排水不畅的条件下，地下水补给量大于排泄量，地下水位就会上升，从而加剧土壤蒸发，使表层土壤积盐加剧。在灌溉条件下，地下水水量平衡的补给因素主要是灌溉水，排泄因素主要是土壤蒸发、植物蒸腾和地下水出流。地下水矿化度的变化取决于灌溉来水和蒸发、出流的消长关系。如来水量大于出水量，则地下水水位抬高，地下水大量消耗于蒸发，使得地下水中盐分在表层土壤中积累。

此外，草原区的河流，特别是平原区的河流因河水侧渗使河流两岸的地下水位抬高，从而加速了河岸带土壤的积盐过程。

11.5.3　草地盐渍化的治理

11.5.3.1　盐渍化治理的原则和措施

盐渍化草地主要分布在干旱半干旱地区河湖岸带、内陆河流域下游绿洲边缘、低地草甸以及沿海滩涂。有关研究数据显示我国受盐渍化危害的土地面积 8 180 万 hm²，其中近74%是因盐渍化而退化的草地。因此，治理和修复因盐渍化而退化的草地，进而开发利用盐渍化草地，使这些草地发挥应有的生态功能和资源价值是草地工作者面临的重要而紧迫的任务。

草地盐渍化的发生和发展是一个长期积累的过程，治理和修复盐渍化草地也必须作为一项长期任务坚持不懈方能取得成效。在盐渍化草地的治理与修复工作中，要坚持尊重自然，生态优先的原则；坚持因地制宜，分类治理的原则；坚持多措并举，适用为宜的原则，更要坚持久久为功、持之以恒、集中连片、整体推进。

盐渍化草地治理措施应采取水利、林草、农业、化学、生物等多措施配套的技术方案。由于土壤盐渍化的成因、过程和特性等复杂多样，导致形成类型繁多的盐渍土。因此，在治理上也必须采用综合治理的原则，才能标本兼治。在治理方法上，不能简单地将各种措施拼凑在一起，而是要根据具体条件，技术集成，建立适宜于本地区的综合治理模式。具体治理措施包括：

（1）围封禁牧自然恢复

对盐渍化严重区域的草地要实行围封禁牧一定时期，以促进自然植被休养生息进而得到自然恢复。盐渍化草地的生态恢复状况取决于盐渍化程度。根据盐渍化程度可以采取完全禁牧、季节休牧、限牧等退牧还草措施，严格控制载畜量和放牧强度。

（2）工程措施排水降盐

对盐渍化危害严重而又重要的草地，采取排水工程措施降低盐渍危害对草地生态及草地生产都是不可或缺的。盐碱地治理最直接的就是去除土壤中的盐碱，降低盐碱含量。通过排水工程措施，来调控地下水位和土壤中的水盐动态，使土壤盐分随土壤水分运动流向排水管，排出受危害的草地之外。随着排水效果的持续发挥，不断减少土壤盐碱的存量，达到治理盐渍化的目的。

（3）改良与利用相结合

盐渍化草地是一类具有很大生态和生产潜力的草地资源，改良的目的是为了利用。盐渍土改良主要是通过施用化学改良物质（如石膏、腐殖酸、磷石膏、$FeSO_4$ 等），形成中性盐分，用 Ca^{2+} 代换土壤胶体上的 Na^+，改善土壤物理化学性状，提高土壤肥力。同时，在盐渍化草地上种植抗盐碱或耐盐碱的牧草或生态草，既可以减少土壤蒸发，增加土壤有机质，增强土壤微生物区系和活性，还可以有效恢复盐碱地的生态、生产性能。因此，通过化学、农业技术、生物综合改良措施，改良土壤理化性状，提高土壤肥力，达到改良与利用相结合的目的。

（4）灌溉与排水相结合

对于人工草地防止土壤次生盐渍化是关键。在盐渍化比较重的地区发展人工草地，不能只灌不排，灌溉装备和排水配套不可少，否则长期灌溉不排，必然导致草地灌区地下水位上升，导致盐分表层积累，产生土壤次生盐渍化问题。农业生产实践证明，有效防治土壤次生盐渍化，必须根据具体的自然条件，因地制宜地建立不同形式的井灌、沟排相结合的灌排配套措施。

11.5.3.2　草地盐渍化治理的排水技术

草地盐渍化形成的根本原因在于水分状况不良，所以在盐渍化的治理中，改善土壤的水分状况是首要之策。传统的盐渍化土地改良步骤一般是：排水先行，通过排盐、洗盐达到降低土壤盐分含量的目标，其次是选择耐盐碱植物，培肥土壤，达到植被恢复、提高草地生产力的目标。

（1）排水降盐

盐渍化草地上根据地形条件和坡度坡向，规划布置地下排水系统，是控制地下水位、调节土壤水分状况、改善土壤理化性状最为直接的措施。图11-33 为盐渍化草地土壤排水系统布置。盐渍化草地土壤中的盐分，随水而来，也会随水而去。当土壤水分含量达到最大持水量时，土壤水就会以重力水形成流动，如果土壤中埋设了多孔渗水排水管，水就会从管壁渗水孔中流进排水管，溶解在水中的盐分也随水进入排水管，通过逐级联通的排水系统将含盐水排出

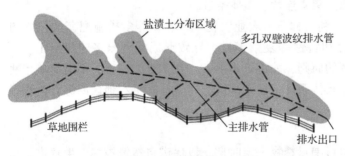

图 11-33　盐渍化草地土壤排水系统布置示意图

盐渍化区域以外，从而降低了土壤盐含量。当然，土壤中的可溶性养分也会随水排除，这是土壤排水系统无法避免的问题。

以现代技术条件，用于土壤渗水排水的双壁波纹渗水管材、防堵渗滤材料性能优良，安装方便，使用寿命长，排水管道铺设施工机械化作业效率高。在农业盐碱地治理中，HDPE 制成的双壁波纹渗水管早已大范围应用，积累了许多成功的经验。在新疆塔里木盆地的土壤排水试验中，采用波纹渗水管的排水量是明沟排水量的 1.4~2.7 倍，地下水位下降速率是明沟的 1.8 倍，土壤脱盐率是明沟的 1.5 倍，棉花增产 27%，小麦增产 32%。这说明采用波纹渗水排水管排水降盐效果是显著的，应用是成功的。

盐渍化草地应用波纹渗水排水管进行降盐，首先要对盐渍化区域进行勘测，测绘盐渍化区域地形，通过监测确定区域盐渍化危害的范围、危害程度分区以及相应的土壤含盐量及盐碱成分，在此基础上做好区域土壤排水系统的规划设计工作。渗水排水管的间距对盐土淋洗脱盐效果的影响很大，已有的田间试验表明，排水管间距 20 m、14 m、10 m 和 5 m 的对比试验中，排水管间距越小，排水洗盐效果越好。实际上，排水管间距主要影响的是建设投资，在投资允许的条件下，或比较重要的草地，可以采用较小的间距，如高尔夫球场草坪土壤排水管的间距为 3 m。

通过排水调控土壤水分以达到减少土壤盐分，修复退化草地，增强草地生态功能，提高草地生产力水平，基础理论清楚，应用技术比较成熟，但是长期以来盐渍化草地上排水技术的应用却比较缓慢，这主要是受制于我们对盐渍化草地生态修复的认识不深入，对排水管道材料及施工机械的性能、功效不了解，最关键的一个因素是对草地生态修复的投资很少。随着国内激光辅助开沟、铺管、回填一体机等排水管铺设技术和强度高、轻便、柔性好的管道材料的发展，盐渍化草地上的土壤排水技术将会得到更多的应用推广。

(2) 灌溉洗盐

灌溉洗盐就是把水灌到盐碱地里，使土壤盐分溶解，通过下渗把表土层中的可溶性盐碱排到渗水排水管中或通过侧渗排到排水沟内。地下排水是降低土壤含盐量的有效途径，但需要将积聚到地表的盐分输送到地下排水管中，这就需要灌溉以及自然降水把地表盐分溶解，再通过下渗将盐分送入排水管，这个过程就是淋溶洗盐。为了提高降水淋洗和灌溉洗盐的效果，适当地平整土地可使水分均匀下渗。也可以将多雨季节的雨水径流引入盐渍化草地，通过地面径流将地表盐碱带走。

如果利用灌溉淋洗盐分，需要根据土壤含盐量确定用于淋洗盐分的需水量：

$$LF = \frac{EC_w}{5 \times EC_s - EC_w} \tag{11.17}$$

式中　LF——灌溉洗盐所需水量的比例；

$\quad\quad EC_w$——灌溉水的电导率，dS/m；

$\quad\quad EC_s$——饱和土壤提取溶液的电导率，dS/m。

总灌溉需水量就是草地植物耗水量与洗盐需水量的和，即：

$$WR_L = \frac{ET_c}{1-LF} - ET_c = ET_c \left(\frac{LF}{1-LF} \right) \tag{10.18}$$

式中　ET_c——草地植物耗水量，mm；

WR_L——灌溉洗盐的需水量，mm；

其余符号同前。

11.5.3.3 草地盐渍化的管理要点

在盐碱地上发展人工草地，需要注意以下几点：

①定期监测土壤和灌溉水中的含盐量。

②灌溉淋洗土壤盐分，需要计算确定灌溉淋洗需水量。较为理想的情况就是使灌溉水能入渗到植物根系层，并需要地下排水管，排除淋溶后的土壤水。

③充分利用降水：自然降水中的含盐量极低，雨水可以淋洗土壤中的盐分。条件允许的情况下可以在草地上设置拦截雨水径流的设施，以减缓径流，促进入渗，淋溶土壤盐分。

④设置土壤排水管道：盐分在地表的积聚都是因为土壤水分蒸发将土壤盐分运移到了表层，为了减少地下水的上升最有效的方式就是设置地下排水。

⑤选择耐盐草种：暖季型的狗牙根、冷季型的高羊茅都是比较耐盐碱的草种。

⑥地表松土、覆砂也可以减轻土壤盐分的积累，特别是对于草坪，通过打孔、覆砂，有助于增加降水渗透和土壤排水。

⑦加强灌溉管理：灌溉既可以改善土壤盐碱化，也可能加剧土壤盐碱化。因为过量灌溉使土壤渍水，进而产生盐渍化，而灌水不足，不能使土壤中的盐分有效淋溶，不能减少土壤盐分含量。

⑧适时刈割：无论是草坪还是牧草用的人工草地，都应坚持适时刈割。生长在盐碱地上的植物本身就吸收了一定量的土壤盐分，适时刈割并从草地上移除刈割后的植物有助于减少土壤盐分。

思考题

1. 草坪及草地排水的意义是什么？

2. 土壤排水材料类型有哪些？草坪或草地上是如何使用这些材料的？

3. 运动场及高尔夫球场草坪主要解决哪些排水问题？主要做法有哪些？

4. 草地盐渍化的成因有哪些？

草坪排水视频

参考文献

董世魁，2022. 草原与草地的概念辨析及规范使用刍议[J/OL]. 生态学杂志，41(5)：992-1000. https：//doi. org/10. 13292/j. 1000-4890. 202205. 001.

黄松宇，贾昕，郑甲佳，等，2021. 中国典型陆地生态系统波文比特征及影响因素[J]. 植物生态学报，45 (2)：119-130.

全国畜牧总站，2020. 中国草业统计(2018)[M]. 北京：中国农业出版社.

任继周，2008. 草业大辞典[M]. 北京：中国农业出版社.

苏德荣，2004. 草坪灌溉与排水工程学[M]. 北京：中国农业出版社.

苏德荣，2015. 草坪灌溉与排水[M]. 北京：中国农业出版社.

王钦，金岭梅，1993. 草坪植物对干旱逆境的效应[J]. 草业科学，10(5)：54-59.

严海军，2020. 大型喷灌机在中国的发展与应用[J]. 农机市场(6)：27-28.

BRADY N C，WEIL R R，2019. 土壤学与生活[M]. 14 版. 李保国，徐建明，等译. 北京：科学出版社.

BRADY N C，WEIL R R，2016. Nature and Properties of Soils[M]. 15th ed. India：Pearson Company.

CARROW R N，1995. Drought Resistance Aspects of Turfgrasses in the Southeast：Evapotranspiration and Crop Coefficients[J]. Crop Science，35(6)：1685-1690.

LFM M，TROOIEN T P，DUMLER C A，et al，2002. Using Subsurface Drip Irrigation for Alfalfa[J]. Journal of the American Water Resources Association，38(6)：1715-1721.

STEWARD D R，BRUSS P J，YANG X，et al，2013. Tapping unsustainable groundwater stores for agricultural production in the High Plains Aquifer of Kansas，projections to 2110[J]. Proc Natl Acad Sci USA，110(37)：E3477-3486.

TAIZ L，ZELGER F，2002. Plant Physiology[M]. 3rd ed. Sinauer Associates，Inc.，Stanford：Sinauer Associates Inc.